21 世纪普通高等教育基础课规划教材

大学物理实验教程

第 2 版

主编　施　卫
参编　张显斌　马德明　屈光辉　等

机 械 工 业 出 版 社

本书是按照教育部高等学校物理基础课程教学指导分委员会制定的《理工科类大学物理实验课程教学基本要求》（2008 年版），面对扩招后新的培养对象、21 世纪对人才培养的新要求和学分制下学生自由选课的新形势，总结西安理工大学多年来物理实验课的教学改革与实践经验编写而成的。

全书共分七章，第 1 章为测量误差及数据处理；第 2 ~ 5 章分别为力学和热学、电磁学、光学和近代物理等基础实验；第 6 章是综合设计与现代物理应用实验；第 7 章是计算机仿真实验。书末附录列出了本书涉及的常用有关物理常数。

本书为高等院校理工科非物理类各专业大学物理实验教学用书或参考书，也可供物理实验工作者或其他专业技术人员参考。

图书在版编目（CIP）数据

大学物理实验教程/施卫主编. —2 版. —北京：机械工业出版社，2010. 2（2026.1 重印）
21 世纪普通高等教育基础课规划教材
ISBN 978-7-111-29441-2

Ⅰ. 大… Ⅱ. 施… Ⅲ. 物理学-实验-高等学校-教材 Ⅳ. 04-33

中国版本图书馆 CIP 数据核字（2009）第 243308 号

机械工业出版社（北京市百万庄大街 22 号　邮政编码 100037）
策划编辑：李永联　责任编辑：李永联
封面设计：赵颖喆　责任校对：李秋荣　责任印制：邓　博
三河市骏杰印刷有限公司印刷
2026年1月第2版第21次印刷
184mm×260mm · 18.5 印张 · 457 千字
标准书号：ISBN 978-7-111-29441-2
定价：38.00 元

电话服务　　　　　　　　　　网络服务
客服电话：010-88361066　机　工　官　网：www.cmpbook.com
　　　　　010-88379833　机　工　官　博：weibo.com/cmp1952
　　　　　010-68326294　金　书　网：www.golden-book.com
封底无防伪标均为盗版　　　机工教育服务网：www.cmpedu.com

第2版前言

本书是按照教育部高等学校物理基础课程教学指导分委员会制定的《理工科类大学物理实验课程教学基本要求》(2008年版)，结合西安理工大学多年来工科物理实验课的教学改革与实践，特别是完全学分制教学体制下，兼顾基础，激励和培养创新型人才的实验教学体制、教学内容、教学方法和教学手段等方面改革的实践经验，在西安理工大学应用物理系同仁前期编写出版的《大学物理实验》教材基础上编修而成。全书共编入43个实验，其中包括25个基础性实验，7个近代物理实验，7个综合设计与现代物理应用实验，4个计算机仿真实验，内容涵盖了力学、热学、声学、光学、电磁学与近代物理实验，为普通高等院校工科各专业教材，使用者可以根据专业的不同、实验仪器设备的不同选择不同的实验项目。

物理实验是工科院校学生进行科学实验基本训练的一门必修课，也是学生进入大学最先接触到的实践环节，是学生系统学习实验方法和实验技能，进行实验数据处理和分析的开端。西安理工大学历来重视实践性教学环节的改革与实践，特别是面对大众化教育以及学分制下教学环境的新形势，为满足21世纪对人才培养的新要求、激励创新型人才脱颖而出，西安理工大学进行了深入的改革与实践。本教材就是在总结近几年教学改革工作的基础上，为适应新的培养模式和教学体系编写而成的。

在本书的编写过程中，既保留了经长期教学实践证明对培养学生实验能力行之有效的典型实验，又增加了近代科技中具有代表性的实验，同时增添了一些具有时代特点的实验项目和计算机仿真实验。在实验内容上体现综合性、设计性和时代感；在一些实验中增加了引伸扩展选做内容和思考题，不少实验还介绍了具有一定价值的应用实例；在内容编排上，循序渐进，联系实际，便于学生自学，引导学生思考。书中的名词、术语、概念、误差公式等均采用或参照最新国际通用的定义和形式。

本教材共分七章，第1章介绍了实验数据的主要处理方法和测量误差分析，并适当引入了不确定度的概念，以适应发展需要；第2~5章分别为力学、热学、电磁学、光学和近代物理等基础实验，选题有较大更新，内容体现综合性；第6章是综合设计与现代物理应用实验，选编了既有应用价值又较容易实现的内容；第7章是计算机仿真实验，用以扩大学生的视野，使学生具有更大的选择空间。书末的附录列出了本书涉及的常用物理常数，以便读者查阅参考。

实验教学是一项集体的事业，本书凝聚了西安理工大学应用物理系几十年来所有从事物理实验教学的教师和技术人员的智慧和劳动成果，是应用物理系全体同仁在长期实验教学改革和实践中不断探索、充实和完善的结晶。目前，西安理工大学应用物理系已获得两项省级精品课程（《大学物理》、《大学物理实验》），获省级教学团队一个（大学物理系列课程教学团队）。这些“质量工程”方面的工作从侧面反映了西安理工大学物理教学工作者在教学及教学改革方面多年来取得的成果。

本书由施卫担任主编并负责全书的统稿。张显斌、马德明、屈光辉编写了相关章节。张琳、陈素果、闫志巾、贾婉丽、杨畅民、刘满仓、刘锴等参与了部分实验编写工作。在本书的编写过程中，西安理工大学应用物理系同仁提出了不少宝贵意见和建议，同时也得到了不少校内外同仁的帮助，并借鉴和参阅了兄弟院校的有关教材和经验，特此深表谢意。

编者希望本书在使用过程中不断得到改进与提高，真诚欢迎同行专家和广大读者多提宝贵意见。

编　者

目　录

第 2 版前言

绪论 …… 1

第 1 章　测量误差及数据处理 …… 4

1.1　测量及误差 …… 4
1.2　误差处理 …… 7
1.3　有效数字的记录与运算 …… 19
1.4　实验数据的处理方法 …… 22
1.5　测量结果的不确定度表达 …… 28

第 2 章　力学和热学 …… 35

2.1　长度测量器具 …… 35
2.2　计时器 …… 40
2.3　质量测量仪器 …… 42
2.4　温度测量仪器 …… 45
2.5　气压计和湿度计 …… 47
实验 1　力学基本测量仪器的使用及弹性模量的测定 …… 48
实验 2　落球法测定液体的动力粘度 …… 55
实验 3　液体表面张力系数的测定 …… 58
实验 4　用混合法测固体比热容 …… 61
实验 5　转动惯量的测定 …… 64
实验 6　弦振动的研究 …… 67
实验 7　空气中的声速 …… 71

第 3 章　电磁学 …… 80

3.1　电磁学实验基本知识 …… 80
3.2　标准电池 …… 87
3.3　标准电阻 …… 87
3.4　真空管毫伏表 …… 88
3.5　指针式检流计 …… 89
3.6　直流复射式电流计 …… 89
3.7　直流电位差计 …… 90
3.8　直流电阻电桥 …… 92
3.9　XD22 型低频信号发生器 …… 95
实验 8　线性和非线性电学元件伏安特性的测量 …… 96
实验 9　用单臂电桥测电阻 …… 101
实验 10　用双臂电桥测低电阻 …… 109
实验 11　用冲击电流计测高电阻 …… 113
实验 12　直流电位差计的原理及其应用 …… 118
实验 13　灵敏电流计特性的研究 …… 125
实验 14　用电流场模拟静电场 …… 132
实验 15　霍尔效应法测磁场 …… 137
实验 16　用冲击法测螺线管磁场 …… 143
实验 17　电子示波器的原理和应用 …… 146
实验 18　用磁聚焦法测定电子荷质比 …… 156

第 4 章　光学 …… 162

4.1　光学仪器的基本知识 …… 162
4.2　眼睛光学 …… 163
4.3　光具座与共轴调整 …… 164
4.4　常用光源 …… 165
4.5　分光计 …… 167
4.6　滤光片 …… 167
实验 19　薄透镜的成像规律 …… 168
实验 20　用分光计测量棱镜玻璃的折射率 …… 172
实验 21　等厚干涉 …… 175
实验 22　单缝衍射的光强分布 …… 178
实验 23　用光栅测量光波波长 …… 181
实验 24　偏振光的观测 …… 186
实验 25　频闪照相技术及应用 …… 189

第 5 章　近代物理 …… 192

实验 26　光学全息照相 …… 192
实验 27　密立根油滴实验 …… 195
实验 28　夫兰克 - 赫兹实验 …… 199
实验 29　声光效应及其应用 …… 205
实验 30　氢原子光谱 …… 207
实验 31　迈克尔逊干涉仪的调整与使用 …… 209
实验 32　普朗克常数的测定 …… 215

第 6 章　综合设计与现代物理应用 …… 219

实验 33　光学滤光片特性参数的测定 …… 219
实验 34　铁磁材料基本特性的测量 ……… 220
实验 35　传感器综合实验 ……………… 227
实验 36　电子和场实验 ………………… 231
实验 37　稳态法测量不良导体的热导率 … 246
实验 38　万用电表的设计 ……………… 250
实验 39　硅光电池特性的研究 ………… 253

第 7 章　计算机仿真实验 ……………… 256

软件安装 ………………………………… 257
7.1　系统需求 …………………………… 257
7.2　单用户版的安装 …………………… 258
7.3　多用户版的安装 …………………… 258
7.4　删除大学物理仿真实验系统 ……… 260
实验 40　气垫上的直线运动 …………… 261
实验 41　偏振光的研究 ………………… 268
实验 42　真空实验 ……………………… 272
实验 43　交流电桥及介电常数的测量 …… 275

附录 ……………………………………… 281

附录 A　基本物理常量（1986 年国际推荐值） ……………………………… 281
附录 B　常用物质的密度 ……………… 281
附录 C　标准大气压下不同温度时水的密度 ……………………………… 282
附录 D　在 20℃时金属的弹性模量 ……… 282
附录 E　液体的［动力］粘度 η ……… 282
附录 F　蓖麻油的［动力］粘度 η …… 283
附录 G　在 20℃时与空气接触的液体表面张力 …………………………… 283
附录 H　不同温度下与空气接触的水的表面张力 …………………………… 283
附录 I　海平面上不同纬度处的重力加速度 ……………………………… 284
附录 J　物质中的声速 ………………… 284
附录 K　物质的比热容 ………………… 285
附录 L　一些金属和合金的电阻率及其温度系数 ……………………………… 285
附录 M　镍铬－康铜热电偶的温差电动势 ……………………………… 285
附录 N　物质的折射率（相对空气） …… 287
附录 O　常用光源的谱线波长/nm ……… 288
附录 P　几种纯金属的“红限”波长及逸出功 ……………………………… 288

参考文献 ……………………………… 289

绪　论

科学实验是人类文明发展的积极推动力之一，物理实验在其中占据了重要的位置。科学实验同单纯的观察、被动的经验有很大的区别，观察是实验的前提，实验是观察的发展。观察是搜集自然现象所提供的东西，而实验是从自然现象中提取它所要的东西。此外，物理学的发展历史也表明，物理学从来就是一门建立在实验基础上的学科。物理理论的建立、物理规律的发现，都必须严格以实验为基础，并接受实验的检验；而且，物理学中的一些开创性的假设、预言，最终也需要通过实验检验其正确性。

对于理工科学生而言，大学物理实验是让低年级学生接受系统的实验方法和技能培训，培养其科学实验能力的一门重要基础课程。物理实验有它自身的一套实验理论、方法和技术，学生只有通过循序渐进的系统学习和操作训练，才能逐渐掌握其知识和思想，并提高自身的素质和能力。

1. 物理实验与科学素质的培养

物理学是研究物质结构与运动规律的学科，也是一门以实验为基础的学科，是理论和学说的检验标准之一。在物理学科的素质教育中，实验教学占有十分重要的地位。大学物理实验在培养学生独立从事科学技术研究工作的能力和理论联系实际的综合分析能力与思维和表达能力等方面都是绝不能缺少的一课。

科学素质主要由三方面因素构成：知识因素、智能因素和非智力因素。物理实验除了对知识的掌握、智能的提高有明显的作用之外，对非智力因素的培养也起着明显的作用。物理实验不仅能培养学生实事求是的科学态度、严谨细致的工作作风和坚忍不拔的意志品质，而且能有助于学生形成正确的观念、优秀的道德品质，培养高尚的思想情操和浓厚的学习兴趣。

物理实验能为学生提供手脑并用的良好机会，对培养学生理论联系实际的科学作风有特殊的功能。通过提前阅读实验教材讲义和相关参考资料，完成预习报告，做好实验准备，可以培养学生的自学能力；通过借助实验教材和教师提示，独立地对实验过程进行操作，正确观察实验现象，进行实验数据测量，可以培养学生的动手能力；通过正确地列出实验表格，记录和处理实验数据，绘制数据曲线，运用物理学理论对实验进行分析判断，并撰写实验报告，可以锻炼学生的分析判断能力和表达能力；对于简单问题，通过从研究对象和实验要求入手，查阅相关资料，确定实验方案和实验步骤，根据精度要求确定实验参数，选配仪器，可以训练学生的设计能力。此外，实验还可以为学生提供进行人际交往，开展人际合作的良好机会。

2. 物理实验课的教学任务和内容

本门课程以基本物理量的测量方法、基本物理现象的观察和分析、常用测量仪器的结构原理和使用方法为主要教学内容，对学生的基本实验能力、分析能力、表达能力和综合运用设计能力等进行较全面的培养。按照国家教育部最新颁布的《理工科类大学物理实验课程教学基本要求》（2008 年版）的规定，大学物理实验课的具体内容为：

（1）通过对物理实验现象的观察、分析和对物理量的测量，学习物理实验知识，加深对物理学原理的理解。

（2）培养和提高学生的科学实验能力，其中包括：①能够通过自行阅读实验教材和资料概括出实验原理和实验方法的要点，做好实验前的准备；②能够借助教材和仪器说明书正确使用仪器（培养实验操作技能）；③能够运用物理学原理对实验现象进行初步的分析、判断；④能够正确记录和处理实验数据，绘制曲线，说明实验结果，撰写合格的试验报告；⑤能够完成简单的、具有设计性和综合性内容的实验。

（3）培养和提高科学实验能力，培养学生理论联系实际的能力、实事求是的科学作风、严肃认真的科学态度、主动研究的探索精神，以及遵守纪律、团结协作和爱护公共财物的优良品德。

3. 物理实验的环节

本教材所包括的物理实验，大多是测量某一物理量的数值，也有研究某一物理量随另一物理量变化的规律性的。对于不同的实验内容，无论对某一物理量采用何种方法来测量，其基本环节都大致相同，一般可以分成如下三个阶段：

（1）实验前预习　实验前必须认真阅读实验教材和相关资料，明确实验任务、原理、实验方法和条件，设计实验步骤，根据实验要求画出数据记录表格，完成实验练习题并写出预习报告。对于设计性实验还应根据实验要求拟定实验方案，确定实验仪器和实验步骤，并拟定好表格。因此，预习的好坏是实验能否顺利进行的关键。

预习的要求，应该以理解教材中所叙述的原理为主，对于实验的具体过程只要求大致了解，抓住实验的关键，做到较好地控制实验的物理过程或物理现象，及时、迅速、准确地获得待测物理量的数据。此外，实验前教师应对预习情况进行检查，将对实验内容进行提问，没有预习者不应进行实验操作，以免造成人员受伤和仪器的损坏。

（2）实验操作　操作是实验课的中心。根据预习所了解的实验内容和要求、仪器的使用方法和注意事项等进行实验。对实验中的难点可以向指导教师询问。在操作中严格按照仪器设备的使用规则进行规范操作；掌握正确的仪器调节和操作方法；实验中要善于观察，勤于分析，若发现异常现象或仪器故障，应该立即停止实验，排除故障后方可继续进行。如果解决不了，则应该向指导教师报告。

把实验测量的原始数据和实验现象记录下来。实验的条件、实验仪器的规格型号和参数等也要予以记录。注意按照有效数字规则记录数据并注意标明物理量的单位。如要更改实验数据，需要注明原因，以便在实验结束后分析、核对。

两人或多人合作做一个实验时，既不要让其中一个人处于被动，也不要一个人包办代替，应当既有分工又有协作，以便共同达到预期实验要求。

测量结束后，数据要经教师检查合格并签字后，方可整理仪器，清扫实验桌面和地面，离开实验室。

（3）实验报告　实验后要对实验数据及时进行处理，并撰写实验报告。实验报告是对实验工作的全面总结，是把感性认识上升到理性认识的重要一环。实验报告可以采用与本教材配套、由学校统一印制的实验报告册来撰写。要求：语句精练，字体整洁，阐述明晰，图标规范，结果正确，分析客观。撰写报告时应该包括以下几方面内容：①实验名称；②实验目的；简要的计算公式；③仪器设备，应该包括仪器的型号、规格、参数等；④实验数据处理和计算；⑤误差分析；⑥实验结果表达；⑦对测量结果的评价与分析。实验报告应该在下一次实验课时交给指导教师进行批改。

大学物理实验的成绩应该由两部分组成，即平时成绩和考试成绩。平时成绩由预习、实验过程和实验报告成绩确定；考试内容包括每学期所作的实验操作以及仪器的调节与操作要点、误差与数据的处理等基本知识。

第1章　测量误差及数据处理

所有描述物质运动状态和运动形式的物理量都可以从几个基本物理量中导出，而这些基本物理量只有通过测量才能定量描述。这种将待测物理量直接和间接地与作为基准的相关物理量进行比较的过程，叫做测量。在测量过程中，如何正确地记录并处理一组原始实验数据，以及如何正确地评价物理量的测量值及其接近于客观真实的程度，是每一个实验工作者必须具备的能力。本章将就这方面的知识做一简单的介绍。

1.1　测量及误差

1.1.1　测量

科学实验离不开对各种物理量的测量，对物理量进行测量是物理实验极其重要的组成部分，测量的目的在于确定待测量的量值。按获得测量结果的手段来分，可以将测量分为直接测量和间接测量。

直接测量：是指一些物理量可通过相应的测量仪器直接测得。如用米尺测物体长度。

间接测量：由一些直接测得量通过一定函数关系计算出来的量。如圆柱的体积可以分别用米尺测其高度和横截面直径，然后由公式求得。

等精度测量：仪器的不同、方法的差异、测量条件的改变以及测量者素质的参差不齐都会造成测量结果的变化，这样的测量是不等精度测量。而同一个人，用同样的方法，使用同样的仪器并在相同的条件下对同一物理量进行的多次测量，叫做等精度测量。尽管各测量值可能不相等，但没有理由认为哪一次（或几次）的测量值更可靠或更不可靠。实际上，只要其变化对实验的影响很小乃至可以忽略，就可以认为是等精度测量。以后说到对一个量的多次测量，如无另加说明，都是指等精度测量。

1.1.2　基本测量方法

1. 直读法

使用具有相应单位分度的量具或仪表直接读取被测量值的大小的方法叫直读法。如用安培表测量电流，用伏特计测量电压等。直读法的特点是测量方便，但受仪器示数误差和读数误差限制，测量准确度一般不很高。

2. 比较法

将被测对象直接与体现计量单位的标准器进行比较的方法叫比较法。如用砝码和天平称质量，用单臂电桥测电阻，用电位差计测电动势，用标准信号源和示波器测频率等。当比较器选择适当时，这种方法的准确度仅取决于标准器，因而测量准确度高。但一般来说因操作较繁，故只在实验室中采用。

3. 放大法

所谓放大法，就是在测量中，若被测量很小，无法被观察者察觉，可通过某种方法将其放大后再进行测量。如用光杠杆可将微米级伸长量放大，使之在毫米尺上得到充分的反映；用外径千分尺测长度，采用的是螺旋放大微小间距的原理。示波器、望远镜等都是利用某种放大原理制成的仪器。

4. 转换法

所谓转换法，就是当待测物理量不便或无法直接测量时，可转化为对该量所产生的某种效应进行测量。如玻璃温度计就是根据温度对液体的热胀冷缩效应，将温度量转化为长度量进行测量的。而将非电量转化成电量进行测量（如热电偶测温度、超声干涉测声速等）和将非光学量转换成光学量进行测量（如干涉仪测长度、折射法测浓度等）等，已是现代精密计量的重要组成部分。

5. 模拟法

所谓模拟法，就是对有些不易测量的量，可根据相同的物理或数学模型有相似结果的特点，用模拟的测量代替对原型的测量。如静电场与稳恒电流场有相同的数学模型，所以可用对稳恒电流场等位线的测量，来模拟静电场等位线的测量。

6. 干涉测量法

所谓干涉测量法，就是利用光波干涉条纹的分布与变化，来测量微小长度、微小角度、光洁度等量。干涉测量技术是现代精密测量的重要组成部分。

1.1.3 测量误差

任何物质都有自身各种各样的特性，反映这些特性的物理量所具有的客观的真实数值，称为真值。在实际测量过程中，由于测量仪器、测量方法、测量条件和测量人员的水平以及各种因素的局限，不可能使测量结果与客观存在的真值完全相同。

在任何测量中，测量值与真值之间总是存在着差异，这种差异称为误差。

$$误差 = 测量值 - 真值$$

误差存在于一切测量之中，而且自始至终贯穿于整个测量过程。误差的产生有多方面的原因。根据误差的性质及产生的原因，可将误差分为系统误差、随机误差和过失误差三种。它们对测量结果的影响不同，处理方法也不同。

1. 系统误差

在一定条件下（指仪器、环境、方法和观测者一定），对同一物理量进行多次测量，其误差的大小和符号保持不变或随着测量条件变化而有规律地变化，这类误差称为系统误差。系统误差的特征是它的确定性，它的来源主要有以下几个方面：

（1）仪器本身的固有缺陷或没有按规定条件使用而引起的误差。如仪器标尺的刻度不准，零点没有调准，等臂天平的臂不等，砝码不准，应水平放置的仪器没有放水平等。

（2）由于测量所依据的理论本身的近似性或实验条件的局限，不能达到理论公式所规定的要求而引起的误差。如称量质量时没有考虑空气浮力的影响，伏安法测电阻时忽略了电表内阻的影响等等。

（3）由于实验者本身的心理或生理的特点而引起的误差。如使用停表计时，有人操之过急，总是计时短；而有人则反应迟缓，总是计时长；又如有的人对准目标时，总爱偏左或偏右等等。

不同的系统误差由于产生原因不同，其性质也不同。如实验仪器零点不准确，实验方法和理论不完善等原因引起的系统误差，一旦发现，可确定它的大小和正负，从而予以消除或充分修正。另一种系统误差，如反映各种仪器、仪表及量具制造准确程度的仪器极限误差，其特点是只知道使用该仪器误差的极限范围，并不确切知道它的大小和正负，因而是无法忽略又无法消除和修正的。

2. 随机误差

在测量中，若已经消除了系统误差，发现测量值仍杂乱无章地分散在一定的范围内，似乎不存在任何确定的规律性，测量值和真值之间仍然存在着误差，这种误差叫随机误差，又叫偶然误差。

随机误差有时大、有时小、有时正、有时负，即随机误差的符号和数值都是变化的，因此，这种误差使测量结果偏大偏小不定。但同一个人用同一仪器、在同种条件下，对同一物理量进行多次测量，若测量次数足够多，随机误差完全服从统计分布，当测量次数趋于无穷大时，全部可能的随机误差的算术平均值趋于零。因此，增加测量次数对减少随机误差有利，这就是我们在实际工作中常常采取重复多次测量的原因，但是随机误差是不能完全消除的。

随机误差的大小取决于观测者感官的限制和测量过程中一系列偶然因素的影响，它的来源比较复杂，随机误差的处理主要是依靠概率统计方法。

3. 过失误差

过失误差是由于实验者使用仪器的方法不正确，实验方法不合理，粗心大意，过度疲劳记错数据等引起的。过失误差是人为的，只要实验者采取严肃认真的态度、一丝不苟的作用，就完全可以避免它的出现。

1.1.4 测量结果的定性评价

对同一物理量进行多次等精度测量，其结果并不完全一样。我们通常对测量结果的好坏进行定性评价。这种定性评价通常要用到正确度、精密度和准确度这三个概念。这三者的含义并不相同，使用时要加以区别。

1. 正确度

它反映系统误差大小的程度，是指测量结果的正确性。正确度高是指测量数据的平均值偏离真值较少，测量的系统误差小，但数据分散的情况，即随机误差的大小不明确。

2. 精密度

它反映随机误差大小的程度，是指多次等精度测量各测量值的密集程度。精密度高表示测量的重复性好，各次测量值的分布密集，随机误差小，但系统误差的大小不明确。

3. 准确度

它反映系统误差与随机误差综合大小的程度。准确度高表示测量结果既精密又正确，即随机误差与系统误差均小。

现以射击打靶的弹着点分布为例，形象地说明以上三个术语的意义。如图 1-1 所示，其中图 1-1a 表示精密度高而正确度低；图 1-1b 表示正确度高而精密度低；图 1-1c 表示精密度和正确度均低，即准确度低；图 1-1d 表示精密度和正确度均高，即准确度高。通常所说的

“精度”含义不明确，应尽量避免使用。

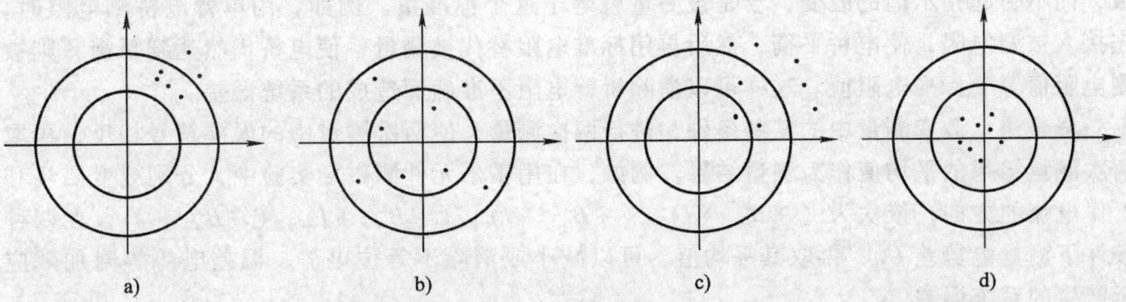

图 1-1 精密度、正确度和准确度示意图

1.2 误差处理

1.2.1 对系统误差的一般处理方法

1. 发现系统误差的方法

系统误差一般难于发现，并且不能通过多次测量来消除。人们通过长期实践和理论研究，总结出一些发现系统误差的方法，常用的有：

理论分析法 包括分析实验所依据的理论和实验方法是否有不完善的地方；检查理论公式所要求的条件是否得到了满足；量具和仪器是否存在缺陷；实验环境能否使仪器正常工作以及实验人员的心理和技术素质是否存在造成系统误差的因素等。

实验比对法 对同一待测量可以采用不同的实验方法，使用不同的实验仪器，以及由不同的测量人员进行测量，对比、研究测量值变化的情况，以发现系统误差的存在。

数据分析法 因为随机误差是遵从统计分布规律的，所以若测量结果不服从统计规律，则说明存在系统误差。我们可以按照测量列的先后次序，把偏差（残差）列表或作图，观察其数值变化的规律，比如前后偏差的大小是递增或递减的；偏差的数值和符号有规律地交替变化；在某些测量条件下，偏差均为正号（或负号），条件变化以后偏差又都变化为负号（或正号）等情况，依据这些都可以判断存在系统误差。

2. 系统误差的减小与消除

知道了系统误差的来源，也就为减小和消除系统误差提供了依据。

(1) 减小与消除产生系统误差的根源　对实验可能产生误差的因素尽可能予以处理。比如采用更符合实际的理论公式，保证仪器装置良好，满足仪器规定的使用条件等等。

(2) 利用实验技巧，改进测量方法　对于定值系统误差的消除，可以采用如下一些技巧和方法：

交换法 根据误差产生的原因，在一次测量之后，把某些测量条件交换一下再次测量。例如，用天平称质量时，把被测物和砝码交换位置进行两次测量。设 m_1 和 m_2 分别为两次测得的质量，取物体的质量为 $m=\sqrt{m_1 m_2}$，就可以消除由于天平不等臂而产生的系统误差。

替代法 在测量条件不变的情况下，先测得未知量，然后再用一已知标准量取代被测量，而不引起指示值的改变，于是被测量就等于这个标准量。例如，用单臂电桥测电阻时，先接入被测电阻，使电桥平衡，然后再用标准电阻替代被测量，使电桥仍然达到平衡，则被测电阻值等于标准电阻值。这样可以消除桥臂电阻不准确而造成的系统误差。

异号法 改变测量中的某些条件，进行两次测量，使两次测量中的误差符号相反，再取两次测量结果的平均值作为测量结果。例如，在用霍尔元件测磁场实验中，分别改变磁场和工作电流的方向，依次为（$+B$，$+I$）、（$+B$，$-I$）、（$-B$，$+I$）、（$-B$，$-I$），在四种条件下测量电势差 U_H，再取其平均值，可以减小或消除不等位电势、温差电势等附加效应所产生的系统误差。

此外，用“等距对称观测法”可消除按线性规律变化的变值系统误差；用“半周期偶数测量法”可以消除按周期性变化的变值系统误差等等，这里不再详细介绍。

在采取消除系统误差的措施后，还应对其他的已定系统误差进行分析，给出修正值，用修正公式或修正曲线对测量结果进行修正。例如，外径千分尺的零点读数就是一种修正值；标准电池的电动势随温度的变化可以给出修正公式；电表校准后可以给出校准曲线等等。

对于无法忽略又无法消除或修正的未定系统误差，可用估计误差极限值的方法进行估算。

以上仅就系统误差的发现及消除方法作一般性介绍。在实际问题中，系统误差的处理是一件复杂而困难的工作，它不仅涉及许多知识，还需要有丰富的经验，这需要在长期的实践中不断积累，不断提高。

1.2.2 随机误差的概率分布规律

试验中，随机误差是不可避免的，也不可能消除掉。但是，可以根据随机误差理论来估计其大小。处理随机误差问题时，为了方便初学者，本书尽量避开了繁琐的数学推导，只给出必要的过程和结论。其次，为了突出主要矛盾，更有效地讨论随机误差，我们可以假设系统的随机误差已经消除。

随机误差的存在使每次测量值涨落不定，但是它又服从一定的统计分布规律。无数的实验事实与统计理论都证明，大部分测量中的随机误差服从的是正态分布规律。当然，也有一些随机误差在某些情况下也会服从其他分布，例如泊松分布、均匀分布或 t 分布等。我们这里只对最重要的、服从正态分布的随机误差进行讨论。

设某物理量的真值为 x_0，等精度测量条件下的多次测量值分别为 x_i（$i=1, 2, 3, \cdots n$），而被测物理量的真值设为 μ，则统计理论分析表明，随机误差 $\Delta x_i = x_i - \mu$ 的概率密度函数符合正态分布（也称高斯分布），其具体函数形式为

$$f(\Delta x_i) = \frac{1}{\sqrt{2\pi}\sigma}\exp\left(-\frac{\Delta x_i^2}{2\sigma^2}\right) \tag{1-1}$$

上式也可以用图 1-2 所示的正态分布曲线来表示。由图可见随机误差具有以下性质：

（1）单峰性：绝对值小的误差比绝对值大的误差出现概率大。当 $n\to\infty$ 时，随机误差在 0 附近有最大的概率。

（2）对称性：绝对值相等的正误差和负误差出现的概率接近相等，因此，多次测量可部分地排除随机干扰所带来的误差。

（3）有界性：误差的绝对值不会超过某一界限，即绝对值很大的误差出现的概率为零。

（4）补偿性：由于绝对值相等的正、负误差出现的概率接近相等，故当 $n\to\infty$ 时，随机误差的算术平均值将趋于零（此性质是对称性的必然结果）。

由概率统计知识可知，误差出现在（Δx，$\Delta x + \mathrm{d}x$）区间的概率 P 与 $\mathrm{d}x$ 成正比，即

$$P = f(\Delta x)\,\mathrm{d}x \tag{1-2}$$

此对应图中阴影部分面积，若将所有可能的 $f(\Delta x)$ $\mathrm{d}x$ 相加，则得曲线 $f(\Delta x)$ 与横轴所围的总面积，此面积必等于 1，即

$$\int_{-\infty}^{+\infty} f(\Delta x)\,\mathrm{d}x = 1 \tag{1-3}$$

概率等于 1，表示事件的发生是确定的。这里的物理意义为：设在一次实验中，随便测出的任一个数不管误差多大都成立，则这种实验任何人都可以有绝对把握做成功。

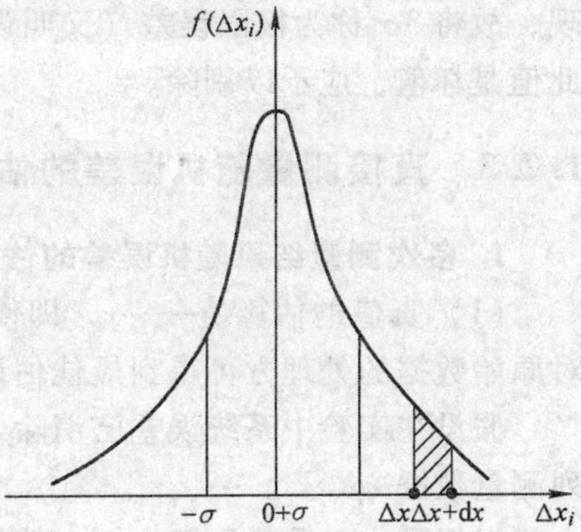

图 1-2　正态分布

图中 σ 对应 f（Δx）曲线拐点的横坐标值（可由 $f(\Delta x)$ 函数二阶导数为零求出），是式（1-1）中惟一的参量，现对 σ 的计算及用途作以下说明：

（1）σ 的具体数值是由一定条件决定的，即测量条件不同，σ 数值就不同。σ 可由下式求出：

$$\sigma = \lim_{n\to\infty}\sqrt{\frac{\sum_{i=1}^{n}(x_i-\mu)^2}{n}} \tag{1-4}$$

该式表示 σ 值是无穷多次测量所产生的随机误差的方均根值，称为标准误差。

（2）当 $\Delta x = 0$ 时（即真值所在处），$f(0) = \frac{1}{\sqrt{2\pi}\sigma}\propto\frac{1}{\sigma}$，$f(0)$ 对应误差曲线的最高点，所以 σ 较小时，曲线峰值较大，又因为曲线下所围面积恒为 1，所以曲线两旁比较陡峭，见图 1-3 中曲线 1；反之，σ 值越大，曲线峰值越低，曲线两旁变化越平缓，见图 1-3 中曲线 2。故 σ 值可定性地给出误差曲线的形状。

（3）由 $-\sigma$ 到 $+\sigma$ 之间，曲线下的面积为曲线与横轴所围总面积的 68.3%，且由 $|\Delta x_i| = |x_i-\mu| \leqslant \sigma$ 可知，这个概率还可以说是测量值落在区间［$\mu-\sigma$，$\mu+\sigma$］内的次数占总测量次数 n（$\to\infty$）的 68.3%，或说当以任意一次测量值表示测量结果时，在［$x_i\pm\sigma$］区间内包含真值 μ 的概率为 68.3%。

［$\pm\sigma$］称为置信区间，其包含真值的概率（P = 68.3%）称为置信概率。因而，只要对测量结果给出置信区间［$\pm\sigma$］和置信概率 P，就表达了测量结果的精密程度。置信区间越小，则测量结果的精密程度越高。

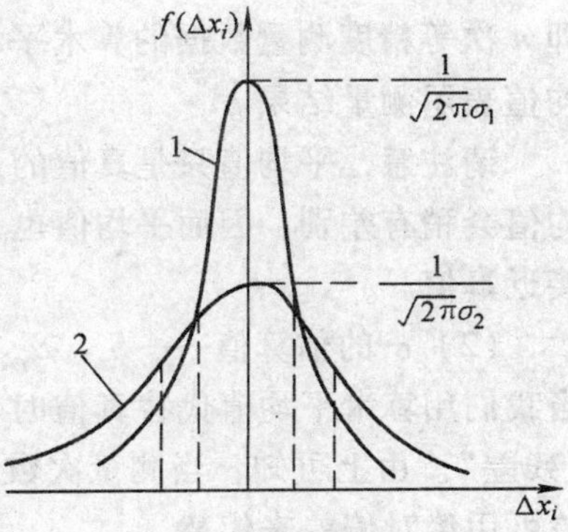

图 1-3　具有不同 σ 值的两个正态分布

应该注意，Δx 是实在的误差值，可正可负，而 σ 并不

是一个具体的测量误差值，它是在相同条件下进行多次测量时对随机误差变化范围的一个评定参数，只具有统计意义。

（4）扩大置信区间，置信概率就会提高。如将区间扩大到［$\pm 2\sigma$］，则 $P=95.4\%$，扩大到［$\pm 3\sigma$］，则 $P=99.7\%$。这表明在1000次的测量中，只有3次左右的随机误差值超过这个范围。而通常我们对一个量的测量不超过几十次，所以如此大的随机误差几乎不可能出现，故将 3σ 称为极限误差（又叫误差限或置信限）。当某测量值的误差大于 3σ 时，可认为此值是坏值，应予以剔除。

1.2.3 直接测量随机误差的估算

1. 多次测量结果随机误差的估算

（1）真值的估算值——$\bar{x}$ 即使测量的次数足够多，真值也是无法直接测出的，需通过对原始数据的处理方可得到最佳估计值。

假设在实验中系统误差已消除或已减小到可以忽略的程度，通过 n 次等精度测量测得一列测量数据 x_1、x_2、…、x_n。

根据最小二乘法原理，一个等精度测量列的最佳估计值，是能使各次测量值与该值之差的平方和为最小的那个值。若设这个值为 x_0，则最小二乘法的数学表达式可写为

$$f(x_0)=\sum_{i=1}^{n}(x_i-x_0)^2=\text{最小值} \tag{1-5}$$

令 $f(x_0)$ 的一阶导数为零，则

$$\frac{\mathrm{d}f(x_0)}{\mathrm{d}x_0}=-2\sum_{i=1}^{n}(x_i-x_0)=0$$

$$\sum_{i=1}^{n}x_i=nx_0$$

所以

$$x_0=\frac{1}{n}\sum_{i=1}^{n}x_i=\bar{x} \tag{1-6}$$

即 n 次等精度测量数据的算术平均值就是真值的最佳估计值。所以在多次测量时，用算术平均值表示测量结果。

请注意，平均值只是真值的近似值，当测量次数不同，或对不同组数据进行计算时，平均值会稍有差别，因而平均值也是一个随机量。当测量次数无限增加时，算术平均值才无限接近真值。

（2）σ 的估算值——S_x、$S_{\bar{x}}$ 前面我们曾定义测量值与真值之差的绝对值为绝对误差。当我们用算术平均值代替真值时，测量值与平均值之差的绝对值称为（绝对）偏差，又叫“残差”。由上可知，当测量次数无限增加时，偏差就无限接近于误差，也即此时的绝对误差可用绝对偏差来代替。

同理，可以证明，多次测量中标准误差 σ 值也可通过样本标准偏差（简称标准差）来近似估算，样本标准偏差用符号 S_x 表示，计算公式为

$$S_x = \sqrt{\frac{\sum_{i=1}^{n}(x_i - \bar{x})^2}{n-1}} \tag{1-7}$$

上式称为贝塞尔公式，S_x 是测量列中任何一次测得值的标准偏差，由于 S_x 是 σ 的近似值，所以 S_x 的物理含义与 σ 相对应，也即任意一次测量值的随机误差落在 $[-S_x, +S_x]$ 区间内的概率是 68.3%（即区间 $[\pm S_x]$ 等效为一个置信区间），或说任意一次测量值落在区间 $[\bar{x}-S_x, \bar{x}+S_x]$ 内的概率为 68.3%，这也可以理解成将一组测量数据表示成 $[x_i \pm S_x]$ 时，包含真值（实为 $\bar{x}$）的概率为 68.3%。此外，测量值与算术平均值之间偏离程度超过 $3S_x$ 的概率只有约 0.3%，这在有限次测量中不可能发生，故 $3S_x$ 可代替 3σ 作为剔除实验数据中坏值的标准，称为误差限。

由于随机误差有补偿性，所以一个测量列的算术平均值的随机误差必比任何一次实际测量结果的随机误差小，前面已经证明算术平均值可作为真值的估计值，但它毕竟不是真值，平均值本身也是个随机量。设想在等精度条件下进行许多列 n 次测量，则每一列测量数据可求得一个 $\bar{x}$，故可得 $\bar{x}_1$，$\bar{x}_2$，…，这些平均值的统计分布必然会更靠近真值，所以任意一个平均值的标准偏差要比任意一次单个测量值的标准偏差小，且可推出平均值的标准偏差（$S_{\bar{x}}$）与任一次测量值的标准偏差（S_x）间有如下的关系，即

$$S_{\bar{x}} = \frac{S_x}{\sqrt{n}} \tag{1-8}$$

将式（1-7）代入式（1-8），得算术平均值的标准偏差计算公式为

$$S_{\bar{x}} = \sqrt{\frac{\sum_{i=1}^{n}(x_i - \bar{x})^2}{n(n-1)}} \tag{1-9}$$

显然 $S_{\bar{x}}$ 的含义应与 S_x 相对应，即任意一个测量列的算术平均值的随机误差落在 $[-S_{\bar{x}}, S_{\bar{x}}]$ 区间内的概率是 68.3%，也即当把测量结果表示成 $[\bar{x} \pm S_{\bar{x}}]$ 时，包含真值的概率为 68.3% 左右，在此，平均值的置信区间 $[-S_{\bar{x}}, S_{\bar{x}}]$ 比任意测量值的置信区间 $[-S_x, S_x]$ 窄，所以平均值的误差曲线比任意测量值对应的误差曲线中部峰值更高，两旁下降更快，这反映了平均值的优越性。

式（1-6）至式（1-9）的计算可利用函数计算器的统计运算模式算出。各种不同型号的计算器具体操作方法略有不同，可查说明书。下面仅就这方面的操作具体举一个例子。

【例 1-1】　用（SHARP EL－5812）型计算器，求 2 与 3 的 $\sum x$，$\sum x^2$，$\bar{x}$，S_x，$S_d\bar{x}$

先按键	后按键	显示	作用	意　义
2ndF	STAT	STAT	STAT	进入统计状态
2	M^+	1	DATA	输入数字 2（显示一个数据）
3	M^+	2	DATA	输入数字 3（显示两个数据）
2ndF	$\sum x$	5	$\sum x$	显示 2 与 3 之和
2ndF	$\sum x^2$	13	$\sum x^2$	显示 2 与 3 平方之和
	n	2	n	显示输入数据的个数
	$\bar{x}$	2.5	$\bar{x}$	显示 2 与 3 的平均值

（续）

先按键	后按键	显示	作用	意义
	S_x	0.707	S_x	单次测量的标准差 $\sqrt{\dfrac{\sum_{i=1}^{n}(x_i-\bar{x})^2}{n-1}}$
÷ → 2 → √ → =		0.5	$S_{\bar{x}}$	平均值的标准差 $\sqrt{\dfrac{\sum_{i=1}^{n}(x_i-\bar{x})^2}{n(n-1)}}$
3 → 2ndF → M^+ （CD）		1	CD	消除已输入的 3，数据库中只剩下一个数 2

（3）相对误差的估算值　误差有两种表达方式，一种是绝对误差：

$$\Delta x = |x-\mu| \tag{1-10}$$

式中，x 代表测量值；μ 代表物理量真值。另一种是相对误差：

$$E=\frac{|x-\mu|}{\mu}\times 100\% \tag{1-11}$$

它们从不同的侧面反映了测量数列的准确度。S_x、$S_{\bar{x}}$ 反映的是测量数据与近似真值间的偏离分布，但这种偏离是绝对值的偏离，单从 S_x、$S_{\bar{x}}$ 的数值还不能判断出一列测量数据的可靠程度，要进一步更直观更全面地反映测量列的优劣，还需要借助于相对误差来表达。下面介绍如何对相对误差进行估计。

【方式一】　当我们用平均值的标准偏差 $S_{\bar{x}}$ 和平均值 $\bar{x}$ 代入相对误差的定义式（1-11）时，即可得到相应的相对误差近似计算公式，即

$$E=\frac{S_{\bar{x}}}{\bar{x}}\times 100\% \qquad \text{概率 } 68.3\% \tag{1-12}$$

相对误差 E 是个无单位的无名数，常用来比较两列（或两个）测量数据间的优劣或检验一列数据的分散程度即测量精密度。例如，有两列测量数据经处理后有如下结果：

A 组：$\bar{x}_A=40.0\text{cm}$　　$S_{\bar{x}A}=0.2\text{cm}$　　$E_A=\dfrac{0.2}{40.0}=0.5\%$

B 组：$\bar{x}_B=20.0\text{cm}$　　$S_{\bar{x}B}=0.2\text{cm}$　　$E_B=\dfrac{0.2}{20.0}=1\%$

可见，尽管两组测量的 $S_{\bar{x}}$ 相同，但前一组的测量比后一组的测量的准确度高，也即测量精度高。

【方式二】　将测量值或测量列的平均值与公认值进行比较，即

$$E_{x公}=\frac{|\bar{x}-\text{公认值}|}{\text{公认值}} \tag{1-13}$$

这样算得的相对误差反映了测量值与公认值之间符合的程度。而公认值是由国际上公认的权威实验室中有经验的人员用精密的仪器、严格的数据处理方法，经过长期精心操作测出的，甚至有时是几个这样的实验室所得结果的平均，因此，公认值是比较准确的，故若 $E_{x公}$ 数值小，则表示测量的准确度高。它主要反映的是系统误差（一些常用的物理常数的公认值见附录）。

【方式三】　将测得值或测量列的平均值与理论值进行比较，即

$$E_{x理} = \frac{|\bar{x} - 理论值|}{理论值} \tag{1-14}$$

此时的相对误差主要反映实验与理论符合的程度。如果这个值大，表示实验不能验证该理论，这可能是测量精度不够，也可能是理论不正确；如果这个值小，则表示理论已被实验所证实。

显然，上面三个相对误差的计算公式所表达的含义各不相同，应注意区别。若在数据处理中仅希望了解随机误差所引起的相对误差，则使用式（1-12）计算。

2. 测量次数很少时随机误差的估算

当测量次数很少时，随机误差不严格遵从正态分布，而是遵从 t 分布（又称学生分布）。此分布是1908年由戈塞特（W. S. Gosset）首先提出的，其函数形式比较复杂。t 分布曲线与正态分布曲线形状类似，但稍低稍宽，当测量次数 $n\to\infty$ 时，t 分布趋于高斯分布。可见，t 分布与正态分布并不是相互独立的，在置信概率相同的情况下，两种分布之间应存在一个转换系数，此系数称为置信因子 t_p，简称 t 因子。t 因子的数值随测量次数的不同及置信概率的不同而不同，用正态分布算出来的标准偏差乘以相应的 t 因子，即 $S'_{\bar{x}} = t_p S_{\bar{x}}$，作为 t 分布的置信区间，则可得到相应的置信概率。例如，区间 $[\pm t_{0.954} S_{\bar{x}}]$ 的置信概率与区间 $[\pm 2S_{\bar{x}}]$ 相同，为95.4%。显然，置信概率为99.7%时所对应的置信区间为 $[\pm t_{0.997} S_{\bar{x}}]$。表1-1给出了一些 t 因子常用的数值。

3. 多次测量次数的确定

式（1-9）表明，当测量次数增加时，$S_{\bar{x}}$ 会越来越小，它反映了增加测量次数可以减少随机误差。但 n 越大，$S_{\bar{x}}$ 的变化就越缓慢。图1-4反映了 $S_{\bar{x}}$ 随 n 变化的关系，由曲线可看出，当 $n>10$ 时，$S_{\bar{x}}$ 的减小已不明显，因此在做多次测量时，一般重复6~10次就够了。一味地增加测量次数，不仅误差的减小不明显，而且会拖长工作时间，环境条件的不变性亦难保证。

表1-1　t 因子常用数值表（表中 n 表示测量次数）

p \ $t_p(n)$ \ n	2	3	4	5	6	7	8	9	10	11	16	∞
0.683	1.84	1.32	1.20	1.14	1.11	1.09	1.08	1.07	1.06	1.05	1.04	1.00
0.954	12.71	4.30	3.18	2.78	2.57	2.45	2.36	2.31	2.26	2.23	2.13	1.96
0.997	63.66	9.93	5.84	4.60	4.03	3.71	3.50	3.36	3.25	3.17	2.95	2.58

另外，测量的准确度还受到仪器准确度的制约。一般对一个被测量应至少先测2~3次，若各次测得值相同，则表示所用仪器准确度不高，反映不出测量的随机误差，可以按单次测量处理；若各次测量值不同，可根据数据起伏的大小来决定重复测量的次数，总共测6~10次即可。

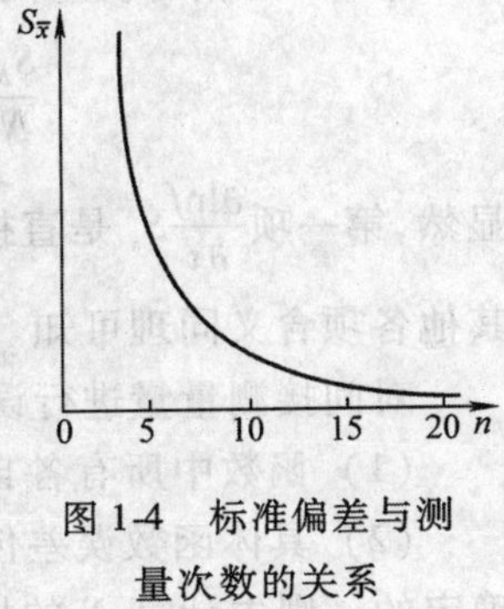

图1-4　标准偏差与测量次数的关系

4. 单次测量

若只需对物理量进行一次测量，或由于条件限制只能进行一次测量，则 S 项一般应由仪器基本误差除以 $\sqrt{3}$ 代替（置信概率仍为68.3%），仪器基本误差可由仪器技术指标或有关手册查出，也可取最小刻度的一半。

当测量不能在正常状态下进行时，单次测量结果的误差应根据测量的实际情况和仪器误差进行估计。如用米尺测量钢丝的长度时，若米尺不能紧靠钢丝，上下两端读数误差可各取0.5 mm，则在钢丝长度的测量中，与仪器基本误差相对应的误差为1 mm。

1.2.4 间接测量随机误差的估算

物理实验中有很多量是通过间接测量得到的，由于各直接测量值存在误差，代入公式算出的间接测量值也必然存在误差，各直接测量值误差与间接测量值误差之间的关系，是误差的传递与合成问题，相应的公式称误差传递公式。

设间接测量量 $N=f(x, y, z, \cdots)$，其中 $x, y, z, \cdots$ 均为彼此相互独立的直接测量量，每一直接测量量为等精度多次测量，且只含随机误差，则

(1) 间接测量量 N 的算术平均值（真值的最佳估计值）可通过将各直接测量量的算术平均值代入函数式中算出，即

$$\overline{N} = f(\overline{x}, \overline{y}, \overline{z}, \cdots) \tag{1-15}$$

(2) N 的标准偏差可由各独立直接测量量分别引起的 N 的标准偏差的分量，通过方和根的方法合成得到。具体计算如下：

将 $x, y, z, \cdots$ 各量引起的 N 的标准偏差的分量记作 $(S_N)x$，$(S_N)y$，$(S_N)z$，…则由数学推导可知各项分量的计算公式为

$$\begin{cases} (S_N)x = (\dfrac{\partial f}{\partial x})S_x \\ (S_N)y = (\dfrac{\partial f}{\partial y})S_y \\ (S_N)z = (\dfrac{\partial f}{\partial z})S_z \\ \vdots \end{cases} \tag{1-16}$$

其中偏导数 $\frac{\partial f}{\partial x},\frac{\partial f}{\partial y},\frac{\partial f}{\partial z},\cdots$ 称为误差传递系数，它的数值大小表示间接测量结果的标准差受直接测量结果标准差影响的敏感程度。故 N 的标准偏差计算公式为

$$S_N = \sqrt{(\frac{\partial f}{\partial x})^2 S_x^2 + (\frac{\partial f}{\partial y})^2 S_y^2 + (\frac{\partial f}{\partial z})^2 S_z^2 + \cdots} \tag{1-17}$$

(3) N 的相对误差同理也可由各项分误差合成得到，即

$$\frac{S_N}{N} = \sqrt{(\frac{\partial \ln f}{\partial x})^2 S_x^2 + (\frac{\partial \ln f}{\partial y})^2 S_y^2 + (\frac{\partial \ln f}{\partial z})^2 S_z^2 + \cdots} \tag{1-18}$$

显然，第一项 $\frac{\partial \ln f}{\partial x}S_x$ 是直接测量量 x 引起的 N 的相对误差的分量，$\frac{\partial \ln f}{\partial x}$ 为相应的误差传递系数，其他各项含义同理可知。

对间接测量量进行误差计算时要注意以下问题：

(1) 函数中所有各自变量的物理含义均为相互独立的，可以直接测量的物理量。

(2) 具体函数误差传递公式的推导技巧：若间接测量量 N 是由独立相加减的函数关系确定的，则先计算 N 的标准偏差，再计算相对误差较方便；若 N 是由独立相乘除的函数关系确定的，则应先计算相对误差，后计算标准偏差较方便。常用函数的标准偏差传递公式见表 1-2（均可由基本公式推出，同学们可自行验证）。

表 1-2　常用函数的标准偏差传递公式

函数关系	标准偏差传递公式
$N = x \pm y$	$S_N = \sqrt{S_x^2 + S_y^2}$
$N = xy$，　$N = \frac{x}{y}$	$\frac{S_N}{N} = \sqrt{(\frac{S_x}{x})^2 + (\frac{S_y}{y})^2}$
$N = \alpha x$（α 为常数）	$S_N = \alpha S_x$，　$\frac{S_N}{N} = \frac{S_x}{x}$
$N = \alpha x^k$（α，k 为常数）	$\frac{S_N}{N} = k\frac{S_x}{x}$
$N = \alpha \sqrt[k]{x}$（α，k 为常数）	$\frac{S_N}{N} = \frac{1}{k} \cdot \frac{S_x}{x}$
$N = \frac{x^k \cdot y^m}{Z^n}$（$k$，$m$，$n$ 为常数）	$\frac{S_N}{N} = \sqrt{k^2 (\frac{S_x}{x})^2 + m^2 (\frac{S_y}{y})^2 + n^2 (\frac{S_z}{z})^2}$
$N = \sin x$	$S_N = \vert \cos x \vert S_x$
$N = \tan x$	$S_N = \sec^2 x S_x$
$N = \ln x$	$S_N = \frac{S_x}{x}$

（3）一般情况下，各直接测量量的误差对间接测量结果误差的影响起主要作用的往往只有少数几项，因此，在用方和根法进行误差合成时，根据微小误差准则，若某一分项值小于最大分项的1/3，就可略去。

（4）式（1-17）适用于各种概率下的误差传递，但各分项对应的概率要统一。即当所有直接测量值都以标准偏差代入时，则由公式计算出的间接测量结果的置信概率也为68.3%；但若所有直接测量值都用高概率代入，则传递后的结果仍为高概率的偏差。

（5）式（1-17）中若以 $S_{\bar{x}}$，$S_{\bar{y}}$，$S_{\bar{z}}$，…代入，则相应得 $S_{\bar{N}}$，即算出的结果是间接测量各测量列平均值的标准偏差。

【例 1-2】　推导圆环面积 $N = \frac{\pi}{4}(D^2 - d^2)$ 的误差传递公式（D，d 分别为圆环的内、外直径）。

【解】　此属于和差型的函数，故先求 S_N。

因为
$$S_N = \sqrt{(S_N)_D^2 + (S_N)_d^2}$$

且
$$(S_N)_D = \frac{\partial N}{\partial D} S_D = \frac{\pi D}{2} S_D \qquad (S_N)_d = \frac{\partial N}{\partial d} S_d = -\frac{\pi d}{2} S_d$$

所以
$$S_N = \sqrt{(\frac{\pi}{2} D)^2 S_D^2 + (-\frac{\pi}{2} d)^2 S_d^2}$$

相对误差：
$$\frac{S_N}{N} = \sqrt{(\frac{2D}{D^2 - d^2})^2 S_D^2 + (\frac{-2d}{D^2 - d^2})^2 S_d^2}$$

【思考题】　可否将函数形式改写成 $N = \frac{\pi}{4}(D + d)(D - d)$，即将它看成一个积商型的函数，且 $(D + d)$ 为一个变量，$(D - d)$ 为另一个变量，对其各变量先取对数再求导，得到相对误差表达式，然后再求 S_N?

【例 1-3】 试证函数 $N=\dfrac{x_1}{x_2-x_3}+x_4$ 的标准偏差为

$$S_N=\sqrt{\frac{1}{(x_2-x_3)^2}S_{x_1}^2+\frac{x_1^2}{(x_2-x_3)^4}S_{x_2}^2+\frac{x_1^2}{(x_2-x_3)^4}S_{x_3}^2+S_{x_4}^2}$$

式中 x_1，x_2，x_3，x_4 均为独立变量。

【证明】

［方法一］ 由基本公式出发，先求 S_N 的各分量。

$$(S_N)_{x_1}=\frac{1}{x_2-x_3}S_{x_1};\quad (S_N)_{x_2}=-\frac{x_1}{(x_2-x_3)^2}S_{x_2};\quad (S_N)_{x_3}=\frac{x_1}{(x_2-x_3)^2}S_{x_3};$$

$$(S_N)_{x_4}=S_{x_4}$$

代入式（1-17）得

$$S_N=\sqrt{\left(\frac{1}{x_2-x_3}\right)^2S_{x_1}^2+\left[-\frac{x_1}{(x_2-x_3)^2}\right]^2S_{x_2}^2+\left[\frac{x_1}{(x_2-x_3)^2}\right]^2S_{x_3}^2+S_{x_4}^2}$$

$$=\sqrt{\left(\frac{1}{x_2-x_3}\right)^2S_{x_1}^2+\frac{x_1^2}{(x_2-x_3)^4}S_{x_2}^2+\frac{x_1^2}{(x_2-x_3)^4}S_{x_3}^2+S_{x_4}^2}$$

［方法二］ 函数 N 可看成由三层结构组成。首先，N 由两项之和构成；其次，和中的第一项又由二项相除构成；最后，除式的分母由两项之差构成。故函数 N 的误差也可用下面的方法推导。

首先，令

$$\frac{x_1}{x_2-x_3}=y \qquad ①$$

则 $N=y+x_4$

故

$$S_N=\sqrt{S_y^2+S_{x_4}^2} \qquad ②$$

其次，令

$$x_2-x_3=z \qquad ③$$

则 $y=\dfrac{x_1}{z}$

所以

$$\left(\frac{S_y}{y}\right)^2=\left(\frac{S_{x_1}}{x_1}\right)^2+\left(\frac{S_z}{z}\right)^2 \qquad ④$$

因为

$$S_z^2=S_{x_2}^2+S_{x_3}^2 \qquad ⑤$$

则将③式、⑤式代回到④式中可得

$$S_y^2=\left[\left(\frac{S_{x_1}}{x_1}\right)^2+\frac{S_{x_2}^2+S_{x_3}^2}{(x_2-x_3)^2}\right]y^2 \qquad ⑥$$

将式①、式⑥代入式②，得

$$S_N = \sqrt{\left(\frac{1}{x_2 - x_3}\right)^2 S_{x_1}^2 + \frac{x_1^2}{(x_2 - x_3)^4} S_{x_2}^2 + \frac{x_1^2}{(x_2 - x_3)^4} S_{x_3}^2 + S_{x_4}^2}$$

以上是推导误差传递公式常用的两种方法，同学们要掌握，具体应用哪一种更好，应视具体情况而论。

【思考题】 若函数 $N = \frac{x_1}{x_1 - x_2} + x_3$，则是否可令 $y = \frac{x_1}{x_1 - x_2}$，$z = x_1 - x_2$，用第二种方法来解？为什么？

1.2.5 测量结果的表示

测量结果的完整表达应包括四个要素，即真值的近似值、标准偏差（平均值的标准偏差 $S_{\bar{x}}$ 或单次测量的标准偏差 S_x）、对应单位及相对误差（有时还需注明置信概率和测量次数）。具体规范式如下：

直接测量

$$\begin{cases} x = \bar{x} \pm S \quad \text{单位} \quad (P = 68.3\%) \\ E_x = \dfrac{S}{\bar{x}} \times 100\% \end{cases} \tag{1-19}$$

间接测量

$$\begin{cases} N = \bar{N} \pm S \quad \text{单位} \quad (P = 68.3\%) \\ E_x = \dfrac{S}{\bar{N}} \times 100\% \end{cases} \tag{1-20}$$

在表达测量结果时需注意：

（1）若直接测量结果是最终结果，则 S 用一位至两位数字表示，一般当 S 的首位数是 1 或 2 时，则保留两位，首位数是大于等于 3 的数时，则只取一位数字。但若测量结果仅是作为间接测量的一个中间结果，则 S 最好取两位数字，多余的数按舍入规则取舍。

（2）$\bar{x}$（或 $\bar{N}$）项与 S 项要一致，此包含三层含义：①$\bar{x}$（或 $\bar{N}$）项的末位与保留的 S 项的末位一定要对齐，即要将按公式运算得到的 $\bar{x}$（或 $\bar{N}$）的末位与 S 末位比较，多舍少补（用“0”顶位）。②$\bar{x}$（或 $\bar{N}$）项与 S 项的 10 的幂次要相同。③$\bar{x}$（或 $\bar{N}$）与 S 的单位相同。

（3）相对误差一般用一至两位的百分数表示。

例如，对某一物理量的测量数据计算结果为 $\bar{x} = 1.86550\text{m}$，$S = 0.01250\text{m}$，$(P = 68.3\%)$ 则测量结果表示为

$$x = (1.866 \pm 0.012)\text{m} \qquad (P = 68.3\%)$$

$$E = 0.64\%$$

再如，对某物体质量的测量数据计算结果为 $\bar{m} = 18.00\text{g}$，$S_{\bar{m}} = 0.003\text{g}$，则测量结果应表示为

$$m = (18.000 \pm 0.003)\text{g} = (1.8000 \pm 0.0003) \times 10^{-2}\text{kg}$$

$$E = \frac{0.003}{18.000} \times 100\% = 0.17\%$$

【例 1-4】 测量某长度后所得数据如下（单位 mm）：

n（测量次数）	1	2	3	4	5	6	7	8	9	10
L/mm	40.3	39.6	39.7	40.4	39.5	39.8	40.3	39.6	40.5	40.3

试将测量结果按规范式正确表述。

【解】 $\bar{L}=\frac{1}{10}\sum_{i=1}^{10}L_i=40.0\ \text{mm}$（计算器显示为40，但原始数据均在小数后有一位，故应以0补足）

$$S_L=\sqrt{\frac{\sum_{i=1}^{10}(L_i-\bar{L})}{10-1}}=0.39\ \text{mm}（此值并非最后结果，暂保留两位，以减少运算误差）$$

$$S_{\bar{L}}=\frac{S_L}{\sqrt{10}}=0.12\ \text{mm}$$

故测量结果应表述为

$$L=(40.00\pm0.12)\ \text{mm}\qquad(P=68.3\%,\ n=10)$$

$$E_L=\frac{S_{\bar{L}}}{\bar{L}}\times100\%=0.3\%$$

【例1-5】 用流体静力称衡法测量一石蜡块的密度，计算公式为$\rho=\frac{m}{m_2-m_1}\rho_0$，测得石蜡块在空气中的质量$m=(21.42\pm0.03)\ \text{g}\ (P=68.3\%)$，石蜡与重物共同浸入水中称得质量$m_1=(35.54\pm0.03)\text{g}\ (P=68.3\%)$，将石蜡提出水面，且重物仍浸在水中时称得质量$m_2=(59.00\pm0.03)\text{g}\ (P=68.3\%)$，查表得水的密度$\rho_0=0.9997\ \text{g/cm}^3$（$\rho_0$看做常数）。试计算并表达出石蜡密度的测量结果。

【解】

$$\bar{\rho}=\frac{\bar{m}}{\bar{m}_2-\bar{m}_1}\rho_0=\frac{21.42}{59.00-35.54}\times0.9997\ \text{g/cm}^3=0.9128\ \text{g/cm}^3$$

因可推出

$$E=\frac{S_\rho}{\rho}=\sqrt{(\frac{S_m}{m})^2+\frac{S_{m_1}^2+S_{m_2}^2}{(m_2-m_1)^2}+(\frac{S_{\rho0}}{\rho_0})^2}$$

代入相应数值，并注意到$S_{\rho_0}=0$得

$$E=\sqrt{(\frac{0.03}{21.42})^2+\frac{0.03^2+0.03^2}{(59.00-35.54)^2}}=0.0023=0.23\%$$

$$S_\rho=\bar{\rho}\cdot\frac{S_\rho}{\rho}=0.9128\times0.0023\ \text{g/cm}^3=0.0021\ \text{g/cm}^3$$

故测量结果可表示为

$$\rho=(0.9128\pm0.0021)\ \text{g/cm}^3=(9.128\pm0.021)\times10^2\ \text{kg/m}^3\quad(P=68.3\%)$$

$$E=0.23\%$$

1.3　有效数字的记录与运算

1.3.1　有效数字的一般概念

为了理解有效数字的概念，我们先举一个例子。如图 1-5 所示，用米尺测量一个物体的长度，测量结果记为 13.4 cm、13.5 cm、13.6 cm 都可以。换不同的测量者进行测量，前两位数不会变化，我们称之为**准确数字**，但最后一位数字各人估计的结果可能略有不同，我们把这位数称为**欠准数字**或**可疑数字**。虽然最后这位数字欠准，但是记上它能客观地反映出该物体比 13 cm 长，比 14 cm 短的实际情况，比较合理。我们把测量结果中可靠的几位数字加上可疑的一位数字，统称为测量结果的**有效数字**。有效数字的上述定义，适用于直接测量量和间接测量量。

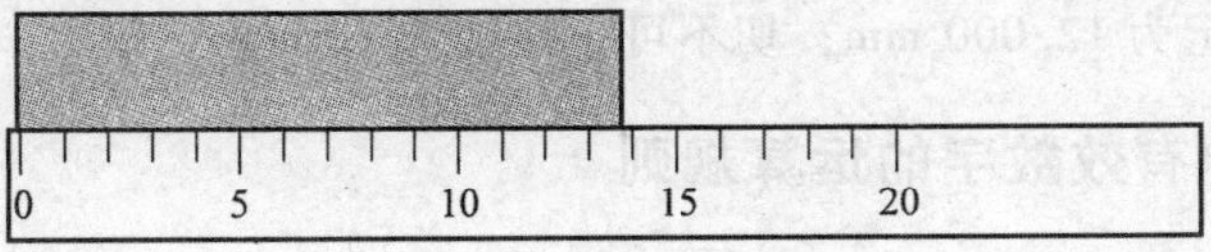

图 1-5　有效数字的概念

需要特别指出的是，一个物理量的测量值和数学上的一个数有着不同的意义。在数学上，13.5 cm 和 13.50 cm 没有区别，但是从测量的意义上看，13.5 cm 表示十分位上的“5”是欠准数字，而 13.50 cm 表示十分位上的“5”是准确测量出来的，而百分位上的“0”才是欠准的。

因为有效数字只有最后一位是欠准的，因此，大体上说有效数字的位数越多，相对误差就越小，一般来说，测量结果有两位有效数字时，对应于 $10^{-1} \sim 10^{-2}$ 量级的相对误差；有三位有效数字时，对应于 $10^{-2} \sim 10^{-3}$ 量级的相对误差。

在表示物理实验的测量结果时，为了更方便地反映有效数字的位数，应尽量采用科学记数法，即在小数点前只写一位数字，用 10 的几次幂来表示其数量级。例如，3.8×10^5 m，4.123×10^{-7} s 分别表示两个量的有效数字是 2 位和 4 位，而如果将 3.8×10^5 m 记成 380000 m，那么，不但繁琐，而且因为有效数字的位数错误，就使精度人为地提高了 4 个数量级。

1.3.2　直接测量中有效数字的读取

在进行直接测量时，要用到各种各样的仪器和量具。从仪器和量具上直接读数，必须正确读取有效数字，它是进一步估算误差和数据处理的基础。

一般而言，仪器的分度值是根据仪器误差所在位来划分的。由于仪器多种多样，读数规则也略有区别。正确读取有效数字的方法大致归纳如下：

（1）一般读数应读到最小分度以下再估一位。不一定估读十分之一，可根据情况（如分度的间距、刻线、指针的粗细及分度的数值等）估读最小分度值的 1/5、1/4 或 1/2。但无论怎样估计，最小分度位总是准确位，最小分度的下一位是估计的欠准位。

（2）有时，读数的估计位就取在最小分度位。如仪器的最小分度值为 0.5，则 0.1、

0.2、0.3、0.4 及 0.6、0.7、0.8、0.9 都是估计的；如仪器最小分度值为 0.2，则 0.3、0.5、0.7、0.9 都是估计的，这类情况都不必再估到下一位。

（3）游标类量具，只读到游标分度值，一般不估读，特殊情况估读到游标分度值的一半。

（4）数字式仪表及步进读数仪器（如电阻箱）不需要进行估读，仪器所显示的末位就是欠准数字。

（5）特殊情况下，直读数据的有效数字由仪器的灵敏阈决定。例如，在测量灵敏电流计临界电阻时，调节电阻箱的“×10”Ω 档，仪表上才刚刚有反应，所以尽管电阻箱的最小步进值为 0.1Ω，测量值也只能记录到“×10”Ω，如记为 $R=8.53\times10^3\ \Omega$。

（6）在读取数据时，如果测量值恰好为整数，则必须补“0”，一直补到可疑位。例如，用最小刻度为 1 mm 的钢板尺测量某物体的长度恰为 12 mm 时，应记为 12.0 mm；如果改用游标卡尺测量同一物体，读数也为整数，应记为 12.00 mm；如再改用外径千分尺来测量，读数仍为整数，则应记为 12.000 mm；切不可一律记为 12 mm。

1.3.3 间接测量中有效数字的运算规则

间接测量物理量一般需要经过一系列的运算后得到。在运算时，有可能有多个物理量参加运算，有效数字的位数也可能不一致。如果数字之间相乘，位数会增加；如果相除而又除不尽，位数可以无限多。有效数字的正确运算关系到试验结果的精确表达，由于运算条件不一样，运算规则也不一样。

1. 四则运算

对四则运算，一般可以依据以下运算规则：①参加运算的各数字可以认为仅最后一位数字是可疑的，其他的数字是可靠的；②可靠的数字间的四则运算结果仍为可靠数字；③可疑的数字参加四则运算结果仍是可疑的数字，进位和借位认为是可靠数字；④最后结果按四舍五入法仅保留一位可疑数字。

下面用几例来说明：

加减法

【例 1-6】 $5.34\underline{5}+30.\underline{2}$

（数字下面“_”是指可疑数字）

$$\begin{array}{r} 5.34\underline{5} \\ +\ 30.\underline{2} \\ \hline 35.\underline{545} \end{array}$$

取 $5.34\underline{5}+30.\underline{2}=35.\underline{5}$

【例 1-7】 $35.4\underline{8}-20.\underline{3}$

$$\begin{array}{r} 35.4\underline{8} \\ -\ 20.\underline{3} \\ \hline 15.\underline{18} \end{array}$$

取 $35.4\underline{8}-20.\underline{3}=15.\underline{2}$

乘除法

【例 1-8】 $4.17\underline{8}\times10.\underline{1}$

$$\begin{array}{r} 4.17\underline{8} \\ \times 10.\underline{1} \\ \hline \underline{4}.\underline{178} \\ 0\ 0\ 0\underline{0} \\ 41\ 7\ \underline{8} \\ \hline 42.\underline{1}\ \underline{978} \end{array}$$

取 $4.17\underline{8}\times 10.\underline{1}=42.\underline{2}$

用以上竖式才能得到计算结果的四则运算，对我们来讲不现实。为了提高运算速度，又保证一定精度，可把上面加减运算和乘除运算分别总结为如下运算规则：

（1）加减法运算规则　若干项加减运算时，仍然按一般运算进行；计算结果的最后一位应取到与参加加减运算各项中某项最后一位最靠前的位置对齐，进行四舍五入。

如 $3.1\underline{4}+1056.7\underline{3}+10\underline{3}-9.86\underline{2}=115\underline{3}$ 参加运算的各项最后一位最靠前的是 103 的个位，其计算结果的最后一位就保留在个位上。

（2）乘除法运算规则　计算结果的有效数字位数保留到与参加运算的各数中有效数字位数最少的位数相同，进行四舍五入。

如 $2.\underline{7}\times 3.90\underline{2}\div 3.456\underline{7}=3.0$，参加运算的 2.7 有效数字是两位，为最少，计算结果也就取两位。这一规则在绝大多数情况下都成立，极少数情况下，由于借位或进位可能多一位或少一位。如 $0.9\underline{8}\times 1.\underline{1}=1.0\underline{8}$ 就多一位。

（3）四则混合运算规则　按先括号，后乘除，再后加减的顺序进行运算，每运算一步按（1），（2）中的规则取有效数长度，直至得到结果。但应注意，为了避免舍入带来误差，在运算过程中不取舍有效数，待得到结果后一并取舍。

【例 1-9】　$4821\underline{6}\div 12\underline{3}$

$$\begin{array}{r} 39\underline{2} \\ 12\underline{3}\ \overline{)\ 48216} \\ 36\underline{9} \\ \hline 11\underline{3}1 \\ 110\underline{7} \\ \hline \underline{246} \\ \underline{246} \\ \hline \underline{0} \end{array}$$

取 $4821\underline{6}\div 12\underline{3}=39\underline{2}$

2. 函数运算的有效数字

一般说来，函数运算的有效数字应按间接量测量误差传递公式进行计算后决定。在普通实验中，为了简便、统一起见，对常用的对数函数、指数函数和三角函数按如下规则处理：对数函数运算结果的有效数字中，小数点后面的位数取成与真数的位数相同；指数函数运算结果的有效数字中，小数点后的位数取成与指数中小数点后的位数相同；三角函数结果中有效数字的取法可采用试探法，即将自变量欠准位上、下波动一个单位，观察结果在哪一位上波动，结果的欠准位就取在该位上。

以上所述有效数字的运算规则只是一个基本原则，在实际问题中，为防止多次取舍而造成误差的累积效应，常常采用在中间运算时多取一位的办法。在计算器和微机已经相当普及的今天，中间过程多取几位有效数字不会给我们带来太多的麻烦，所以在中间运算过程中，可以适当多取几位（如多取 2、3 位）。最后表达结果时，有效数字的取位再由不确定度的所在位来一并截取。

3. 有效数字的舍入规则

有了有效数字的概念，我们就知道在处理实验数据时，并不是运算结果的数字越多越准确。为了使运算结果中只含有一位可疑数字，往往要对可疑数字进行舍入，但在此我们所遵循的舍入规则与过去所说的“四舍五入”规则不尽相同。因为过去是“见五就入”，这样从 1 到 9 的 9 个数字中，入的概率大于舍的概率，从而引起舍入误差，显然不合理。故现在通用的规则是：对保留数字末位以后的部分，“四舍，六入，五凑偶”，即末位是奇数则将其变为偶数（五入），末位是偶数则不变（五舍）。

例如，将下列数据保留三位有效数字后的结果是：

1. 5425→1. 54（第 4 位小于 5 舍去）

1. 5450→1. 54（第 4 位等于 5，舍去）

1. 5466→1. 55（第 4 位大于 5，进位）

$$\text{第 4 位为 5 时，看第 3 位}\begin{cases}\text{奇数，进位}\\ \text{偶数，舍去}\end{cases}$$

1. 5350→1. 54（第 4 位等于 5，凑偶）

1.4 实验数据的处理方法

物理实验的数据处理是物理实验报告的重要内容之一，其目的在于找出物理量之间内在的规律性，或者验证某种理论的正确性。因此，必须对实验得出的大量数据进行合理处理。数据处理问题贯穿于物理实验的全部过程，包括记录、整理、计算、分析。本节将简要介绍一些常用的数据处理方法。

1.4.1 列表法

将数据按照一定的规律用列表方式表达，是记录和处理数据的基本方法。列表法可以使实验结果一目了然，避免混乱和丢失数据，便于查对。例如，将数据中的自变量、因变量的各个数值一一对应地排列出来，不仅可以简单明确地表示出有关物理量之间的关系，而且有助于检查测量结果是否合理，及时发现问题，找出有关量之间的联系和建立经验公式。

设计记录表格及记录数据的要求如下：

（1）表格设计应利于记录、运算和检查，便于一目了然地看出有关量之间的关系。

（2）表中各栏要用符号标明，数据代表的各物理量和单位要交代清楚。量的单位应写在符号栏中。

（3）表格记录的测量值应正确反映所用仪器的精度。

（4）计算过程中的一些中间结果和最后结果也可列于表格中。

（5）记录表格一般应有序号和名称。

（6）数据记录应真实，严禁抄袭和编造。

（7）数据记录中发现异常数据时，应进行核对，找出其原因重新测量，必要时应与教师讨论。

【例 1-10】　用外径千分尺测量钢丝的直径，列表如下：

次数	初读数/mm	末读数/mm	直径 D_i	D/mm	σ_D/mm	E_D
1	0.002	2.147	2.145	2.145	0.004	0.060%
2	0.004	2.148	2.144			
3	0.003	2.149	2.146			
4	0.001	2.145	2.144			
5	0.004	2.149	2.145			
6	0.003	2.147	2.144			

1.4.2　作图法

作图法可以直观地表达物理量的变化关系。从图线上可以简便地得到实验需要的结果（如直线的斜率和截距等），也可以在曲线上通过内插法和外推法读出实验中没有进行测量的对应点以及测量范围以外的对应点。在对被测量物理量的变化规律还不甚掌握，不能找出适当的函数表达式时，用作图线的方法来表示测量结果，则是一种很有效的方法。

1. 作图规则

（1）图纸选择　作图一定要用坐标纸，一般最常用的是直角坐标纸，有时也用单对数坐标纸、双对数坐标纸、极坐标纸或其他坐标纸等。坐标纸的大小以不损失实验数据的有效数字和能包括所有实验点为原则。

（2）坐标轴的选择　作图通常以横轴代表自变量，纵轴代表因变量。一个坐标轴应包括四要素，即所代表的物理量的名称（或符号）、单位、轴的方向及等间隔标定的轴的分度值。且对坐标轴比例的选取需注意以下问题：①轴上的分度要使得图纸中最小分格对应测量数据中可靠数字的最后一位，以保证不因作图而增加或减少有效数字位数；②坐标轴的比例要便于数据点的标注和不用计算就能直接读出图上各点的坐标，因此图上最小分格代表的数字应取 1、2、3；③适当选取坐标轴的比例和起点（不一定从零开始），以使图线比较对称地充满整个图纸，而不是偏于一边或一角；④纵轴与横轴的比例、标度都可以不同。

（3）图线的绘制　①根据测量数据，用削尖的铅笔，以 ×、+、⊙、⊚ 等符号清楚地标出与实验数据相对应的坐标位置，若一张图上要画几条曲线，则每条曲线可采用不同的标记符号；②连线时要使用直尺或曲线板（尺）等作图工具，除校正曲线要连成折线外（相邻数据点间用直线连接），一般应根据数据点的分布趋势连成光滑直线或曲线，但这并不是说所绘制的图线一定要通过所有测量点，而是要求实验点与线的距离最为接近，且图线两侧的偏差点有较均匀的分布，在画图时，个别偏离过大的点应当舍去或重新测量、核对。

（4）图名和图注　图线画好后，要在图纸的明显位置写清图的名称，图名最好用仿宋体字，字迹要端正，同时还要注明实验条件等。

2. 图线的使用

依测量数据所绘制的图线有很多用途，最常用的有：

（1）图示法，即用所绘图线表示实验结果。如在用模拟法测绘静电场的实验中，用等势线、电力线图来表示测量结果。

（2）图解法，即利用图线来求函数表达式。如在三线摆实验中，可通过图线得出三线摆周期与转动惯量之间的经验公式。

（3）通过求所绘直线的截距或斜率得到另外一个物理量。如在测量金属导体的电阻温度系数时，利用导体电阻与温度的关系直线，可由截距求得0℃时导体的电阻值，由直线的斜率求出金属的电阻温度系数。

（4）曲线改直　若物理量之间的关系是非线性的，则可通过适当变量代换将其转换成线性关系，即将非直线图线变换成直线，此称曲线改直。通过这种变换，可使某些未知量包含在直线斜率或截距中。如函数 $y = ax^b$，其中 a、b 均为常量，两边取对数后变换为

$$\lg y = b\lg x + \lg a$$

若以 $\lg x$ 为横轴，$\lg y$ 为纵轴，则两者之间为线性关系，其直线的斜率为 b，截距为 $\lg a$，显然问题简化了许多。

【例 1-11】　用伏安法测电阻所得数据如下表所示：

次数 n	1	2	3	4	5	6	7	8	9	10
U/V	1.00	2.00	3.00	4.00	5.00	6.00	7.00	8.00	9.00	10.00
I/mA	2.00	4.01	6.05	7.85	9.70	11.83	13.75	16.02	17.86	19.94

试用直角坐标纸作出测量图线，并求出电阻值。

【解】　在直角坐标纸上作图如图 1-6 所示。

由图中可看出，$U-I$ 图线为一直线，说明 U、I 成线性关系，也即被测电阻为线性电阻，其阻值为直线斜率的倒数，即

$$R = \frac{1}{k} = \frac{7.50 - 5.50}{(15.00 - 11.00) \times 10^{-3}}\Omega = 500\Omega$$

3. 作图法的优点和局限性

作图法的优点很多，如通过作图能将物理量间的对应关系、变化趋势以及数据的极值点、转折点、周期性等以最直观、最醒目的方式表达出来，从而便于了解测量的全貌，建立变量之间的函数关系，这是它的最大优点。同时，曲线是依据许多数据点描绘出来的，因而作图有多次测量取其平均效果的作用，可减少某些误差。此外，从图线上还可简便求出实验需要的某些结果（如直线的斜率、截距值等）或读出没有进行观测的对应点的数值（内插法）以及无法进行观测的对应点的数据（外推法）等。

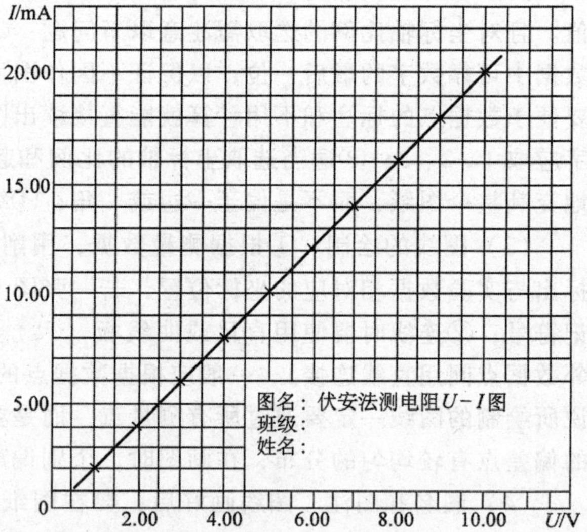

图 1-6　伏安法测电阻

作图法的局限性在于：①此法受图纸大小的限制，一般只能有 3、4 位有效数字；②图纸本身分格的准确程度不高；③在图纸上连线有相当大的主观随意性，因而作图法不可避免地要引入一些附加误差，由图线求取的参数只能认为是一种粗略值，如果需要确定参数

测量结果的不确定度，最好采用直接由数据点去计算的方法（如最小二乘法等）求得。

1.4.3　逐差法

若在所研究的物理过程中，间接测得量是个一元函数，且呈现多项式形式，即

$$y = a_0 + a_1x + a_2x^2 + a_3x^3 + \cdots$$

则当自变量等间距变化时，可用逐差法来处理数据（若某函数通过变量代换后能满足适用条件，则也可使用逐差法）。

所谓逐差法，是将实验测得的数据列成表格进行逐项相减或等间隔相减。其用途主要有两个，具体如下：

1. 验证多项式

若将函数值逐项相减，一次逐差结果是恒量时，则说明函数是线性函数。即 $y = a_0 + a_1x$；若将函数值逐项相减后再逐项相减，所得二次逐差的结果是恒量时，则函数为一元二次多项式，即 $y = a_0 + a_1x + a_2x^2$。依次类推，理论上可验证更高次的多项式，但实际上由于测量精度的限制，三次逐差已很少用。

2. 求物理量的数值

用逐差法可求出多项式中 x 的各次项的系数。此时必须将所测数据分成前后两组，后组与前组对应项逐一相减（隔 n 项逐差），最后对各差值求算术平均，即得所求物理量的数值。应用这种方法时必须注意：①原始数据必须是偶数个；②必须使用隔 n 项逐差，而不是逐项逐差（为什么?）

【例 1-12】　一竖直轻弹簧的长度 L 和下端所加负载质量的关系如下：

m/g	0.00	2.00	4.00	6.00	8.00	10.00
L/cm	16.50	18.50	20.6	22.90	25.10	27.20

试用逐差法处理数据，求出弹簧的劲度系数 k。

【解】　将测量数据按逐差法处理如下表。

测量次数 n	负载质量 m/g	弹簧长度 L_i/cm	等间隔相减 ΔL_i/cm
1	0.00	16.50	$L_4 - L_1 = 6.40$
2	2.00	18.50	
3	4.00	20.60	$L_5 - L_2 = 6.60$
4	6.00	22.90	
5	8.00	25.10	$L_6 - L_3 = 6.60$
6	10.00	27.20	

L 与 m 成线性关系，可表示为 $L = a + bm$，其中，a 为直线的截距，也即弹簧原长；b 为直线的斜率，显然 b 与 k 的关系为 $k = \frac{1}{b}$。在上表中 ΔL_i 表示负载每增加 6g 重量对应弹簧的伸长量。对三个独立的 ΔL 求平均可得

$$\overline{\Delta L} = \frac{1}{3}(\Delta L_1 + \Delta L_2 + \Delta L_3) = \frac{(L_6 + L_5 + L_4) - (L_3 + L_2 + L_1)}{3} = 6.53\ \text{cm}$$

将 $\Delta\bar{L}$ 代入求 k 得

$$k=\frac{\Delta m}{\Delta\bar{L}}=\frac{6.00\times10^{-3}}{6.53\times10^{-2}}\times9.8\ \text{N/m}=0.900\ \text{N/m}$$

因为用平均值 $\Delta\bar{L}$ 求得的 k 相当于是利用数据点连了三条直线，分别求出每条直线的斜率（$\frac{\Delta\bar{L}}{\Delta m}$），再取其平均值的倒数得出来的，所以劲度系数 k 的数值比用作图法得来的准确。

若本题用逐次相减结果 ΔL 代入公式求 k，则负载每增加 2g，对应弹簧伸长量的平均值为

$$\Delta\overline{L'}=\frac{(L_2-L_1)+(L_3-L_2)+(L_4-L_3)+(L_5-L_4)+(L_6-L_5)}{5}=\frac{L_6-L_1}{5}$$

显然，此时只用上了第一个和最后一个数据，其余数据正负抵消，相当于只测了两个数据点，这不仅白白浪费了测量数据，且使多次测量失去意义。故在由逐差法求一个物理量时，必须使用隔 n 项逐差，而不是逐次相减，这样才能保证多次测量起到减小随机误差的作用。

逐差法的优点是计算简便，可以充分利用测量数据，在运算中，能最大限度地保证不损失有效数字，具有对数据取平均值和减小误差的效果。同时，通过逐差法，有时也可发现系统误差或实验数据的某些变化规律。

逐差法的不足在于函数必须满足一定的使用条件，即①一元函数；②函数可写成（或可转换成）自变量的多项式形式；③自变量等间距变化，且当使用逐差法求多项式的系数时，是先得出高次项再逐步推出低次项系数，由于误差的传递，使低次项系数的准确度下降。此外，在将非线性函数线性化以后，原来等权的各数据也可能变成不等权的，这是在用逐差法处理数据时要注意的问题。

1.4.4 最小二乘法

作图法虽然可以很直观地将实验中各物理量间的关系、变化规律表示出来，但同一组实验数据画出来的图线会因人而异，即在图线的绘制过程中往往会引入附加误差，且图像的表示往往没有函数表示来得明确。因而图像法只能是一种粗略的数据处理方法，要由实验数据更精确地求出拟合曲线的参数，则需采用最小二乘法。

由实验数据求出经验公式的问题被称为方程的回归或拟合问题。由于最小二乘法是以误差理论为依据的严格而准确的方法，有准确的置信概率，因而在回归分析中，经常采用最小二乘法来计算经验公式中的系数，且在得到经验方程后，还需进行相关显著性检验，以判定所建立的经验方程是否有效。因为大多数的数学模型均可转化为线性回归方程，故回归分析所使用的数学模型主要是线性回归方程。

1. 回归方程系数的确定

设函数形式为 $y=ax+b$，由实验得出一组数据点 $(x_i,\ y_i)$ $(i=1,\ 2,\ \cdots,\ n)$，假设测量是等精度的，且自变量 x_i 的误差很小，可以忽略不计，因变量 y_i 仅含有随机误差，则数据点的分散（即与拟合直线上对应点的偏离）主要由 y_i 的误差引起。

设测量值 y_i 与将 x_i 代入方程所得理论值 y_i 的偏差为 v_i，则 v_i 可表示为

$$v_i=y_i-(ax_i+b)$$

根据最小二乘法，当所有数据点的偏差之平方和为最小时，即

$$\sum_{i=1}^{n} v_i^2 = \sum_{i=1}^{n} [y_i - (ax_i + b)]^2 = 极小 \tag{1-21}$$

式中，a、b 参数的值，即为最佳拟合直线的参数。

为求式（1-21）极小值对应的 a，b 参量，可用上式分别对 a，b 求一阶偏导数，并令其等于零，解之则有

$$\begin{cases} a = \dfrac{\bar{x}\bar{y} - \overline{xy}}{(\bar{x})^2 - \overline{x^2}} \\ b = \bar{y} - a\bar{x} \end{cases} \tag{1-22}$$

可以证明，式（1-21）对 a、b 的二阶导数均大于零，所以由式（1-22）求出的 a、b 数值对应式（1-21）的极小值，也即 a 和 b 就是所求最佳拟合直线的斜率和截距。

2. 各量的标准偏差

衡量数据点在拟合直线两侧的离散程度仍用标准偏差，即

$$S_y = \sqrt{\frac{\sum_{i=1}^{n} (y_i - ax_i - b)^2}{n-2}} \tag{1-23}$$

在此要注意，式（1-23）中分母是 $n-2$，而不是 $n-1$，这是因为确定两个未知数只需两个方程，多余的方程数为（$n-2$）个。

式（1-23）仅表示每个 y_i 的标准不确定度的 A 类分量值，根据不确定度传递关系，可求出斜率 a 和截距 b 的标准不确定度的 A 类分量估算公式为

$$\begin{cases} S_a = \dfrac{S_y}{\sqrt{n[\overline{x^2} - (\bar{x})^2]}} \\ S_b = \dfrac{\sqrt{\overline{x^2}}\, S_y}{\sqrt{n[\overline{x^2} - (\bar{x})^2]}} = \sqrt{\overline{x^2}}\, S_a \end{cases} \tag{1-24}$$

式（1-24）表明，a 的标准偏差直接影响 b 的标准偏差，且 x_i 的数值越大（即离坐标原点越远），这种影响就越严重。

3. 线性相关系数

前面我们是在假定 x、y 间满足线性关系的情况下得到 a，b 值计算公式的，这种假设是否合理，需由相关系数 γ 来判定。γ 定义式为

$$\gamma = \frac{\overline{xy} - \bar{x}\bar{y}}{\sqrt{[\overline{x^2} - (\bar{x})^2][\overline{y^2} - (\bar{y})^2]}} \tag{1-25}$$

可以证明，γ 值在 $[-1, 1]$ 之间。$|\gamma|$ 接近 1，说明实验数据点聚集在一条直线附近，变量间线性相关程度显著；相反，若 $|\gamma|$ 接近 0，则说明实验数据对求得的直线很分散，变量间没有线性关系。

和其他的数据处理方法一样，按最小二乘法处理测量数据也有其独到的优点和不足。优点在于，首先，用最小二乘法处理数据能充分地利用误差的补偿作用，从而有效地减小随机误差的影响；同时，这种处理数据的方法在理论上较严密，当函数形式确定后，结果是惟一的，不像作图法会因人而异。故当对数据处理要求比较高时，经常使用最小二乘法。当然，最小二乘法的不足之处也是显而易见的，即它的计算量较大，通常需借助于计算机来完成此

过程。

1.5 测量结果的不确定度表达

1.5.1 为什么要引入不确定度

前面已经明确了误差的概念，包括什么是系统误差和随机误差。但是，误差本身是一个理想的概念。根据误差的定义，由于真值一般不可能准确地知道，因而测量误差也不能确切地获知。可行的办法只能是根据测量数据和测量条件进行推算来得到误差的估计值。国际标准化组织（ISO）颁布了有关测量不确定度的相关标准，其目的是建立一套国际统一、各行业通用的准则，也便于国际上对测量和实验成果相互利用和交流。关于不确定度，已经获得国际公认的主要原则有三条：第一，测量结果的不确定度一般包含若干分量，这些分量可按其数值的评定方法归并为 A、B 两类。A 类是指对多次重复测量结果用统计方法计算的标准差；B 类是指用其他方法估计的近似相当于标准偏差的值。第二，如果各分量是独立的，则测量结果的合成标准不确定度是各分量平方和的正平方根。第三，根据需要，可将合成标准不确定度乘以一个包含因子 k（取 2 或 3），作为展伸不确定度，使测量结果能以高概率（95% 以上）包含被测真值。

1.5.2 A 类和 B 类不确定度分量的评定

1. A 类不确定度分量的估算

A 类不确定度源于大量的、微小的干扰，这些干扰使得测量结果产生随机波动。所以在物理实验中，对于多次等精度测量结果，A 类标准不确定度可简化地用平均值的标准偏差来表示，即

$$U_A = S_{\bar{x}} \tag{1-26}$$

若测量次数很少，例如在 6 次以下，则为保证标准不确定度的置信概率水平，应将 $S_{\bar{x}}$ 乘以置信因子 $t_{0.68}$，即

$$U_A = t_{0.68}S_{\bar{x}} \tag{1-27}$$

2. B 类不确定度分量的估算

B 类不确定度估算是测量不确定度估算的难点。这是因为引起 UB 分量的原因包括原理不完善、方法近似、仪器精度、环境变化等许多因素，其数值的详细估算，需具备丰富的实验经验，否则很可能导致重复、有遗漏地分析 B 类不确定度的来源。在物理实验教学中，只要求掌握由仪器误差引起的 B 类不确定度分量。显然这是一种简化处理方法。

用仪器误差作为 B 类不确定度分量的计算公式为

$$U_B = \frac{\Delta_{ins}}{C} \tag{1-28}$$

式中，Δ_{ins}是仪器的基本误差限值；C 为置信因子。

仪器的基本误差限值指仪器的基本误差或示值误差（多数为最小分度的一半，但有例外）。其数值与仪器的量程、等级或分度有关，可由厂商提供的、根据国家标准给出的技术

指标或鉴定证书得到，也可通过有关手册或对仪器性能的了解定出。

各类仪器的特殊示值误差或基本误差计算方法各不相同，下面给出几种常用仪器的误差限值：

（1）测量范围在0~25 mm 的一级外径千分尺（即螺旋测微计）的示值误差为0.004 mm。

（2）游标卡尺的示值误差为游标尺的一个分度值，即若游标尺的最小分度为0.02 mm，则其示值误差也为0.02 mm。

（3）水银温度计测量范围在0~100℃，分度值不小于0.5℃时，示值误差限值等于分度值。

（4）普通电测仪表的仪器误差限值由仪器精度等级 d 和量程来决定，即 $\Delta_{ins}=d\%\times$量程。可见，在量程够用的前提下，尽量选用量程小、精度高的仪表，可提高测量质量。

（5）一些精密仪表，如电阻箱，其误差限值为精度等级 d 和示数的乘积，即 $\Delta_{ins}=d\%\times$示数。

（6）数字显示仪表，其误差限值是仪表最末一位数所代表的量。

置信因子 C 的取值因误差分布规律不同而不同。其最常见的三种误差分布及对应 C 值为：

（1）均匀分布：当测量值落在估计边界 $-a\sim+a$（a 为三倍标准差）范围内概率为1，落在该范围之外的概率为零，且可假定 x_i 在 $-a\sim+a$ 区间内概率都相同时，则称该误差是均匀分布的。在物理实验中，大部分仪器的误差均属于这种分布，如游标卡尺、千分尺、读数显微镜、普通电测仪表、数字式仪表、停表等。另外，由于安装调整不垂直、不水平、未对准，以及回程误差、频率误差、数值截尾误差等也属于均匀分布。对均匀分布，$C=\sqrt{3}$。

（2）三角分布：当测量值近似在 $-a\sim+a$ 范围的中点处出现 x_i 的概率最大，离中点越远，出现 x_i 的概率越小，且近似呈线性递减，在边界处概率几乎为零时，则称该误差为三角分布。此时，$C=\sqrt{6}$。

（3）正态分布：当误差分布遵循或近似遵循高斯分布时，则称误差是正态分布（当不知误差属于哪类分布时，一律可按正态分布处理），此时 $C=3$。

如量程为0~150 mm，分度值为0.02 mm 的游标卡尺，其B类标准不确定度分量 $U_B=\dfrac{0.02}{\sqrt{3}}$ mm $=0.012$ mm；量程为100 mA 的一级电表，B类标准不确定度分量 $U_B=\dfrac{100\times1\%}{\sqrt{3}}$ mA $=0.6$ mA。

3. 标准不确定度

A类和B类不确定度分量通过“方和根”的形式合成总不确定度，也称为标准不确定度，即

$$U_x=\sqrt{U_A^2+U_B^2} \tag{1-29}$$

前面讨论的是最简单的一种情况，实际上，U_A 和 U_B 有时又是由多个分量构成的，若构成 U_A 的各个分量 U_{A1}、U_{A2}、…、U_{A_M} 及构成 U_B 的各个分量 U_{B1}、U_{B2}、…、U_{B_Q} 权重均相等，且相互独立，则有

$$
\begin{cases}
U_A = \sqrt{\sum_{i=1}^{M} U_{A_i}^2} \\
U_B = \sqrt{\sum_{j=1}^{Q} U_{B_j}^2}
\end{cases}
\tag{1-30}
$$

将式（1-30）代入式（1-29），则得合成标准不确定度公式

$$
U_x = \sqrt{\sum_{i=1}^{M} U_{A_i}^2 + \sum_{j=1}^{Q} U_{B_j}^2}
\tag{1-31}
$$

同理，由微小误差准则可知，若式中某一分项的值小于最大分项值的1/3，则可略去不计。

应该指出，标准不确定度对应的置信区间［$\pm U_x$］的置信概率仅为68.3%，也即真值有近1/3的可能性落在区间外，对一些用途要求较高的，如鉴定新产品、鉴定精密仪器等而言，这个置信水平太低，因而在工业、商业等活动中，常将合成不确定度乘以包含因子k，kU_x称为展伸不确定度，k值一般取2或3，当$k=2$时，展伸不确定度的置信概率为95.4%，$k=3$，则置信概率为99.7%。

4. 直接测量结果的表示

在估算了实验的标准不确定度（总不确定度）后，从实验中直接测量出物理量的测量结果可表示为

$$
\begin{cases}
\text{测量值} \quad x = \bar{x} \pm U_x \quad \text{单位} \quad (P = 68.3\%) \\
\text{相对不确定度} \quad U_r = \dfrac{U_x}{\bar{x}} \times 100\%
\end{cases}
\tag{1-32}
$$

或

$$
\begin{cases}
x = \bar{x} \pm kU_x \quad \text{单位} \\
U_r = \dfrac{kU_x}{\bar{x}} \times 100\%
\end{cases}
\tag{1-33}
$$

式中，P表示置信概率的大小。

书写测量表达式的有关规定与用标准差表示测量结果时相同，即①若是最后测量结果，则U取一至两位数（首位数是1或2时取两位，否则保留一位）；若是间接测量的一个中间结果，则U最好取两位。②$\bar{x}$项与U_x项的末位、10的幂次及单位都要一致。③相对不确定度U_r取一至两位百分数。

1.5.3 间接测量结果的不确定度表达

间接测量的结果是由直接测量物理量通过函数关系运算得到的。由于直接测量量存在不确定度，显然这种不确定度会传递给间接测量量，这就是不确定度的传递。

1. 间接测量不确定度的传递

间接测量不确定度的传递与合成问题和一般标准差的传递计算方法相同。设间接测量量N与各独立测量量x、y、z…间的函数关系为

$$
N = f(x, y, z, \cdots)
$$

则可证明N的最佳值为

$$\overline{N} = f(\bar{x},\bar{y},\bar{z},\cdots)$$

将式（1-17）和式（1-18）中的各标准偏差 S_x，S_y，S_z，…用不确定度 U_x，U_y，U_z，…替代，则可得间接测量的合成不确定度及相对不确定度

$$U_N = \sqrt{\left(\frac{\partial f}{\partial x}\right)^2 U_x^2 + \left(\frac{\partial f}{\partial y}\right)^2 U_y^2 + \left(\frac{\partial f}{\partial z}\right)^2 U_z^2 + \cdots} \tag{1-34}$$

$$\frac{U_N}{N} = \sqrt{\left(\frac{\partial \ln f}{\partial x}\right)^2 U_x^2 + \left(\frac{\partial \ln f}{\partial y}\right)^2 U_y^2 + \left(\frac{\partial \ln f}{\partial z}\right)^2 U_z^2 + \cdots} \tag{1-35}$$

在式（1-34）、式（1-35）中，各偏导数$\frac{\partial f}{\partial x}$，$\frac{\partial f}{\partial y}$，…，及$\frac{\partial \ln f}{\partial x}$，$\frac{\partial \ln f}{\partial y}$，…均为误差传递系数，其数值表示间接测量结果的不确定度受直接测量结果不确定度影响的敏感程度，与标准差的传递计算同理，在使用式（1-34）和式（1-35）时要注意：

（1）所有自变量均为独立测量量。

（2）若 N 属于和差函数，则先求 U_N 较方便，若 N 属于积商型的函数，则应先求$\frac{U_N}{N}$较方便。

（3）由传递公式所得结果的置信概率与直接测量结果的置信概率相同，故所有各分项应以同一置信概率代入公式。

（4）不确定度传递公式与标准偏差传递公式类似，只要将表 1-2 中各 S 项换成相应的 U，即可得常用函数的不确定度传递公式。

2. 间接测量结果的表示

间接测量结果表示为

$$\begin{cases} N = \overline{N} \pm U_N \quad 单位 \quad (P = 68.3\%) \\ U_r = \dfrac{U_N}{N} \times 100\% \end{cases} \tag{1-36}$$

或

$$\begin{cases} N = \overline{N} \pm kU_N \quad 单位 \\ U_r = \dfrac{kU_N}{N} \times 100\% \end{cases} \tag{1-37}$$

【例 1-13】 某圆的面积可通过测量该圆的直径 D 求得，若用千分尺对直径测量 5 次，其数据为（单位 mm）：5.893；5.891；5.894；5.896；5.890；且 $\Delta_{ins} = 0.004$，试用不确定度表示该圆的测量结果。

【解】 D 的算术平均值 $\overline{D} = \frac{1}{5}\sum_{i=1}^{5} D_i = 5.8928\ \text{mm}$

A 类分量 $U_{A(D)} = t_{0.68} S_{\bar{x}} = 1.14 \times 0.0011\ \text{mm} = 0.0013\ \text{mm}$

B 类分量 $U_{B(D)} = \frac{0.004}{\sqrt{3}}\ \text{mm} = 0.0023\ \text{mm}$

合成不确定度 $U_D = \sqrt{U_{A(D)}^2 + U_{B(D)}^2} = 0.0026\ \text{mm}$

D 测量结果

$$D = \overline{D} + U_D = (5.8928 \pm 0.0026)\,\text{mm} \quad (P = 68.3\%)$$

将 D 的测量结果代入 $S=\frac{\pi}{4}D^2$ 得

$$\bar{S}=\frac{\pi}{4}\times 5.8928^2=27.2730\ \text{mm}^2$$

对 S 取对数，并求相对不确定度得

$$U_r=\frac{U_S}{S}=\frac{d\ln SU_D}{dD}=2\frac{U_D}{D}=0.00088$$

S 的不确定度

$$U_S=\bar{S}\cdot\frac{U_S}{S}=27.2730\times 0.00088\ \text{mm}=0.024\ \text{mm}^2$$

所以 S 的测量结果为

$$S=\bar{S}\pm U_S=(27.273\pm 0.024)\ \text{mm}^2\quad (P=68.3\%)$$

$$U_r=\frac{U_S}{S}=0.088\%$$

或者 S 的测量结果也可表示为

$$S=\bar{S}\pm 2U_S=(27.27\pm 0.05)\ \text{mm}^2\quad (P=95.4\%)$$

$$U_r=\frac{2U_S}{S}=0.18\%$$

【思考题】

（1）物理实验的测量范围是什么？常用的测量方法有哪些？

（2）测量时的有效数字如何取位？有效数字的作用是什么？什么是科学记数法？直接测量结果的有效数字位数与哪些因素有关？

（3）为什么测量结果都带有误差？误差可分为几类？应如何消除或减小？

（4）如何计算等精度多次测量的标准偏差和平均值的标准偏差？

（5）当测量次数较少时，如何估算随机误差？

（6）如何推导误差传递公式？

（7）单次测量结果如何表示？多次测量结果又如何表示？

（8）标准不确定度如何分类？各类不确定度分别由什么因素引起？有什么规律？

（9）直接测量的不确定度如何估算？怎样合成？间接测量不确定度的传递公式如何推导？

【习题】

1. 指出下列各量是几位有效数字：

（1）$L=0.0001$ cm　　　　（2）$S=1.00002$ m²

（3）$g=980.12307$ cm/s　　（4）$M=3.89\times 10^3$ kg

2. 指出下列情况的测量误差属于哪一类型？

（1）米尺刻度不均匀。（　　）

（2）米尺的实际长度小于其刻度值。（　　）

（3）卡尺零点不准。（　　）

（4）测质量时天平没调水平。（　　）

（5）测量时对最小分度后一位的估计。（　　）

（6）电表的接入误差。（　　　　）

3. 改正下列测量结果的表达式：

（1）$i=(10.234\pm0.5)$ A　　（2）$E=(1.234\pm0.05)$ J

（3）$L=(10.85\pm0.200)$ cm　　（4）$P=(19290\pm300)$ Pa

（5）$R=(12345.6\pm5\times10)$ Ω　　（6）$I=(1.234\pm0.034\times10^3)$ A

4. 换算下列各测量量的单位：

（1）5.20 km =（ ）m =（ ）cm

（2）30.28 g =（ ）kg =（ ）mg

（3）2.50 mA =（ ）A =（ ）μA

5. 下列测量记录中哪些是正确的？

（1）用分度值为 mm 的直钢尺测物体长度，得

3.2 cm，40 cm，78.86 cm，80.00 cm

（2）用分度值为 0.01 mm 的千分尺测物体的长度，得

0.45 cm，0.6 cm，0.327 cm，0.0236 cm

（3）用分度值为 0.02 mm 的游标卡尺测物体的长度，得

40 mm，31.05 mm，50.6 mm，40.06 mm

（4）用分度值为 0.05 A，量程为 5 A 的 1.0 级电流表测电流，得

2.0 A，1.45 A，1.785 A，0.610 A

6. 以 mm 为单位，表示下列各值：3.48 m，0.01 m，5 cm，30 μm，4.32 cm。

7. 计算下列各式结果。

（1）$111\times0.100+12.3\times10.0=$

（2）$28.68-20.54\times4.568\times10^{-6}=$

（3）$\dfrac{76.000}{40.00-2.0}=$

（4）$4.257^2\times\pi=$

（5）$\dfrac{100.0\times(5.6+4.412)}{(78.00-77.0)\times10.000}+110.0=$

8. 将下列各数据截取为四位有效数字。

（1）$\pi=3.14159265$　　（2）$1°=0.01745329$ rad

（3）1.00750　　（4）0.00200050

（5）31.445001　　（6）19.0551

9. 测量某长度 L 的结果为 $L=(3.1415\pm0.0009)$ mm，$E=0.070\%$，$(P=0.683\%)$，此表达式的物理意义是什么？

10. 试分别用标准偏差和不确定度的方法推导下列函数的误差传递关系：

（1）$N=4x+y$　　求 S_N（U_N）

（2）$N=\dfrac{x}{\sqrt{y-z}}$　　求 $\dfrac{S_N}{N}$（$\dfrac{U_N}{N}$）

（3）$N=x+\dfrac{d^2}{z}$　　求 S_N（U_N）

(4) $N = x\cos y$ 求 $\frac{S_N}{N}$ ($\frac{U_N}{N}$)

(5) $N = \frac{1}{3x}\sqrt{\frac{yzl}{m}}$ 求 $\frac{S_N}{N}$ ($\frac{U_N}{N}$)

(6) $N = \frac{D\ (L-h)}{x^2\ (3y-z)}$ 求 $\frac{S_N}{N}$ ($\frac{U_N}{N}$)

11. 用伏安法测电阻得到数据如下：

U/V	0.00	1.00	2.01	4.00	5.01	5.99	7.00	8.00
I/mA	0.00	3.00	6.06	8.01	10.08	11.98	14.04	16.06

用直角坐标纸作图，写出 U-I 函数式，并用逐差法求出 U-I 函数式。

12. 用单摆测重力加速度 g，当摆角很小时有 $T=2\pi\sqrt{l/g}$的关系。式中，l 为摆长，T 为周期，它们的测量结果分别为 $l=(98.81\pm0.02)$ cm，$T=(1.9842\pm0.0002)$ s，求重力加速度。并且，(1) 用标准偏差表示测量结果；(2) 用不确定度表示测量结果。

第 2 章　力学和热学

力学和热学实验是大学物理实验的基础，是接受物理实验基本训练的开端。本章内容包括力学基本测量仪器的使用、弹性模量、转动惯量、液体表面张力及动力粘度、物质比热容和空气中的声速等一些基本的力学和热学实验。此外还分别介绍长度、质量、时间、温度等基本物理量的常用测量器具。许多物质的性能参数与湿度、气压等有着密切的关系，所以在本章实验之前，将对监测实验室环境的最常用仪器如水银气压计、干湿球湿度计作介绍。

通过本章的学习除了加深理解一些物理概念和定律外，还要学习对实验仪器、装置的水平、铅直调节，零位校准等基本调整技术及复测法、放大法等基本测量方法和从实验中总结物理规律的方法。如何根据不同的测量条件和准确度要求选用不同的测量仪器以及应用列表法、作图法、逐差法等常用数据处理方法处理数据、分析测量结果的不确定度，也是本章学习的一个重点。

2.1　长度测量器具

长度是基本物理量。除用图形和数字显示的仪器外，大多数测量仪器其标度都是按照一定长度（包括弧长）来划分的。我们用温度计测量温度，就是确定水银柱面在温度计标尺上的位置；测量电流或电压，就是确定指针在电流表或电压表标尺上的位置……总之，科学实验中的测量大多数可以归结为长度的测量。由此可见，长度的测量是一切测量的基础，是最基本的物理测量之一。

测量长度的器具，常用而又简单的有米尺（钢直尺、钢卷尺）、游标卡尺、千分尺、读数显微镜等。这些量具测量长度的范围和准确度各不相同，需视测量的对象和条件加以选用。对于更精密的长度测量，要采用更精密的长度测量仪器（如比长仪）或采用其他的方法（如光的干涉法等）来测量。

2.1.1　米尺

对准确度要求不高的长度测量，可以使用木制或塑料米尺。实验室一般使用比较准确的钢直尺或钢卷尺，它们的分度值为 1mm，测量时常可估读到 0.1mm。测量过程中，一般不用米尺的端边作为测量的起点，以免由于边缘磨损而引入误差，而可选择某一刻度线（例如 10 cm 刻线等）作为起点。测量时应使米尺的刻度面紧靠被测物体，以尽量减小由于测量者视线方向的不同（即视差）而引入的测量误差。测量时视线一定要垂直被测物体。

根据计量器具检定规程（JJG1—1999 和 JJG4—1999），钢直尺、钢卷尺的示值误差不得超过表 2-1 的规定。

实际上，在使用钢直尺和钢卷尺测量长度时，常常由于尺的刻线与被测长度的起点和终点对准条件不好，尺与被测长度倾斜以及视差等原因而引起的测量误差要比尺本身示值误差限引入的误差更大些，因而常需要根据实际情况合理估计测量结果的误差。

表 2-1 钢直尺、钢卷尺示值误差

仪器名称	规格/mm	示值误差/mm
钢直尺	>1～300	0.1
	>300～500	0.15
钢卷尺	1000	0.8
	2000	1.2
	3500	2.0

2.1.2 游标卡尺

游标卡尺简称卡尺，是由尺身和附加在尺身上一段能滑动的游标构成的。它可将尺身估读的那位数准确地读出来。因此，它是一种常用的比米尺更精密的测长仪器，可用来测长度、孔深及圆环的内外径等。

1. 构造

游标卡尺的构造如图 2-1 所示，尺身 Z 是钢制毫米分度尺，游标 U 可以滑动，钳口 EF 测内径；刀口 AB 测长度和外径；C 用来测孔深；螺钉 M 用来固定游标；W 为推把。

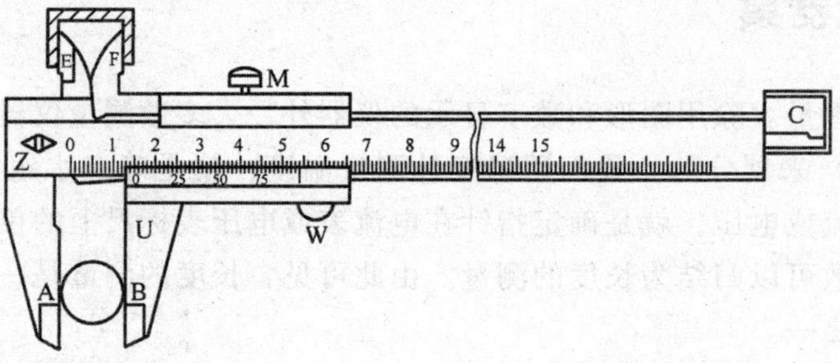

图 2-1 游标卡尺

2. 分度值

如图 2-2 所示为某一游标卡尺的刻度示例。游标 U 上有 m 个分格，它的总长与尺身 Z 上 $(m-1)$ 个分格的总长相等。设尺身每个分格的长为 x，游标上每个分格的长为 y，则有

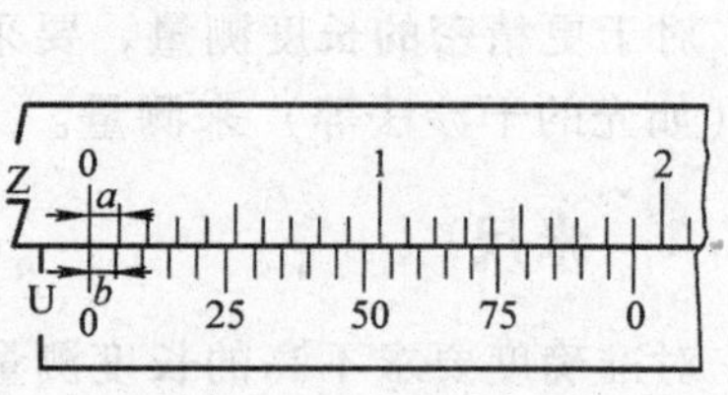

图 2-2 游标尺刻度

$$(m-1)\ x = my$$

或

$$x - y = \frac{x}{m}$$

$(x-y)$ 称为游标的最小读数，即分度值。

有些游标卡尺其游标上 m 个分度的总长 my 与尺身上 $(vm-1)$ 个分度的长度相等，则

$$(vm-1)\ x = my$$

式中，v 称为游标系数，一般取 1 或 2。当 v 取为 1 时，游标卡尺的刻度示例如前图 2-2；当 v 取为 2 时，游标卡尺的刻度示例如图 2-3 所示。v 取为 2 的目的是为了把游标刻线间距放大一些，以便于读数。当 v 取为 2，这种游标卡尺的分度值应该是尺身上两个分格和游标上一

个分格的长度之差。即

$$2x - y = 2x - \frac{2m-1}{m}x = \frac{x}{m}$$

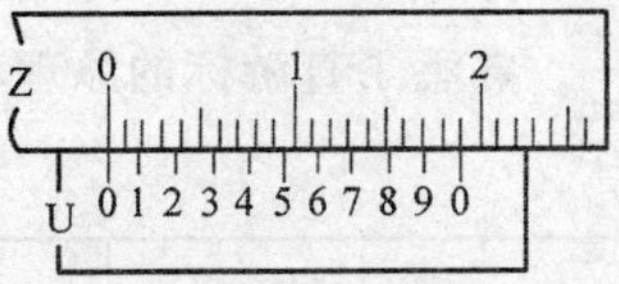

图 2-3　游标尺刻度（$v=2$）

可见，分度值都等于$\frac{x}{m}$，它只与游标上的分度数（格数）m 和尺身的最小分度 x 有关。尺身上最小分度为毫米，若 $m=10$，则这种游标的分度值为0.1mm，称为十分游标卡尺；如果 $m=20$，则分度值为 0.05 mm，称为二十分游标卡尺；还有一种常用的 $m=50$ 的五十分游标卡尺，它的分度值为 0.02 mm。

3. 读数原理

以十分游标卡尺为例，尺身上 1 分格是 1 mm 长，游标上 10 个分格总长是 9 mm，这样，游标上每个分格的长度是 0.9 mm，则 $x-y=0.1$ mm，当量爪 AB 合拢时，游标上的“0”线与尺身上的“0”线重合，这时，游标上的第一根刻线在尺身上第一根刻线的左边0.1 mm 处，游标上第二根刻线在尺身第二根刻线的左边 0.2 mm 处，依次类推。如果在量爪 AB 间放入一 0.1 mm 厚的物体，那么游标要向右移动 0.1 mm，这时游标上的第一根刻线与尺身上的第一根刻线重合。如果物体厚度为 0.2 mm，那么游标就要向右移动 0.2 mm，游标上的第二条刻线与尺身上的第二条刻线相重合。所以游标在 1 mm 内向右移动的距离，可由游标中哪一条分度线与尺身某刻线对齐来决定，看是第几条分度线与尺身刻线对得最齐，游标向右移动的距离就是几个 0.1 mm。这就是游标读数原理。

4. 读数方法

使用游标卡尺时，必须首先弄清楚游标装置的分度值$\frac{x}{m}$。读数时以游标的零刻线为基线，先读出游标零刻线前尺身上整刻度值 l_0，然后再仔细观察哪一条游标刻度线与尺身刻线对得最齐，若确定为第 k 条，则测量的结果是 $l_0 + k\frac{x}{m}$。

根据仪器读数的一般规则，读数的最后一位应是读数误差所在的一位。十分游标卡尺的分度值为 0.1 mm，是能够准确读出来的，故应在它后面再估读一位，一般在毫米以下的第二位再加一个“0”，表示读数误差出现在最后一位。如果测量中无法判定游标上相邻两条刻线中哪一条与尺身刻线更接近些，则最后一位可估读为“5”，而不是零。对于“二十分游标卡尺”和“五十分游标卡尺”，其估读误差出现在百分之一毫米这一位上，在测量值的后面不需再加“0”。

5. 游标卡尺的示值误差

一般测量范围在 300 mm 以下的取其分度值为仪器的示值误差。我国使用的游标卡尺其分度值通常有 0.02 mm、0.05 mm 和 0.1 mm 三种。国家计量局规定的各种量程的游标卡尺的示值误差如表 2-2 所示。

6. 注意事项

（1）用游标卡尺测量之前，应记录零点读数，予以修正。

（2）推动游标时，不要用力过大；卡住被测物体时松紧要适当，要注意保护卡口。

游标原理应用广泛，如福丁气压计、测高仪上都装有游标。在一些需要精确测量角度的仪器中，也使用游标原理，如分光计读数系统中所用的角游标。其尺身是一个圆刻度盘，游标是一个与圆刻度盘同心的小弧尺，其上有 m 个分格。与直游标尺一样，角游标分度值也是$\frac{x}{m}$，熟悉了直游标的原理和读数方法，其他类型的游标也就能“触类旁通”了。

表 2-2 游标卡尺的示值误差

测量范围/mm	分度值/mm		
	0.02	0.05	0.1
	示值误差/mm		
0~300	±0.02	±0.05	
300~500	±0.04	±0.05	±0.1
500~700	±0.05	±0.075	

2.1.3 千分尺

千分尺也叫螺旋测微计，是另一种常用的精密测长量具。这种量具的种类很多，按用途可分为外径千分尺、内径千分尺、深度千分尺等。其中，实验室最常见的外径千分尺如图2-4所示，其量程为 25 mm，分度值为 0.01 mm，示值误差限为 ±0.004 mm。

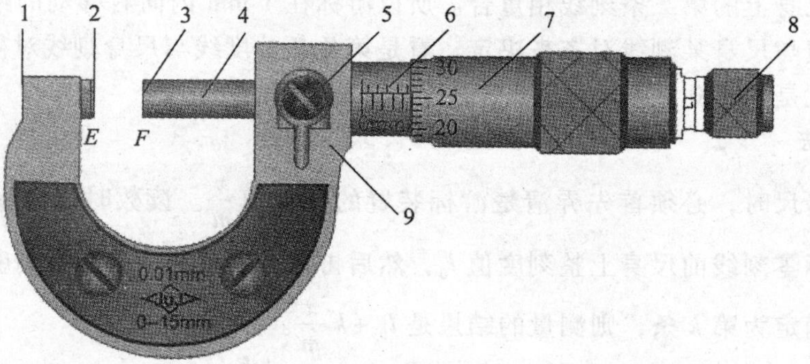

图 2-4 外径千分尺

1—尺架 2—测砧测量面 E 3—螺杆测量面 F 4—测微螺杆 5—锁紧手柄 6—固定套筒 7—微分套筒 8—棘轮装置 9—螺母套筒

1. 构造

外径千分尺主要由测微螺旋、测微螺杆和固定套筒组成，固定套筒 6 上有一条横线，是圆周刻线读数准线，横线上面刻有表示整毫米数的刻线，下面是表示半毫米的刻线。微分套筒上的刻线为 50 分格，与测微螺杆相连，其圆周线与固定套筒读数垂直相交。测微螺杆的伸缩是靠旋转微分套筒来实现的。EF 两平面为测量面，被测物体放在测量面之间。

2. 原理

外径千分尺内测微螺旋的螺距为 0.5 mm，因此，微分套筒每旋一周，测微螺杆与微分套筒同时前进或后退 0.5 mm；而每旋一格，它们进或退 0.5 mm/50 = 0.01 mm。可见，外径千分尺的分度值是 0.01 mm，再下一位需进行估计。

3. 读数

读数时，从微分套筒露出来的固定套筒上读出整格数（每格 0.5 mm）。小于 0.5 mm 的读数则以固定套筒上的横线作为微分套筒圆周分度读数的准线从微分套筒上读出，并估读到0.001 mm这一位上。

4. 注意事项

（1）测量前记录零点读数，并注意数值的正、负，予以修正。

（2）因为外径千分尺固定套筒的分度值为0.5 mm，所以要特别留心微分套筒前沿是否过了半毫米线。如果出现似过非过的情况，那就要旋到零点，观察零点位置微分套筒与尺身的重合情况。

（3）记录零点或测长时，应轻轻转动棘轮，待出现“咔咔”声之时，即可停止推进，进行读数。

（4）测量完毕后，应使测量面间留有一间隙，以避免因热膨胀而损坏螺纹。

外径千分尺的原理在一些精密测长仪器内得到广泛应用，如测微目镜、读数显微镜、一些光学干涉仪（如迈克尔逊干涉仪）中都有螺旋测微原理。

2.1.4 读数显微镜

1. 仪器结构

读数显微镜是一种测量长度用的精密仪器，其结构如图2-5所示，主要分为测量架、显微镜和底座三部分。根据需要可改变三者之间的相互位置。目镜2插在目镜接筒1内，目镜止动螺钉3可以固定目镜于任一位置，物镜12用螺纹与镜筒连接。在测量架上装有显微镜筒13和移动镜筒的螺旋测微装置。整体的显微镜筒可由调焦手轮4调焦。旋转测微鼓轮6，显微镜筒能沿导轨横向移动，测微鼓轮每旋转一周，显微镜筒移动1 mm，测微鼓轮圆周均分为100个刻度，所以测微鼓轮每转一格显微镜筒移动0.01 mm。支架7借助锁紧手轮8紧固在底座的适当位置。

2. 使用说明

待测物体放于玻璃工作台面10上，用弹簧压片11牢固地压紧。调整目镜2使分划板刻线清晰可见，并使叉丝横线与长标尺5平行，转动调焦手轮4，从目镜观察使待测物成像清晰，无视差。调正待测物，使被测部位的横向与显微镜移动方向平行，即可读数。在长标尺5上，读取毫米整数，在测微鼓轮6上读取毫米小数，此二数之和即是待测读数。若被测物不够清晰，可调节底座9内反光镜14的方位，使物体清晰可见。

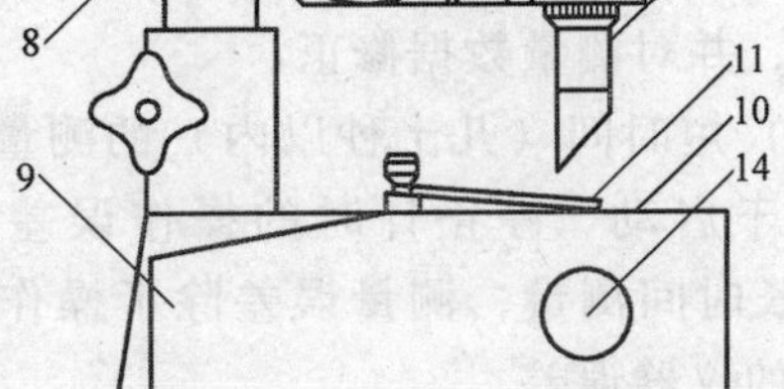

图2-5 读数显微镜

3. 注意事项

（1）由于螺杆和螺母之间存在间隙，测量时鼓轮只能向一个方向旋进，中途不能反向。

（2）调节聚焦时，应注意由下而上，防止物镜触及待测物体。

（3）为便于做牛顿环实验，本仪器物镜下安装了45°反光镜。

2.2 计时器

时间的测量对现代科学技术的各个领域都是十分重要的，在无线电广播、计量技术、雷达测距、卫星发射和接收、相对论的验证等方面，都需要准确的时间标准。

随着科学技术的发展，在生产、科研和教学中，对时间的测量准确度的要求越来越高。例如，在物理实验中，为了准确测定重力加速度，对时间的测量应达到 0.1ms；在现代尖端科学研究中，要求有更高准确度的时间测量仪器。实验室中的电子示波器就可以精确地测量时间。能够精确测量时间的还有晶体钟和原子钟。晶体钟的精度可达 300 年差 1s，而原子钟可达 3000 年差 1s 以内。我国的长波授时台向世界和全国发布的标准时间和标准频率信号是用氢原子作基准的，它的频率稳定度可达每天 1×10^{-4} 量级，相当于 300 万年才差 1s。

实验室常用的计时器有机械秒表、电子秒表、数字毫秒计、示波器以及火花计时器、频闪仪等。

2.2.1 机械秒表

机械秒表分为单针和双针两种。单针式秒表只能测量一个过程所经历的时段；双针式秒表可分别测出两个同时开始但不同时结束的过程所经历的时段。它是由频率较低的游丝摆动振动系统通过发条和擒纵机构补充能量，以齿轮系统带动指针显示分、秒，表盘上有一个大秒针和一个小分针，有的秒表大秒针走一圈为 60 s，有的秒表为 30 s。相应的最小分度值为 0.1 s和 0.2 s。使用前应先搞清楚秒针分针每一刻度各代表多长时间。图 2-6 是一种机械秒表的外形图。柄上端的柄头用以旋紧发条及控制秒表的启动和停止。使用前先上足发条，按一下柄头即开始计时，再按一下柄头停止计时，即可读数，第三次按下柄头，指针返回零位。有些秒表的启动、停止和回零是用不同的柄头分别控制的。有些秒表还有暂停按钮，可以用来累积计时。

使用机械秒表应注意如下事项：

（1）由于秒针是跳跃式运动，因此，机械秒表读数不要在分度值以下再估读一位。当秒针指在两刻度线之间时，可按“四舍五入”原则读数。

（2）使用前检查零点是否准确。如不准，记下其读数，并对测量数据修正。

（3）短时间（几十秒以内）的测量，其误差主要来源于启动、停止计时的操作误差。其值约为 0.2s。长时间测量，测量误差除了操作误差外，还有秒表的仪器误差。

（4）实验完毕，应让秒表继续走动，使发条完全放松。

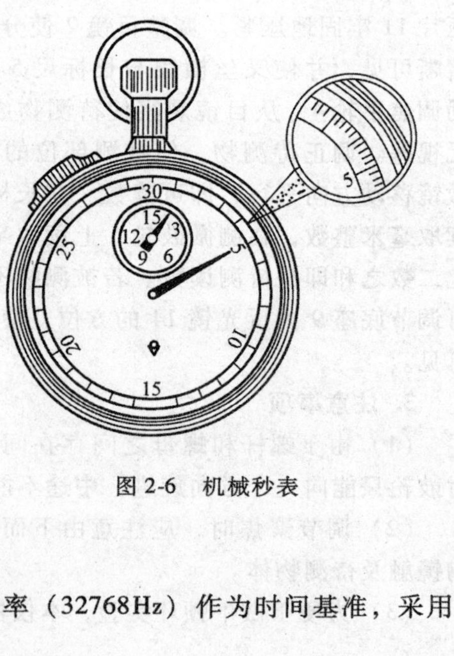

图 2-6 机械秒表

2.2.2 电子秒表

电子秒表的机心由电子元件组成，利用石英振荡频率（32768Hz）作为时间基准，采用六位液晶数字显示器显示时间，它兼有连续计时（手表）和测量时间间隔（秒表）的功能。连续计时能显示出月、日、星期、时、分和秒。做秒表用时有1/100 s计时的单针秒表和双针秒表功能，最大累计时间为59 min59.99 s。由于石英晶体振荡器稳定度高，所以电子秒表是一种较精密的电子计时器。

电子秒表配有三个按钮，如图2-7所示。S_1为启动或停止按钮，S_2为校时按钮，S_3为状态变换按钮。平时，电子秒表显现手表的功能，显示“时、分、秒”。当需作为秒表使用时，按住S_1按钮3 s，电子表即呈现秒表功能，数字显示全为零。

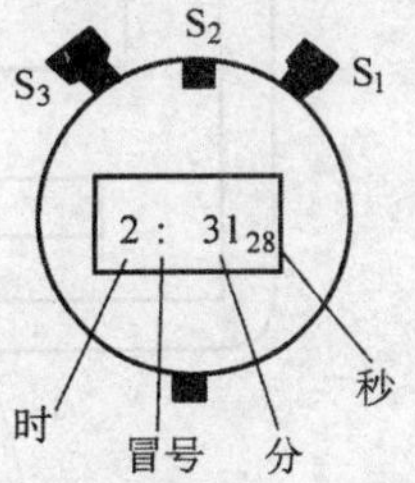

图2-7 电子秒表

1. 单针秒表用法

电子表呈现秒表功能后，按一下S_1按钮，开始计时，再按一次S_1，停止计时，此时显示即为所计时间。按一下S_3秒表回零。

2. 双针秒表用法

若同时发生的A、B两事件，延续时间不同，可采用双针秒表计时。使电子秒表呈现秒表功能后，先按一下S_1即开始计时，待A事件结束时按一下S_3，秒表显示A事件的持续时间，待B事件结束时按一下S_1，则B事件持续的时间存储起来，把A的时间先记下来，再按一下S_3，这时显示的就是B的时间，再按S_3可回零。若需要恢复正常计时显示，则应再持续按住$S_3$3s即可。

2.2.3 数字毫秒计（MCS-48型）

本机采用8031单片机设计而成，具有测量精度高、可靠性能好、操作方便、读数准确、五位LED显示、体积小等优点，是一种具有存储功能的时间计量仪器。它主要与气垫导轨、单摆等实验设备配套使用，也可以用于各种需要计时的场合。

1. 仪器的主要特点

（1）可存储和显示多个时间量。

（2）有两个独立输入通道，每个通道有两路输入。

（3）具有预置数功能，对摆的多个周期测量方便准确。

2. 使用方法

仪器前部面板上各控制器、显示器如图2-8所示。

（1）电源开关1：开电源，显示屏上显示“P”

（2）显示屏2：在LED显示屏上可显示五位数据和小数点以及P、P_1-P_6、E、E_1-E_4等符号。

（3）控制按键3：

1）功能/修改键：所有功能均由这一个键选择，重复按此键，显示屏上循环显示符号P_1-P_6，P_1-P_6分别表示仪器的各种计时方式。例如，若您选择P_3方式（用于碰撞实验），重复按此键，直到显示屏上显示P_3时，停止按此键，则仪器处于P_3的测量方式中。

2）时标/预置键：仪器的时标及量程由此键选定，连续按此键，显示屏上的小数点会从左到右循环移动，小数点的不同位置分别代表0.1 ms、1 ms、10 ms、100 ms、1 s五档不同时标。

3）复位键：当需要更换测量方式时，则按此键，然后重新选用功能/修改键，设定仪

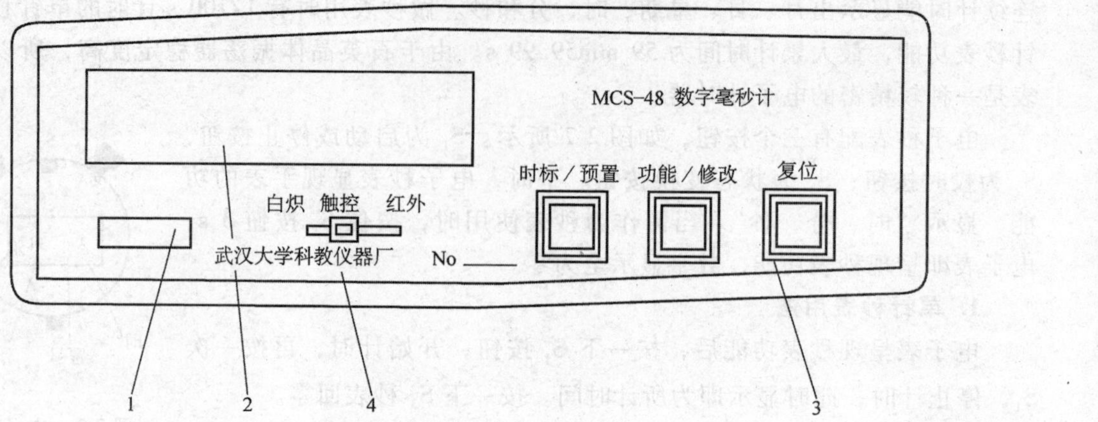

图 2-8 数字毫秒计

1—电源开关 2—显示屏 3—控制键 4—输入选择开关

器测量方式。

（4）输入选择开关：置开关于白炽灯位置，应使用以白炽灯为光源的光电转换器，置于红外位置时，应使用以红外二极管为光源的光电转换器；置于中间触控位置时，则为触点控制输入方式。

2.3 质量测量仪器

质量是物质的基本属性，是描述物体本身固有性质的物理量。质量的测量是以物体重量的测量并通过比较而得出的。根据物体的重量 $W=mg$ 可知，当在同一地点测量时，若两个物体的重量相等，两个物体的质量 m_1 与 m_2 必然相等，从而决定了测量物体质量的基本原理是杠杆定律，即总是利用一种带有横梁的天平测量物体质量。有时也以固体形变为基础来设计测量装置，如弹簧秤或一些特殊用途的微量天平（焦里氏秤，扭力天平等）。近年来电子天平以测试准确、操作维护简单等优点在质量测量中应用越来越广泛。

2.3.1 物理天平的构造原理和使用方法

物理天平是常用的测量物体质量的仪器，其构造原理和正确的使用方法是我们应该掌握的。一般情况下，物理天平的仪器误差在教学上常规定为该天平最小分度值的一半。

1. 构造原理

物理天平的实质是一个等臂杠杆装置，TW-1 型物理天平其构造如图 2-9 所示，主要由底座、支柱和横梁三大部分组成。底座上有调节水平的调节螺母和水准仪。支柱在底座的中央，内附有升降杆，通过启动旋钮能使升降杆上的横梁上升或下降，支柱下端附有标尺。横梁上装有三个刀口，中间主刀口置于支柱顶端的玛瑙垫上，作为横梁的支点；两侧刀口各悬挂一个秤盘；横梁下端中部固定一指针，启动旋钮右旋，升起横梁时，指针尖端将在支柱下方标尺前摆动，可以指示出左右秤盘上待测物体的质量和砝码质量间的平衡状态；启动旋钮左旋使横梁降下后，支架上有两个支梢托住横梁，使横梁处于制动状态，中间主刀口与玛瑙垫分离，避免刀口磨损。横梁两端有平衡螺母，用于天平空载时调节平衡。横梁上有游码，用于 2 g 以下的称量。TW-1 型天平横梁刻有 20 个分度，分度值为 0.1 g。支柱左边装有托盘，用来托住不需称衡的物体（如烧杯等）。

2. 天平的主要参数

最大称量　天平的最大称量是天平允许称衡的最大质量。

分度值（感量）　天平的分度值是由天平指针偏离平衡位置一格需在秤盘上添加的砝码质量，它的单位为 mg/格。分度值的倒数称为天平的灵敏度。上下调节套在指针上的平衡螺母，可以改变天平的灵敏度。重心越高，灵敏度越高。天平的分度值及灵敏度与天平的负载状态有关。

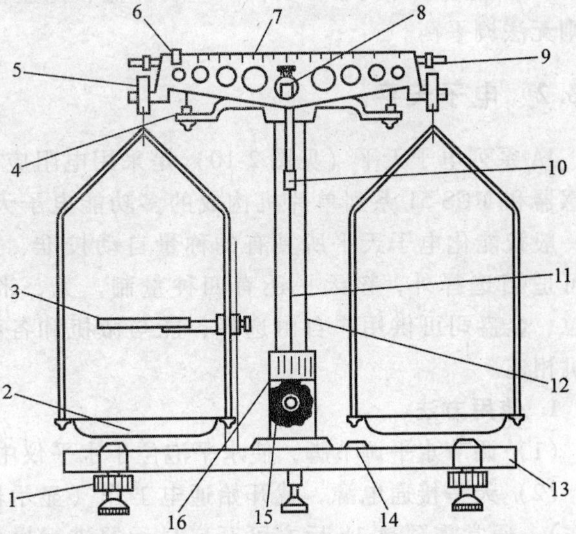

图 2-9　物理天平

1—水平螺钉　2—称盘　3—托架　4—支架　5—挂钩　6—游码　7—游码标尺　8—刀口、刀垫　9—平衡螺母　10—感量调节器　11—读数指示　12—主柱　13—底板　14—水准器　15—启动旋钮　16—指针标尺

3. 天平的调节

（1）调水平　使用前应调节水平螺钉，直至水准仪显示水平，以保证支柱铅直。

（2）调零点　在天平空载时，将游码拨到左端，与 0 刻线对齐。向左旋转启动旋钮，将横梁升起，观察天平是否平衡。天平的平衡是通过指针指在标尺的中点来判别的。为了克服静摩擦力矩的影响，实际上是在指针摆动过程中判别平衡的。当指针在刻度尺上来回摆动，左右摆幅近似相等并以刻度尺的中点为中心依次递减时，便可以认为天平达到了平衡。这种方法叫做摆动法。

如果不平衡，左旋启动旋钮，使天平止动，调节横梁两端的平衡螺母，再用摆动法判别平衡，直至达到空载平衡为止。

4. 天平的使用

（1）简易称衡　左盘放置被测物，砝码置于右盘中（复称法除外），天平调整好后，即可进行称衡。用天平称衡物体质量时，一般轻轻启动天平，注意天平向哪边倾斜，根据倾斜情况，酌情增减砝码，直至最后调节游码使天平平衡。每次增减砝码须在天平制动后进行，旋转启动旋钮须缓慢小心，在试放砝码过程中不可将横梁完全支起，只要能判断指针向哪边倾斜，就应立即将天平制动。天平平衡后，被测物体的质量等于右盘中砝码的质量总和加游码的刻度示数。

（2）复称法　它可以消除天平不等臂带来的影响，将待测物一次放左盘中，一次放在右盘中各称量一次，设两次称量值为 m_1、m_2，则物体质量 $m = \sqrt{m_1 m_2}$。

（3）置换法　将最大砝码放在一边，其余砝码放在另一边调平，然后用待测物体换下一部分小砝码再调平衡，取下的砝码即为物重。这种方法有不受不等臂影响和灵敏度不变的优点。

5. 使用天平的注意事项

（1）物体及砝码应放在秤盘中部，取用砝码要用镊子夹，请勿用手。

（2）注意保护好刀口，天平使用完毕，应将秤盘摘离刀口。

（3）空载调零时，不要调换左右秤盘、托盘和挂钩。这些零部件出厂时是对号入座的。否则无法调平衡。

2.3.2 电子天平

JA系列电子天平（见图2-10）是采用电阻应变式传感器和MCS-51系列单片机构成的多功能电子天平。除一般智能化电子天平所具有的称量自动校准、灵敏度可适当选择外，该天平还有四种量制，克、米制、克拉、金盎司可供用户自由选择，能与微机和各种打印机相连。

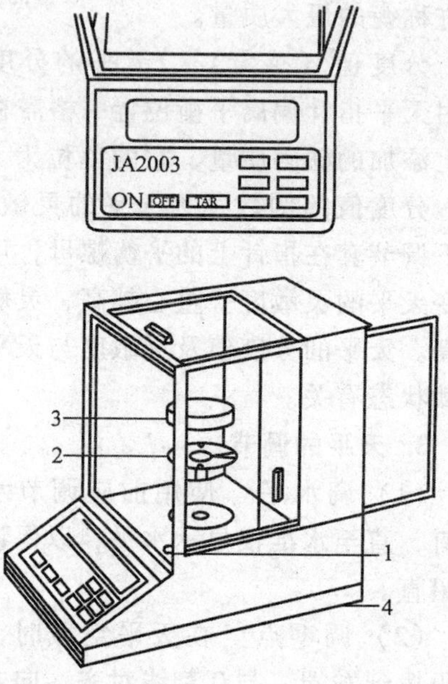

图2-10 电子天平
1—水平仪 2—盘托
3—称盘 4—水平调节脚

1. 使用方法

（1）调节水平调节脚，使水平泡位于水平仪中心。

（2）天平接通电源，就开始通电工作（显示器未工作），通常需预热1h后方可开启显示器进行操作使用。

（3）键盘的操作功能：

ON开启显示器键：只要轻按一下ON键，显示器全亮，对显示器功能进行检查，约2s后，显示天平的型号，然后是称衡模式。

OFF关闭显示键：轻按OFF键，显示器即可熄灭。若要较长时间不再使用天平，应拔去电源线。

TAR清零、去皮键：置容器于称盘上，显示出容器的质量，然后轻按TAR键，显示消隐，随即出现全零状态，容器质量显示值已去除，即去皮重。当拿去容器，就出现容器质量的负值。再按TAR，显示器全为零，即天平清零。

其他键分别为UNT量制转换键；ASD灵敏度调整键；CAL天平校准键；COU点数功能键；INT积分时间调整键；PRT输出模式设定键。这些键在实验中不常用，若需要仔细了解，请阅读该电子天平使用说明书。

（4）称衡：按TAR键，显示器为零后，置被测物于称盘，待数字稳定——即显示器左边的“0”标志熄灭后，该数字即为被称物的质量值。

2. 天平的维护与保养

（1）天平必须小心使用。称盘和外壳须经常用软布和牙膏轻轻擦洗。切不可用强溶解剂擦洗。

（2）本天平电源插上即通电，面板开关只对显示起作用，如天平长期不用应拔去电源插头，每天连续使用不用关断电源，关闭显示即可，插电源插头时注意220V、110V转换开关是否在合适位置。

2.4 温度测量仪器

温度是七个基本物理量之一，是表征物体处于热平衡系统的一个状态参量，其微观本质是分子热运动的激烈程度，是物质分子平均动能的量度。从宏观上来说，温度表示物体的冷热程度。或者说，互为热平衡的两个物体，其温度相等。

许多物质的特征参数与温度有着密切的关系，所以在科学研究和生产实践中对温度的控制和测量显得特别重要。测量温度的方法和仪器很多，实验室常用的有液体温度计、热电阻温度计、热电偶温度计等。

2.4.1 液体温度计

液体温度计的测温物质是液体，主要有水银、酒精或其他有机液体。它是利用这些液体的热胀冷缩性质来测量温度的。这种温度计下端是一个储液球泡，内盛液体，上接一内径均匀的毛细管。当温度变化时，毛细管内液柱的高度随之变化，其高度与贮液球泡所感应的温度相对应，在刻度尺上即可读出温度的数值，如图 2-11 所示。液体温度计的示值误差与玻璃的材质、毛细管的均匀性、液泡大小、环境温度及插入被测物质的多少均有关，一般精度都不高，符合部标 JB1066—67 规定的工业玻璃温度计和实验玻璃温度计的示值误差，见表 2-3。

图 2-11 液体温度计

表 2-3 液体温度计示值误差

感温液体	温度上限所在温度间隔	分度值 0.1	0.2	0.5	1	2	5	10
		允许示值误差						
有机液体	-30 ~ <0	±0.4	±0.6	±1	±1	–	–	–
	0 ~ +100	–	–	±1	±1	–	–	–
水银	0 ~ +100	±0.2	±0.3	±0.5	±1	±2	–	–
	> +100 ~ +200	0.4	±0.5	±1	±1.5	±3	–	–
	> +200 ~ +300	0.6	±0.7	±1	±2	±3	±5	–

注：粗线左方为精密温度计，右方为普通温度计。

使用玻璃液体温度计应注意：

（1）由于液柱在毛细管中升降有滞留现象，液柱随温度的升降有跳跃式的间隙变动，这种现象在下降过程中尤为明显。所以，如果实验本身不是要求测量下降时的温度，使用玻璃液体温度计时最好采用升温的方式。

（2）注意浸入深度。使用温度计应注意浸没标记。全浸温度计标有“全浸”字样，应将温度计全部浸入在待测温度介质中。局浸温度计在背面规定的浸没位置刻有一浸没线，测温时应使被测介质浸没到此为止。

（3）读数时注意消除视差。视线应与液柱面位于同一平面上。水银温度计以液柱凸表面之最高点为读数基准；酒精温度计以液柱凹平面之最低点为读数基准。

（4）有时对示值需按说明书的指示进行修正。如对零位变化、毛细管不均匀、浸入深度不合规定等带来的误差进行修正。

故障排除：

玻璃液体温度计的故障常为液柱发生中断，排除办法有：

（1）冷却法：将贮液泡插入干冰中，使毛细管中液体全部收缩到贮液泡中为止。

（2）离心法：手持温度计上端，急速甩动或旋转，直至液柱复原。

（3）加热法：将温度计贮液泡置于温水中，逐渐升高水温，直至中断的液柱全部进入安全泡为止。将温度计垂直放置数小时，待水温降低，直到感温液体逐渐回到毛细管中原来位置为止。

2.4.2　热电阻温度计

用某种导体作为测温物质，用导体的电阻随温度的变化标示温度。导体的电阻与温度的关系，不同的导体不同，同一种导体不同的温度范围也不同。例如，铜热电阻与温度的关系遵循的公式为

$$R_t = R_0[1+\alpha t+\beta t(t-100℃)+\gamma t^2(t-100℃)]$$

纯铂热电阻，在 −200℃ ~0℃ 范围内，遵循的公式为

$$R_t = R_0[1+\alpha t+\beta t^2+\gamma(t-100℃)t^3]$$

而在 0 ~500℃ 范围内，遵循的公式为

$$R_t = R_0(1+\alpha t+\beta t^2)$$

上述各式中，R_0 为 0℃ 时的电阻值；R_t 为温度 t 时的电阻值；α、β、γ 为常数，由实验确定。成品热电阻在说明书中都给出了电阻值与温度关系的分度表。

近年来，用半导体材料制成的热敏电阻应用越来越广泛，半导体温度计也随之发展起来。由于热敏电阻的温度系数比金属材料大得多，所以可提高温度测量的灵敏度。同时，由于热敏电阻体积小，对被测物体温度影响很小，测量精度很高。

2.4.3　热电偶温度计

将两种不同材料的导体 A、B 两端相连组成闭合回路，如图 2-12 所示，A、B 两导体称为热电极，A、B 导体的组合体称为热电偶，也叫温差电偶。温度较高的一端称为工作端（测量端），温度低的一端称为自由端（参考端）。当两接点温度 t 和 t_0 不相等时，回路内就会产生温差电动势，其值与组成热电偶的材料性质、热端和冷端的温度差有关，与电极的长度和直径无关。如果使 t_0 保持恒定，热端置于被测介质中，那么，温差电势随温度而变。若用测量仪表测得热电势的数值，便可测得相应的温度。常用的热电偶列于表 2-4。

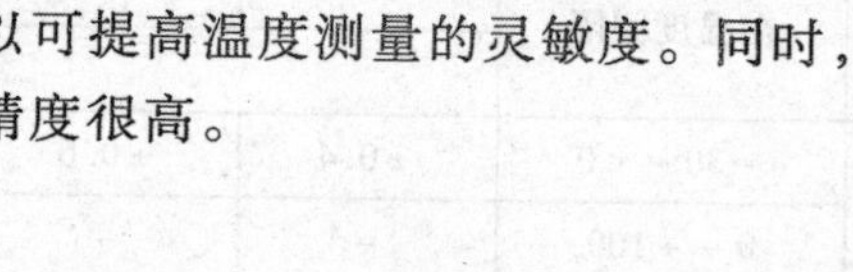

图 2-12　热电偶

表 2-4　常用热电偶

热电偶	代号	主要组成	使用温度/℃
铜—康铜	T	铜（Cu100%）　康铜（Ni 40%，Cu 58%及少量 Fe、Co）	300
铁—康铜	J	铁（Fe 100%）　康铜	600
镍铬—镍铝	K	镍铬（Ni 90%，Cr 10%）　镍铝（Ni 94%，Al 3%及其他元素 3%）	1 000
铂铑—铂	S	铂铑（Pt 90%　Rh 10%）　铂（Pt 100%）	1 400

2.4.4　各种测温仪器的比较

各种测温仪器都有相应的测量范围与误差，也都各有利弊。例如，液体温度计价格便宜，使用方便，但测温范围较小；电阻温度计测温精度高，但它不能测高温；热电偶温度计的测温范围很广，但精度一般不高。新近发展的半导体温度计则易于实现测量自动化等。除上述几种测温仪器外，在生产实践和科学研究中，还经常用到气体温度计、光测高温计等温度测量仪器。

2.5　气压计和湿度计

物质的许多特性参数与温度、湿度、气压等环境因素有着密切关系。如蓖麻油的粘度在不同温度测得的值差别很大；绝缘材料的绝缘性能随环境湿度增加而降低；不同的大气压强下水的沸点不同。在影响物质特性参数的诸环境因素中，居首位的当属温度，其次便是环境湿度和大气压强。因此，实验室常挂有温度计、湿度计和气压计作为环境监测仪器。

2.5.1　气压计

气压计有多种式样，但就测量的准确度来看，以水银气压计为最好。下面我们介绍一种常用的水银气压计——福廷式气压计。

该仪器是根据托里拆利原理做成的，其结构如图 2-13 所示。一根长约 80 cm 的一端封闭、一端开口的璃璃管装满水银，用拇指按住开口端，然后倒插入水银杯内。于是，管内水银在重力（因管封闭端与下降的水银面之间为真空，无其他力作用）作用下，从管的开口端流入水银杯内，直到管内水银柱高度所产生的压强与大气压强平衡为止。气压变化，水银柱的高度就变化。通过测量这一段水银柱的高度就能确定大气压强的值。

玻璃管安装在金属保护套管内，在保护套管上、下方开有两个长方形窗口，便于观察管内和杯内的水银液面。上窗口旁装有带游标的标度尺，用来测量玻璃管内水银柱的高度。标度尺的下端连接一象牙针，是高度的零点。保护套上装有水银温度计，以供测量气压时先确定观察时的温度。水银杯的底部是用皮囊做成的，皮囊底部有一块滑动铁板，调节水银面调节钮可使皮囊挺起或下垂，从而控制杯内水银面的高度。

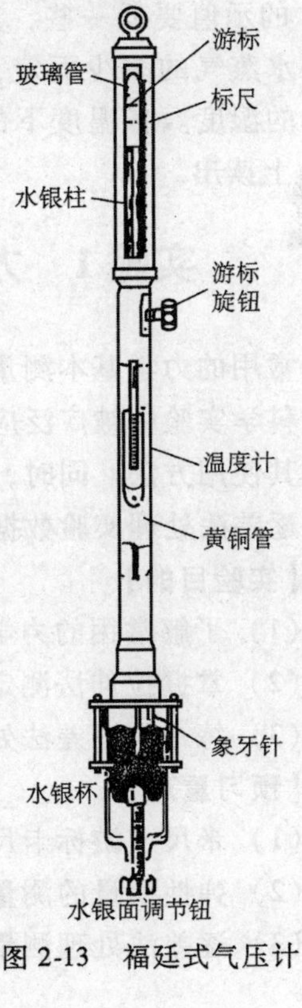

图 2-13　福廷式气压计

气压计的使用方法如下：

（1）调节水银气压计的玻璃管，使其处于铅直位置，记录室温。

（2）旋转下方的水银面调节钮，使杯内水银表面与象牙针刚好接触。如果水银面足够清洁，这时能看到象牙针和它刚好相接。

（3）调节游标旋钮，使游标的零线从上向下与水银凸面正好相切，利用游标读出水银柱的高度（注意：由于玻璃与水银有粘附作用，玻璃管内水银的凸面在水银上升或下降时稍有不同，上升时格外凸出。为使凸面有正常形状，可用手指轻轻敲保护金属管，水银受振后，凸面就会自由形成）。

（4）若需更精确测量，还要进行温度、重力加速度、毛细管和零点修正。

在国际单位制（SI）中，压强的单位为帕斯卡，简称帕（Pa）。过去的文献和旧仪表中常使用压强的单位有：标准大气压（atm）、毫米汞柱（mmHg）、托（Torr）等。

$$1\text{atm} = 101325\ \text{Pa} \approx 0.1\ \text{MPa} = 760\ \text{mmHg}$$

$$1\text{mmHg} = 1\ \text{Torr} = 133.322\ \text{Pa}$$

2.5.2 干湿球湿度计

利用干湿球湿度计可以测出环境的相对湿度。干湿球湿度计由两支相同的温度计 A 和 B 组成。如图 2-14 所示。B 的感温泡上包以湿布，布的下端浸在水槽 D 内。A 直接指示室温。由于水蒸发时要从周围吸收热量，所以，B 的示值较 A 的示值要低一些，其温差由水的蒸发速度，即大气中现存水蒸气的多少而定，因此，从两温度计的示值可求出当时的湿度。各温度下的温度差对应的相对湿度可从标尺筒 E 上读出。

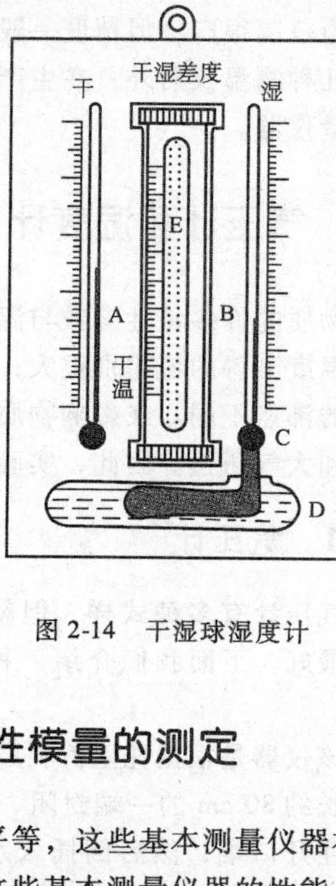

图 2-14 干湿球湿度计

实验 1 力学基本测量仪器的使用及弹性模量的测定

常用的力学基本测量仪器有米尺、游标卡尺、千分尺、天平等，这些基本测量仪器在生产和科学实验中被广泛应用。本实验通过测定固体密度，了解这些基本测量仪器的性能，并掌握其使用方法。同时，通过测定钢丝的弹性模量，掌握光杠杆法测量长度微小变化量的原理及逐差法处理实验数据的方法。

【实验目的】

（1）了解常用的力学基本测量仪器的性能，掌握其使用方法。

（2）掌握拉伸法测定弹性模量的原理及光杠杆测量微小长度的原理。

（3）练习用逐差法处理实验数据和学习标尺望远镜的调节和使用。

【预习重点】

（1）米尺、游标卡尺、外径千分尺及电子天平的原理及使用方法（第 2 章 2.1，2.3）。

（2）弹性模量的测量原理及光杠杆测量微小长度的原理。

（3）逐差法处理测量数据的方法。

【实验仪器与用具】

天平、游标卡尺、弹性模量仪、标尺望远镜、钢卷尺、外径千分尺等。

【实验原理】

Ⅰ 固体密度的测定

本实验通过固体密度的测定，练习常用力学基本测量仪器的使用。

物质的密度是指单位体积中所含物质的量，如物体的质量为 m，体积为 V，则其密度 ρ 为

$$\rho=\frac{m}{V} \tag{2-1}$$

只要测出物体的体积和质量就可以求得密度 ρ。如空心圆柱体的长度为 L，外径为 D，内径为 d，则其体积为

$$V=\frac{1}{4}\pi L(D^2-d^2) \tag{2-2}$$

将式（2-2）代入式（2-1）可得密度为

$$\rho=\frac{m}{V}=\frac{4m}{\pi L(D^2-d^2)} \tag{2-3}$$

只要直接测量出 L、D、d 和 m，即可计算出空心圆柱体密度 ρ。

Ⅱ 弹性模量的测定

1. 金属丝的弹性模量

物体受力产生形变，去掉外力后能立刻恢复原状的称为弹性形变；因受力过大或受力时间过长，去掉外力后不能恢复原状的称为塑性形变。本实验中只研究弹性形变。为此，应当控制外力的大小，以保证此外力去掉后物体能恢复原状。

物体受单方向的拉力或压力，产生纵向的伸长和缩短是最简单也是最基本的形变。设一物体长为 L，横截面积为 S，沿长度方向施力 F 后，物体伸长了 ΔL。F/S 是单位面积的作用力，称为应力，$\Delta L/L$ 是相对伸长量，称为应变。在弹性变形范围内，按照胡克定律，物体内部的应力正比于应变，其比值

$$\frac{F/S}{\Delta L/L}=E \tag{2-4}$$

称为弹性模量，在 SI 制中单位为 N/m^2。

实验证明，弹性模量与外力 F、物体的长度 L 和横截面积 S 的大小无关，它只取决于材料的性质，在式（2-4）中，F、L 和 S 可用一般的仪器和方法测得，惟有 ΔL 是一个很小的量，要用光杠杆法测量。光杠杆系统包括光杠杆平面镜 M，水平放置的望远镜 T 和竖直标尺 N，光杠杆平面镜如图 2-15a 所示，光杠杆平面镜垂直于它的底座，底座下有三个尖足。前两足尖放在弹性模量仪的平台 C 的沟槽内，后足尖置于待测钢丝下卡头的上端面上。前两足尖连线到后足尖的距离为 b。当待测钢丝受力作用而伸长 ΔL 时，后足尖就随之下降 ΔL，从而平面镜 M 也随之倾斜一个 α 角。在与平面镜相距 D 处（约 1 ~ 2 m）放置标尺望远镜和竖直标尺。假定开始时平面镜 M 的法线在水平位置，则标尺 N 上的标度线 n_1 发出的光通过平面镜 M 反射后进入望远镜，在望远镜中能观察到 n_1 的像。当金属丝受外力而伸长后，光

杠杆的后尖脚随金属丝下降 ΔL，平面镜转过一角度 α，根据光的反射定律，反射线将转过 2α，这时在望远镜中观察到 n_2 的像。由图 2-15b 可见

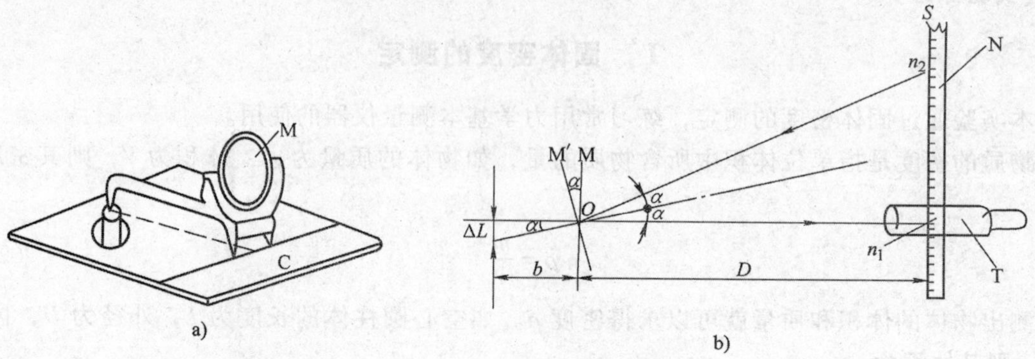

图 2-15 光杠杆原理

$$\tan\alpha = \frac{\Delta L}{b} \tag{2-5}$$

$$\tan 2\alpha = \frac{n_2 - n_1}{D} = \frac{\Delta n}{D} \tag{2-6}$$

当角度很小时，近似地有 $\tan 2\alpha = 2\alpha$，$\tan\alpha = \alpha$，所以

$$\Delta L = \frac{b}{2D}\Delta n \tag{2-7}$$

Δn 与 ΔL 之比称为光杠杆的放大倍数。通过测量 b、Δn 和 D 这些容易测量的量，间接测量 ΔL。这就是光杠杆测量长度微小伸长量的原理。

设金属丝的直径为 d，金属丝的截面积为

$$S = \frac{1}{4}\pi d^2 \tag{2-8}$$

将式（2-7）和式（2-8）代入式（2-4），则

$$E = \frac{8FLD}{\pi d^2 b \Delta n} \tag{2-9}$$

由上式可见，只要测量 F、L、D、d、b、Δn 就可计算出待测金属丝的弹性模量。

2. 用逐差法处理数据

实验中每次在金属丝下端加一个砝码（1kg），记录望远镜中的标尺读数 n_i（$i = 1, 2, \cdots, 8$），然后再每次减去一个砝码，记录 n'_i 读数，取其平均值 $\bar{n}$。再用逐差法求 Δn 的平均值，即先将数据分成两组：一组是 $\bar{n}_1$，$\bar{n}_2$，$\bar{n}_3$，$\bar{n}_4$；另一组是 $\bar{n}_5$，$\bar{n}_6$，$\bar{n}_7$，$\bar{n}_8$。然后求各对应项的差值 $(\bar{n}_8 - \bar{n}_4)$，$(\bar{n}_7 - \bar{n}_3)$，$(\bar{n}_6 - \bar{n}_2)$，$(\bar{n}_5 - \bar{n}_1)$，并计算各差值的平均值。

$$\Delta n = \frac{1}{4}[(\bar{n}_8 - \bar{n}_4) + (\bar{n}_7 - \bar{n}_3) + (\bar{n}_6 - \bar{n}_2) + (\bar{n}_5 - \bar{n}_1)]$$

这样得到的 Δn 相当于每次增加 4 个砝码的伸长量，可见，用逐差法既充分利用了测量数据，又保持了多次测量的优点，减小了测量误差。如果简单地计算每增加 1 个砝码标尺读数变化的平均值

$$\Delta n' = \frac{1}{7}[(\bar{n}_8 - \bar{n}_7) + (\bar{n}_7 - \bar{n}_5) + \cdots + (\bar{n}_2 - \bar{n}_1)] = \frac{1}{7}(\bar{n}_8 - \bar{n}_1)$$

结果只有头尾两个数据有用，中间数据则相互抵消。这样处理数据与一次加 7 个砝码的单次测量是一样的。

【实验装置】

图 2-16 所示的是弹性模量仪、光杠杆及标尺望远镜。弹性模量仪的底座上有调节螺钉，用来调节立柱铅直。立柱上端有横梁，中部紧固一个平台，构成一个刚度极好的支架。整个支架受力后变形极小，可以忽略不计。待测样品是一个粗细均匀的钢丝。钢丝上端有卡头 A 夹紧并固定在上横梁上，钢丝下端也用一个圆柱形卡头 B 夹紧并穿过平台 C 的中心孔，使钢丝自由悬挂。圆柱形卡头下方的挂钩上挂一个砝码钩。

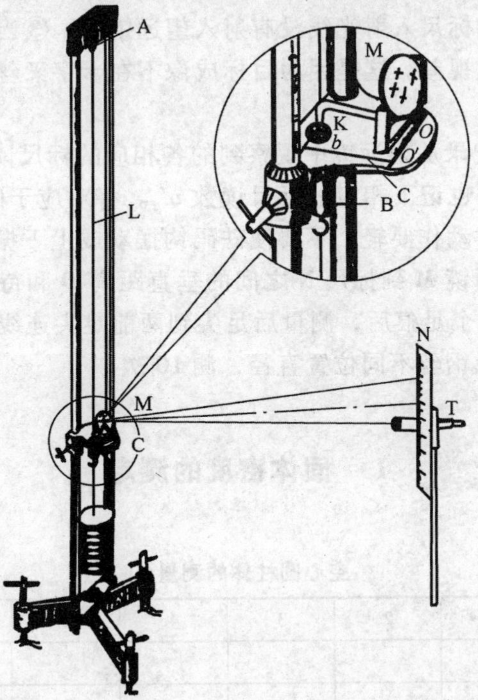

图 2-16　弹性模量仪

【实验内容】

I　固体密度的测定

（1）用游标卡尺测量空心圆柱体的长度 L、外径 D、内径 d 的值（不少于 6 次）。

（2）调节电子天平，用电子天平测量空心圆柱体的质量。

II　弹性模量的测定

（1）检查钢丝是否被上下夹头夹紧，然后挂上砝码钩，将钢丝预紧。

（2）调节立柱铅直，并观察钢丝下卡头在平台通孔中的缝隙，使之达到均匀，以不发生摩擦为准。

（3）将光杠杆放置在平台上，并使前足尖落在沟槽内，后足尖压在下圆柱形卡头上端面上。同时调节光杠杆平面镜 M 处于铅直位置。

（4）在距离光杠杆镜面前方约 2m 处放置标尺望远镜，并调整望远镜筒处于水平位置，使它与光杠杆镜面的中心部分等高。然后从望远镜筒外沿着望远镜筒方向观察光杠杆镜面，应看到镜面中有标尺的像。若没有，可移动望远镜尺组，使来自标尺的入射光线经过光杠杆镜面反射，其反射光能射入望远镜内。

（5）调节标尺望远镜目镜，使十字叉丝清晰。然后缓慢旋转调焦手轮使物镜在镜筒内伸缩，直到清晰地看到标尺刻度的像。这时，从望远镜内观察，既能看清标尺，又能看清十字叉丝。这一步，对初学者来说比较困难，往往会出现：①十字叉丝看不见或者很模糊，这是因为目镜没有调好。②在望远镜中只看到光杠杆镜面而看不到标尺的像，这是物镜焦距没有调好或光杠杆镜面反射的标尺入射光线没有射入望远镜内。③当人眼上下移动时，物像与十字叉丝有相对移动，产生视差。这是因为目标成像不在十字叉丝平面上，只要微微调节调焦手轮，即能消除视差。

（6）逐一增加砝码，记录从望远镜中观察到的各相应的标尺读数 n_i（共 8 个砝码）。然后再逐次移去所加的砝码，也记下相应的标尺读数 n'_i。将对应于同一 F_i 值的 n_i 和 n'_i 求平均，记为 $\bar{n}_i$（加、减砝码时动作要轻，不要使砝码钩摆动或上下振动）。

（7）用钢卷尺测量平面镜 M 到标尺 N 之间的垂直距离 D 和待测钢丝的原长 L。将光杠杆放在一张平纸上，压出三个足痕后，测量后足尖到两前足尖连线的垂直距离 b。

（8）用外径千分尺测量钢丝不同位置直径，测 10 次。

【数据处理】

I　固体密度的测定

1. 数据表格

空心圆柱体的测量

n	1	2	3	4	5	6	7	8
$L/10^{-3}$ m								
$D/10^{-3}$ m								
$d/10^{-3}$ m								
$m/10^{-3}$ kg								

2. 测量结果

$$\bar{\rho}=\frac{4\bar{m}}{\pi\ (\bar{D}^2-\bar{d}^2)\ \bar{L}}=$$

$$\frac{S_\rho}{\rho}=\sqrt{(\frac{S_m}{m})^2+\ (\frac{2DS_D}{D^2-d^2})^2+\ (\frac{2dS_d}{D^2-d^2})^2+\ (\frac{S_L}{L})^2}=$$

$$S_\rho=\frac{S_\rho}{\rho}\bar{\rho}=$$

$$\rho=\bar{\rho}\pm S_\rho=$$

Ⅱ 弹性模量的测定

1. 数据记录

钢丝直径 d

测量次数	1	2	3	4	5	6	7	8	9	10	平均
$d/(\times10^{-3}\ \text{m})$											
$\Delta d/(\times10^{-3}\ \text{m})$											

增减砝码时，记录相应标尺读数

次数	荷重 /kg	增重读数 $n/(\times10^{-2}\ \text{m})$	减重读数 $n/(\times10^{-2}\ \text{m})$	两次读数平均 $\bar{n}/(\times10^{-2}\ \text{m})$	$\Delta n=\bar{n}_{i+4}-\bar{n}_i$ $/(\times10^{-2}\ \text{m})$	$\Delta(\Delta n)$ $/(\times10^{-2}\ \text{m})$
1	1×1 kg			$\bar{n}_1=$	$\Delta n_1=\bar{n}_5-\bar{n}_1$	
2	2×1 kg			$\bar{n}_2=$	=	
3	3×1 kg			$\bar{n}_3=$	$\Delta n_2=\bar{n}_6-\bar{n}_2$	
4	4×1 kg			$\bar{n}_4=$	=	
5	5×1 kg			$\bar{n}_5=$	$\Delta n_3=\bar{n}_7-\bar{n}_3$	
6	6×1 kg			$\bar{n}_6=$	=	
7	7×1 kg			$\bar{n}_7=$	$\Delta n_4=\bar{n}_8-\bar{n}_4$	
8	8×1 kg			$\bar{n}_8=$	=	
	平均值			每4个砝码	$\Delta\bar{n}=$	$\Delta(\Delta\bar{n})=$
				每1个砝码	$\frac{1}{4}\Delta\bar{n}=$	$\Delta(\Delta\bar{n})=$

其他量测结果

$L/10^{-2}$ m	$D/10^{-2}$ m	$b/10^{-2}$ m

2. 实验数据计算

根据所测得的数据，由式（2-9）计算出

$$\bar{E}=\frac{8mgLD}{\pi d^2 b\Delta\bar{n}}=$$

相对误差 $\frac{S_E}{E}=\sqrt{(\frac{S_m}{m})^2+(\frac{S_L}{L})^2+(\frac{S_D}{D})^2+(2\frac{S_d}{d})^2+(\frac{S_b}{b})^2+(\frac{S_{\Delta n}}{\Delta n})^2}$

标准误差 $S_E=\frac{S_E}{E}\bar{E}$

结果表示 $E=E\pm S_E$

【思考题】

（1）“二十分游标卡尺”和“五十分游标卡尺”的读数都记录到毫米的百分位，对同一物体，测得的有效数字位数相同，是否表示这两种游标卡尺测量的误差也相同？为什么？

（2）本实验为什么要用光杠杆法测量钢丝伸长量 ΔL，其放大倍数是多少？

（3）本实验为什么采用逐差法处理实验数据？当采用逐差法处理数据时，各数据间应有什么关系？什么样的函数可用逐差法处理数据？

【扩展实验】

设计用光杠杆法测量固体膨胀系数的实验方案。

附：标尺望远镜的使用（JCW-1 型）

1. 结构

仪器外形如图 2-17 所示。仪器由底座 9、内调焦望远镜 5、可调毫米尺 7 等部分组成。内调焦望远镜结构如图 2-18 所示。望远镜由物镜和目镜组成，为便于调节和测量，在物镜和目镜之间有叉丝分划板和内调焦透镜。叉丝分划板固定在 B 筒上，内调焦透镜由微调手轮带动齿条，使其在镜筒 A 中沿轴线前后移动。目镜则装在 B 筒内，可沿筒前后移动以改变目镜与叉丝分划板间的距离。

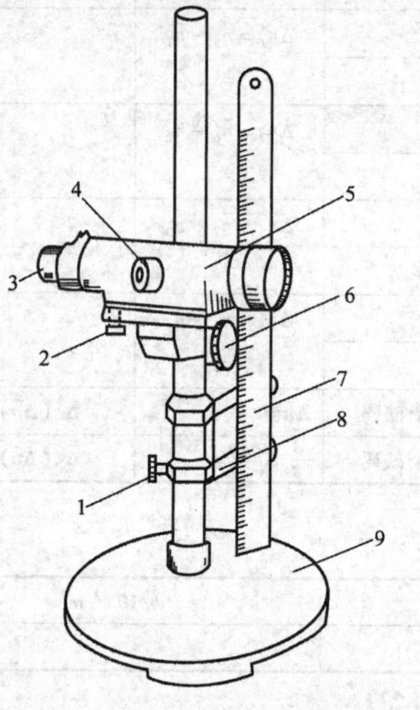

图 2-17　JCW-1 型标尺望远镜

1—标尺支架锁紧旋钮　2—仰角微调螺钉　3—目镜旋钮　4—内调焦手轮　5—望远镜　6—望远镜锁紧手柄　7—毫米钢直尺　8—毫米尺支架　9—底座

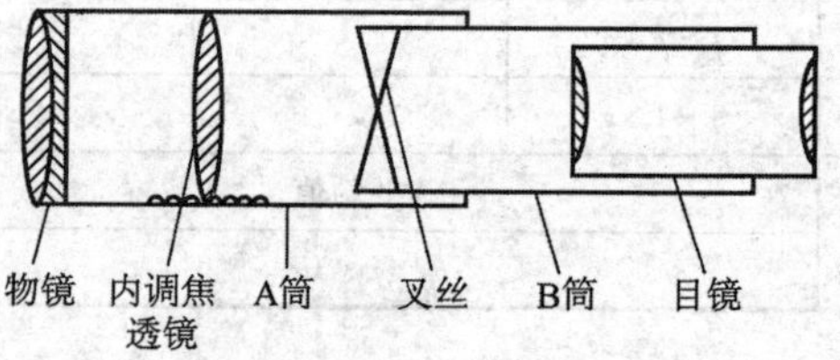

图 2-18　内调焦望远镜结构图

2. 使用方法

（1）将光杠杆反射镜的法线调到大致水平，用照明灯照亮标尺 7，在望远镜旁观察，寻找反射镜中标尺的像，由于人眼对动目标捕获能力强，所以可用手在标尺前上下移动，观察手及标尺在镜中的像。若寻找不到或手的位置偏高或偏低，则调节反射镜面的方位，移动标尺望远镜底座，使观察到手的位置处于标尺中部。松开锁紧手柄 6，上下移动望远镜使望远镜筒与光杠杆镜面的中心部位等高，左右转动望远镜和调节仰角微调螺钉 2，使沿镜筒外的 V 形缺口和准星的视线在反射镜中能看到标尺的像，固定锁紧手柄。

（2）调节目镜旋钮 3 使分划板叉丝清晰，且处于水平垂直状态，转动调焦手轮 4 进行调焦。若从望远镜中只看到弹性模量仪的平台、或立柱、或钢丝等部分，则要细调望远镜的上下、左右位置。若调焦时只能看到反射镜的玻璃面，而继续旋转内调焦手轮仍找不到标尺的像，则要细心微调反射镜法线的方位，或平移标尺望远镜底座，直到从望远镜中观察，可从反射镜中清晰看到标尺中间处的像与水平叉丝平行为止。若标尺像上下有一部分不清晰，则微调仰角螺钉；若左右有一部分不清晰，则微微左右转动望远镜。

3. 用视距常数测量光杠杆镜面到望远镜标尺之间的垂直距离 D

如图 2-19 所示，分划板上的上、下视距丝是测距的基准。D 与 ΔL 有如下关系

$$2D = \alpha \Delta L$$

式中，α 为视距常数，JCW－1 型标尺望远镜的 $\alpha = 100$，所以

$$D = \frac{\alpha}{2}\Delta L = \frac{100}{2}\Delta L = 50\Delta L = 50\ (x_{上} - x_{下})$$

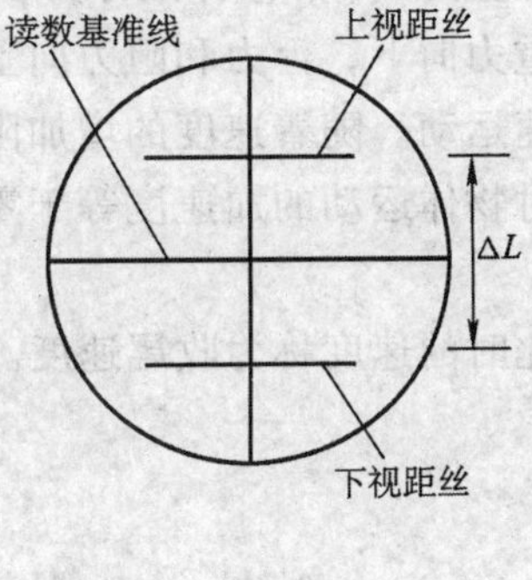

图 2-19 用视距常数测 D

实验 2 落球法测定液体的动力粘度

各种实际液体具有不同程度的粘滞性，当液体稳定流动时，由于各层液体的流速不同，相邻的两层液体之间存在力的作用，快的一层给慢的一层以拉力，慢的一层给快的一层以阻力，这种阻力是由内摩擦产生的，称为内摩擦力或粘滞阻力。实践证明，对给定的液体粘滞力 F 与两层间的接触面积 ΔS 及该处垂直于 ΔS 方向上的速度梯度 dv/dx 成正比，且与运动方向相反，即

$$F = \eta \frac{dv}{dx}\Delta S$$

此式称为粘滞定律，式中 η 称为液体的动力粘度，其值取决于液体的性质和温度，温度升高，动力粘度迅速减小。所以当给出动力粘度时，一定要注明温度。在国际单位（SI）制中，η 的单位为 Pa · s（帕 · 秒）。

【实验目的】

（1）了解依据斯托克斯公式用落球法测定液体动力粘度的方法。

（2）了解斯托克斯公式的修正方法。

（3）学习用作图外推法处理实验数据。

【预习重点】

（1）根据斯托克斯定律用落球法测定液体动力粘度的原理和方法。

（2）熟悉秒表、温度计和读数显微镜等仪器的使用方法（第 2 章 2.1 节、2.2 节、2.4 节）。

【实验仪器与用具】

动力粘度仪、小钢球、读数显微镜、秒表、镊子等。

【实验原理】

当半径为 r 的光滑圆球以速度 v_0 在均匀的无限宽广的液体中运动时，若速度不大，球也很小，在液体中不产生涡流的情况下，斯托克斯指出球在液体中所受到的粘滞阻力 F 为

$$F=6\pi\eta v_0 r \tag{2-10}$$

式中，η 为液体的动力粘度，此式称为斯托克斯公式。由此式可知，粘滞阻力 F 的大小和物体运动速度成正比。

当密度为 ρ，体积为 V 的小球在密度为 ρ_0 的液体中下落时，作用在小球上的力有三个，即重力 ρVg、液体的浮力 $\rho_0 Vg$、液体的粘滞阻力 $6\pi\eta v_0 r$。这三个力都作用在同一铅直线上，重力向下，浮力和阻力向上。小球刚开始下落时，速度很小，粘滞阻力不大，因而小球作加速运动。随着速度的增加阻力逐渐加大，速度达一定值时，阻力和浮力之和将等于重力，那时物体运动的加速度等于零，小球开始匀速下落，即

$$\rho vg=\rho_0 Vg+6\pi\eta v_0 r \tag{2-11}$$

此时的速度称为收尾速度。由此式可得

$$\eta=\frac{(\rho-\rho_0)\ Vg}{6\pi v_0 r} \tag{2-12}$$

将体积 $V=\frac{4}{3}\pi r^3$ 代入式（2-12）得

$$\eta=\frac{(\rho-\rho_0)\ gd^2}{18v_0} \tag{2-13}$$

式中，d 是小球直径。

斯托克斯公式的假定条件是小球在无限宽广的液体中下落，而实际上小球是在有限的圆柱形筒中下落，筒的直径和液体的深度均是有限的，因此，实验中“无限广延”的条件是无法实现的。本实验用作图外推的方法来确定 v_0。

在图 2-20 中，每个管子上、下两刻线 A、B 之间的距离 s 相同，A 刻线离液面有适当的距离，可认为小球由静止开始下落经 A 刻线时已处于匀速运动状态。受管壁影响，小球在不同直径的管子中匀速下落的速度不同。大量的实验数据及用线性拟合进行数据处理表明，小球在管中匀速下落的速度 v 与在无限广延的液体中匀速下落的速度 v_0 之间的关系为

$$v_0=v\left(1+k\frac{d}{D}\right) \tag{2-14}$$

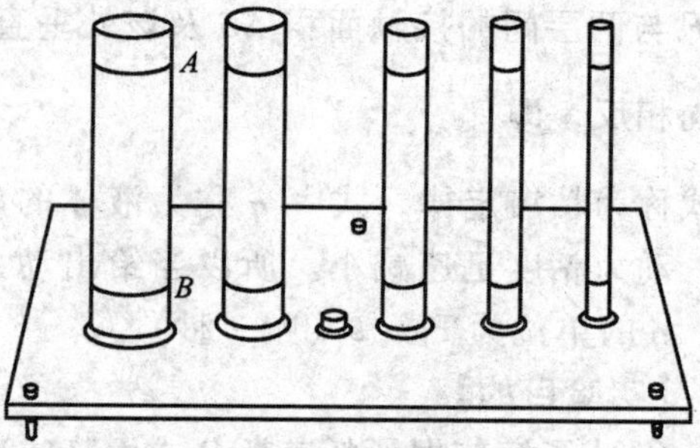

图 2-20 动力粘度仪

式中，D 为管子直径；k 是与实验条件无关的修正系数。若小球匀速下落经过的距离相同，则下落时间为

$$t=t_0\left(1+k\frac{d}{D}\right) \tag{2-15}$$

由此可见，t 与 $\frac{1}{D}$ 成线性关系，只要依次测出同一小球在各管中经过 s 距离所需时间 t_i 及各管的直径 D_i，并以 t 为纵坐标，$\frac{1}{D}$ 为横坐标作出直线，则该直线在纵轴上的截距 t_0 就是当 $D\to\infty$，即在无限广延液体中小球匀速下落通过距离 s 所需的时间。所以有

$$v_0 = \frac{s}{t_0} \tag{2-16}$$

将式（2-16）代入式（2-13），就能测出液体的动力粘度 η。

【实验内容】

（1）调节动力粘度仪底板上的螺钉，用气泡水准仪观察，使底板水平。

（2）用读数显微镜（使用方法见2.1节）测量6个小钢球的直径 d，求平均值。

（3）用镊子夹起测得直径的小钢球，细心地放入最细圆管液体的中心处，使小钢球沿圆管中心轴线下落，用停表测量小钢球通过刻线 A、B 间距的时间（A 处有三根刻线，从第二根刻线处开始记录时间。注意视线与刻线在同一水平面上）。

（4）依次测出其他小球在其他各管液体中作落体运动通过 A、B 刻线间距的时间。

（5）抄录实验室给出的各圆管内直径 D，A、B 间的距离 s，小钢球密度 ρ 和蓖麻油密度 ρ_0 的数值、当地重力加速度 g 的值及室温。

【数据记录及处理】

1. 数据表格

小钢球直径

小球	1	2	3	4	5	6	平均
d/mm							

各管直径、小球下落时间及其他

D/mm						∞
$\frac{1}{D}$/ ($\frac{1}{\text{mm}}10^{-3}$)						
t/s						
其他量	$g=$	$s=$	mm，$T=$	℃ $\rho=$	，$\rho_0=$	

2. 用坐标纸作出 $t-\frac{d}{D}$ 图线，从图中求出 t_0。

3. 测量结果

$$\eta = \frac{(\rho-\rho_0)\ g\bar{d}^2}{18v_0} = \frac{(\rho-\rho_0)\ g\bar{d}^2 \cdot \bar{t}_0}{18\ \bar{s}} =$$

$$\frac{S_\eta}{\eta} = \sqrt{\left(\frac{2S_d}{d}\right)^2 + \left(\frac{S_{t_0}}{t_0}\right)^2 + \left(\frac{S_s}{s}\right)^2} =$$

$$S_\eta = \bar{\eta} \cdot \frac{S_\eta}{\eta} =$$

$$\eta = \bar{\eta} \pm 2S_\eta =$$

【思考题】

（1）多管落球法测 η 实验是如何满足无限广延条件的？

（2）观察小球通过 A、B 横刻线时，应如何避免误差？

（3）小球下落时液体应是静止的，在实验过程中要保持静止状态，应采取什么措施？

（4）除管子不铅直，小球不在管子中心下落和液体中有气泡等外，还有哪些因素会给实验造成误差？如何克服这些因素来减小误差？

【扩展实验】

用单管落球法测定液体的动力粘度。要求推导测量公式，进行测量，计算出结果，并分析误差，与多管法进行比较（修正公式 $v_0=v\ (1+k\dfrac{d}{D})$ 中 k 值取 2.4）。

实验3 液体表面张力系数的测定

液体表面层（厚度为分子作用半径，约 10^{-8}cm）由于液面上方气相层的分子数很少，表面层内每个分子受到的向上的力比向下的力要小，合力垂直于液面并指向液体内部，所以液体表面层具有尽量缩小其表面的趋势，这种沿着表面的、收缩液面的力称为表面张力。液体表面单位长度上的表面张力称为表面张力系数。

测定表面张力系数常用的方法有：拉脱法、毛细管升高法和液滴测重法等。本实验仅介绍拉脱法测液体表面张力系数。

【实验目的】

（1）学习用焦利氏秤测量微小力的原理和方法。

（2）测定液体表面张力系数并了解杂质对液体表面张力的影响。

【预习重点】

（1）用拉脱法测量室温下液体表面张力的原理。

（2）焦利氏秤的结构和使用方法。

【实验仪器与用具】

焦利氏秤、金属丝框、砝码、玻璃皿、温度计、卡尺等。

【实验原理】

如果设想在液面上作一长为 l 的分界线段 MN，那么表面张力的作用就表现在线段两边的液体以一定的力 F' 相互作用，且作用力的方向与 MN 垂直。见图 2-21a。力的大小与线段长成正比，即

$$F'=\alpha l \tag{2-17}$$

式中，比例系数 α 称为液体的表面张力系数，它表示单位长线段两侧液体的相互作用力，其单位为 $\mathrm{N\cdot m^{-1}}$。

假如我们在液体中竖直浸入一金属丝框，则其附近的液面将呈现如图 2-21b 所示的形状。由于液面收缩而产生沿着切线方向的表面张力 F'，角 φ 称为湿润角（或接触角）。当缓缓提金属丝框时，湿润角 φ 逐渐减小而趋向于零。至此，表面张力的方向垂直向下。

当金属丝框浸入液体中还没有提拉时，金属丝框所受到的力为

$$F_0=P_0-P' \tag{2-18}$$

式中，F_0 为向上的拉力；P_0 为金属丝框所受的重力；P' 为金属丝框所受的浮力。

当金属丝框由液面下缓缓提拉到液面以上时，一层液膜也被带起来，设膜宽为 b，膜高为 h，液体密度为 ρ，当地重力加速度为 g，在液膜将被拉断的瞬间，金属丝框所受到的力为

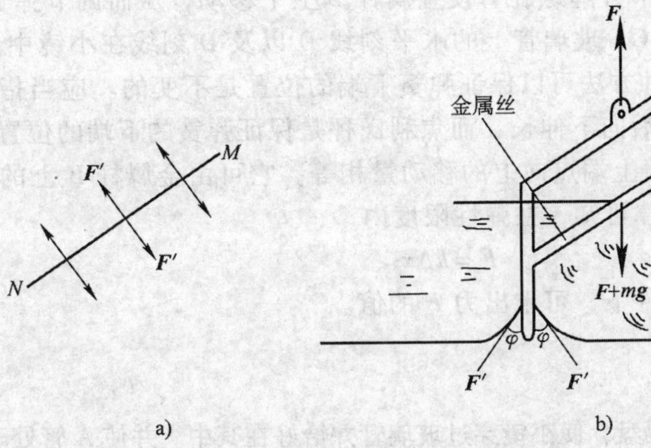

图 2-21　表面张力

$$F = P_0 - P' + F' + lbh\rho g \tag{2-19}$$

这里表面张力 F' 与接触面的周界长度 $2(l+d)$ 成正比

$$F' = 2\alpha(l+d) \tag{2-20}$$

式中，l 为金属丝的长度；d 为金属丝的直径；α 为表面张力系数。由于 $d \ll l$，故可忽略不计。$(lbh\rho g)$ 为液膜的重量，因液膜的重量很小，也可忽略。于是由式（2-19）减去式（2-18），并将式（2-20）代入，整理后可得

$$\alpha = \frac{F - F_0}{2l} \tag{2-21}$$

本实验用焦利氏秤测量 $F - F_0$ 之值，再测出 l 之后由式（2-21）计算出 α 值。

表面张力系数与液体的性质、纯度、温度及其上方的气体性质都有关。液体的温度越高，所含杂质越多，表面张力系数就越小。因此，在测量 α 值时必须注意保持液体的纯度，测量工具（例如金属丝框、盛液器皿等）应不沾污渍。

【装置介绍】

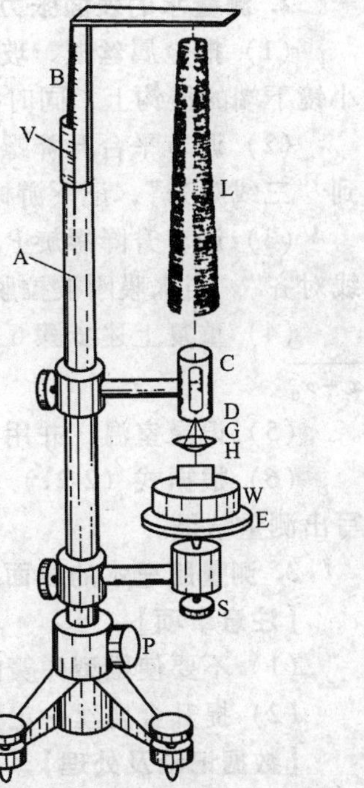

图 2-22　焦利氏秤

A—立管　B—圆柱　V—游标
C—镜面标线　D—玻璃管刻线　L—弹簧
P—升降螺旋　E—平台　S—平台升降螺钉
G—砝码盘　H—金属丝框　W—玻璃皿

焦利氏秤是一种精密弹簧秤，常用来测量微小的力，其结构如图 2-22 所示，带米尺刻度的金属杆 B 套在金属管 A 内，A 管上附有游标 V 和可上下移动的工作平台 E。调节升降螺旋 P 可使 B 在 A 管内上下移动，工作平台 E 可由下端的螺钉 S 调节而上下移动。B 的横梁上悬挂一锥型细弹簧 L，弹簧的下端挂有一面刻有水平线 C 的小镜。小镜悬挂在刻有水平线 D 的玻璃管中间。小镜下端有一挂钩，可以悬挂砝码托盘或金属丝框。

使用焦利氏秤时，通过调节升降螺旋 P 使金属杆 B 上下移动，从而调节弹簧 L 的升降，目的在于使小镜上的水平刻线 C、玻璃管上的水平刻线 D 以及 D 刻线在小镜中的像 D′三者重合（简称三线对齐），用这种方法可以保证弹簧下端的位置是不变的。应当指出，普通弹簧秤是弹簧上端固定，加负载后向下伸长，而焦利氏秤是保证弹簧的下端的位置不变，则弹簧加负载后的伸长量 Δx 与弹簧上端点向上的移动量相等，它可由金属杆 B 上的尺身和套管 A 上的游标来测量。由胡克定律可知，在弹性限度内

$$F = k\Delta x$$

在已知弹簧的劲度系数 k 的条件下，可求出力 F 的值。

【实验内容】

1. 测量弹簧的劲度系数

（1）挂好弹簧、小镜和砝码盘，使小镜穿过玻璃管并恰好在其中。并使 A 管处于铅直状态。

（2）调节旋钮 P，使三线对齐，从游标上读出未加砝码时的位置坐标 x_0。

（3）在砝码盘内逐次添加相同的小砝码 Δm（如取 $\Delta m = 0.50\text{g}$），每增添一只砝码，都要调节升降旋钮 P，使焦利氏秤重新达到“三线对齐”，再分别读出其位置坐标 x_i。

（4）用逐差法处理所测数据，求出弹簧的劲度系数 $\bar{k}$。

2. 测量水的表面张力系数

（1）把金属丝框、玻璃皿和镊子清洗干净，并用蒸馏水冲洗，用镊子将金属丝框挂在小镜下端的挂钩上，同时把装入适量蒸馏水的玻璃皿置于平台上。

（2）调节平台升降螺钉 S，使金属丝框刚浸入水中，再调节升降螺旋 P，使焦利氏秤达到“三线对齐”，记下游标所示的位置坐标 x_0。

（3）调节升降螺旋 P，使金属丝框缓缓上升，同时调节 S 使液面逐渐下降，并保持“三线对齐”。当水膜刚被拉脱时，记下游标所示的位置坐标 x。

（4）重复上述步骤 6 次，求出弹簧的伸长量 $x - x_0$ 和平均伸长量 $\overline{x - x_0}$，于是 $F - F_0 = \bar{k}\,\overline{x - x_0}$。

（5）记录室温，并用游标卡尺测量金属丝框的宽度 6 次。

（6）根据式（2-21）算出液体的表面张力系数的平均值 $\bar{\alpha}$，并计算出其标准误差 $\sigma_{\bar{\alpha}}$，写出测量结果。

3. 测量肥皂水的表面张力系数，方法同 2

【注意事项】

（1）不要使锥型弹簧的负载超过规定值（由实验室给出），以免弹簧变形损坏。

（2）提升金属丝一定要缓慢适度，尤其是水膜破裂时，更应注意。

【数据记录及处理】

测量弹簧的劲度系数

$\Delta m =$ ________ g

i	m_i/g	x_i/cm	i	m_i/g	x_i/cm	$(x_{i+5} - x_i)$ /cm	$\overline{(x_{i+5} - x_i)}$/cm
0			5				
1			6				
2			7				
3			8				
4			9				

$\bar{k} =$ ________ $\text{N} \cdot \text{m}^{-1}$。

测量水的表面张力系数

$t=$ ______ ℃

次数	x_0/cm	x/cm	$(x-x_0)$ /cm	$\overline{x-x_0}$/cm	L/cm	$\bar{L}$/cm
1						
2						
3						
4						
5						
6						

$\bar{\alpha}=$ ______ $\mathrm{N \cdot m^{-1}}$；

$S_{\bar{\alpha}}=$ ______ $\mathrm{N \cdot m^{-1}}$；

$\alpha=\bar{\alpha}\pm S_{\bar{\alpha}}=$ ______ $\mathrm{N \cdot m^{-1}}$。

【思考题】

(1) 测金属丝框的宽度 L 时，应测它的内宽还是外宽？为什么？

(2) 在此实验中为什么直接测 $(F-F_0)$，而不是分别测 F 和 F_0。

【拓展实验】

用毛细管法测表面张力系数。

实验4 用混合法测固体比热容

比热容是表征物质性质的重要参数，对它的测量极其重要。它属于量热学的范围，其基本概念和方法在许多领域被广泛应用。在量热实验中，由于散热因素较多而且不易控制和测量，实验的精度往往较低，故在实验过程中经常需要分析误差因素，考虑减小误差的方法。

测定物质的比热容常用的方法有：混合法、电热法和冷却法等。

【实验目的】

(1) 掌握用混合法测定固体的比热容。

(2) 学习一种修正散热的方法。

(3) 学习使用温度计、量热器、加热器等常用量热仪器。

【预习重点】

(1) 混合法测定比热容的原理。

(2) 修正散热的方法。

【实验仪器与用具】

量热器一套、温度计、物理天平、秒表、被测物体（铁块）、烧杯等。

【实验原理】

当物体的温度升高（或降低）时，它吸收（或放出）热量的多少与物体升高（或降低）的温度、构成物体的物质性质及质量有关。若质量为 m 的物体温度升高（或降低）Δt 时，它吸收（或放出）的热量 Q 为

$$Q=mc\Delta t$$

式中，c 称为该物质的比热容，mc 的乘积称为该物体的热容，它表示 1kg 物质温度升高（或降低）1K 时所吸收（或放出）的热量，单位为 J/（kg · K）。

温度不同的物体混合后，热量将由高温物体传给低温物体，如果在混合过程中和外界没有热交换，最终将达到均匀稳定的平衡温度，在这一过程中，高温物体放出的热量等于低温物体所吸收的热量，此称为热平衡原理。本实验即根据此原理用混合法测定固体的比热容。

将质量为 m，温度为 t_2 的金属块投入如图 2-23 所示量热器的水中，设量热器（包括搅拌器和温度计插入水中部分）的热容为 Q，水的质量为 m_0，比热容为 c_0，待测物投入水中之前水温为 t_1，最后这一系统达到一共同温度 t_0 根据热平衡原理，

$$mc(t_2 - t_1) = (m_0c_0 + Q)(t - t_1) \tag{2-22}$$

即

$$c = \frac{(m_0c_0 + Q)\ (t - t_1)}{m\ (t_2 - t_1)} \tag{2-23}$$

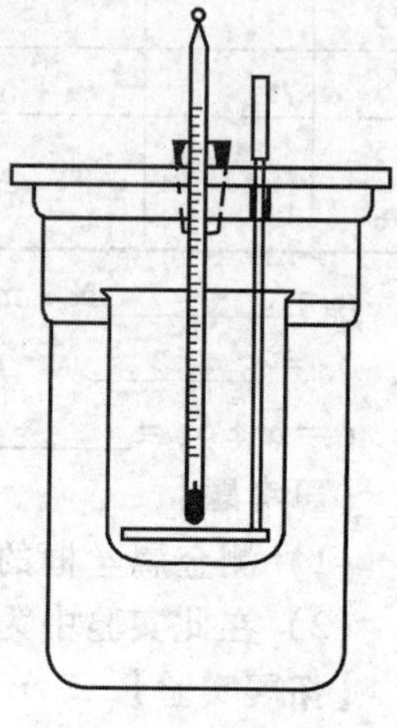

图 2-23 量热器

量热器的热容 Q 可以根据其质量和比热容算出。设量热器筒和搅拌器由相同物质（铜）制成，其质量为 m_1，比热容为 c_1，温度计实际吸收的热量很少，在要求不太高的测量中，通常可忽略。因此上式可简化为

$$c = \frac{(m_0c_0 + m_1c_1)\ (t - t_1)}{m\ (t_2 - t)} \tag{2-24}$$

故只要测得式（2-24）右边各量，就可计算出 c 值。

在热学实验的整个过程中，系统不可能完全绝热，必然存在散热现象，因此，实验结果存在系统误差。为了减小测量误差，必须采取一定的措施。

（1）因量热器并非理想绝热系统，因此，系统的初温 t_1 和终温 t 均不可能准确确定，为校正由此产生的系统误差，采用的方法是从放入待测物体前 2 ~ 3min 开始，直到放入待测物体后温度由最高开始下降达 5 ~ 10min 为止，测得如图 2-24 所示的温度随时间变化的曲线。

为推出式（2-24）中的初温 t_1 和末温 t，可将图 2-24 中的曲线上升部分 AB 向前延长，下降部分 CD 向后延长，然后垂直于时间轴作直线 EF，与曲线交于 G，使此直线与实测曲线所共同包围的两块面积 BGE 与 GFC 近似相等，两交点 E 和 F 对应的温度可看做理想情况下的 t_1 和 t，即相当于热交换无限快时水的初温和末温。

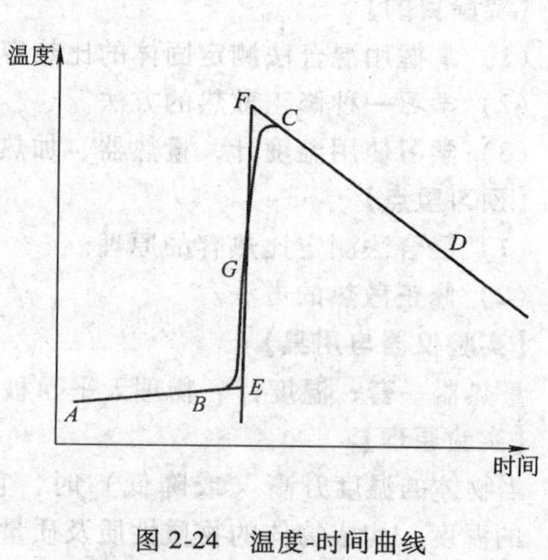

图 2-24 温度-时间曲线

（2）在被测物体放入量热器前，先使量热器与水的温度低于室温 Δt_1，而使混合后的热平衡温度高出室温 Δt_2，且尽量使 Δt_1 等于 Δt_2。这样，可减少量热器系统与室温的温差，还可使前半段时间因低于室温吸收的热量和后半段时间因高于室温放出的热量大体相等，相当于系统并未向环境散失或吸收热量。

(3) 为了减少被测物投入量热器水中之前散失的热量，应尽量缩短投放时间，并注意量热器外部不要有水附着（可用干布擦干净），以免由于水的蒸发而损失较多的热量。

【实验内容】

(1) 称出待测物体（铁块）的质量 m（约 100g），再称出量热器内筒和搅拌器质量 m_1。

(2) 将被测物体（铁块）吊在加热器水中加热，加热器中插入的温度计要靠近待测物。

(3) 用烧杯盛低于室温的冷水，称得其质量为 m_{01}，将冷水倒入量热器（约为其容积的2/3）后再称得烧杯的质量为 m_{02}，则量热器中水的质量为 $m_0 = m_{01} - m_{02}$，开始测水温并记时间，每 30 s 测一次，接连测下去。

(4) 当加热器中温度计指示值稳定不变后，再过几分钟测出其温度 t_2，就可将被测物体放入量热器中（不要使量热器中水溅出，铁块不能碰到温度计），立即盖好盖子，继续搅拌，每隔 30 s 测一次水温，直到水温达到最高温度开始下降后，仍每隔 1 min 测一次水温，连续测 8 ~ 10 min。

(5) 作温度-时间曲线，求出 t_1，t 值。

(6) 根据式（2-24）求铁块比热容 c，并和标准值比较，求出相对误差。

【数据记录及处理】

测量固体比热容实验数据

铁块投入前			铁块投入后		
观察次数	时间/s	温度/℃	观察次数	时间/s	温度/℃

铁块质量 $m =$ 　　g　量热器内筒和搅拌器质量 $m_1 =$ 　　g

比热容（铜）$c_1 = 0.385 \times 10^3\ \mathrm{J \cdot kg^{-1} \cdot ℃^{-1}}$

水的质量 $m_0 = m_{01} - m_{02}$

比热容（水）$c_0 = 4.187 \times 10^3\ \mathrm{J \cdot kg^{-1} \cdot ℃^{-1}}$

$c_{标}$（铁）$= 0.448 \times 10^3\ \mathrm{J \cdot kg^{-1} \cdot ℃^{-1}}$

$t_1 =$ 　　℃　$t_2 =$ 　　℃

$t =$ 　　℃

$c =$ 　　$\mathrm{J \cdot kg^{-1} \cdot ℃^{-1}}$

$$E = \frac{|\bar{c} - c_{标}|}{c_{标}} \times 100\%$$

【思考题】

(1) 混合法测物质比热容的理论根据是什么？实测时的条件与假定条件不符时如何处

理？

（2）实验中要注意哪些问题？

【扩展实验】

用冷却法测固体的比热容。

实验 5 转动惯量的测定

转动惯量是刚体在转动中惯性大小的量度。它取决于刚体的总质量、质量分布和转轴的位置。它是研究、设计、控制转动物体运动规律的重要参数。对于形状简单而又规则的刚体，可以通过数学方法算出它绕特定轴的转动惯量。但是，对于形状较复杂的刚体，用数学方法计算它的转动惯量非常困难，故大都用实验方法测定。

测定转动惯量的方法较多，本实验介绍用三线扭摆法测定转动惯量。

【实验目的】

（1）学习用三线扭摆法测量刚体的转动惯量。

（2）研究刚体的转动惯量与其质量、形状和转轴的关系。

【预习重点】

（1）用三线扭摆法测量刚体转动惯量的原理。

（2）物理天平的使用方法（第 2 章 2.3 节）。

【实验仪器与用具】

三线扭摆、物理天平、水准仪、秒表、卡尺、钢卷尺、待测刚体。

【实验原理】

三线扭摆如图 2-25a 所示，它由上、下两个圆盘用三条等长的弦线连接而成。将上盘吊起，两圆盘面被调节成水平，两圆心在同一垂直线 O_1O_2 上，下盘 P 可绕中心线 O_1O_2 扭转，其扭转周期 T 和下盘 P 的质量分布有关，当改变下盘的质量分布时，扭转周期将发生变化。三线扭摆就是通过测量扭转周期求出任一质量已知物体的转动惯量。

设下圆盘 P 的质量为 m_0，当它绕 $O_1O'_2$ 扭转角度不大（$<5°$）时，下圆盘的位置升高 h，它的势能增加为 E_p，则

$$E_p = m_0gh \tag{2-25}$$

这时圆盘的角速度为$\frac{d\theta}{dt}$，它具有的动能 E_k 为

$$E_k = \frac{1}{2}J_0\left(\frac{d\theta}{dt}\right)^2 \tag{2-26}$$

J_0 为圆盘对 $O_1O'_2$ 轴的转动惯量，若略去摩擦力，则在重力场中圆盘的机械能守恒，即

$$\frac{1}{2}J_0\left(\frac{d\theta}{dt}\right)^2 + m_0gh = \text{常量} \tag{2-27}$$

设悬线长为 l，上圆盘悬线距圆心为 r，下圆盘悬线距圆心为 R。当下圆盘转一角度 θ 时，从上圆盘 B 点作下圆盘垂线，与升高 h 前、后的下圆盘分别交于 C 和 C'图 2-25b，则

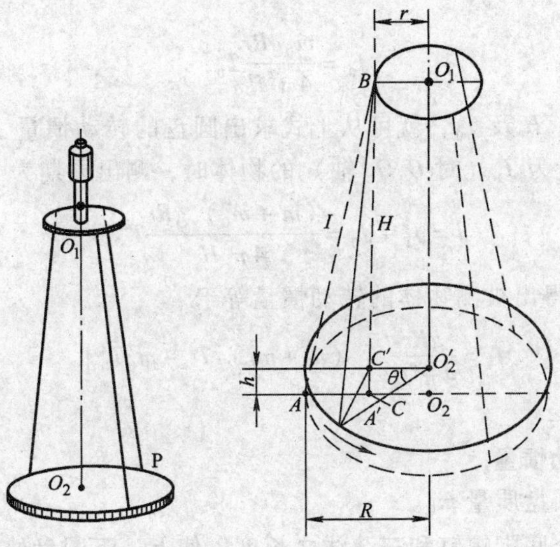

图 2-25　三线扭摆

$$h = BC - BC' = \frac{(BC)^2 - (BC')^2}{BC + BC'} \tag{2-28}$$

因为

$$(BC)^2 = (AB)^2 - (AC)^2 = l^2 - (R-r)^2$$

$$(BC')^2 = (A'B)^2 - (A'C')^2 = l^2 - (R^2 + r^2 - 2Rr\cos\theta)$$

所以

$$h = \frac{2Rr(1-\cos\theta)}{BC + BC'} = \frac{4Rr\sin^2\frac{\theta}{2}}{BC + BC'} \tag{2-29}$$

在扭转角较小时，$\sin\frac{\theta}{2}$近似等于$\frac{\theta}{2}$，而（$BC + BC'$）可近似为两盘间距离 H 的 2 倍，则

$$h = \frac{Rr\theta^2}{2H} \tag{2-30}$$

将此式代入式（2-27），并对 t 微分，可得

$$J_0 \frac{\mathrm{d}\theta}{\mathrm{d}t}\frac{\mathrm{d}^2\theta}{\mathrm{d}t^2} + m_0 g \frac{Rr}{H}\theta \frac{\mathrm{d}\theta}{\mathrm{d}t} = 0$$

即

$$\frac{\mathrm{d}^2\theta}{\mathrm{d}t^2} = -\frac{m_0 gRr}{J_0 H}\theta = -\omega^2\theta \tag{2-31}$$

这是一简谐振动方程，该振动的圆频率 ω 的平方应等于

$$\omega^2 = \frac{m_0 gRr}{J_0 H}$$

而振动周期 T_0 等于$\frac{2\pi}{\omega}$，所以

$$T_0^2 = \frac{4\pi^2 J_0 H}{m_0 gRr} \tag{2-32}$$

由此得出

$$J_0 = \frac{m_0 gRr}{4\pi^2 H}T_0^2 \tag{2-33}$$

实验时，测出 m_0、R、r、H 及 T_0，就可从上式求出圆盘的转动惯量 J_0。如在下盘上放上另一个质量为 m、转动惯量为 J_1（对 O_1O_2 轴）的物体时，测出周期为 T，则有

$$J = J_1 + J_0 = \frac{(m+m_0)\ gRr}{4\pi^2 H}T^2 \tag{2-34}$$

从上式减去式（2-33），得出被测物体的转动惯量等于

$$J_1 = \frac{gRr}{4\pi^2 H}\left[(m+m_0)\ T^2 - m_0 T_0^2\right] \tag{2-35}$$

【实验内容】

1. 测量下圆盘的转动惯量

（1）用天平测出下圆盘质量 m_0。

（2）调节仪器的三个底脚螺钉和三弦线之长度，使上、下圆盘处于水平。

（3）用游标卡尺分别测出上、下圆盘中每两悬点之间的距离 $a_i b_i$（$i=1,2,3$），并算出平均值 $\bar{a}$、$\bar{b}$，由此求出上、下圆盘的悬点到转轴 OO' 的距离 $r=\frac{\sqrt{3}}{3}\bar{a}$、$R=\frac{\sqrt{3}}{3}\bar{b}$。

（4）用钢卷尺测出上、下圆盘间的距离 H_0。

（5）轻轻转动上圆盘，使下圆盘作扭转振动（$\theta<5°$），用秒表测出振动 100 次所需要的时间 t_0，重复测量三次，求其平均值，算出振动周期 $\bar{T}_0$。

（6）按式（2-33）计算下圆盘绕 OO' 轴的转动惯量 J_0。

（7）用游标卡尺测出下圆盘的直径 D_0；由 $J_{0理}=\frac{1}{8}m_0 D_0^2$ 计算下圆盘绕 OO' 轴的转动惯量的理论值，将测量值与理论值比较，分析误差的大小。

2. 测量圆环对几何轴的转动惯量

（1）用天平测出圆环的质量 m_1。

（2）将圆环放在下圆盘上，使圆环的几何轴与 OO' 轴重合，重复上述内容 1 中的（5），算出振动周期 $\bar{T}$。据式（2-34）和式（2-35），算出总转动惯量 J 和圆环对几何轴的转动惯量 J_1。

（3）用游标卡尺测出圆环的内、外直径 D_1 和 D_2，由 $J_{1理}=\frac{1}{8}m_1(D_1^2+D_2^2)$ 算出圆环对几何轴的转动惯量，将测量值与理论值比较，分析误差的大小。

【数据处理】

测量下圆盘的转动惯量

$m_0=$ kg				$D_0=$ cm	$H_0=$ cm
次数	a/cm	b/cm	t_0/s	$\bar{r}=$ cm	$\bar{J}_0=$ kg·m²
1					
2				$\bar{R}=$ cm	$J_{0理}=$ kg·m²
3					
平均				$\bar{T}_0=$ /s	

$$E_{r0} = \frac{|\bar{J}_0 - J_{0理}|}{J_{0理}} \times 100\% = \underline{\qquad\qquad}$$

测量圆环的转动惯量

次数	t/s		
次数	t/s	m_1 =　　kg	J =　　$kg\cdot m^2$
1		D_1 =　　cm	
2		D_2 =　　cm	J_1 =　　$kg\cdot m^2$
3		T =　　/s	
平均			$J_{1理}$ =　　$kg\cdot m^2$

$$E_{r1}=\frac{|\bar{J}_1-J_{1理}|}{J_{1理}}\times 100\%=\underline{\qquad\qquad}$$

【思考题】

(1) 公式 $J_0=\dfrac{m_0gRr}{4\pi^2H}T_0^2$ 是根据什么条件导出的？在实验时应如何保证满足这些条件？

(2) 测量周期时，若以下圆盘转至最高点开始计时，是否可以？为什么？

实验 6　弦振动的研究

自然界中振动现象广泛存在，广义地说，任一物体（或物理量）在某个定值位置附近作往复变化，都可称作振动。振动和波动的关系十分密切，波动起源于振动，即振动是产生波动的根源，波动是振动状态的传播。波动具有自己的特点，首先它具有一定的传播速度，且伴随着能量的传播；此外，波动还具有反射、折射、干涉、衍射等现象。本实验将着重研究波动固有的干涉现象——驻波的干涉现象。

弦线上所形成的驻波更具代表性，因为它直观、鲜明，易于检测，对其产生条件、现象及其规律进行研究，不仅有利于加深对波动干涉的理解，而且在日常生活和工程技术中也有着潜在的应用价值。

【实验目的】

(1) 观察在弦线上形成驻波的波形。

(2) 研究均匀弦线上横波的传播速度（v）与张力（F）、弦线密度（ρ）之间的关系。

【预习重点】

(1) 固定均匀弦振动传播的规律。

(2) 测量均匀弦线上横波的传播速度及均匀弦线上线密度的测量原理和方法。

【实验仪器与用具】

固定均匀弦振动实验装置、砝码。

【实验原理】

设一均匀弦线，一端由劈尖 A 支承，另一端由劈尖 B 支承。对均匀弦线扰动，会引起弦线上质点的振动，于是波动就沿弦线由 A 端向 B 端方向传播，称为入射波。当波动传至 B 端时，波动受到阻碍，因而被反射回来由 B 端沿弦线朝 A 端传播，称为反射波。于是弦线上同时有入射波和反射波，这两列波的振动方向相同，频率相同，周相相同或周相差恒定，振幅相等，传播方向相反，是满足相干条件的相干波，在波的重叠区将会发生波的干涉现象。如果劈尖 B 移到适当位置，则两列波叠加而形成驻波。此时弦线分段振动，弦线上有些点的振幅最大，称为波腹，有些点振动的振幅为零，称为波节。驻波的形状如图 2-26 所示。设图中的两列波是沿 x 轴相向传播的振幅相同、频率相同的简谐波，向右传播的用细实线表示，向左传播的用细虚线表示，它们的合成驻波用粗实线表示。由图可见，两个相邻波腹间的距离或两个波节间的距离都等于半个波长，这也可从波动方程推导出来。

下面用简谐波表达式对驻波进行定量描述。设沿 x 轴正方向传播的波为入射波，沿 x 轴负方向传播的波为反射波，取它们振动位相始终相同的点作坐标原点。且在 $x=0$ 处振动质点向上达最大位移时开始计时，则它们的波动方程分别为

$$y_1 = A\cos 2\pi\left(ft - \frac{x}{\lambda}\right) \tag{2-36}$$

$$y_2 = A\cos 2\pi\left(ft + \frac{x}{\lambda}\right) \tag{2-37}$$

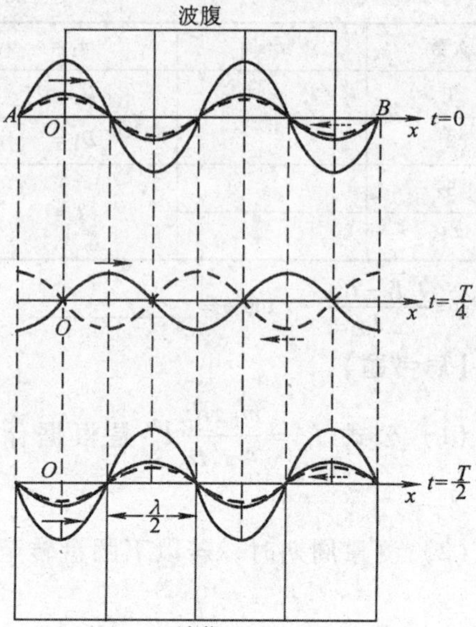

图 2-26 驻波的形成示意图

式中，A 为简谐波的振幅；f 为频率；λ 为波长；x 为弦线上质点的坐标位置。

两波叠加后的合成波为驻波，其方程为：

$$y = y_1 + y_2 = 2A\cos 2\pi(x/\lambda)\cos 2\pi ft \tag{2-38}$$

由此可见，入射波和反射波合成后，弦上各点都在以同一频率作简谐振动，它们的振幅为 $|2A\cos 2\pi\ (x/\lambda)\ |$，即驻波的振幅与时间 t 无关，而与质点的位置 x 有关，见图 2-26。

由于波节处振幅为零，即

$$\left|\cos 2\pi \frac{x}{\lambda}\right| = 0$$

$$2\pi \frac{x}{\lambda} = (2k+1)\frac{\pi}{2} \qquad (k = 0, 1, 2, \cdots)$$

所以可得波节的位置为

$$x = (2k+1)\frac{\lambda}{4} \tag{2-39}$$

而相邻两波节之间的距离为

$$x_{k+1} - x_k = \frac{\lambda}{2} \tag{2-40}$$

又因为波腹处的质点振幅为最大，即

$$\left|\cos 2\pi \frac{x}{\lambda}\right| = 1$$

$$2\pi \frac{x}{\lambda} = k\pi \qquad (k = 0, 1, 2, \cdots)$$

所以可得波腹的位置为

$$x = k\frac{\lambda}{2} \tag{2-41}$$

同理可知，相邻两波腹间的距离也是半个波长。因此，在驻波实验中，只要测出相邻两波节或相邻两波腹间的距离，就能确定该波的波长。

在实验中，由于固定弦的两端是由劈尖支承的，故两端点必为波节。所以，只有当弦线的两个固定端之间的距离（弦长）l 等于半波长的整数倍时，才能形成驻波，这就是均匀弦振动产生驻波的条件，其数学表达式为

$$l = n\frac{\lambda}{2} \quad (n = 1, 2, 3, \cdots) \tag{2-42}$$

由此可得沿弦线传播的横波波长为 $\lambda = \frac{2l}{n}$。式中，n 为弦线上驻波的段数，即半波数。

根据波动理论，弦线上横波的传播速度为

$$v = \sqrt{\frac{F}{\rho}} \tag{2-43}$$

式中，F 为弦线中的张力；ρ 为弦线的线密度（即弦线单位长度的质量）。

根据波速、频率及波长的普遍关系式 $v = f\lambda$，将式（2-42）代入可得

$$v = f\frac{2l}{n} \tag{2-44}$$

由式（2-43）和式（2-44）可得

$$f = \frac{n}{2l}\sqrt{\frac{F}{\rho}} \quad (n = 1,\ 2,\ 3,\ \cdots) \tag{2-45}$$

由式（2-45）可知，当给定 F、ρ、l 时，频率 f 只有满足该式关系才能在弦线上形成驻波。同理，当用外力（例如流过金属弦线上的交变电流在磁场中受到交变安培力的作用）去驱动弦线振动时，外力的频率必须与这些频率一致，才会促使弦振动的传播形成驻波。

【实验装置】

实验装置如图 2-27 所示，实验时，将接线柱 8 上的导线与弦线连接，构成通电回路，然后接通电源。这样，通有电流的金属弦线在磁场的作用下就会振动。根据需要，可以旋转旋钮 2 以变换变频器输出的电流频率。拉动滑把 4，可移动磁铁位置，将弦振动调整到最佳状态（使弦振动的振动面与磁场方向完全垂直）。移动劈尖 A、B 的位置，可以改变弦长。

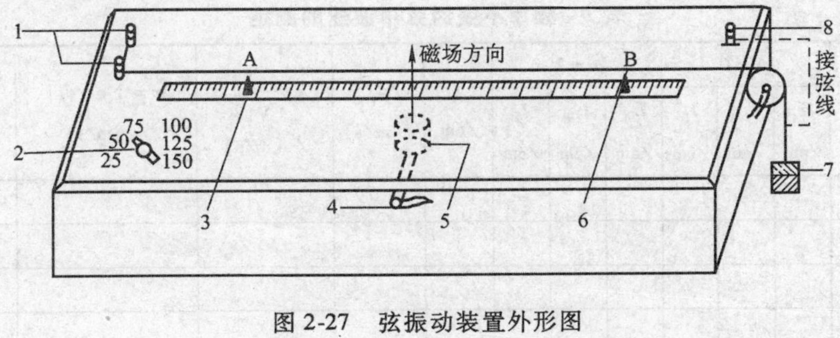

图 2-27　弦振动装置外形图

1—接线柱　2—变频器　3—劈尖　4—滑把

5—磁铁　6—劈尖　7—砝码　8—接线柱

【实验内容】

（1）测定弦线的线密度 ρ

选取频率 $f=100$ Hz，张力 F 由 40.0 g 砝码挂在弦线的一端产生，调节劈尖 A、B 之间的距离，使弦线上依次出现单段、两段及三段驻波，并记录相应的弦长 l_i，由式（2-45）算出 ρ_i（$i=1,2,3$），求出平均值 $\bar{\rho}$。

（2）在频率 f 一定的条件下，改变张力 F 的大小，测量弦线上横波的传播速度 v_f。

选取频率 $f=75$Hz，张力 F 仍由砝码挂在弦线的一端产生。以 30.0 g 砝码为起点，逐次增加 5.0 g 直至 55.0 g 为止。在各张力作用下调节弦长 l，使弦上出现 $n=1$，$n=2$ 个驻波段。记录相应的 F、n、l 值，由式（2-44）计算弦上横波速度 v_f。

（3）在张力 F 一定的条件下，改变频率 f，测量弦线上横波的速度 v_F。

将 40.0 g 砝码挂在弦线一端，选取频率 f 分别为 50 Hz、100 Hz、150 Hz，调节弦长 l，仍使弦上出现 $n=1$、$n=2$ 个驻波段。记录相应的 f、n、l 值，由式（2-44）计算弦线上横波的速度 v_F。

【数据记录及处理】

（1）取表 1 中的数据，根据式（2-45）计算出弦线的线密度 ρ_1、ρ_2、ρ_3，求出平均值 $\bar{\rho}$，作为本实验弦线的线密度。

（2）表 2、表 3 中的 $\bar{\lambda}=\dfrac{\lambda_1+\lambda_2}{2}$，其中 λ_1 和 λ_2 根据式（2－42）在 $n=1$ 和 $n=2$ 的情况下计算得到，表中的 $E=\dfrac{\Delta v}{v}\times 100\%$。

【注意事项】

（1）改变挂在弦线一端的砝码时，要使砝码稳定后再进行测量。

表 1　弦线线密度的测量

弦长 l / 驻波段	l_A cm	l_B cm	$l=l_B-l_A$ cm	线密度 ρ/（kg/m）
$n=1$				
$n=2$				
$n=3$				
$f=$ Hz；	$F=$ N；	$\bar{\rho}=$ kg/m		

表 2　频率不变时弦中波速的测定

砝码质量 /g	张力 $F=mg$ /N	$n=1$ l_{1A} /cm	l_{1B} /cm	l_1 /cm	$n=2$ l_{2A} /cm	l_{2B} /cm	l_2 /cm	$\bar{\lambda}$ /cm	$v_f=f\bar{\lambda}$ /(m/s)	$v=\sqrt{\dfrac{F}{\rho}}$ /（m/s）	$\Delta v=\lvert v-v_f\rvert$ /（m/s）	E（%）
30.0												
35.0												
40.0												
45.0												
50.0												
55.0												
$f=$ Hz；						$\rho=$ kg/m						

表3 张力不变时弦中波速的测定

频率 f /Hz	$n=1$			$n=2$			$\bar{\lambda}$ /cm	$v_f=f\bar{\lambda}$ /(m/s)	$v=\sqrt{\frac{F}{\rho}}$ /(m/s)	$\Delta v=\lvert v-v_f\rvert$ /(m/s)	E (%)
	l_{1A} /cm	l_{1B} /cm	l_1 /cm	l_{2A} /cm	l_{2B} /cm	l_2 /cm					
50											
75											
100											
125											
150											
$F=$ N; $\rho=$ kg/m											

(2) 在移动劈尖调整驻波段时，磁铁应在两劈尖之间，且不能处于波节位置，要等波形稳定后再记录数据。

【思考题】

(1) 弦线的粗细和弹性对实验有什么影响？如何选择？

(2) 在本实验中产生驻波的条件是什么？

(3) 在图2-20中，除了波节和波腹外，你能指出驻波还有什么特征吗？

【拓展实验】 用弦振动测定未知交流电的频率。

实验7 空气中的声速

声波是机械振动在弹性介质中激起，并能在固体、液体、气体等弹性介质中传播的一种纵机械波。频率介于20 Hz～20 kHz的声波称为可闻声波；频率低于20 Hz的声波称为次声波；频率高于20 kHz的声波称为超声波。波长、强度、传播速度等是声波的重要参数。测量声速的方法之一是利用声速与振动频率f和波长λ之间的关系（即$v=\lambda f$）求出，也可以利用$v=L/t$求出，其中L为声波传播的路程，t为声波传播的时间。超声波的频率为20 kHz～500 MHz之间，它具有波长短、易于定向传播等优点。在同一介质中，超声波的传播速度就是声波的传播速度，而在超声波段进行传播速度的测量比较方便。在实际应用中，超声波传播速度对于超声波在测距、定位、成像，测液体流速，测材料弹性模量，测量气体温度瞬间变化，以及高强度超声波通过汇聚作为医学手术刀使用等应用方面都有其重要意义。

【实验目的】

(1) 了解超声振动的产生，超声波的发射、传播和接收。

(2) 通过实验了解作为传感器的压电陶瓷的功能。

(3) 用共振干涉法、相位比较法和时差法测量声速，并加深对共振、振动合成、波的干涉等理论知识的理解。

(4) 进一步掌握示波器、低频信号发生器和数字频率计的使用。

【预习重点】

(1) 共振干涉法、相位比较法及时差法测量声速的原理。

(2) 示波器的原理和使用。

【实验仪器与用具】

信号发生器、示波器、声速测量装置等。

【实验原理】

1. 声波与压电陶瓷换能器

频率介于 20 Hz ~ 20 kHz 的机械波振动在弹性介质中的传播就形成声波，介于20 kHz ~ 500 MHz 的称为超声波，超声波的传播速度就是声波的传播速度，而超声波具有波长短、易于定向发射和汇聚等优点，声速实验所采用的声波频率一般都在 20 ~ 60 kHz 之间。在此频率范围内，采用压电陶瓷换能器作为声波的发射器、接收器效果最佳。

声波是一种在弹性介质中传播的机械波，其振动状态的传播是通过介质各点间的弹性力来实现的，因此，波速决定于介质的状态和性质（密度和弹性模量）。液体和固体的弹性模量与密度的比值一般比气体大，因而其中的声速也较大。由于在波动传播过程中波速 v、波长 λ 与频率 f 之间存在着 $v=\lambda f$ 的关系，若能同时测定介质中声波传播的频率及波长，即可求得此种介质中声波的传播速度 v。通过测量也可了解被测介质特性或状态的变化，这在工业生产及科学实验上有广泛的实用意义。

压电片是由一种多晶结构的压电材料（如石英、锆钛酸铅陶瓷等）做成的。它在应力作用下两极产生异性电荷，两极间产生电位差（称为正压电换能器）；而当压电材料两端间加上外加电压时又能产生应变（称为逆压电效应）。利用上述可逆效应可将压电材料制成压电换能器，以实现声能与电能的相互转换。压电换能器可以把电能转换为声能作为声波发生器，也可把声能转换为电能作为声波接收器用。

压电陶瓷换能器根据它的工作方式，可分为纵向（振动）换能器、径向（振动）换能器及弯曲振动换能器。图 2-28 为纵向换能器的结构简图。

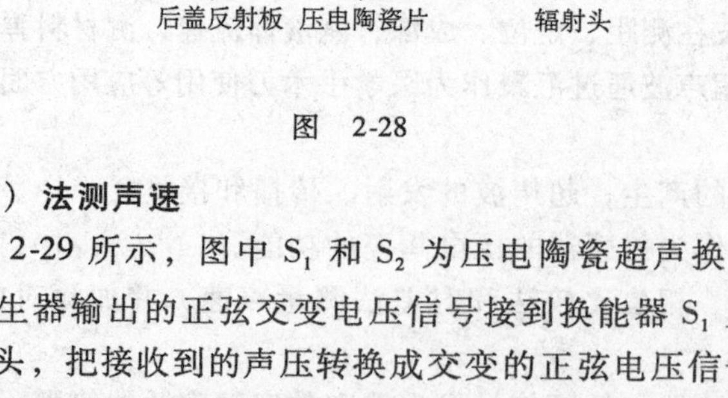

图 2-28

2. 共振干涉（驻波）法测声速

实验装置接线如图 2-29 所示，图中 S_1 和 S_2 为压电陶瓷超声换能器。S_1 作为超声源（发射头），低频信号发生器输出的正弦交变电压信号接到换能器 S_1 上，使 S_1 发出一平面波。S_2 作为超声波接收头，把接收到的声压转换成交变的正弦电压信号后输入示波器观察。S_2 在接收超声波的同时还反射一部分超声波。这样，由 S_1 发出的超声波和由 S_2 反射的超声波在 S_1 和 S_2 之间产生定域干涉，而形成驻波。由理论教学知，当入射波振幅 A_1 与反射波振幅 A_2 相等，即 $A_1=A_2=A$ 时，某一位置 x 处的合振动方程为

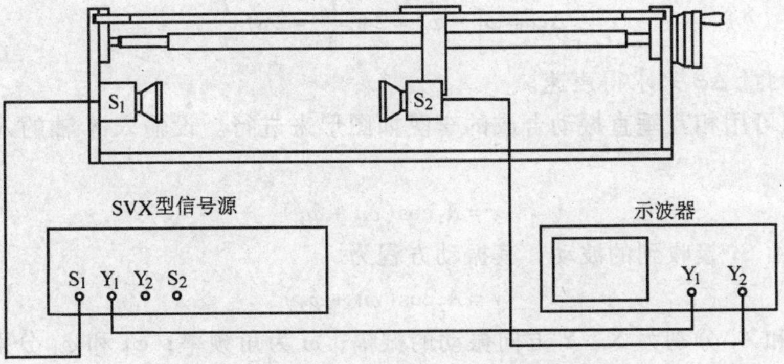

图 2-29　驻波法、相位法连线图

$$y = y_1 + y_2 = \left(2A\cos 2\pi \frac{x}{\lambda}\right)\cos\omega t \tag{2-46}$$

由式（2-46）可知，当 $2\pi \frac{x}{\lambda} = (2k+1)\frac{\pi}{2}$　$(k=0, 1, 2, 3, \cdots)$

即 $x = (2k+1)\frac{\lambda}{4}$　$(k=0, 1, 2, 3, \cdots)$ 时，这些点的振幅始终为零，即为波节。

当 $2\pi \frac{x}{\lambda} = k\pi$　$(k=0, 1, 2, 3, \cdots)$

即 $x = k\frac{\lambda}{2}$　$(k=0, 1, 2, 3, \cdots)$ 时，这些点的振幅最大，等于 $2A$，即为波腹。

故知，相邻波腹（或波节）的距离为 $\lambda/2$。

对一个振动系统来说，当振动激励频率与系统固有频率相近时，系统将发生能量积聚产生共振，此时振幅最大。当信号发生器的激励频率等于系统固有频率时，产生共振，声波波腹处的振幅达到相对最大值。当激励频率偏离系统固有频率时，驻波的形状不稳定，且声波波腹的振幅比最大值小得多。

由上式可知，当 S_1 和 S_2 之间的距离 L 恰好等于半波长的整数倍时，即

$$L = k\frac{\lambda}{2} \quad (k=0, 1, 2, 3, \cdots)$$

形成驻波，示波器上可观察到较大幅度的信号，不满足条件时，观察到的信号幅度较小。移动 S_2，对某一特定波长，将相继出现一系列共振态，任意两个相邻的共振态之间 S_2 的位移为

$$\Delta L = L_{k+1} - L_k = (k+1)\frac{\lambda}{2} - k\frac{\lambda}{2} = \frac{\lambda}{2}$$

所以，当 S_1 和 S_2 之间的距离 L 连续改变时，示波器上的信号幅度每一次周期性变化相当于 S_1 和 S_2 之间的距离改变了 $\frac{\lambda}{2}$。此距离 $\frac{\lambda}{2}$ 可由游标卡尺测得，频率 f 由信号发生器读得，由 $v = \lambda f$ 即可求得声速。

3. 相位比较法

实验装置接线仍如图 2-29 所示，置示波器功能于 X-Y 方式。当 S_1 发出的平面超声波通

过介质到达接收器 S_2 时，在发射波和接受波之间产生位相差：

$$\Delta\varphi=\varphi_1-\varphi_2=2\pi\frac{L}{\lambda}=2\pi f\frac{L}{v}$$

因此可以通过测量 $\Delta\varphi$ 来求得声速。

$\Delta\varphi$ 的测定可用相互垂直振动合成的李萨如图形来进行。设输入 X 轴的入射波振动方程为

$$x=A_1\cos(\omega t+\varphi_1)$$

输入 Y 轴的是由 S_2 接收到的波动，其振动方程为

$$y=A_2\cos(\omega t+\varphi_2)$$

上两式中，A_1 和 A_2 分别为 X、Y 方向振动的振幅；ω 为角频率；φ_1 和 φ_2 分别为 X、Y 方向振动的初位相，则合成振动方程为

$$\frac{x^2}{A_1^2}+\frac{y^2}{A_2^2}-\frac{2xy}{A_1A_2}\cos(\varphi_2-\varphi_1)=\sin^2(\varphi_2-\varphi_1) \tag{2-47}$$

此方程轨迹为椭圆，椭圆长、短轴和方位由相位差 $\Delta\varphi=\varphi_1-\varphi_2$ 决定。当 $\Delta\varphi=0$ 时，由式（2-47）得 $y=\frac{A_2}{A_1}x$，即轨迹为处于第一和第三象限的一条直线，显然，直线的斜率为$\frac{A_2}{A_1}$。如图 2-30 所示；$\Delta\varphi=\pi$ 时，得 $y=-\frac{A_2}{A_1}x$，则轨迹为处于第二和第四象限的一条直线，如图 2-31 所示。

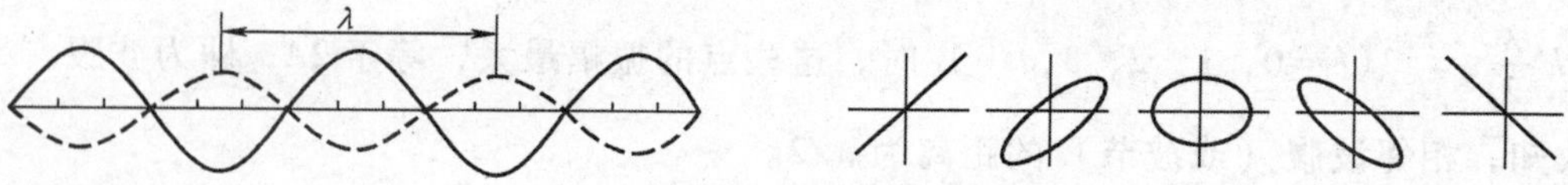

图 2-30　利用李萨如图观察相位变化

改变 S_1 和 S_2 之间的距离 L，相当于改变了发射波和接受波之间的位相差，荧光屏上的图形也随 L 不断变化。显然，当 S_1、S_2 之间距离改变半个波长 $\Delta L=\lambda/2$ 时，则 $\Delta\varphi=\pi$。随着振动的位相差从 $0\sim\pi$ 的变化，李萨如图形从斜率为正的直线变为椭圆，再变到斜率为负的直线。因此，每移动半个波长，就会重复出现斜率符号相反的直线，并测得波长 λ 和频率 f，根据式 $v=\lambda f$ 可计算出室温下声音在介质中传播的速度。

图形调整：由于接收距离的变化造成接收信号的强度变化，当出现李萨如图形偏离示波屏中心或图形不对称的情况时，可调节示波器输入衰减旋钮、X 轴或 Y 轴，使得图形变的更直观。

4. 时差法

设以脉冲调制信号激励发射换能器，产生的声波在介质中传播，经过 t 时间后，到达 L 距离处的接收换能器。所以，可以用以下公式求出声波在介质中传播的速度。

速度 v = 距离 L/时间 t

作为接收器的压电陶瓷换能器，在接收到来自发射换能器的波列的过程中，能量不断积聚，电压变化波形曲线振幅不断增大，当波列过后，接收换能器两极上的电荷运动呈阻尼振荡，电压变化波形曲线如图 2-31 所示。信号源显示了波列从发射换能器发射，经过 L 距离

后到达接收换能器的时间 t。

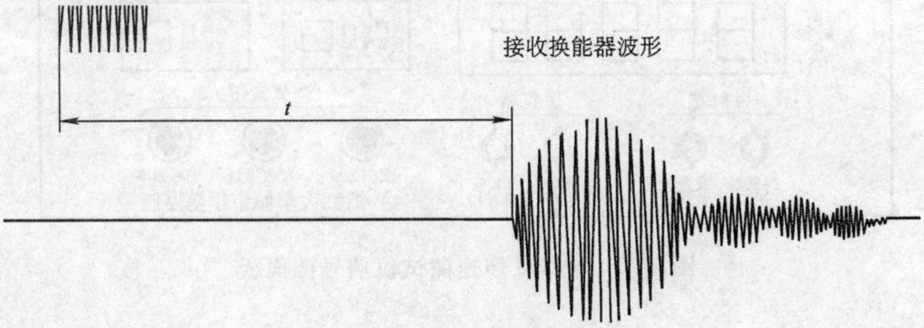

图　2-31

按图 2-32 所示进行接线。将测试方法设置到脉冲波方式，并选择相应的测试介质。将 S_1 和 S_2 之间调到一定距离（≥50 mm），再调节接收增益，使显示的时间差值读数稳定，此时仪器内置的计时器工作在最佳状态。然后记录此时的距离值和信号源计时器显示的时间值 L_{i-1} 和 t_{i-1}。移动 S_2，如果计时器读数有跳字，则微调（距离增大时，顺时针调节；距离减小时，逆时针调节）接收增益，使计时器读数连续准确变化。记录下这时的距离值和显示的时间值 L_i、t_i。则声速 $C_i = (L_i - L_{i-1}) / (t_i - t_{i-1})$。

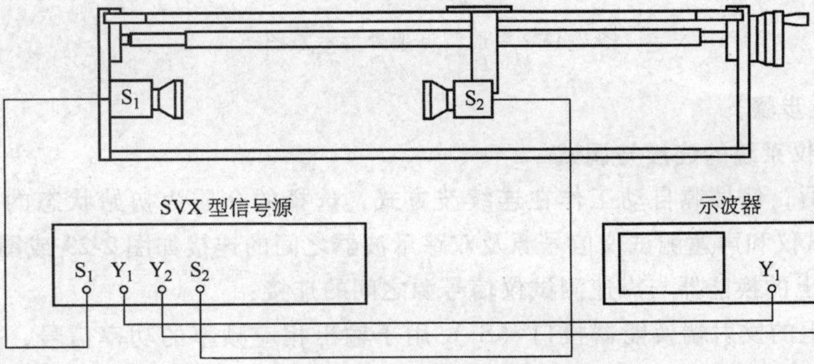

图 2-32　时差法测量声速接线图

当使用液体为介质测试声速时，先在测试槽中注入液体，直至把换能器完全浸没，但不能超过液面线。然后将信号源面板上的介质选择键切换至“液体”，即可进行测试，步骤相同。

【仪器装置介绍】

SV-DH 系列声速测试仪是由声速测试仪测试架和声速测试仪信号源两个部分组成，如图 2-33 和图 2-34 所示。下面的声速测试仪都可增加固体声速测量装置，用于固体声速的测量。实验中使用的 SV-DH-5A 型声速测定仪为数显容栅尺读数；频率范围 20～45kHz，带时差法测量脉冲信号源；调节旋钮的作用如下：

信号频率：用于调节输出信号的频率。

发射强度：用于调节输出信号电功率（输出电压）。

接收增益：用于调节仪器内部的接收增益。

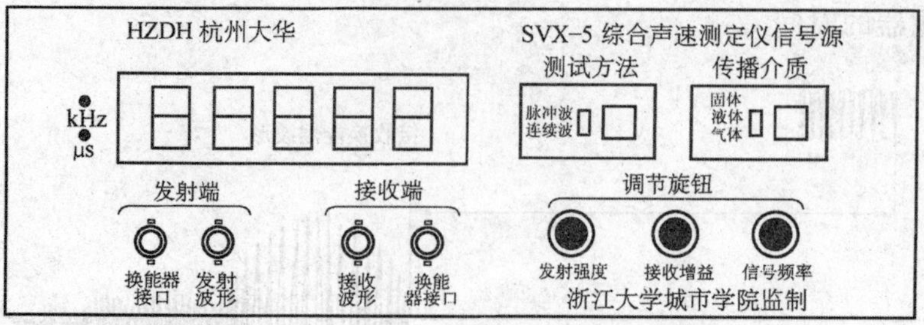

图 2-33　SVX-5 声速测试仪信号源面板

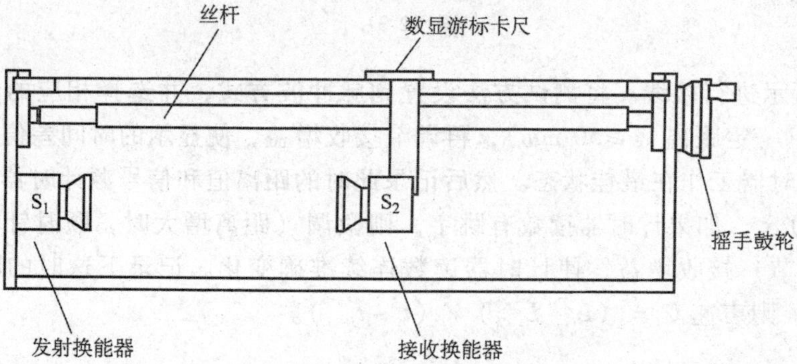

图 2-34　声速测试架外形示意图

【实验内容及步骤】

1. 声速测试仪系统的连接与调试

在接通电源后，信号源自动工作在连续波方式，选择的介质为初始状态的空气，预热 15 min。声速测试仪和声速测试仪信号源及双踪示波器之间的连接如图 2-29 或图 2-32 所示。

（1）测试架上的换能器与声速测试仪信号源之间的连接：

信号源面板上的发射端换能器接口（S_1）用于输出相应频率的功率信号，接至测试架左边的发射换能器（S_1）；将仪器面板上的接收端的换能器接口（S_2）连接测试架右边的接收换能器（S_2）。

（2）示波器与声速测试仪信号源之间的连接：

信号源面板上的发射端的发射波形（Y_1），接至双踪示波器的 CH1，用于观察发射波形；信号源面板上的接收端的接收波形（Y_2），接至双踪示波器的 CH2，用于观察接收波形。

2. 测定压电陶瓷换能器系统的最佳工作点

只有当换能器 S_1 和 S_2 发射面与接收面保持平行时才有较好的接收效果；为了得到较清晰的接收波形，应将外加的驱动信号频率调节到发射换能器 S_1 谐振频率点处，才能较好地进行声能与电能的相互转换，并提高测量精度，以得到较好的实验效果。按照调节到压电陶瓷换能器谐振点处的信号频率，估计一下示波器的扫描时基 t/div 并进行调节，使在示波器上获得稳定波形。

超声换能器工作状态的调节方法如下：各仪器都正常工作以后，首先调节声速测试仪信号源输出电压（100～500 mV 之间），调节信号频率（在 25～45 kHz），观察频率调整时接收波的电压幅度变化，在某一频率点处（34.5～37.5 kHz 之间）电压幅度最大，同时声速测试仪信号源的信号指示灯亮，此频率即是压电换能器 S_1、S_2 相匹配的频率点，记录频率 f_N，改变 S_1 和 S_2 之间的距离，适当选择位置（即：至示波器屏上呈现出最大电压波形幅度时的位置），再微调信号频率，如此重复调整，再次测定工作频率，共测 5 次，取平均值 $\bar{f}$。

3. 共振干涉法（驻波法）**测量波长**

实验连线如图 2-29 所示。将测试方法设置到连续波方式。设定最佳工作频率，观察示波器，找到接收波形的最大值。然后，转动距离调节鼓轮，这时波形的幅度会发生变化（注意此时在示波器上可以观察到来自接收换能器的振动曲线波形发生位移），记录幅度为最大时的距离 L_i，距离由数显尺上直接读出或在机械刻度上读出，再向前或者向后（必须是一个方向）移动。距离，当接收波形幅度由大变小，再由小变大，且达到最大时，记录此时的 L_{i+1}。即：波长 $\lambda=2|L_{i+1}-L_i|$，多次测定用逐差法处理数据。根据 $v=\lambda f$ 求出声速。

4. 相位比较法（李萨如图形）**测量波长**

实验连线如图 2-29 所示。将测试方法设置到连续波方式。设定最佳工作频率，开始时仍置示波器于双踪显示功能，观察发射和接收信号波形，转动距离调节鼓轮，置接收信号幅度达最大值时的位置。调节示波器 CH1、CH2 衰减灵敏度旋钮、信号源发射强度、接收增益，令两波形幅度几乎相等，观察两波形曲线间的关系。置示波器至 X－Y 功能方式，这时观察到的李萨如图形为一斜线，否则可微调调节鼓轮实施之，记录下此时的位置 L_i，由数显尺上直接读出或在机械刻度上读出。再置示波器于双踪显示方式，继续单向转动调节鼓轮，改变换能器间的距离，观察来自接收换能器电压变化的波形曲线的幅度变化和波形的移动，并观察两波形曲线的相位关系。当移动一个波长时，接收波形电压幅度再达最大值时，调节示波器衰减灵敏度旋钮，再令两波形幅度几乎相等，再置 X－Y 功能方式，观察到的波形又回到前面所说的特定角度的斜线，这时来自接收换能器 S_2 的振动波形发生了 2π 相移，记录此时的距离 L_{i+1}，即：波长 $\lambda=|L_{i+1}-L_i|$，多次测定用逐差法处理数据，根据 $v=\lambda f$ 求出声速。

5. 时差法测量声速

实验连线如图 2-32 所示。将测试方法设置到脉冲波方式。将 S_1 和 S_2 之间调到一定距离（≥50 mm）。再调节接收增益，使示波器上显示的接收波信号幅度在 300～400 mV 左右（峰－峰值），定时器工作在最佳状态。然后记录此时的距离和显示的时间值 L_i 和 t_i（时间由声速测试仪信号源时间显示窗口直接读出）。移动 S_2，同时调节接收增益使接收波信号幅度始终保持一致。记录下此时的距离值和显示的时间值 L_{i+1}、t_{i+1}。则声速 $v_i=(L_{i+1}-L_i)/(t_{i+1}-t_i)$。

当使用液体介质测试声速时，必须把换能器完全浸没，但不能超过液面线。然后将信号源面板上的介质选择键切换至“液体”，即可进行测试，步骤相同。

注意：1）在测试槽内注入液体时请用液体进出通道。

2）在液体作为传播介质测量时，严禁将液体滴到数显尺杆和数显表头上，如果不慎将液体滴到了数显尺杆和数显表头，请用面巾纸将其吸干，必要时可用 70 ℃以下的温度将其烘干，即可使用。

3）应避免液体接触到其他金属件，以免金属物件被腐蚀。

【数据纪录与处理】（室温 t： ℃）

1. 压电陶瓷换能器系统最佳工作频率：

n	1	2	3	4	5	平均值
f/kHz						$\overline{f}=$

2. 共振干涉法测量波长：

i	1	2	3	4	5	6
L_i/cm						

$$\overline{\lambda}=2\times\frac{1}{3^2}\sum_{i=1}^{3}(L_{i+3}-L_i)$$

$$v=\overline{\lambda}\overline{f}$$

3. 相位比较法测量波长：

i	1	2	3	4	5	6
L_i/cm						

$$\overline{\lambda}=\frac{1}{3^2}\sum_{i=1}^{3}(L_{i+3}-L_i)$$

$$v=\overline{\lambda}\overline{f}$$

4. 时差法测量声速：

i	1	2	3	4	5	6
L_i/cm						
t_i/（$\times10^{-6}$s）						

（1）$v=\frac{1}{3}\sum_{i=1}^{3}[(L_{i+3}-L_i)]/(t_{i+3}-t_i)]$

（2）用毫米方格纸作 $L-t$ 拟合直线，从直线斜率求声速 $v=\Delta L/\Delta t$

5. 将实验测得的声速值与公认值比较，写出其百分差值。

【思考题】

（1）声速测量中共振干涉法、相位法、时差法有何异同？

（2）为什么要在谐振频率条件下进行声速测量？如何调节和判断测量系统是否处于谐振状态？

（3）为什么发射换能器的发射面与接收换能器的接收面要保持互相平行？

（4）声音在不同介质中传播有何区别？声速为什么会不同？

［附］ 声速测量值与公认值比较

（1）已知声速在标准大气压下与传播介质空气的温度关系为

$$v=(331.45+0.59t)\ \text{m/s}$$

(2) 液体中的声速

液体	t_0/℃	v/ (m/s)
海水	17	1510 ~ 1550
普通水	25	1497
菜籽油	30.8	1450
变压器油	32.5	1425

第3章 电 磁 学

3.1 电磁学实验基本知识

电磁学实验离不开电源和各种电测仪表，因而必须了解电磁学实验常用基本仪器的性能和基本操作规程，掌握仪器布置和连接线路的要领。下面对一些常用的基本仪器及接线要领作一简单介绍，希望同学们熟练掌握。

3.1.1 电磁学实验基本规则

在电磁学实验中，为了防止元器件、仪器、仪表的损坏和人身触电事故，确保实验顺利进行，必须注意以下几点：

（1）使用元器件、仪器和仪表前，必须结合说明书（或实验指导书）了解该器件、仪器和仪表的面板结构和使用方法，了解各开关、插口、旋钮、按钮和接线柱的位置和功能，切不可在不了解（或不甚了解）仪器性能和操作规程的情况下，抱着试试看的心态，随意使用和操作。

（2）根据实验线路和具体设备，在接线前，首先估计电路中可能出现的电流和电压的大小，初步判断所用电表和其他实验器件的规格是否适当。在判断不很准确的情况下，应尽可能先用大量程，最后根据实际情况改用适当量程。

（3）接线前，应根据方便操作和读数的原则合理放置仪器，尽可能使连线距离短捷，方便检查。如条件可能，可选用不同颜色的连接导线。

（4）接线时按电路图用回路接线法依次连接线路。在电磁学实验中，常遇到按电路图接线问题。一张电路图可分解为若干个闭合回路，接线时，由回路Ⅰ的始点（往往为高电势点或低电势点）出发，依次首尾相连，最后仍回到始点，再依次连接回路Ⅱ、回路Ⅲ、……这种接线方法即为回路接线法。按此法接线和查线，可确保电路连接正确（参见实验8）。

（5）接好电路，自己检查无误后，再请教师检查，确认正确后，方可接通电源，进行实验。检查时要特别注意连线是否有误，开关是否断开，电源的输出调节旋钮是否处于使电压输出为实验要求值，电源、电表正负极性是否接对，电表量程是否恰当，电阻箱阻值是否正确（切不可为零），作分压或变流用的滑线变阻器是否处于安全位置等。

（6）通电合闸前，要事先想好通电瞬间各仪器的正常反应是怎样的。合闸时要密切注意仪器、仪表的反应是否正常，若出现异常，应立即拉闸断电，并报告老师。

（7）实验过程中若需要暂停（如更改线路某一部分或改变电表量程等），都必须断开电源。

（8）注意安全。不管电路有无高压，要养成避免用手或身体直接接触电路中导体的习惯。

（9）实验完毕，应将电路中的仪器拨到安全位置，断开电源开关，经教师检查实验数据后再拆线。拆线时应先拆去电源，并整理好仪器。

3.1.2 电磁学实验常用仪器及元件

1. 电源

电源是把其他形式的能量转换为电能的装置。电源分为直流电源和交流电源两类。

（1）直流电源　常用的直流电源有干电池、晶体管直流稳压电源等。直流稳压电源的型号繁多、外形各异，但结构上都是由变压器、晶体管、电阻和电容等电子元件按一定的线路组装而成的。它的电压稳定性好，内阻小，功率较大，使用方便。只要接到 220 V 交流电源上，就能输出稳定的直流电压。有些电源输出的电压连续可调，有些电源输出一固定电压，其输出电压大小可由仪器面板上的电表读出。输出电压端的“红接线柱”为电源正极，“黑接线柱”为电源负极。使用时要注意电源允许输出最大电压和电流，切不可超过。如 SS1712 双路稳压电源最大允许输出电流 3 A，最大输出电压 30 V。其面板图如图 3-1 所示，要改变输出电压大小，只需调节“粗调”和“细调”旋钮即可。干电池是使用方便的直流电源，用在功率小、稳定度要求不高的场合。干电池使用一段时间后电动势下降，内阻增大。

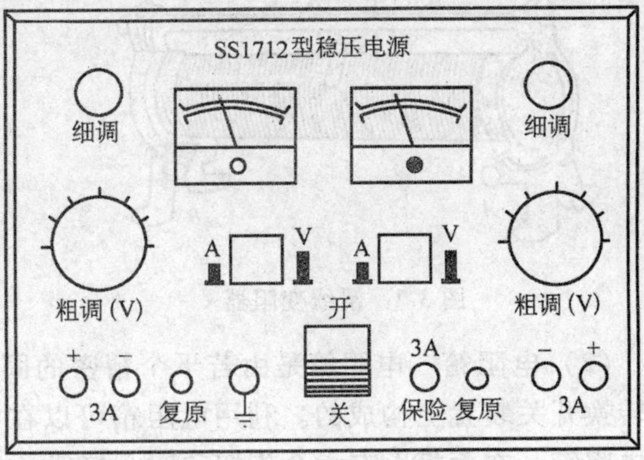

图 3-1　SS1712 双路电源

（2）交流电源　我国常用的电源为单相 220 V 和三相 380 V50 Hz 交流电。如果需要不同电压的交流电，可通过变压器或用调压器调压。使用交流电时，应注意人身安全，防止触电。

不管使用的是交流电源或直流电源，都应特别注意不能使电源短路。实验时应将电源输出电压调为实验需要的值。

2. 电阻

电阻分为固定电阻和可变电阻两类，无论是固定电阻还是可变电阻，使用时除注意其阻值的大小外，还应注意其额定功率，即允许通过的电流（$I=\sqrt{\frac{P}{R}}$）。在额定功率下，固定电阻接入电路比较简单，但可变电阻接法不同，其功用也不一样。下面着重介绍两种可变电阻——滑线变阻器和旋转式电阻箱的结构和用法。

（1）滑线变阻器　滑线变阻器是控制电路中连续改变电阻的仪器。采用不同的接法，它在电路中可作变流器或分压器。图 3-2 是滑线变阻器的实物图，其主要部分为密绕在瓷管上涂有绝缘漆的电阻丝。电阻丝两端与固定接线柱相连，并有一滑动触头通过瓷管上方的金属导杆与接线柱相接。

在图 3-3 中，滑线变阻器作变流器用，即将滑线变阻器中的任一个固定端与滑动端串联在电路中。当滑动端移动时，回路中的电阻大小变化，从而使电路中电流发生变化。

在图 3-4 中，滑线变阻器作分压器用，即滑线变阻器两个固定端分别与电源两极相连，由滑动端和任一固定端将电压引出来。由于电流通过变阻器的全部电阻丝，因而固定端内任意两点都有电位差。当滑动头移动时，负载上分得的电压可在 0 ~ E 之间变化。

滑线变阻器的主要技术指标为全电阻和额定电流，应根据外接负载的大小和调节要求选用。尤其要注意，通过变阻器任一部分的电流均不允许超过其额定电流。滑线变阻器在用做变流器时，接通电源前，滑动端应置于使回路电阻最大位置；在用做分压器时，滑动端应置于取最小分压值位置。

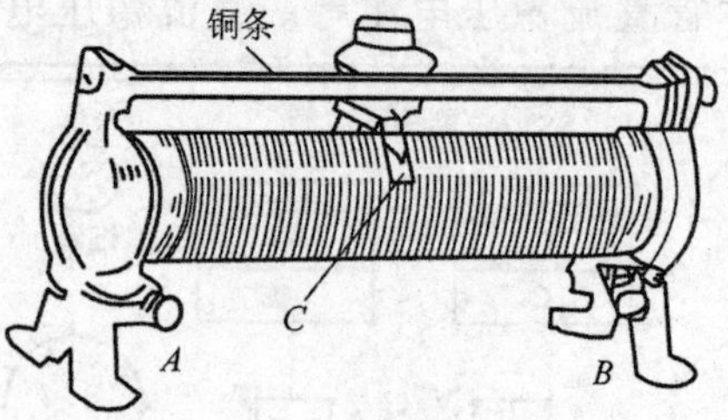

图 3-2　滑线变阻器

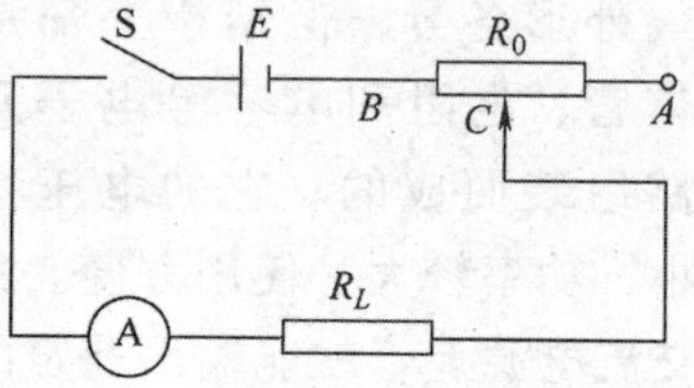

图 3-3　滑线变阻器用做变流器

（2）电阻箱　电阻箱是由若干个精密的固定电阻元件，按照一定的组合方式接在特殊的转换开关装置上构成的。利用电阻箱可以在电路中准确调节电阻值。图 3-5 所示为 ZX21 型电阻箱。在面板上有六个旋钮和四个接线柱，每个旋钮边缘上都标有 0、1、2、3、…、9 十个数字，靠旋钮边缘的面板上刻有标志，并有 ×0.1、×1、…、×10000 等字样，这些数字称为倍率。当某个旋钮上的数字旋到对准其所示的倍率时，用倍率乘上旋钮上的数字，即为所对应的电阻。四个接线柱标有 0、0.9 Ω、9.9 Ω、9999.9 Ω 等字样，表示 0 与 0.9 Ω 两接线柱的阻值调整范围为 0.1 ~ 9 × 0.1 Ω；0 与 9.9 Ω 两接线柱的阻值调整范围为 0.1 ~ 9（0.1 + 1）Ω；0 与 99999.9 Ω 两接线柱的阻值调整范围为 0.1 ~ 9（0.1 + 1 + 10 + 100 + 1000 + 10000）Ω。使用时，如只需要 0.1 ~ 0.9 Ω 以内或 9.9 Ω 以内的阻值，则将导线接到“0”和“0.9 Ω”或“9.9 Ω”两接线柱。这种接法，可以避免电阻箱其余部分的接触电阻和导线电阻对低阻值带来的不可忽略的误差。

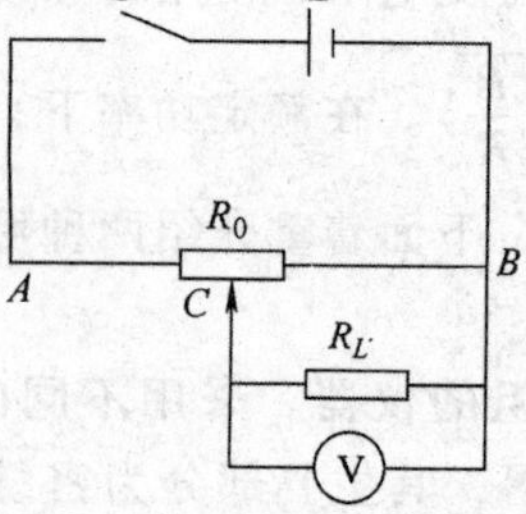

图 3-4　滑线变阻器用作分压器

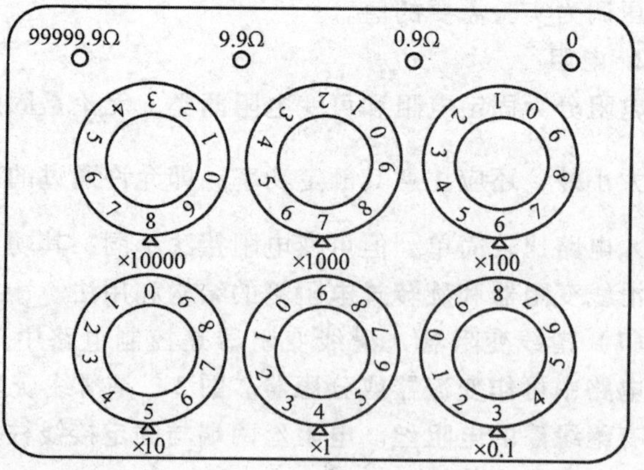

图 3-5　ZX21 型电阻箱

使用电阻箱不许超过其额定电流。若电阻箱只标明了额定功率，额定电流可利用公式 I

$=\sqrt{\frac{P}{R}}$算出。注意，电阻箱各档的额定电流是不同的。以 ZX21 型电阻箱为例，其额定电流见表 3-1。

电阻箱根据电阻示值相对极限误差的大小分为若干个准确度等级。一般分为 0.02、0.05、0.1、0.2 和 0.5 五个等级，它表示电阻箱相对误差的百分数，据此可计算出示值的允许基本误差，并确定示值有效数字位数。例如，ZX21 型电阻箱的等级为 0.1 级，当电阻示值为 360 Ω 时，其示值误差大小为 $360\ \Omega \times \frac{0.1}{100} \approx 0.4\ \Omega$。

表 3-1 ZX21 型电阻箱额定电流

步进电阻（旋钮倍率）/Ω	0.1	1	10	100	1000	10000
额定电流/A	1.5	0.5	0.15	0.05	0.015	0.005

3. 直流电表

电表的种类很多，按工作原理分，有磁电式、电动式和静电式等。随着集成元件成本的降低、数字式电表的应用也愈来愈广泛。实验室常用的直流电表大多为磁电式电表。这种仪器只适用于直流，具有灵敏度高、刻度均匀、便于读数、稳定性好等优点。图 3-6a 为这种表的结构简图。图中圆筒状极掌之间铁心的作用是加强极掌和铁心间磁场，并使气隙间磁力线呈均匀辐射状，如图 3-6b 所示。这样，通电线圈不论转到什么位置，磁力线方向总是和线圈平面的正法线方向垂直。当线圈中通过电流时，线圈受到磁力矩的作用而偏转，磁力矩的方向取决于电流的方向，磁力矩 M_I 的大小始终为

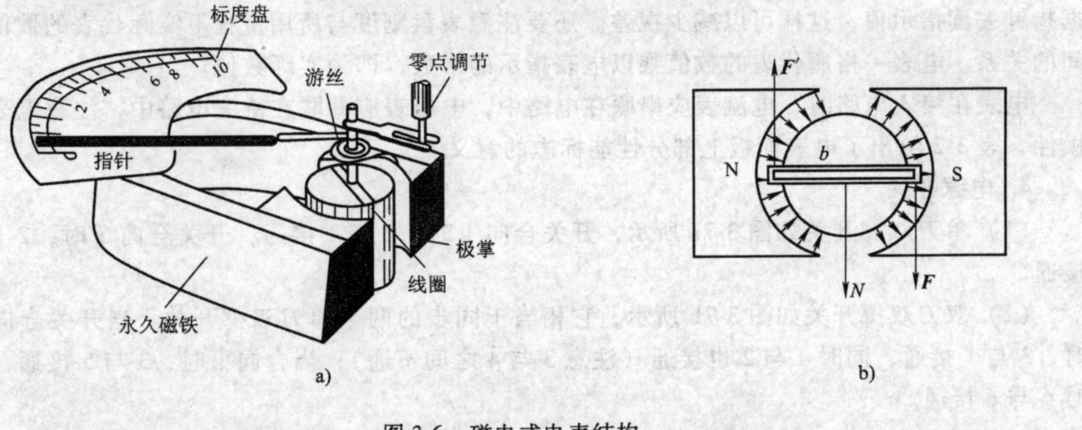

图 3-6 磁电式电表结构

$$M_I = NISB$$

式中，I 为通过线圈的电流；N 为线圈匝数；S 为线圈的面积；B 为间隙中的磁感应强度。

在电磁力矩作用下，线圈转动，而游丝产生一个相反方向的扭转力矩 M_D 阻止线圈转动，设线圈转过 θ 角达到平衡，则有

$$M_D = D\theta$$

即

$$BNSI = D\theta$$

或写成

$$I = \left(\frac{D}{BSN}\right)\theta$$

式中，D 为游丝的扭转力矩系数，数值为转过单位角度产生的扭转力矩。

对一确定的测量机构，$\frac{D}{BNS}$为一常数，可见电流与线圈转角 θ 成正比，所以标尺上的刻度是均匀的。因此，可将线圈转角（即指针的偏转角度）标度成待测电流值。给通电线圈再串联并联不同电阻，就可构成不同量程的伏特计、安培计。要做到正确选择和使用电表，必须了解电表的主要规格、电表接入电路的方法和正确的读数方法。

电表的主要技术指标有量程、内阻和准确度等级等。量程是指电表可测最大电压值或电流值。电流表内阻一般由说明书给出或由实验测出。对于伏特计，内阻可由下式算出

$$\text{内阻} = \text{量程} \times \Omega/V$$

Ω/V 标在表盘上，准确度等级一般也标在表盘上。国家标准规定，电表的准确度等级分为 0.1、0.2、0.5、1.0、1.5、2.5、5.0 七个级别。若用 k 表示电表的准确度等级，A 表示量程，则该电表在测量时仪器误差限为

$$\Delta_{\text{仪}} = Ak\%$$

在使用电表时，根据待测电压或电流的大小，选择合适的量程。选用量程太小，会使指针损坏甚至烧毁电表；量程太大，指针偏转太小，读数不够准确。一般来说，指针应偏转大于 2/3 满刻度。使用时应先估计待测量的大小，选择稍大于待测量的量程，试测一下，如不合适，再选用更合适的量程。在选用电表时，我们还应考虑电表的精度等级，只有合理选用不同规格型号和准确度等级的电表，才能使测量结果的误差不超过要求的范围。如果仪器选择不当，虽然电表准确度很高，但可能使测量结果的误差超出要求的误差范围。

电表使用前，若指针不在“0”点应先调“0”。准确度等级高一些的电表刻度盘下面有一面镜子，这是为了准确读数而设的。读数时，先用眼睛看针和它在镜面内的像重合，再根据指针去读指示值，这样可以减少视差。还要注意表盘刻度与所用量程下实际代表的数值之间的关系。电表一格所代表的数值乘以电表指示的格数，即为实际数值。

电表在接入电路时，电流表应串联在电路中，电压表应并联在待测电路中，注意电表的极性，表 3-2 给出了电表面板上部分性能标志的意义。

4. 电源开关

（1）单刀双掷开关如图 3-7a 所示，开关合向 1 时，2 与 1 接通；开关合向 3 时，2 与 3 接通。

（2）双刀双掷开关如图 3-7b 所示，它相当于同步的两个单刀双掷开关。当开关合向上时，3 与 1 接通，同时 4 与 2 也接通（注意 3 与 4 之间不通）；当合向下时，3 与 5 接通，同时 4 与 6 接通。

表 3-2 电表面板上的性能标志

—或 DC	直流	∠60°	成 60°角放置
~或 AC	交流	☆	绝缘试验电压 1kV
≃	直流和交流	⊥	竖直放置
[Ⅱ]	防磁级别，分Ⅰ、Ⅱ、Ⅲ、Ⅳ四级	∩	磁电系仪表
2kV	击穿电压	+、-	电表的正、负极性
△	防潮湿级，分为 A、B、C 三级	(0.5)	电表级别表示误差为示值的 0.5%
⌐¬	水平放置	0.5	电表级别表示误差为量程的 0.5%

(3) 换向开关如图 3-7c 所示，它是在双刀双掷开关的 1、6 对角和 2、5 对角分别接上一段互相绝缘的导线构成。当开关合向上时，3 与 1 接通，同时 4 与 2 接通；当开关合向下时，3 与 2（通过 5）接通，同时 4 与 1（通过 6）接通。这样，开关由上合向下或由下合向上时，1、2 之间的电路中的电流方向相对于 3、4 所连接的主电路要发生变化，从而起到了改变电流方向的作用。

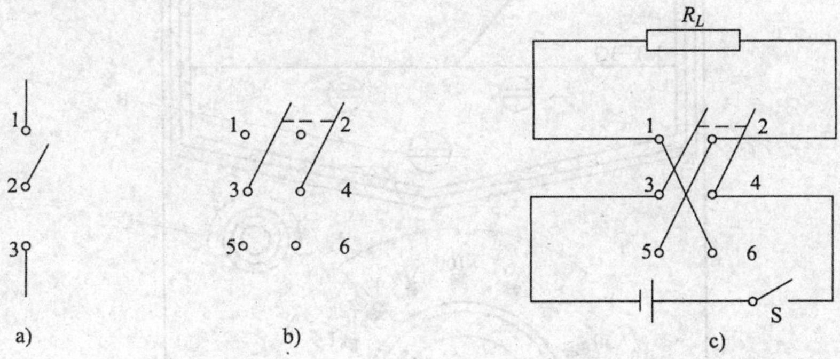

图 3-7 开关

5. 万用电表（MF30 型）

万用电表是常用的电学仪表，其特点是量程多，用途广，能测量直流电流、直流电压、交流电压、电阻、音频电平、电容和电感等，有些还可以测量晶体管某些参数，是电学实验和科研工作的得力工具。现以 MF30 型万用表为例（见图 3-8）介绍其性能及使用方法。

(1) 测量范围及精度（见表 3-3）

表 3-3 MF30 型万用表测量范围及精度

测量范围		灵敏度和电压降	精度	误差表示方法
直流电压	1 ~ 5 ~ 25 V	20000 Ω/V	2.5	以上量限百分数计
	100 ~ 500 V	5000 Ω/V	2.5	以上量限百分数计
交流电压	10 ~ 100 ~ 500 V	5000 Ω/V	5.0	以上量限百分数计
直流电流	50 μA ~ 0.5 ~ 5 ~ 50 ~ 500 mA	≈0.75 V	2.5	以上量限百分数计
电阻	Ω×1，Ω×10，Ω×100，Ω×1k，Ω×10k	—	2.5	以标度尺长度百分数计

(2) 使用

1) 零位调整：使用前应观察指针是否指在零位上，如不指零，可调整零位调节器使其指在零位上。

2) 直流电压测量：将测试杆红色短杆插在正插口，黑色短杆插在负插口。将范围选择开关旋至直流电压的五档范围内。如不能确定被测电压的大约数值时，应先将范围选择开关旋至最大量限上，根据指示值的大约数值，再选择合适的量限位置，应使指针得到最大的偏转度。

3) 交流电压测量：将选择开关旋至交流电压范围内。交流电压的额定频率为 45 ~ 1000 Hz，正弦电压的波形失真应小于 2%。

4) 直流电流测量：直流电流测量范围为 50 μA ~ 500 mA。将范围选择开关旋至直流电流范围内，测量时将测试杆串联在被测电路中。

5) 电阻的测量：将选择开关旋至欧姆的各档范围，先将两测试杆短接，调节零欧姆调

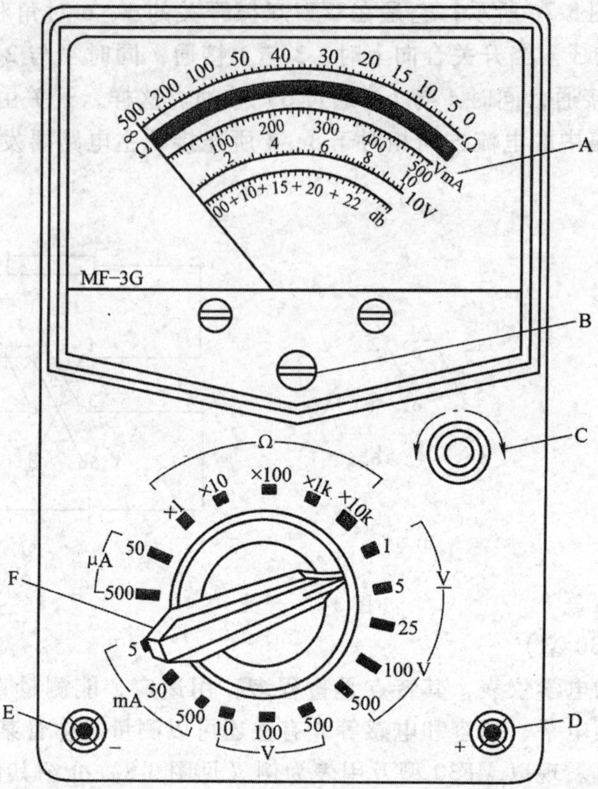

图 3-8 MF－30 型多用电表面板图

A—刻度板 B—机械零位调整器 C—欧姆零点旋钮 D—红表棒插口 E—黑表棒插口 F—转换开头

整电位器，使指针在欧姆刻线的零位上。然后再测量未知电阻的阻值。为了提高测试结果的精度，尽量用欧姆刻度中间的一段，即全刻度的 20% ~80% 范围内。电阻测量完后，应将选择开关拨至交流电压最高档。

（3）用万用电表查找电路中断路故障 对于查找电路故障，万用电表是一个有力的工具。实验中，常常碰见各种故障现象，这就要求实验者能及时、准确地找到故障部位，分析故障原因并排除。下面介绍用万用电表电压档及欧姆档查找串联电路断路故障部位的方法。

1）断路故障的几种可能性：一个电路连接完后，经检查接线完全正确，但接通电源后不能正常工作，那么电路某一部位肯定存在故障，其中断路故障是最常见的一种，断路故障常常表现为：①导线断路；②开关或接线柱接触不良，或接线柱与焊片间断路；③电表或电器元件内部断路。

2）电压档查找断路故障的方法：用电压档查找电路断路故障的方法适用于电路供电电源已接通的情况。其原理是：电路中有断路故障，那么电路中电流为零，电源电压肯定全部降落在断路处。我们在查找故障部位时，从电源两端开始依次移动一支（或两支）表笔的位置，使电表的电压从电源电压值突变为零的两点之间为断路所在处。

3）欧姆档查找断路故障的方法：用欧姆档查找断路故障时，首先必须切断电源，然后将两表笔放在任意两邻近点处，若指针不动（电阻为无穷大），则断路就在此两点之间。否则，依次延伸任一表笔的位置，直至出现指针不动的情况。断路处就在使电阻值突变为无穷大的两点之间。

(4) 注意事项

1) 切勿带电测量电阻。电路中如有电容等元件时，应先放电，然后进行测量。

2) 万用电表的红表笔接的是欧姆表电源的负极，黑表笔接正极。欧姆档量程每变化一次，都必须调节零欧姆调节电位器，使指针指向零欧姆。

3) 测量高电压或大电流时，不能带电转动选择开关，否则易使触头烧毁。

4) 万用电表使用完，应将转换开关拨到交流电压最高档。

3.2 标准电池

标准电池是一种汞镉电池，常用的有 H 型封闭玻璃管式和单管式两种。前者只允许直立放置，切忌翻倾。图 3-9 所示为 H 型结构饱和式标准电池。

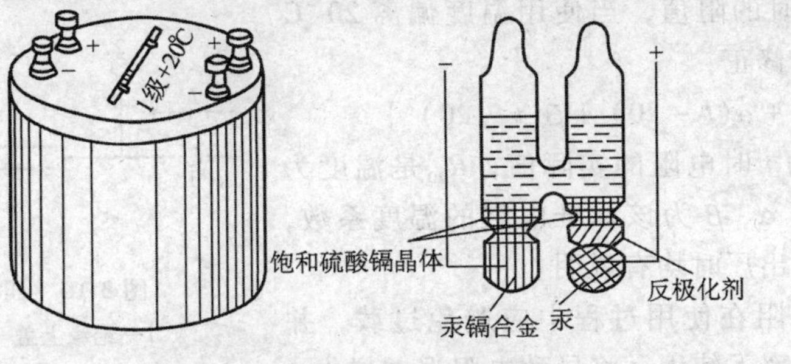

图 3-9 H 型结构饱和式标准电池

标准电池是用汞作电池正极，汞镉合金作为负极，电解液为硫酸镉溶液。各种化学物质密封在玻璃管内，两电极由铂导线引出，然后装入金属筒内。

按电解液的浓度标准电池分为饱和式和不饱和式两种。饱和式标准电池只要温度稳定，其电动势也就恒定，但温度变化时电动势变化较大；而不饱和式标准电池的电动势随温度的变化较小，但长期稳定性比饱和式差。

饱和式标准电池，必须在恒温条件下使用。在偏离 20 ℃条件下使用时，对电动势值要进行温度修正，其温度修正公式为

$$E_t = E_{20} - [39.9(t-20)\times 10^{-6} + 0.94(t-20)^2\times 10^{-6} + 0.009(t-20)^3\times 10^{-6}]\text{V}$$

式中，E_{20}应根据所用的标准电池型号来确定。各种型号和稳定度等级的标准电池，E_{20}的实际值稍有不同，但均在 1.01850 ~ 1.01870 V 之间，若对 E_{20} 的实际值未进行检验，一般取 $E_{20}=1.01860$ V。

使用标准电池必须注意以下几点：

1) 标准电池不能作为供电电源，只能作为电动势比较标准，绝不允许电池短路，也不允许用电压表测量电池两端电压值。在使用过程中，一定注意使其输出或输入的最大瞬时电流在 1 min 内不宜超过 0.1 ~ 10 μA，否则，将失去电动势的标准性质。

2) 要防止振动和碰撞，严禁倒置。

3.3 标准电阻

标准电阻一般用温度系数很小但电阻率较高的锰铜丝绕制。图 3-10a 所示为四端式标准

电阻的外形结构图。图 3-10b 为结构示意图，用于低值电阻（$<10\Omega$）。四端式中较粗的一对（1，1′）为电流端，接入电路后通入电流；较细的一对（2，2′）为电压端，用以测量电阻两端的电压。标准电阻在线路中使用时电压端、电流端都要接入电路，这种接法的电阻 R 等于从 2－2′两端接出的电压 $U_{22'}$ 除以 1－1′两端流过的电流 $I_{11'}$，即 $R=\frac{U_{22'}}{I_{11'}}$。1－1′两接点的接触电阻和引线电阻都未计入 $U_{22'}$ 中，因此，R 中不包含接触电阻和引线电阻，这是四端电阻最突出的优点。标准电阻的标准值即电压端的阻值，又是温度为 20 ℃时的阻值，当使用温度偏离 20 ℃时，可由下式进行修正：

$$R_t = R_{20}[1+\alpha(t-20)+\beta(t-20)^2]$$

式中，R_t 是温度为 t 时电阻的实际值；R_{20} 是温度为 20 ℃时的实际值；α、β 为该标准电阻的温度系数，其值在该标准电阻出厂时均有说明。

此外，标准电阻在使用过程中应避免过载，并且若长期在额定功率下使用，将导致电阻误差增大。

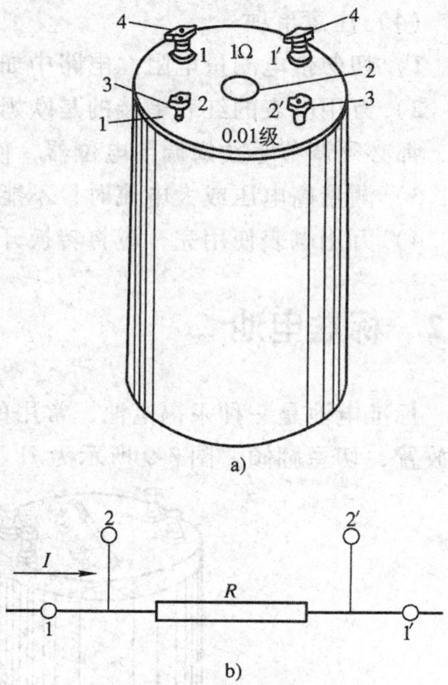

图 3-10 四端式标准电阻

1—绝缘上盖 2—温度计插孔

3—电压端钮 4—电流端钮

3.4 真空管毫伏表

GB－9B 型真空管毫伏表是测量 10mV 到 300V 交流电压的仪表，示值为正弦波的有效值，测量的频率范围为 25 Hz 到 200 kHz。由于采用放大电路，它具有灵敏度高和内阻大的特点，但对各种干扰比较敏感。

3.4.1 技术性能

（1）测量范围：10 mV～300 V，共有 10 个量程。

（2）被测电压频率范围：25 Hz～200 kHz。

（3）测量的基本误差，不超过各量程满度值的 ±2.5%。

（4）电源：供电电源变化 ±10% 时，仪器示值改变不超过 ±2.5%，消耗功率 5 W。

3.4.2 使用说明

首先接通电源，表针将摆动数次，待 2～3 min 后，将两个输入接线柱“短路”，通过“调零旋钮”使指针调到零刻度处方能使用。每改变一次量程，都需调一次零。注意“接地”，所谓接地是指仪器的输入端有一个与机壳相连的线（或叫公共端），测量电缆线中的金属屏蔽线为“接地”端。注意正确选择量程，如被测电压大小无法估计时，可由大量程逐步向小量程选择，直到选择恰当的量程为止。表盘标度尺有两个，量程旋钮与标度尺要配合，否则读数将会出现错误。当测量 36V 以上电压时，应注意机壳是否带电，以免发生危险。

3.5 指针式检流计

实验室常用的 AC5 型指针式检流计灵敏度很高，因为它采用了张丝或悬丝代替轴和轴承结构，去掉了机械摩擦力。张丝不但是支承转动线圈和指针的元件，也是导流和产生反力矩的元件。由于这种结构特点，所以在使用时不宜激烈转动或振动。其面板图如图 3-11 所示。锁定装置是短路阻尼开关，不用时将它拨至红点位置，表示检流计被短路，搬动时线圈不致产生激烈转动，保护张丝不致被震断。“短路”及“电计”两按钮开关是常开开关。

3.5.1 主要技术参数（见表 3-4）

表 3-4 AC5 型检流计主要技术参数

参数 \ 型号	AC5/1	AC5/2	AC5/3	AC5/4
内阻/Ω	<20	<50	<250	<1200
外临界电阻/Ω	<150	<500	<3000	<14000
分度值/（A/div）	$<5\times10^{-6}$	$<2\times10^{-6}$	$<7\times10^{-7}$	$<4\times10^{-7}$
临界阻尼时间/s	2.5			

3.5.2 使用与维护

（1）把锁扣扳向“白点”，调“零位调节”旋钮，使指针指零，然后可接入电路使用。

（2）电流计在线路中处于断开状态，只有按下“电计”按钮开关时，电流计才与电路接通。如果需要长时间接通，可将“电计”按钮开关按下，并转一角度，“电计”按钮会被锁住。当指针摆动剧烈时，按下“短路”按钮开关，能使指针摆动停止。

（3）使用完毕，将“电计”和“短路”按钮开关松开。将锁扣倒向“红点”。

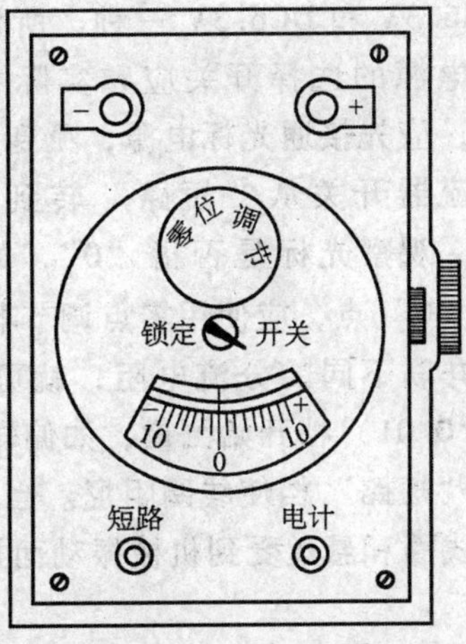

图 3-11 AC5 型指针式检流计面板

3.5.3 注意事项

（1）禁止指针在被“锁定开关”锁住时，调节零点。

（2）测量时应使用跳跃接触方式，测量时间不宜过长。

（3）“短路”按钮按下时，不能进行测量。

（4）实验后或搬动时，一定要锁住指针，把锁扣扳向“红点”。

3.6 直流复射式电流计

直流复射式电流计是一种测量微弱电流（$10^{-6}\sim10^{-11}$ A）的磁电系镜式电流计，无指针，靠光标读数，无固定的零点，一般常用来检测有无电流或作为零示法的“指零”仪表。

3.6.1 技术性能

AC15 型直流电流计有六种型号，其主要技术指标列于表 3-5 中。

表 3-5 AC15 型直流电流计技术指标

参数	单位	AC15/1	AC15/2	AC15/3	AC15/4	AC15/5	AC15/6	
							“-”~“1”	“-”~“2”
内阻	Ω	<1.5k	<500	<100	<50	<30	50	500
外临界电阻	Ω	<100k	<10k	<1k	<500	<40	500	10k
分度值	A/div	3×10^{-10}	1.5×10^{-9}	3×10^{-9}	5×10^{-9}	1×10^{-9}	5×10^{-9}	1.5×10^{-9}
临界阻尼时间	s	4	4	4	4	4	4	4

3.6.2 使用

直流复射式电流计面板图如图 3-12 所示。待测电流由面板左下角标有“+”、“-”的两个接线端接入，一般不考虑正负。电流的大小由投射到刻度尺上的光标来指示。产生光标的电源插口在仪器背面。由于光标电源有 AC220V、AC6.3V 和 DC6.3V 三种，所以要注意光标电源的选择开关应和实际相符。测量时，应先接通光标电源，见到光标后，将分流器开关从“短路”转到“×0.01”档，观察光标是否指“0”，如果光标不在“0”点，应使用零点调节器和标盘活动调零器，把光标调在“0”点。电流计的偏转线圈并联不同的分流电阻，就可以得到不同的灵敏度。使用时，应从电流计的最低灵敏度（×0.01）档开始测量，如偏转不大，再逐步提高灵敏度。测量中当光标摇动不停时，要转向“短路”档使线圈阻尼。当改变电路或实验结束时必须将分流器置于“短路”档，以防止线圈和悬丝受到机械振动而损坏。

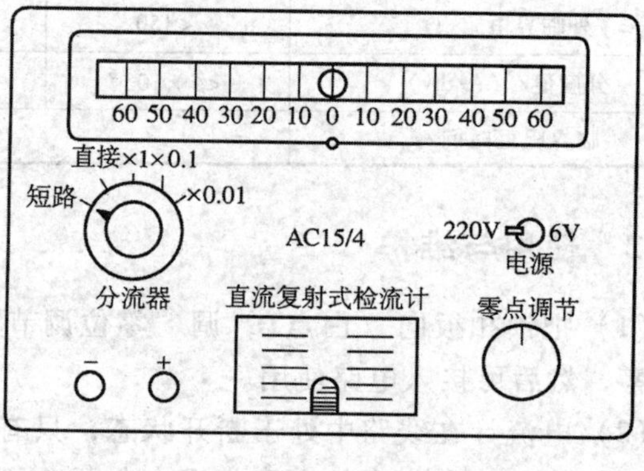

图 3-12 直流复射式电流计面板图

3.7 直流电位差计

直流电位差计可以在实验室、车间现场和野外使用，能很方便地以补偿法原理测量直流电压（或电动势）和对各种直流毫伏表及电子电位差计进行刻度校正。如配备标准电阻、过渡电阻，也能对直流电阻、电流进行测量。

3.7.1 UJ36a 型电位差计

UJ36a 型电位差计由步进读数盘和滑线读数盘以及晶体管放大检流计、电键开关、标准电池等组成。步进读数盘由 22 只 2 Ω 电阻组成，滑线盘电阻为 2.2 Ω。

1. 主要技术参数

（1）UJ36a 型电位差计主要技术参数见表 3-6。

表 3-6 UJ36a 电位差计主要技术参数

倍率	测量范围	最小分度值	工作电流	基本误差的允许极限
×1	0～230 mV	50 μV	5 mA	$(0.1\% U_{x+23\times10-6}^{E\mathrm{lim}\leqslant\pm})$ V
×0.2	0～46 mV	10 μV	1 mA	$(0.1\% U_{x+4.6\times10-6}^{E\mathrm{lim}\leqslant\pm})$ V

（2）仪器的工作电源为 1.5 V 1 号干电池（4 节并联），检流计放大器工作电源为 9 V 层叠干电池（2 节并联）。

2. 使用方法

（1）将被测电压（或电动势）接在“未知”的两个接线柱上（注意极性）。

（2）把倍率开关旋向所需要的位置上，同时接通电位差计工作电源和检流计放大器电源，3 min 以后，调节检流计指零。

（3）将扳键开关扳向“标准”，调节多圈变阻器使检流计指零。

（4）将扳键开关扳向“未知”，调节步进读数盘和滑线读数盘使检流计再次指零，未知电压（或电动势）按下式表示

U_x =（步进盘读数 + 滑线盘读数）×倍率

（5）UJ36a 型电位差计面板如图 3-13 所示。

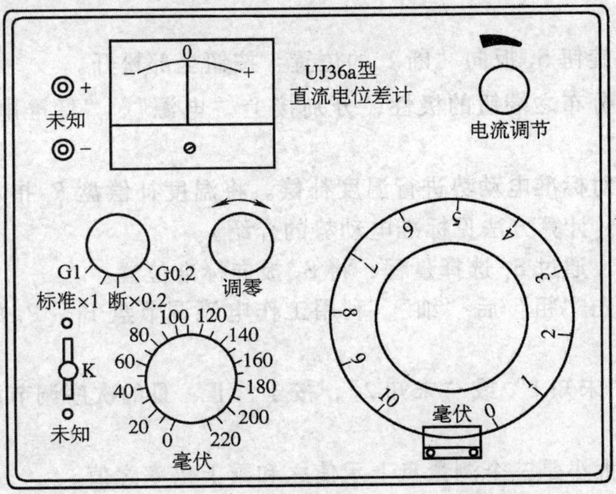

图 3-13 UJ36a 型电位差计面板图

（6）将扳键开关扳向“标准”，调节多圈变阻器使检流计指零。倍率开关旋向“G1”时，电位差计处于 ×1 位置，检流计短路。倍率开关旋向“G0.2”时，电位差计处于 ×0.2 位置，检流计短路。在“未知”端可输出标准直流电动势（不可输出电流）。

（7）仪器使用完毕，将倍率开关旋向“断”位置避免浪费电源，按键开关应放在中间位置，仪器长期搁置不用，应将电池取出（标准电池除外）。

3.7.2 UJ31 型电位差计

1. 基本原理与结构

UJ31 型电位差计是用补偿法测低电压的精密仪器。其最大量限为 170 mV，准确度等级为 0.05 级。工作原理图见图 3-14。图中 E 为工作电源，E_n 为标准电池，E_x 为被测电势，I 为工作电流，S 为转换开关，P 为检流计，A 为工作电源回路，B 为标准回路，C 为测量回路，R_1 为工作电流调节电阻，R_t 为标准电池电势补偿电阻，R_V 为测量盘电阻。

UJ31 型电位差计的面板布置如图 3-15 所示，图中Ⅰ，Ⅱ为十进位步进测量盘，Ⅲ为滑线式测量盘，R_t 为温度补偿盘，S_1，S_2 分别为量程转换和测量选择开关，P_1，P_2，P_3 为工作电流调节盘。

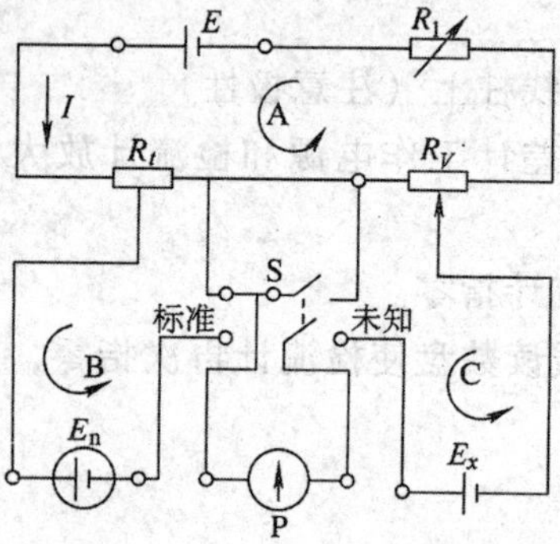

图 3-14 UJ31 型电位差计原理图

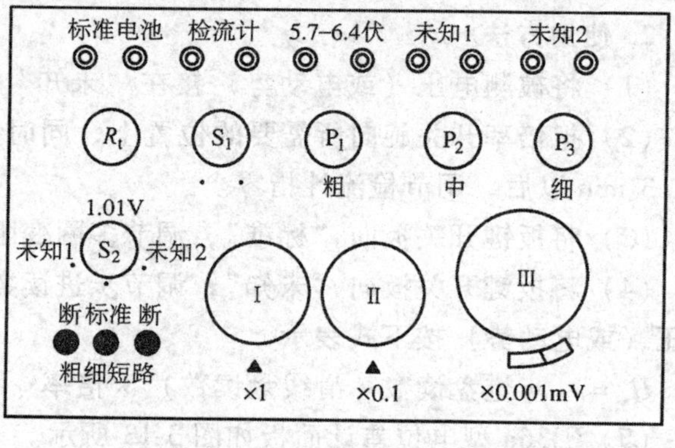

图 3-15 UJ31 型电位差计面板布置图

2. 使用方法

（1）将测量开关旋钮 S_2 扳向“断”的位置，按钮全部松开。

（2）按面板上所分布之端钮的极性，分别接上“电源”、“标准电池”、“检流计”及“未知 1”或“未知 2”。

（3）按室温情况对标准电动势进行温度补偿。将温度补偿盘 R_t 指示在经过计算后的电动势相同数值的位置（计算方法见标准电动势的介绍）。

（4）按测量需要，通过 S_1 选择量程，将 S_2 扳向标准位置。

（5）按下按钮由先“粗”后“细”，利用工作电流调节盘 $P_1 \sim P_3$ 的调节，使检流计指零。

（6）将 S_2 转至“未知 1”或“未知 2”，按Ⅰ，Ⅱ，Ⅲ的次序调节测量盘，使检流计指零。

（7）未知电压的大小是三个测量盘上示值之和乘上倍率之值。

3. 注意事项

（1）要严格按面板上的“+”，“-”极性接线，若有接错，就无法调节检流计平衡。

（2）为了保证测量准确，必须在每次测量未知电压以前确定工作电流标准。

3.8 直流电阻电桥

电桥是一种用比较法测电阻的精密仪器，可测电阻范围 $10 \sim 10^6\ \Omega$，用途十分广泛。利用电桥原理构成的电测仪器，不仅可以测电阻，也可以用来测电容、电感，并可通过这些量的测量间接测量非电学量。

3.8.1 QJ23 型直流电阻电桥

QJ23 型直流电阻电桥采用单臂电桥线路，具有内附指零仪和内装电池的特点，它适用于测量中值电阻。测量 1 Ω～9.999 MΩ 范围内的电阻极为方便，其原理图如图 3-16 所示，面板图见后面实验 9 中的图 3-25。

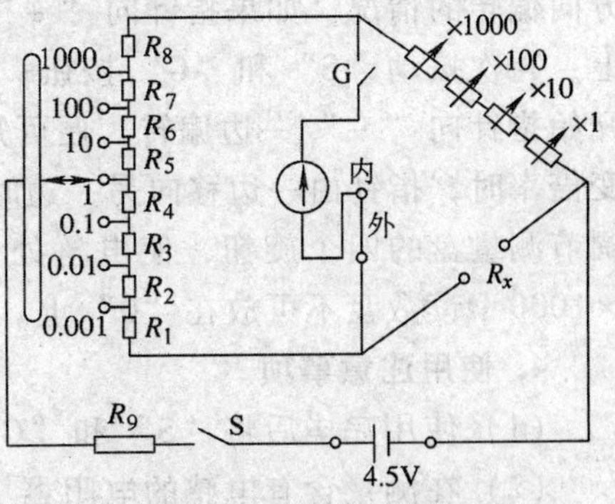

图 3-16 QJ23 型电桥原理图

$R_1 = R_8 = 0.999\ \Omega$ $R_2 = R_7 = 8.902\ \Omega$

$R_3 = R_6 = 81.009\ \Omega$ $R_4 = R_5 = 409.09\ \Omega$

$R_9 = 10\ \Omega$

1. 主要规格

(1) 总有效量程：0～9.999 MΩ

量程为：10 Ω～9.999 kΩ 的准确度等级：0.2

测量盘：9×1 Ω+9×10 Ω+9×100 Ω+9×1000 Ω

(2) 电桥基本误差的允许极限见表 3-7

表 3-7 基本误差

量程倍率	有效量程	分辨力	电桥基本误差的允许极限	电源
×0.001	0～9.999 Ω	0.001 Ω	$E_{\lim} = \pm\ (2\% x$ ① $+0.002)$	4.5 V
×0.1	0～99.99 Ω	0.01 Ω	$E_{\lim} = \pm\ (0.2\% x + 0.002)$	
×1	0～999.9 Ω	0.1 Ω	$E_{\lim} = \pm\ (0.22\% x + 0.02)$	
×10	0～9.999 kΩ	1 Ω	$E_{\lim} = \pm\ (0.22\% x + 0.2)$	
×100	0～99.99 kΩ	10 Ω	$E_{\lim} = \pm\ (0.5\% x + 5)$	6 V
×1000	0～999.9 kΩ	100 Ω	$E_{\lim} = \pm\ (0.5\% x + 50)$	15 V

① x 为电桥平衡后的测量盘读数（亦称标度盘）乘以量程倍率所得的数值

2. 结构和线路

QJ23 型直流电阻电桥主要由测量盘、量程变换器、内附指零仪及电源等组成。全部部件安装在箱内，携带方便。

测量盘全部阻值为 9999 Ω，量程变换器采用差值式，其总阻值为 1000 Ω，改变电桥面板中标有 1000、100、10、1、0.1、0.01、0.001 字样的旋钮即为改变量程变换器，这些数值称为倍率。欲需要外接指零仪时，将“内”接线端钮用短路片短路，在“外”接线端钮上外接指零仪。按钮“S”和按钮“G”为测量时用，用以分别接通电源和指零仪，并按顺时针方向旋转时，可以锁住。

3. 使用方法

首先检查一下外接指零仪接线端钮是否正确短路好。调节内附指零仪指针和零线重合，将待测电阻接到“R_x”两接线端钮上。适当选择量程变换器的倍率和测量盘示值，使按钮“S”和“G”闭合时，指零仪没有电流通过则可得下式：

$$R_x = 倍率 \times 测量盘示值$$

在测量之前，首先要知道 R_x 的大约数值。在一般情况下，倍率放在 ×1 上，测量盘放在 1000 Ω，按下按钮“S”，然后轻按按钮“G”，这时观察指零仪指针向“+”或“-”方向偏转的情况，如果指针向“+”的一边偏转，说明 R_x 大于 1000 Ω，可把倍率放在 ×10 上，再次按动“S”和“G”按钮；如果仍向“+”的一边，可把倍率放在 ×100 上；如果开始指针向“-”一边偏转，便可知 R_x 小于 1000 Ω，可把倍率放在 ×0.1 或 ×0.01。当改变倍率时，指针由一边移向另一边时，我们可得到 R_x 的大约数值，然后选定一个合适倍率，调节测量盘的四个旋钮，使电桥处于平衡状态。为了保证测量的准确度，在使用电桥中，×1000 Ω读数盘不可放在“0”上。

4. 使用注意事项

（1）使用完毕后将“S”和“G”按钮松开。

（2）在测量含有电感的电阻器（如电动机，变压器等）时，必须先按“S”按钮，然后再按“G”按钮，如果先按“G”按钮，当再按“S”按钮的一瞬间，因自感会引起逆电势对指零仪产生冲击而损坏指零仪。断开时，先放开“G”，再放开“S”。

（3）携带或不使用时应将指零仪连接片放在“内接”位置，使内附指零仪短路。

3.8.2 QJ19 型单双臂电桥

该电桥是单臂及双臂两用电桥，内部不附工作电源及检流计，适合在实验室条件下作精密测量用，一般准确度等级较高，准确度等级为 0.05 级，在保证准确度情况下的测量范围是：单臂电桥为 $100.00 \sim 100.00 \times 10^3$ Ω；双臂电桥为 $1.001 \times 10^{-3} \sim 100.00$ Ω。其面板布置和实验时的测量电路如实验 10 中的图 3-30 所示，图中 R_1、R_2 旋钮组成不同的比率。R_S 为比较臂电阻，实际上是五转盘旋转式十进电阻箱。数值由面板上的 R_S 读出。

K_1 为粗调按钮开关，与保护电阻串联，粗调电桥平衡时用。

K_2 为细调按钮开关。

K_3 为检流计短路阻尼按钮开关。

K_4 为工作电源 E 的按钮开关。

以上四个按钮平时处于常开状态，按下时才接通电路，松开又处于断开状态。但有时为了工作方便，需要某开关处于常通状态，将此开关按下后顺时针旋过一个角度即可。

P 为外接检流计，电流常数 $C_1 < 5 \times 10^{-9}$ A/mm，外临界电阻约为 300 Ω。

E 为外接工作电源。

1、2 为检流计端钮；3、4 为双臂电桥标准电阻端钮；5、6 为单臂电桥未知电阻端钮；7、8 为双臂电桥未知电阻端钮；9、10 为单臂电桥工作电源端钮；11 为静电屏蔽端钮。

1. 单臂电桥的使用方法及注意事项

（1）按单臂电桥接好线路，调好检流计。

（2）根据待测电阻 R_x 的估计值（或用万用电表测出近似值），然后按表 3-8 选择比率臂电阻 R_1、R_2 及工作电源 E 的电压值。

（3）其他可参阅 QJ23 型电桥使用方法。

2. 双臂电桥的使用方法及注意事项

（1）按图 3-30 接线，待测电阻 R_x 和标准电阻 R_N 一样，做成四端钮电阻形式。

（2）调节好检流计的零点。

（3）根据待测电阻 R_x 的估计值，按表 3-9 选择 R_N 和比率电阻（$R_1 = R_2$）。

表 3-8 单臂电桥

R_x/ Ω	比率臂电阻/ Ω		电源电压/ V
	R_1	R_2	
$10 \sim 10^2$	100	100	1.5
$10^2 \sim 10^3$	100	100	3
$10^3 \sim 10^4$	1000	100	6
$10^4 \sim 10^5$	10000	100	10
$10^5 \sim 10^6$	10000	10	20

表 3-9 双臂电桥

R_x/ Ω	R_x/ Ω	$R_1=R_2$/ Ω
10 ~ 100	10	100
1 ~ 10	1	100
0.1 ~ 1	0.1	100
0.01 ~ 0.1	0.01	100
0.001 ~ 0.01	0.001	100
0.0001 ~ 0.001	0.001	1000
0.00001 ~ 0.0001	0.001	1000

（4）测量时，工作电流可用滑线变阻器调节，从安培表读出，但最大电流不得超过标准电阻 R_N 的允许额定电流（标准电阻上标出）及待测电阻 R_x 的允许电流。由于电流越大，电路中的热电势效应也越大，将影响测量结果。

（5）为了消除热电势对测量结果的影响，电路中用换向开关 S 改变工作电流的方向，将两次测量结果取平均值即可消除。

（6）其他调节方法及注意事项与单臂电桥相同。

3.9 XD22 型低频信号发生器

XD22 型是一台多功能、宽频带低频信号发生器，它可产生 1 Hz ~ 1 MHz 的正弦波信号、脉冲信号和逻辑信号（TTL），其正弦波信号具有很小的失真和良好的频响，输出电压有效范围为 0.05 mV ~ 0.6 V，输出阻抗为 600 Ω，脉冲信号的幅度和宽度均为连续可调，TTL 具有很强的负载能力和理想的波形等特征。

3.9.1 工作特性

1. 频率

（1）范围：1 Hz ~ 1 MHz

（2）波段：Ⅰ波段：1 ~ 10 Hz

Ⅱ波段：10 ~ 100 Hz

Ⅲ波段：100 Hz ~ 1 kHz

Ⅳ波段：1 ~ 10 kHz

Ⅴ波段：10 ~ 100 kHz

Ⅵ波段：100 kHz ~ 1 MHz

2. 正弦波

（1）幅度：>6 V（开路）

（2）额定输出电压误差：< ±1 dB

（3）表头分刻度误差：小于满度值的 ±5%

（4）输出阻抗：600（1 ±10%）Ω

3.9.2 使用方法

（1）接通电源，频率应有指示，仪器开始起振，由于热敏电阻的惯性，起振幅度超过正常幅度，所以开机时，输出电平微调电位器不要置于最大位置。

（2）转动各频率开关（由数码管指示）调到所要的频率。

（3）当要求正弦波信号输出时，信号转换开关（扭子开关）置于左边，此时在右下角插座输出正弦波信号，当需要脉冲和 TTL 输出时，扭子开关置于右边，在右下角插座输出脉冲信号，在右上角插座输出 TTL 信号。

（4）正弦波输出电平可以连续调节，当衰减器在 0 dB 时，电压表刻度满度为 6.3 V，当在 10 dB 时满度为 2 V。必须注意：表头刻度对正弦波信号是准确的，对其他信号无效（注：表头指示电压为开路电动势）。

实验 8 线性和非线性电学元件伏安特性的测量

电学元件的伏安特性是其最重要的电学性质之一。所谓伏安特性通常是指以电压为横坐标，电流为纵坐标所作出的元件的电流随电压变化关系的曲线。若某元件的伏安特性曲线是一条直线，说明通过该元件的电流与元件两端所加电压成正比，则称该元件为线性元件（如碳膜电阻）；若某元件的伏安特性曲线不是一条直线，则称其为非线性元件（如二极管、三极管）。

【实验目的】

（1）通过对线性电阻伏安特性的测量，学习正确选择和使用伏安法测电阻的两种线路。

（2）通过对二极管伏安特性的测量，了解非线性电学元件的导电特性。

（3）练习基本电路的连接方法和基本电学仪器的使用。

（4）练习用不确定度估算误差，用作图法、逐差法处理实验数据。

【预习重点】

（1）非线性电阻元件二极管的导电特性。

（2）回路接线法及内接、外接电路的选择。

（3）滑线变阻器的两种使用方法及其安全位置。

（4）作图法、逐差法及不确定度计算。

【实验仪器与用具】

直流稳压电源、滑线变阻器、电压表、电流表、单刀双掷开关、待测线性电阻、待测二极管等。

【实验原理】

1. 线性电阻 R_x 伏安特性的测量及未知电阻值的测定

作为基本电学元件之一的电阻是典型的线性元件，根据欧姆定律，电阻上电流随电压变化的函数关系为

$$I = \frac{U}{R} \propto \frac{1}{R}$$

即 I 与 U 直线关系的斜率恰为电阻的倒数，故可对一未知电阻逐次改变其两端所加电压，测出相应的电流值，绘出电阻的伏安特性，并通过直线斜率求出其阻值。

2. 二极管伏安特性的测量

二极管是个典型的非线性电子元件，通常用符号⊳|（或 D）表示。且按其结构的不同可分为点接触型和面接触型两类。两种类型的二极管尽管结构不同，用途不同，但都具有如图 3-17 所示的伏安特性曲线，它可分为三个部分。即

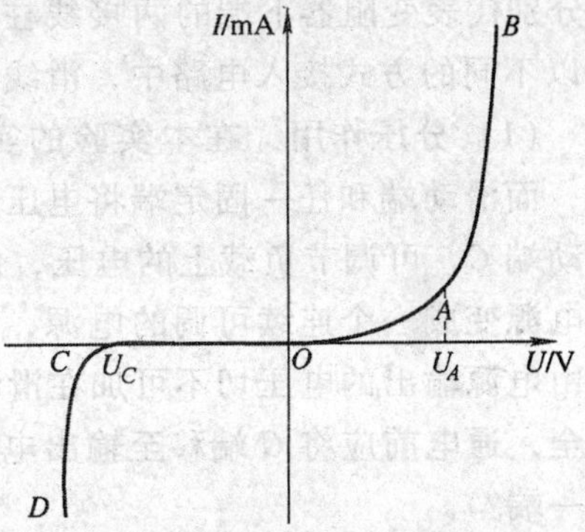

图 3-17 二极管伏安特性曲线

（1）正向伏安特性（图 3-17 中 OAB 段） 在正向特性的起始部分（OA 段），正向电流随电压的变化缓慢，且数值接近零，二极管呈现为一个大电阻；但当正向电压大于某一个值（图中 A 点对应的 U_A）时，电流迅速增长（AB 段），二极管呈现为一个小电阻，称二极管处于导通状态，也即在正向伏安特性中，二极管表现出来的是一个动态电阻，且变化范围很大。在图中 A 点，好像存在一个门槛，故将 U_A 称为“门槛电压”，$U < U_A$，则 $I \to 0$，$U > U_A$，则 I 迅速上升，各种不同半导体材料做成的二极管“门槛电压”数值各不相同，如硅管为 0.5 V，锗管为 0.1 V。

（2）反向伏安特性（OC 段） 若给二极管加反向电压（阳极接电源负、阴极接电源正），则由 OC 段曲线可看出电流很小，且几乎不随反向电压的增加而变化，二极管呈现的电阻值很大，此称截止状态。

（3）反向击穿特性（CD 段） 当反向电压增加到一定程度（$|U_{反}| > |U_C|$）时，反向电流剧增，二极管呈现电阻→0，此称二极管“反向击穿”。二极管的反向击穿可分为两种情况，一种称为电击穿，此时虽有 $|U_{反}| > |U_C|$，但 $|U_{反}| \cdot |I_{反}|$ 不超过元件允许的耗散功率，这种击穿是可逆的，也即当反向电压降低后，管子仍可以恢复原来的状态；另一种称为热击穿，此对应 $|U_{反}| > |U_C|$，且 $|U_{反}| \cdot |I_{反}|$ 大于二极管允许的耗散功率的情况，由于这时热量散不出去，会使元件因过热而烧毁。显然热击穿是不可逆的，必须尽量避免。

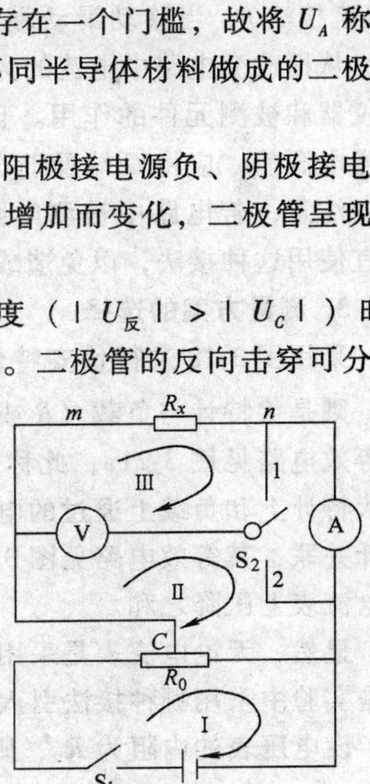

图 3-18 测量电路

【实验线路介绍】

本实验的实测电路如图 3-18 所示，当在 m、n 两端接入线性电阻时，即可用来测量线性电阻的伏安特性及电阻阻值；

当 m、n 两端接入二极管时，即可用来测量二极管的正向或反向伏安特性。使用此线路需明确以下问题：

1. 电源的使用

注意勿使电源短路（参见本章 3. 1. 2 节）

2. 滑线变阻器 R_0 的使用

由 3. 1. 2 节中的仪器介绍可知，滑线变阻器是由表面带有绝缘漆的电阻丝密绕于瓷管上制成的，电阻丝的两端与固定接线柱相连（位于滑线变阻器的下侧），变阻器上端的滑动触头通过瓷管上方的金属导杆与接线柱相接，故在图 3-19 所示的滑线变阻器符号中，A、B 分别代表变阻器下端的两接线柱，C 表示与滑动触头接连的上端接线柱。将 A、B、C 三端以不同的方式接入电路中，滑线变阻器可以起到不同的功用。

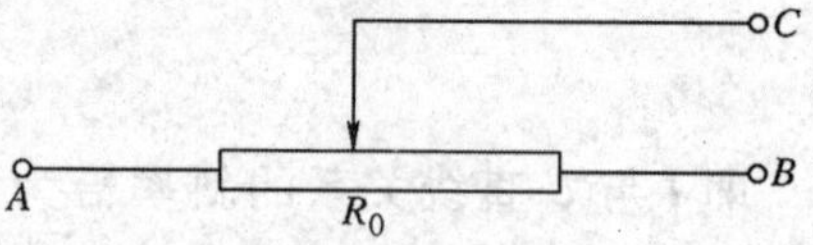

图 3-19　滑线变阻器符号

（1）分压作用　在本实验的实测电路图 3-18 中，R_0 的两个固定端分别与电源两极相连，而滑动端和任一固定端将电压引出供给下一回路，此种接线称为分压接法。即通过移动滑动端 C，可调节负载上的电压，使之在 $0\sim E$ 之间变化，这相当于把一个电动势为 E 的固定电源变成一个连续可调的电源，即把电源电压进行了“分压”。此电路在使用时需注意：①由电源输出的电压切不可加在滑动端，以免电源短路；②为确保测量电路中各仪器原件的安全，通电前应将 C 端移至输出电压为 0 的状态，此称为“安全位置”（对应于图 3-18 中哪一端?）。

（2）变流作用　若将图 3-18 中的 R_0 换成图 3-20 中的接法，即将滑线变阻器的任一固定端与滑动端串联于电路中（变流接法），当移动滑动端时，可改变接入电路中的电阻值，从而改变电路中电流的大小，显然这个电阻可以起到保护仪器和被测元件的作用。且为确保各仪器、元件的安全，接通电源前，应将 C 端置于安全位置。

注意，若电路中被测电阻（即负载电阻）值很小，则不宜使用这种接法，以免造成电源短路。

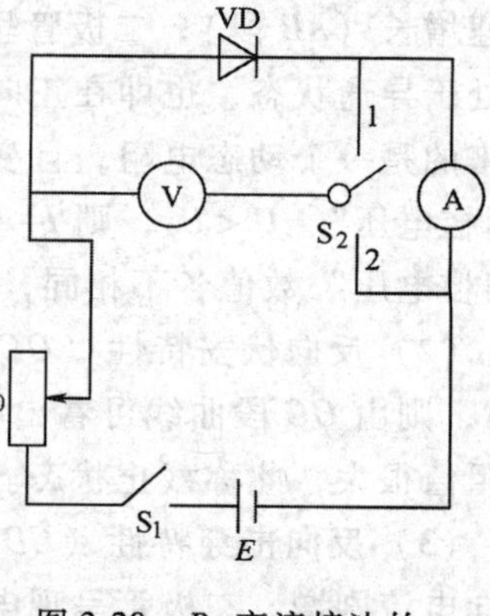

图 3-20　R_0 变流接法的测量电路

3. 测量方案的选择

采用图 3-18 进行伏安特性测量时，若将开关 S_2 合向 1 端，则是伏特计与负载（R 或 VD）并联后再与电流表串联，其等效电路见图 3-21a，此称为电流表的外接法，所测电流为伏特计上和负载上通过的电流之和。若将 S_2 合向 2 端，则是负载与电流表串联后再与伏特计并联，其等效电路见图 3-21b，此称为电流表的内接法，伏特计所测电压为负载上压降与电流表上压降之和。

显然，无论电流表是采用内接法还是外接法，都不可避免地要给测量带来系统误差，问题是实验中采用哪种接法引入的系统误差较小。

设电压表的内阻为 R_V，则图 3-21a 中电流表测得结果为

$$I = I_R + I_V \tag{3-1}$$

若将 I 作为流经电阻 R 的电流，则由此引入的系统误差

$$\Delta I_R = I - I_R = I_V = \frac{U_R}{R_V} = I_R\frac{R}{R_V} \tag{3-2}$$

即

$$\frac{\Delta I_R}{I_R} = \frac{R}{R_V} \tag{3-3}$$

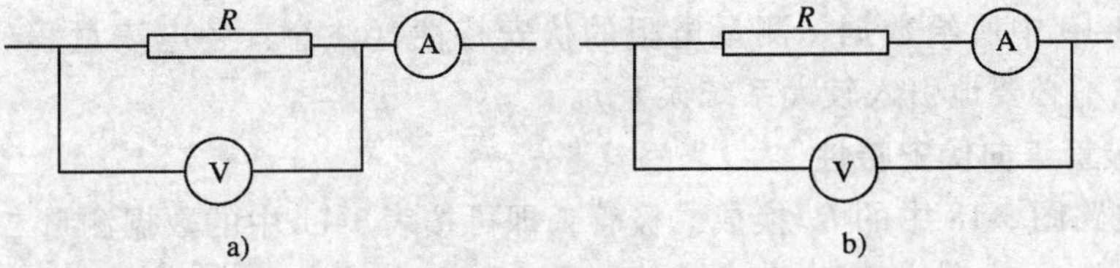

图 3-21　内接、外接电路

a）外接法　b）内接法

可见，只有当电压表内阻 R_V 远远大于待测电阻 R 时，方有$\frac{\Delta I_R}{I_R}\to 0$，即用外接法测量电阻不会带来明显的系统误差。

同理，若设电流表的内阻为 R_A，则在图 3-21b 中电压表测得的结果为

$$U = U_R + U_A \tag{3-4}$$

若将电压表的指示数作为待测电阻 R 两端的电势差，则由此引入的系统误差为

$$\Delta U_R = U - U_R = U_A = IR_A = \frac{U_R}{R}R_A \tag{3-5}$$

故

$$\frac{\Delta U_R}{U_R} = \frac{R_A}{R} \tag{3-6}$$

可见，只有当电流表内阻 R_A 远远小于待测电阻 R 时，方有$\frac{\Delta U_R}{U_R}\to 0$，即用内接法测量电阻不会带来明显的系统误差。

综上所述可以看出，内接法和外接法中没有哪一种测量方法更具有绝对的优越性，一个具体测量要视被测电阻估计值与 R_V、R_A 的关系而定。可推出选择测量方案的具体判据为

$$\begin{cases} R > \sqrt{R_A R_V} & \text{用内接法} \\ R < \sqrt{R_A R_V} & \text{用外接法} \\ R = \sqrt{R_A R_V} & \text{两种接法均可} \end{cases} \tag{3-7}$$

4. 回路接线法

一个复杂的电路总可以分解成若干个简单的基本回路，在基本回路中，所有各电学元件均为串联关系。如在图 3-18 中，总电路可以分解为三个基本回路，接线时应从 Ⅰ 回路的电源出发，依次顺接各元件，然后是依次顺接 Ⅱ 回路中各元件及顺接 Ⅲ 回路中各元件，这种接线方法称为回路接线法。

【实验内容】

1. 测量未知电阻 R_x 的伏安特性，并求出相应的阻值

提示：

(1) 在仔细阅读电磁学实验基本规则（3.1.1 节）的基础上，按回路接线法连接电路

图3-18，接线时要注意电表的正、负极性，以及滑线变阻器的分压接法，同时，将 R_0 置于安全位置。线路接好后请教师检查。

（2）根据实验室中给出的待测电阻估计阻值，选择内接或外接法测量电路，并根据所给电表的精确度等级确定数据的有效位数。

（3）按表3-10中所给数据，测量电阻的伏安特性（注意：各电表量程的选择要适当，以免损坏电表或不必要地引入较大系统误差）。

2. 测量二极管正向伏安特性

提示：将电路图3-18中的 R_x 换成二极管，即可按表3-11中的数据测量二极管的伏安特性。

注意：

（1）用D替换 R_x 之前，应先关掉电源。

（2）再次通电前，检查 R_0 的滑动端是否置于安全位置，各电表量程选择是否适当。

（3）根据二极管的正向伏安特性规律，选择内接或外接电路。

【数据记录及处理】

表3-10 线性电阻 R_x 伏安特性的测量（条件：______接法）

电压表量程______，级别______；电流表量程______，级别______

次数 n	1	2	3	4	5
U_n/ V	1.00	2.00	3.00	4.00	5.00
I_n/ mA					
次数 m	6	7	8	9	10
U_m/ V	6.00	7.00	8.00	9.00	10.00
I_m/ mA					
$\Delta U_i = U_m - U_n$/ V					
$\Delta I_j = I_m - I_n$/ mA					

表3-11 二极管伏安特性的测量（条件：______接法）

电压表量程______，级别______；电流表量程______，级别______

次数	1	2	3	4	5	6	7	8	9	10
U/ V	0.20	0.40	0.60	0.80	1.00	1.20	1.40	1.60	1.80	2.00
I/ mA										

（1）由表3-10中的数据作出 R_x 伏安特性曲线，并由曲线斜率求出 R_x 值。

（2）用逐差法计算 R_x 的电阻值，并用不确定度表示出对 R_x 阻值的测量结果。

由表3-11中数据作出二极管的正向伏安特性曲线。

【思考题】

（1）在图3-18的电路中，R_0 起什么作用？在滑线变阻器的分压接法中，共有四根线与变阻器相连，它们各有什么作用？可否将电源的正、负极并联于滑线变阻器的滑动端和一固定端之间？为什么？此接线法对应的安全位置是输出电压最大还是最小？为什么？

（2）什么是回路接线法？它的优点是什么？

（3）所谓内接法是指将电流表内接还是电压表内接？如何选择电路采用内接还是外接？

（4）阅读3.1.2节中有关直流电表使用部分，在使用电表时，是否选择的量程越大越好？电表的误差如何计算？

实验9　用单臂电桥测电阻

利用桥式电路制成的各种电桥是用比较法进行测量的仪器，具有测试灵敏、准确度高、使用方便等特点。电桥分为直流电桥和交流电桥两大类，直流电桥又分为单臂电桥（惠斯登电桥）和双臂电桥（开尔文电桥），它们不仅可以测量电阻，不同的电桥还可以测量电容、电感、温度、压力、真空度等许多物理量。桥式电路已被广泛地应用于电工技术、非电量测量以及自动控制等许多领域中。

【实验目的】

（1）掌握用平衡电桥和非平衡电桥测电阻的原理及方法。

（2）了解平衡电桥的测量误差及灵敏度。

（3）研究热敏电阻的温度特性，并了解电阻温度计的原理。

（4）学习用作图法处理实验数据。

【预习重点】

（1）单臂电桥的基本原理及箱式电桥的使用方法。

（2）平衡电桥灵敏度的概念。

（3）非平衡电桥测电阻的原理及方法。

（4）金属电阻和半导体材料电阻的温度特性。

（5）作图法处理数据。

【实验仪器与用具】

稳压电源、滑线变阻器、电阻箱、指针式检流计、箱式单臂电桥、电热杯、单刀单掷开关、微安表、温度计、电热器待测固定电阻元件及待测金属电阻、待测热敏电阻等。

【实验原理】

本实验中，分别采用单臂平衡电桥和单臂非平衡电桥来测量线性电阻和非线性电阻，其原理如下：

1. 平衡电桥的测量

（1）基本原理　在实验8中，曾采用伏安法测量电阻值，由于测量电表内阻的影响，总会在测量中引入系统误差，故测量不够精确。而用电桥法测电阻，实际上是用被测电阻与标准电阻（本身误差很小）进行比较来确定被测电阻值的，因此可以达到很高的准确度。

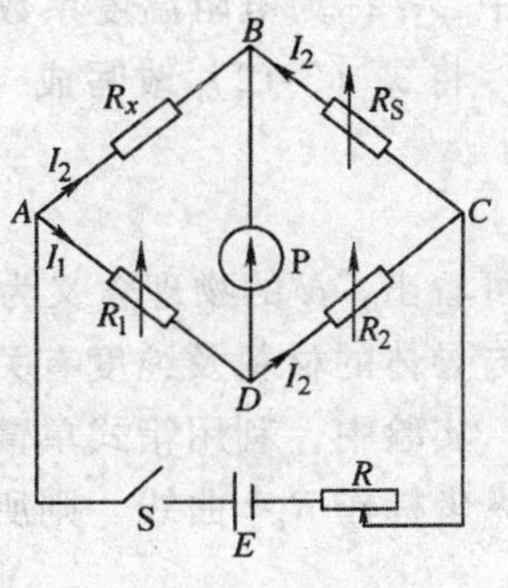

图3-22　自组电桥测量电路

在如图3-22所示的电路中，四个电阻R_1、R_2、R_S、R_x构成一个四边形，B、D间接有一检流计P，用以比较B、D两点间的电势高低，则BD就像是ABC和ADC之间的一座桥梁，电桥电路因此而得名，四个电阻构成电桥的四个桥臂。当桥路上的检流计P中无电流通过时，则称电桥处于平衡状态，此时

$$U_{AB}=U_{AD};\quad U_{BC}=U_{DC}$$

即 $$\begin{cases} I_x R_x = I_1 R_1 \\ I_S R_S = I_2 R_2 \end{cases} \tag{3-8}$$

考虑到串联电路中 $I_1 = I_2 \quad I_x = I_S$

则有 $\dfrac{R_1}{R_2} = \dfrac{R_x}{R_S}$， 也即

$$R_x = \frac{R_1}{R_2} R_S \tag{3-9}$$

式中，R_1/R_2 称为比率臂。显然，若已知 R_1、R_2 及 R_S 的值，即可求出 R_x。式（3-9）表明，电桥的平衡与通过电阻的电流的大小无关。

（2）测量未知固定电阻的值　本实验中，R_1、R_2、R_S 均使用电阻箱，因电阻箱存在接触电阻，故由式（3-9）测得的 R_x 必然会存在系统误差，为消除这种误差，实际测量中要将 R_S 和 R_x 的位置对调再测一次，则

第一次测量：
$$R_x = \frac{R_1}{R_2} R_S$$

第二次测量：
$$R'_x = \frac{R_2}{R_1} R'_S$$

R_x 值：
$$R_x = \sqrt{R_S R'_S} \tag{3-10}$$

由式（3-10）可看出，R_x 与 R_1、R_2 无关，这就消除了由于接触电阻不同或电路存在的不对称所引入的系统误差。这种将测量中的某些条件相互交换，使系统误差在测量结果中被抵消的方法，是处理系统误差的基本方法之一。

（3）测量金属电阻的温度系数　一般用纯金属制成的电阻，其阻值都有规则地随温度升高而增大，其变化规律为

$$R_t = R_0 (1 + \alpha t + \beta t^2 + \gamma t^3 + \cdots) \tag{3-11}$$

式中，R_t 为导体在温度 t 时的电阻值，R_0 为导体在 0 ℃时的电阻值，α、β、γ、…是与金属材料有关的常数。对于纯金属，平方以及平方以上的各项常数很小，可以忽略不计，且因在温度不太高，变化范围不太大的情况下（0～100 ℃），α 可以看做常量，故金属导体电阻值与温度的关系可近似认为是线性的，即

$$R_t = R_0 (1 + \alpha t) \tag{3-12}$$

式中，α 称为电阻温度系数，其单位为1/℃。

将式（3-12）改写成

$$\alpha = \frac{R_t - R_0}{t} \frac{1}{R_0} = \frac{1}{R_0} \frac{\Delta R}{\Delta t} \tag{3-13}$$

则可看出，α 的物理含义为所测导体的温度变化 1 ℃时，电阻值相对于 0 ℃阻值的变化率，它与导体的材料及纯度有关。

实验中，利用箱式单臂电桥测出不同温度下的 R_t 值，以温度 t 为横坐标，对应电阻 R_t 为纵坐标作 R_t-t 曲线，则所得直线的参数与各量间的关系为

$$\begin{cases} 斜率 = \dfrac{\Delta R}{\Delta t} \\ 截距 = R_0 \end{cases} \tag{3-14}$$

将式（3-14）代入式（3-13）中，即可求出温度系数 α。

测出各种金属的温度系数，可为我们揭示不同金属的用途。如康铜、锰铜等合金的 α 值很小（约为 $0.2\times10^{-4}/℃$），也即电阻几乎不随温度变化，故可用其制成标准电阻。而对大多数纯金属而言，温度每升高 1 ℃，电阻值大约要增加 0.4% ~0.6%，故可依据式（3-12）将其制成电阻温度计。作为测温元件的金属材料，其物理性质和化学性质要稳定，不易氧化，电阻温度系数要尽可能大，电阻与温度的线性关系要尽可能好，且易于机械加工。铂、铜、钨和铁等材料都能较好地满足这些条件（铂最好），由于用电桥测量电阻可以达到很高的准确度，故金属电阻温度计是很精密的测温仪器。

2. 电桥的灵敏度

式（3-9）是在电桥平衡条件下推导出来的，而电桥是否达到平衡，要靠检流计指针是否偏转来判断。由于检流计灵敏度是有限的，一般在检流计指针偏转小于 0.1 分格时，我们就难以分辨，会认为电桥已达平衡，但这时仍有一个很小的电流（约 10^{-7} A）通过检流计，它会给实验带来误差，故电桥的测量误差与检流计的灵敏度有关。

电桥的灵敏度定义为

$$S=\frac{\Delta n}{\Delta R_x/R_x}=\frac{\Delta n}{\Delta R_S/R_S} \tag{3-15}$$

式中，ΔR_x 为电桥平衡后 R_x 的微小变化量（实际用 ΔR_S 代替），Δn 为因电桥偏离平衡而引起的检流计指针的偏转格数，故 S 值可理解为电阻每变化 1% 所相应引起的检流计指针的偏转。显然，S 的单位是“格”，S 值越大，表明电桥越灵敏，带来的测量误差就越小。

由电桥的灵敏度可估算测量误差，例如，灵敏度 $S=100$ 格，通常人眼可以觉察 1/10 格的偏转，也即当通过检流计的电流使指针偏转小于 0.1 格时，我们就认为电桥平衡，由式（3-15）可知，此时

$$\frac{\Delta R_x}{R_x}=\frac{\Delta R_S}{R_S}=\frac{\Delta n}{S}=\frac{0.1}{100}=0.1\%$$

也即此电桥由灵敏度带来的误差小于 0.1%。

可以证明，电桥的灵敏度不仅与检流计的电流灵敏度以及内阻有关，而且与电桥线路灵敏度有关，也即与线路的参数 R_1、R_2、R_S、R_x、E 的数值以及 R_1/R_2、R_S/R_x 有关，这些为我们进一步提高电桥灵敏度指明了方向。

3. 非平衡电桥的测量

（1）非平衡电桥测电阻原理　当电桥工作在非平衡状态下时，称此电桥为非平衡电桥，调节电桥中一个（或一个以上）桥臂的阻值，可以测量引起电桥偏离平衡态的物理量的变化。非平衡电桥在各个领域尤其是在自动检测方面有着广泛的应用。

非平衡电桥的原理见图 3-23，若用非平衡电桥测量一随温度变化的电阻值，则可在温度为 t_0 时，选好比率臂 R_1/R_2，调节 R_S 使电桥平衡；当温度升为 t_1 时，待测电阻值变为 R（t_1），若保持 R_1、R_2、R_S 不变，电桥将失去平衡，桥上的微安表中就有电流流过，显然被测电阻的温度不同时，由于对应阻值的不同，流过微安表的电流就不同，也即温度 t、

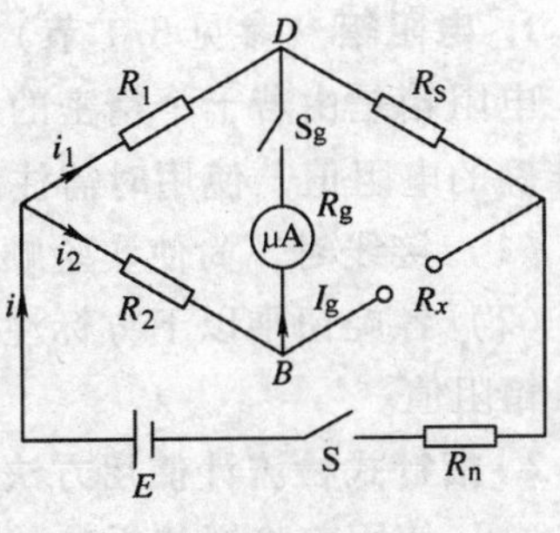

图 3-23　非平衡电桥原理图

电阻 R（t）和电流 I（R）这三个变量是一一对应的。

实验中为简化计算，在用非平衡电桥测电阻时，只限于一个桥臂（如 R_x）上的电阻发生变化。测量分为两个步骤，第一步，作定标曲线。即先用一变阻箱 R 代替 R_x，当其初始值为 R_0 时，调节 R_S 使电桥平衡（微安表示数为零），然后逐次改变 R 取值，记下桥上相应的 I 值，得一条 R-I 曲线，此称定标曲线。第二步，用 R_x 换下 R，记录不同温度下桥上电流值，将 I 值与定标曲线对照，即可查出相应的 R_x。

（2）测量热敏电阻温度特性函数　半导体材料制成的热敏电阻与温度的关系和金属导体不一样，金属制成的电阻的阻值，随温度的升高而增大，而有些用半导体材料制成的热敏电阻，因其温度升高时，内部载流子数目将增多，故电阻值随温度的升高会迅速下降。

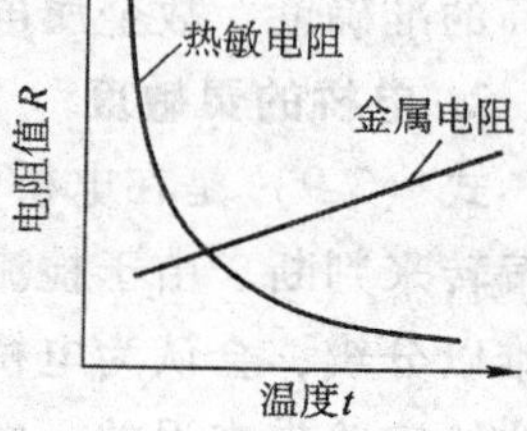

图 3-24　热敏电阻的温度特性

图 3-24 给出了热敏电阻与普通金属电阻的不同温度特性，图中热敏电阻随温度变化的函数规律为

$$R_t = A\mathrm{e}^{\frac{B}{T}} \tag{3-16}$$

式中，A、B 为与材料有关的特性常数；T 为热力学温度。对式（3-16）两边取对数，则有

$$\ln R_t = \ln A + \frac{B}{T} \tag{3-17}$$

分别以 $\ln R_t$ 和 $\frac{1}{T}$ 作为纵轴和横轴，得一 $\ln R_t$-$\frac{1}{T}$ 的直线，则此直线的参数为

$$\begin{cases} 斜率 = B \\ 截距 = \ln A \end{cases} \tag{3-18}$$

为了便于操作，实验中使用箱式电桥，并在“G”、“外接”两端接入微安表。测量时先在 R_x 接线端接入可变电阻箱，在室温下测出定标曲线，再换上热敏电阻并对其加温，测量不同温度下对应的电流，进而查出 R_x 阻值。将 R_t、T 值代入作 $\ln R_t$-$\frac{1}{T}$ 曲线，即可求出式（3-17）中常数 A、B，再将 A、B 值代入式（3-16），得被测热敏电阻的具体温度特性函数。

【仪器装置介绍】

1. 电阻箱（参见 3.1 节）

电阻箱是由若干个精密的固定电阻元件按照一定方式组合起来的仪器，它可在电路中接入准确的电阻值。使用时需注意：

（1）接线时，为使实验顺利进行，且避免引入过大的接触电阻，应选择适当的接线柱。

（2）各旋钮乘以下方标注的倍率，即为该旋钮对应的阻值，各旋钮阻值相加，得整个电阻箱阻值。

2. 指针式检流计使用方法（参见 3.5 节）

（1）使用前将锁扣扳向“白点”，通过“零点调节”对检流计调零。

（2）按下“电计”按钮，方可进行测量，测量中最好采用跳跃接触方式，测量时间不易过长。

（3）若指针剧烈摆动，可按下“短路”按钮，使线圈处于过阻尼状态，指针停止摆动

（注意：此时不能进行测量）。

（4）用完后，或实验中需要搬动检流计时，必须将锁扣扳向“红点”，此时线圈处于短路（过阻尼）状态，仪器不易损坏（注意：此状态下不能对检流计调节零点）。

3. QJ23型箱式直流电阻电桥（参见3.8.1）

此电桥的工作原理为单臂电桥电路，箱内附有电源和检流计，适合于测中等阻值的电阻。QJ23型箱式电桥面板如图3-25所示，图中面板左上方标有1000，100，…，0.001字样的旋钮为倍率旋钮，示值的含义是图3-22电路中的R_1/R_2；面板右侧四个标有1，2，…，9数字的旋钮组成测量盘，对应图3-22中的R_S，四个旋钮的示值分别与下侧倍率相乘后相加，得R_S值，根据式（3-9）可知，改变左上方的倍率值，可改变电桥的量程，使之可测量1 Ω～9999 kΩ的电阻。电桥的具体使用方法如下：

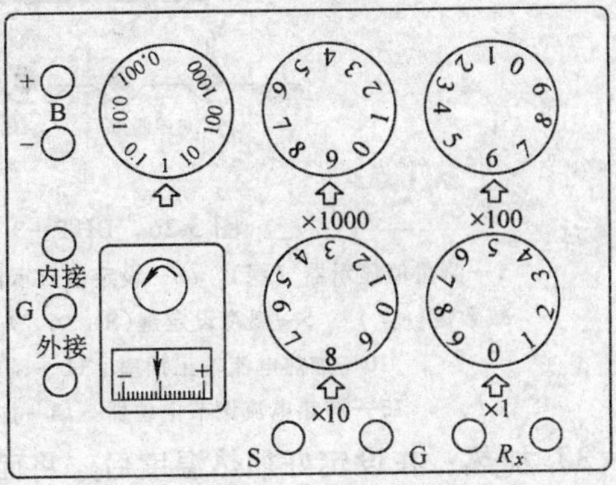

图3-25 QJ23型电桥面板图

（1）选择指零仪。若使用电桥内部指零仪，则用金属片将“G”、“外接”两端短路；若使用外接更高灵敏度的指零仪，则应将“G”、“内接”两端短路。

（2）对所选择的指零仪调零。

（3）接入待测电阻。按照待测电阻的粗估值（由万用电表测出或实验室给出）合理选择倍率值。

（4）按下S、G按钮，调节R_S至指零仪示数为零，则由式（3-9）可算出R_x值。

在电桥的使用操作中还应注意以下几个问题：

（1）R_S的调节方向：若指零仪指针向“+”偏转，说明R_x大于电桥内阻值，需增大倍率或R_S值，反之，则需减小。

（2）为保证测量的有效位数，测量盘的最高位（×1000档）不可置于“0”位，且电桥的平衡应从此位开始调节。

（3）在携带或不使用时，应将指零仪连接片置于“内接”短路位置，使内附指零仪短路。

4. DHT—3热学实验装置温控仪

（1）DHT—3热学实验装置温控仪面板　DHT—3热学实验装置温控仪面板如图3-26所示。

（2）使用方法　在使用之前，先把温度控制实验仪底部的支撑架竖起，以便在测试时方便观察及操作。

1）按照面板及测试架的各项功能用实验连线将其中一只加热炉连接好连线，经检查无误后，将专用电源线插入电源插座，打开后面板上的电源开关，接通电源。此时温度控制器的PV显示屏显示的温度为环境温度。

2）加热温度的设定：按一下温控器面板上的设定键（S），此时设定值（SV）显示屏一位数码管开始闪烁；根据实验所需温度的大小，再按设定键（S）左右移动到所需设定的位置，然后通过加数键（▲）、减数键（▼）来设定好所需的加热温度；设定好加热温度后，等待8s后返回至正常显示状态。

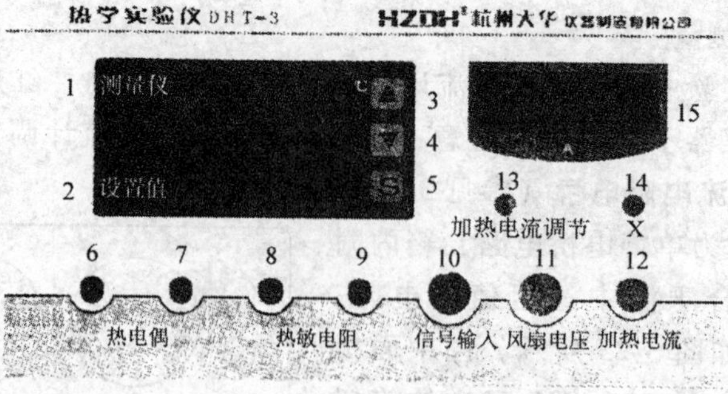

图 3-26 DHT—3 热学实验装置温控仪面板图

1—测量值显示器（绿） 2—设定值显示器（红） 3—温度设定加数键（▲） 4—温度设定减数键（▼） 5—温度设定键(S) 6、7—热电偶输出端子 8、9—热敏电阻输出端子（NTC） 10—加热电流输出插座 11—风扇电压输出插座 12—加热炉信号输入插座 13—加热电流调节电位器 14—加热电流输出控制开关 15—加热电流显示表

3）加热：在设定好加热温度后，将面板上的加热电流开关打开，温控仪开始给加热炉加热。在使用时可根据所需升温速度的快慢及环境温度与所需加热温度的大小，调节电流调节旋钮，输出一个合适的加热电流。加热电流的大小通过面板上的加热电流显示屏 15 显示。

4）测量：在加热过程中，将控制仪的“热电偶”或“热敏电阻”接线柱与 DHQJ 系列非平衡电桥的测量端相接，即可进行铜电阻或热敏电阻的特性测量。

5）设定不同的加热温度，用非平衡电桥测量出在不同温度下热电阻的阻值。

6）在做完实验后，打开风扇使加热炉内的温度快速下降（注：在使用风扇降温时，须将支撑杆向上抬升，使空气形成对流）。

备注：当出现异常报警时，温控器测量值显示：HHHH，设置值显示：Err，当故障检查并解决后可按设定键（S）复位和加数键（▲）、减数键（▼）来重设温度。

【实验内容】

1. 自组电桥测电阻

按图 3-22 电路自组单臂电桥，测量未知电阻 R_x 的数值。

提示：

（1）电路连接采用回路接线法（参见实验 8），通电前将 R 置于安全位置（哪一端?），连好线后请教师检查。

（2）取 $R_1=R_2=100\ \Omega$，且 R_S 置于 R_x 的粗估值（由万用电表测出或实验室给出），电路电流由小至大调节，同时改变 R_S 值使电桥平衡（此调节过程称逐次逼近法）。记录电桥最后平衡时的 R_S 值。

（3）保持 $R_1/R_2=1:1$，交换 R_x、R_S 的位置，再次调节电桥平衡，记录 R'_S 值。

2. 分析比率 R_1/R_2 值对电桥灵敏度的影响

在图 3-22 的电路中，固定电桥工作电流，在 R_1/R_2 依次取 1:1，1:5，1:10 的情况下，先调节电桥平衡，然后使 R_S 有一个小的增量 ΔR_S，观察检流计的偏转格数 Δn，并将 R_S、ΔR_S、Δn 计入表 3-12 中。

注意：每次调节 R_1/R_2 后，R_S 要做一个相应比例的改变方可调得电桥平衡。

3. 测定金属丝的电阻温度系数

按照直流电桥使用方法测出金属丝在不同温度下的阻值，并将数据填入表 3-13 中。

注意：

（1）对金属丝加热前，应先在室温条件下练习电桥的调节，并测出室温下金属丝的阻值。

（2）每次在达到需测定阻值的温度之前即断开电源，开始调节电桥，以保证精确测到表 3-13 中各温度点的阻值。

（3）合理选择比率臂，保证测量数据有四位有效数字。

（4）每测完一个数据后，要马上断开 S、G 开关，不要让 S、G 长时间通电。

4. 测量热敏电阻的温度特性

（1）测定标曲线　根据室温下热敏电阻的大概值 R_0（由实验室给出）合理选择比率臂，再用平衡电桥准确测量室温时的热敏电阻阻值 R_0。

用电阻箱代替热敏电阻，并将其初值取 R_0，调节电桥平衡后，逐步减小电阻箱的阻值，直至微安表接近满偏，将所得数据填入表 3-14 中。

（2）测量 R_t

1）按图 3-27 所示连接电路，根据不同的温度值，估计被测热敏电阻（或铜电阻）的阻值，选择合适的电桥比例，并把比较臂放在适当的位置，先按下电桥的“S”按钮（电源按钮），再按下“G”按钮（检流计按钮），仔细调节比较臂，使检流计指零。

2）测量负温度系数和正温度系数的热敏电阻时，QJ23 电桥的“R_x”端两接线柱与加热装置上相应的热敏电阻连接导线相连。

3）缓慢加热热敏电阻，分别记录温度升高过程中记录 DHT—3 型热学实验装置温控仪的温度和 QJ23 检流计上电流的示数，对照定标曲线找出相应的 R_t 值填入表 3-15 中。

4）按等精度作图法，用所测的各对应数据作出 R_t-t 曲线。

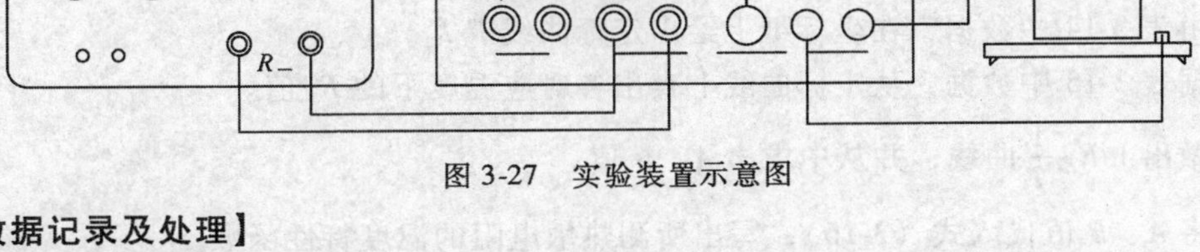

图 3-27　实验装置示意图

【数据记录及处理】

1. 自组电桥测电阻

利用公式 $R_x = \sqrt{R_S R'_S}$ 计算 $\bar{R}_x$，并用标准偏差的方法估算 S_{R_x}，表示测量结果。

2. 计算各种比率下的电桥灵敏度 S

3. 计算金属丝温度系数

$R_S =$ ________ Ω;　　$R'_S =$ ________ Ω

表 3-12 自组电桥电路的灵敏度

R_1/R_2	R_1/Ω	R_2/Ω	R_S/Ω	$\Delta R_S/\Omega$	Δn（格）	S（格）
1:1	100	100				
1:5	20	100				
1:10	10	100				

表 3-13 金属电阻丝温度系数的测定

比率臂______，待测电阻粗估值______Ω

t/℃	30.0	35.0	40.0	45.0	50.0	55.0	60.0	65.0	70.0	75.0
R_x/Ω										

表 3-14 非平衡电桥的定标曲线

次数 n	1	2	3	4	5	6	7	8	9	10
电流 $I/\mu A$										
电阻箱电阻 R/Ω										

表 3-15 热敏电阻与温度的关系

温度 t/℃										
电流/μA										
热敏电阻 R_t/Ω										
$\frac{1}{T}$ $\left(\frac{1}{K}\right)$										
$\ln R_t/\Omega$										

（1）由测量值描点，绘出 R_x-t 曲线。

（2）由曲线截距得该电阻丝 0 ℃时的电阻值 R_0。

（3）代入式（3-13）求温度系数。

（4）计算测量值与标准值之间的相对误差。

（注：本实验所测铜的电阻温度系数标准值为 0.0043/℃）

4. 确定热敏电阻的温度特性函数

（1）由表 3-14 中数据，在坐标纸上绘出定标曲线 R-I。

（2）据表 3-15 中数据，从定标曲线上查出各对应温度下的 R_t 值。

（3）做出 $\ln R_t$-$\frac{1}{T}$曲线，并从中求出 A、B 值。

（4）将 A、B 值代入式（3-16），写出所测热敏电阻的温度特性函数。

（5）画出所测热敏电阻的温度特性曲线。

【思考题】

（1）电桥测电阻从原理上来讲，应属于什么方法？

（2）电路图 3-22 中 R 起什么作用？何谓逐次逼近法？怎样调节 R_S 才能使电桥较快地达到平衡状态？

(3) 用自组电桥进行测量时，若检流计指针始终偏向一边，可能是什么原因引起的？应如何检查？

(4) 下列因素对测量结果有无影响？为什么？

1) 电源电压不稳定。

2) 导线电阻不能完全忽略。

3) 检流计没有调好零点。

4) 检流计灵敏度不够高。

5) 实验室温度变化。

(5) 什么是电桥的灵敏度？如果测量电阻要求误差小于万分之五，则电桥灵敏度应为多大？

(6) 箱式电桥上各旋钮接线柱分别对应图 3-22 中哪些部分？应如何操作？

(7) 有人先将待测电阻接到箱式电桥上，然后再用万用电表欧姆档估测它的阻值，这样操作对吗？

(8) 热敏电阻有什么特性？用热敏电阻为什么可以测量温度？

(9) 非平衡电桥与平衡电桥有何异同点？

实验 10 用双臂电桥测低电阻

单臂电桥桥臂上的导线电阻和接点处的接触电阻大约在 10^{-3} Ω 数量级，由于这些附加电阻与桥臂电阻相比小得多，故可忽略其影响。但若用它测量 1 Ω 以下的电阻时，这些附加电阻对测量结果的影响就突出了。为了减小误差，需改进电路设计，于是发展成为双臂电桥，又称开尔文电桥，它适用于测量 10^{-6} ~ 10^{-2} Ω 的电阻。

【实验目的】

(1) 了解双臂电桥的设计思想和结构。

(2) 学习正确使用双臂电桥测低电阻。

(3) 练习使用不确定度估算误差。

【预习重点】

(1) 单臂电桥向双臂电桥过渡的原理。

(2) 双臂电桥结构特征、平衡条件及使用。

(3) 测量电阻率的原理。

(4) 不确定度的计算。

【实验仪器与用具】

QJ19 型单、双臂电桥、稳压电源、复射式检流计、钢板米尺、千分尺、标准电阻、直流安培表、双刀双掷开关、滑线变阻器、电阻箱、待测电阻、待测金属棒（铜、铝各一个）等。

【实验原理】

1. 双臂电桥线路结构及消减附加电阻影响的原理

图 3-28 中的单臂电桥有 12 根导线和 A、B、C、D 四个接点，其中 BD 间导线电阻可并

入检流计内阻，A、C 点到电源的导线电阻可并入电源内阻，AD 间导线电阻、DC 间导线电阻以及 D 接点的接触电阻均可忽略（因为 R_1、R_2 均可取较大值），故引起测量误差的只是 AB 间导线电阻、BC 间导线电阻以及 A、B、C 处接点的接触电阻（因 R_x、R_S 均为低电阻，故导线电阻不可忽略）。

为消除上述附加电阻的影响，可将电路作如下两点主要改动。即①待测电阻 R_x 和桥臂电阻 R_S 均改为四端电阻（将每个电阻的两个接线端改为四个接线端）；②增设两个高阻值电阻 R_3、R_4，构成双电桥的“内臂”。改造后的电路如图 3-29 所示。

此电路消除测量误差的原理为：

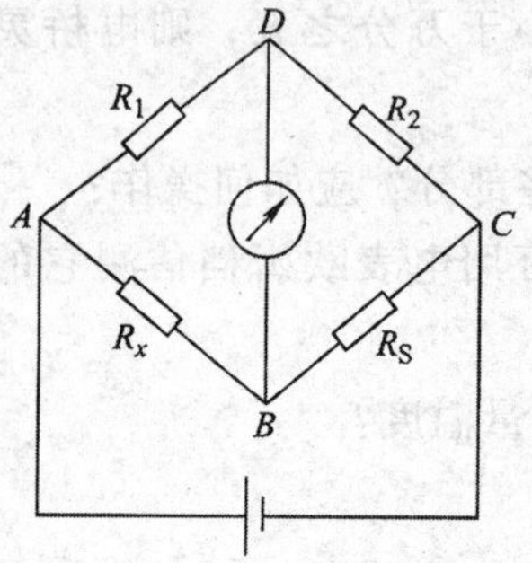

图 3-28 单臂电桥原理图

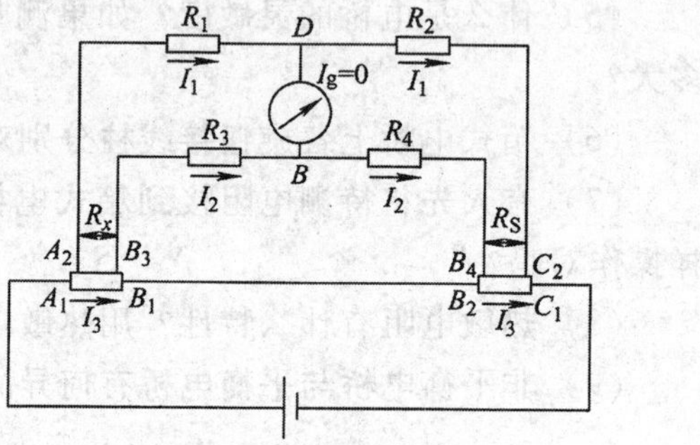

图 3-29 双臂电桥原理图

（1）把接点 A、C 直接放在了 R_x 和 R_S 的端点，这样把连接 R_x 和 R_S 的导线缩短为零，避免了导线电阻的影响。

（2）分别将 A、C 分成 A_1、A_2 及 C_1、C_2 两点，将 A_1、C_1 处的接触电阻计入电源内阻，A_2、C_2 处的接触电阻分别并入 R_1 和 R_2。

（3）图 3-29 中增加了两个较高阻值的电阻 R_3、R_4，使 B 点移至 R_3、R_4 及检流计连接处，又因 R_3、R_4 阻值大，故 B 点的接触电阻及连接导线电阻均可忽略。

（4）把与 R_x、R_S 直接相连的接点分成 B_1、B_3 和 B_2、B_4，从而 B_3、B_4 处的接触电阻又可计入高电阻 R_3、R_4 中。

（5）将 B_1、B_2 用短粗导线连接起来，设 B_1、B_2 间的连线电阻以及接触电阻的总和为 r，则可以证明，当调节电阻为$\frac{R_4}{R_3}=\frac{R_2}{R_1}$时，就可消除附加电阻 r 对测量结果的影响。

2. 双臂电桥的平衡条件

调节电桥平衡的过程，就是调节电阻 R_1、R_2、R_3、R_4 和 R_S，使 B、D 两点等电势，从而检流计中 $I_g=0$ 的过程。

当电桥达到平衡时，通过 R_1、R_2 的电流相等，图中以 I_1 表示；通过 R_3、R_4 的电流相等，以 I_2 表示；通过 R_x、R_S 的电流也相等，以 I_3 表示。则可列出下列方程

$$\begin{cases} I_1R_1 = I_3R_x + I_2R_3 \\ I_1R_2 = I_3R_S + I_2R_4 \\ I_2(R_3+R_4) = (I_3-I_2)r \end{cases}$$

联立求解得

$$R_x = \frac{R_1}{R_2}R_S + \frac{rR_4}{R_3 + R_4 + r}\left(\frac{R_1}{R_2} - \frac{R_3}{R_4}\right) \tag{3-19}$$

显然，当满足

$$\frac{R_1}{R_2} = \frac{R_3}{R_4} \tag{3-20}$$

时，式（3-19）右边的第二项为零，此时有

$$R_x = \frac{R_1}{R_2}R_S \tag{3-21}$$

可见，只要将待测低电阻按四端接线法接入，则当式（3-20）成立时，就可按照单臂电桥那样，用式（3-21）计算 R_x 了。

为保证$\frac{R_1}{R_2}=\frac{R_3}{R_4}$的关系在电桥使用过程中始终成立，通常将电桥做成一种特殊的结构，即将两对比率臂（R_1/R_2 和 R_3/R_4）采用双十进制电阻箱，在这种电阻箱里，两个相同十进制电阻的转臂连接在同一转轴上，故在转臂的任一位置上都有 $R_1=R_3$，$R_2=R_4$。采用此结构后，双臂电桥平衡时必有式（3-21）成立，故称式（3-21）为双臂电桥平衡条件。

应该指出，将电阻的两个接线端改成四个接线端的这类接线方式，称为四端接线法，其相应电阻称为四端电阻。在图 3-27 中，流经 $A_1R_xB_1$（外侧两接点）的电流较大，通常称接点 A_1、B_1 为电流端；流经 $A_2R_xB_3$（内侧两端接点）的电流较小，称 A_2、B_3 为电压端。如前所述，使用四端电阻可以大大减小附加电阻对测量结果的影响。

3. 用双臂电桥测量金属棒的电阻率

金属棒的电阻计算公式为

$$R = \rho\frac{l}{S} \tag{3-22}$$

式中，S 为金属棒的截面积；l 为金属棒的长度；ρ 为金属棒的电阻率；R 为金属棒某确定温度下的电阻值，将式（3-22）改写为

$$\rho = \frac{S}{l}R \tag{3-23}$$

实验中用双臂电桥测出 R 值，用米尺测出金属棒的长度，用千分尺测量金属圆棒的直径，代入式（3-23），即可算出该金属的电阻率。

【仪器装置介绍】

实测电路和 QJ19 型单、双臂电桥面板见图 3-30。

图中 1、2 端接复射式检流计（使用方法参见 3.6 节及实验 13）；3、4 端接四端标准电阻（参见 3.3 节）；7、8 端接待测电阻；R_S 由五个转盘旋臂式十进制电阻箱组成，五个转盘读数相加即为 R_S 值。改变 R_1、R_2 可取不同的比率臂，具体使用方法为（参见 3.8.2）：

（1）调节检流计指零（参见实验 13）。

（2）根据待测电阻粗估值，按 3.8.2 中表 3-8 选择 R_N 和比率电阻（$R_1=R_2$）。

（3）按下 K_1 按钮，调节 R_S，粗调电桥平衡，调平后放开 K_1，按下 K_2，再调 R_S，细调电桥平衡（此两点调节过程中，要同时按下 K_4 按钮），则由式（3-21）可算出待测电阻阻值。即 $R_x=$比率值$\times R_S$ 值。

使用双臂电桥时要注意：

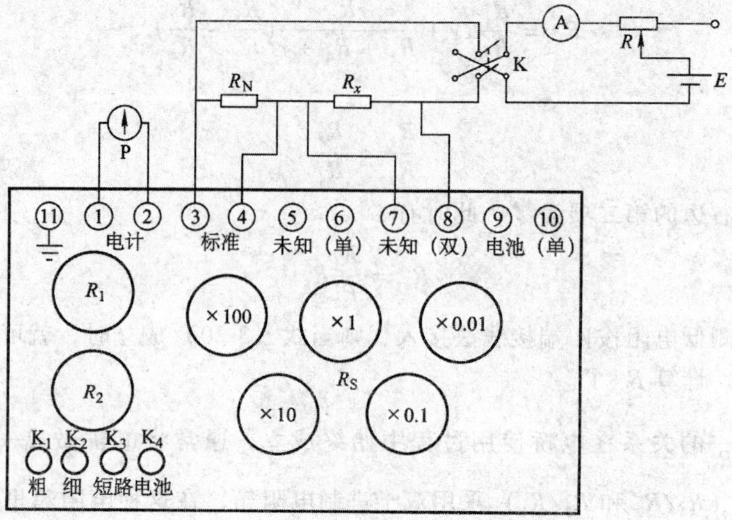

图 3-30 双臂电桥面板及测试图

（1）测量时，先按下 K_4 再按 K_1（或 K_2），测完后先松开 K_1（或 K_2）再松开 K_4。

（2）电桥平衡应由 R_S 的最高位调起，且最高位不可置于“0”。

（3）当检流计光标剧烈摆动时，应按下 K_3，使检流计线圈被阻尼，光标停止摆动。

（4）每次通电时间不宜太长（以避免发热），利用双刀双掷换向开关 K（参见 3.1.2）可改变电路中电流的方向，两个方向测量值取平均，可消除系统误差。

【实验内容】

（1）测铜棒的电阻率。按电路图 3-30 接线，接好后请教师检查。按表 3-16 测量数据（测直径时要在棒的不同部位测量）。

（2）测铝棒的电阻率：方法同上，表格自拟。

（3）测量电阻箱四个接线柱的零值电阻（选作）。

要求：每次测量必须换向，且在相同条件下重复测量不得少于 4 次。

【数据记录及处理】

表 3-16 铜棒电阻率的测量

次数 n		1	2	3	4	5	6
长度 l/cm							
直径 d/mm							
电阻 R/Ω	+						
	−						
$\bar{R}$/Ω							

（1）根据式（3-23）算出铜棒的电阻率，并用不确定度估算测量误差，完整表示出测量结果。

（2）由原始数据及式（3-23）算出铝棒的电阻率，并将测得值与附表中给出的标准值进行比较，求出相对误差，评价测量结果。

(3) 求出零值电阻 R_0 的平均值，并依此对电阻箱进行检验（已知待检电阻箱的精度为0.2级）。

【思考题】

(1) 何为双臂电桥？它同单臂电桥有何异同点？

(2) 在双臂电桥电路中，怎样避免附加电阻的影响？

(3) 双臂电桥的平衡条件及测量公式是什么？

(4) 如何适当选择比率臂？为什么 K_1、K_2 和 K_4 的开关用按钮开关，而不是一般开关？

(5) 待测低电阻为什么要有四个接线端？

实验11 用冲击电流计测高电阻

单臂电桥由于受到灵敏度的限制，只能测量1 MΩ以下的中等阻值的电阻。对于高电阻，直接测量存在着一定的困难，实验室中往往采用放电法来测量。即利用冲击电流计测量 *RC* 电路放电时电量与时间的关系来求待测高电阻，这是冲击电流计的重要用途之一，可测高达 $10^8 \sim 10^{13}\ \Omega$ 的电阻。

【实验目的】

(1) 了解冲击电流计的结构特点、工作原理及使用方法。

(2) 了解 *RC* 电路充放电特性。

(3) 学习一种测量高值电阻的方法。

(4) 练习用作图法处理数据。

【预习重点】

(1) 冲击电流计的结构特点、工作原理及使用方法。

(2) *RC* 电路充放电特点。冲击常数 K_q 的测量。

(3) 测量高电阻 R_x 及漏电电阻 R_0 的原理。

(4) 作图法处理数据。

【实验仪器与用具】

冲击电流计、标准电容、直流稳压电源、伏特计、滑线变阻器、待测高电阻、停表、单刀双掷开关、换向开关等。

【实验原理】

实验中利用已知物理规律对物理量进行间接测量，这是科研和生产中广泛采用的重要方法。本实验的测量原理如下：

1. 冲击电流计的结构和性能特点

冲击电流计也是磁电系仪表，它可测量短时间内脉冲电流所迁移的电量，还可用来进行与此有关的其他方面的测量，如测磁感应强度、高电阻、电容等。

图3-31为冲击电流计的测量机构示意图，其中N、S为永磁铁的两极，P为软铁心，m为小反射镜，A为悬丝。图3-32为冲击电流计的读数系统，由图可知，冲击电流计是通过小镜m反射到标尺上的光斑来确定线圈偏转位置的。可见冲击电流计与灵敏电流计有着非常相似的结构。它们的不同在于：

（1）结构上：冲击电流计的线圈做得比灵敏电流计的宽（见图 3-31），或附有负载物，以增加其转动惯量。

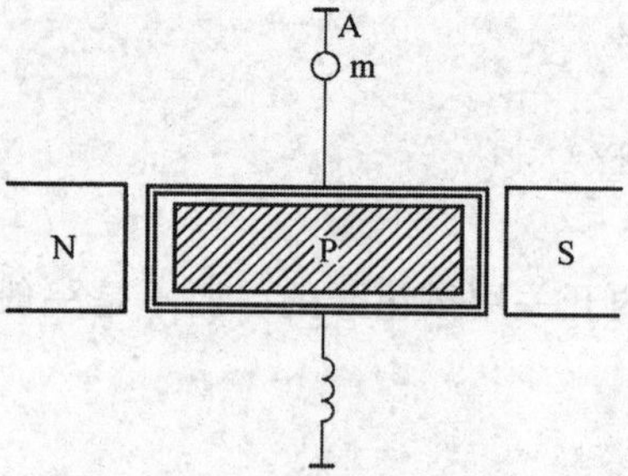

图 3-31　冲击电流计的线圈

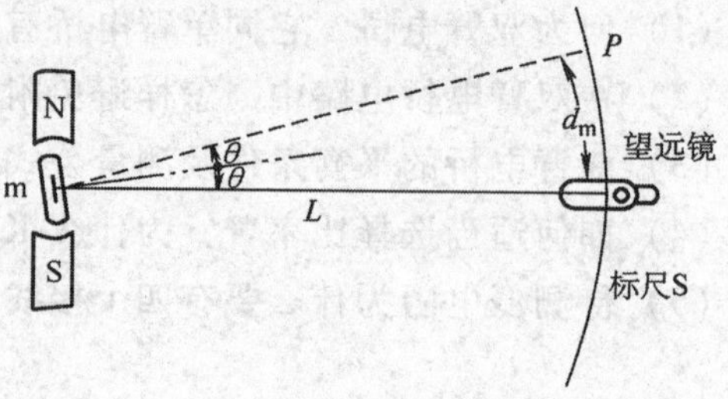

图 3-32　冲击电流计的镜尺读数系统

（2）性能上：一般灵敏电流计的自由振动周期为 1 ~ 2 s，而冲击电流计因其线圈转动惯量大，其自由振动周期可长达 10 ~ 30 s。

（3）测试对象：冲击电流计用于测量短暂脉冲电流所迁移的电量，灵敏电流计则用于检测微弱的恒定电流。

（4）读数原理：冲击电流计在一次脉冲电流过后的最大偏转角 θ_m（冲掷角）与通过线圈的电量 q 成正比，灵敏电流计的偏转角与通过线圈的电流成正比。

2. 冲击电流计的工作原理

设电流计线圈原来静止在零位上，当脉冲电流 $i(t)$ 突然通过时，线圈将受到一磁力矩的作用，其大小为

$$M_{磁} = NBSi(t) \tag{3-24}$$

式中，N 为线圈的匝数；B 为磁场的磁感应强度；S 为线圈面积。由于短暂脉冲时间 τ 远远小于摆动周期 T，故可认为在脉冲时间内线圈还未偏转，即偏转角 $\theta=0$，所以在脉冲作用时间内悬丝的扭力矩和阻尼力矩均可不计，于是由动量矩定理有

$$\int_0^{\tau} M_{磁}\,\mathrm{d}t = J\omega_{(0)} \tag{3-25}$$

式中，J 为线圈的转动惯量；$\omega_{(0)}$ 为线圈获得的初角速度，将式（3-24）代入式（3-25）可得

$$\omega_{(0)} = \frac{NBS}{J}\int_0^{\tau} i(t)\,\mathrm{d}t = \frac{NBS}{J}q \tag{3-26}$$

上式表明，脉冲电流作用后，线圈所获得的初角速度 $\omega_{(0)}$ 正比于通过线圈的电量 q。

当线圈以初角速度 $\omega_{(0)}$ 开始转动后，动能的一部分不断转化为悬丝的弹性势能，同时另一部分动能用来克服阻尼力矩做功，经过一段时间 t_m 后，线圈达到最大偏转角 θ_m，可以证明，在任何情况下均有

$$\theta_m \propto \omega_{(0)} \propto q \tag{3-27}$$

故可通过测量线圈的最大偏转角（即光标的移动）来测量脉冲电流所迁移的电荷量。

3. 冲击电流计的冲击常数 K_q

因线圈转动较慢（J 大），则在线圈摆动的第一个$\frac{1}{4}$“周期”内，动能消耗在克服阻尼

力矩做功上的能量可以忽略不计，则可认为线圈的初始转动动能$\frac{1}{2}J\omega_{(0)}$全部转化为悬丝的扭转弹性势能时，线圈达到最大偏转（瞬时静止），即

$$\frac{1}{2}J\omega_{(0)}^{2} = \frac{1}{2}k\theta_{m} \tag{3-28}$$

式中，k 为扭力系数。整理上式可得

$$\omega_{(0)} = \sqrt{\frac{k}{J}}\theta_{m} \tag{3-29}$$

因为在冲击电流计内小镜的反射光和入射光之间夹角为2θ，光源和标尺到小镜子的距离为L，标尺上光标偏转距离为d_m，则由图3-30可看出，$2\theta=\frac{d}{L}$（$L\gg d$），也即$\theta_m=\frac{d_m}{2L}$，代入式（3-29）有

$$\omega_{(0)} = \frac{1}{2L}\sqrt{\frac{k}{J}}d \tag{3-30}$$

将式（3-30）代入式（3-26）可得

$$q = \frac{\sqrt{kJ}}{2LNBS}d \tag{3-31}$$

因为对给定的冲击电流计$\frac{\sqrt{kJ}}{2LNBS}$为恒量，将其记作K_q，则式（3-31）可改写为

$$q = K_q d \tag{3-32}$$

式（3-32）表示冲击电量与光标在标尺上偏转的最大距离d_m成正比，比例系数K_q为冲击电流计的冲击常数，其物理意义为光标每偏转1 mm，线圈所通过电量的库仑数。K_q的倒数，即$S=\frac{1}{K_q}$为冲击电流计的灵敏度，指线圈通过单位电量时，光标偏转的距离。

应该指出，K_q、S的数值与外电路有关，开路时，$R_{外}$无限大，它们仅是电流计的常数，闭路时外电路的电阻值不同，K_q就会不同，电流计铭牌上给出的是开路值，使用时，K_q、S值要实际测定。

4. *RC* 电路的充放电特性

如图3-33所示，合上开关S，电源E对电容C充电，达稳定电压U时，电容器上的电荷量$q_0=CU$，然后断开S，使q_0通过电阻R放电。

设I和U分别是放电过程中的瞬时电流和电压，I随着放电时间t的增加而减少，因为

$$I=\frac{\mathrm{d}q}{\mathrm{d}t}=\frac{U}{R}, \qquad U=\frac{q}{C}$$

所以

$$\frac{\mathrm{d}q}{\mathrm{d}t} = -\frac{q}{RC}$$

积分得

$$q = q_0 \mathrm{e}^{-\frac{t}{RC}} \tag{3-33}$$

式中，q_0为$t=0$时刻电容器C上的电量，可见C上电荷是按指数规律减少的。图3-34表示了这一放电过程，放电的快慢，取决于$\tau=RC$，τ为放电的时间常数，由式（3-33）可知，τ越大，放电越慢，反之放电越快。

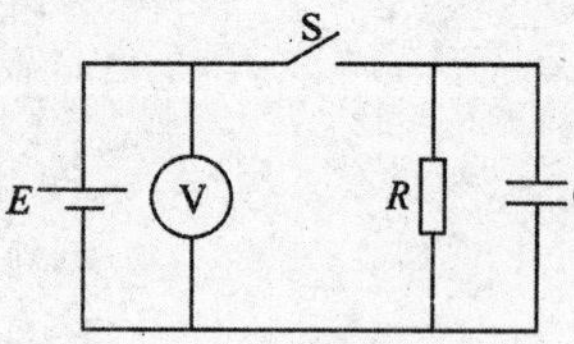

图 3-33 *RC* 充、放电电路

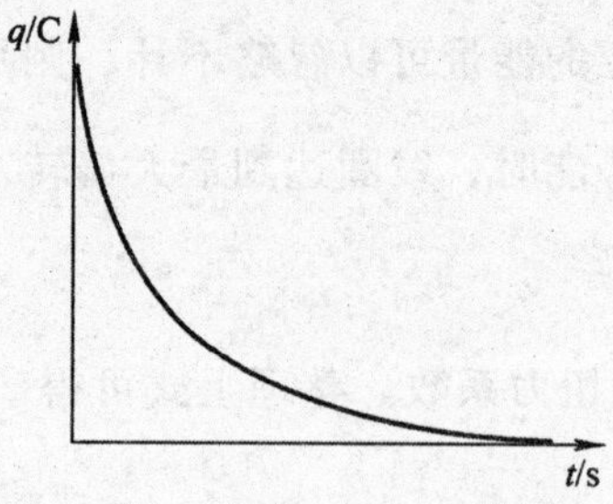

图 3-34 *RC* 电路放电曲线

5. 测量高电阻

设 K_q 为冲击电流计在开路状态下的冲击常数，若 $t=0$ 时，d_0 是与 q_0 相对应的冲击距离，则由式（3-32）有

$$q_0 = K_q d_0 \tag{3-34}$$

将 q、q_0 同时代入式（3-33），则

$$d = d_0 e^{-\frac{t}{RC}}$$

两边取对数，

$$\ln d = \ln d_0 - \frac{1}{RC}t \tag{3-35}$$

可见 $\ln d$ 与 t 成线性关系，作 $\ln d$-t 直线，则直线斜率$m = -\frac{1}{RC}$，即 R 的计算公式为

$$R = -\frac{1}{mC} \tag{3-36}$$

式（3-36）仅为理想情况下得到的计算未知电阻值的公式，而实际测量中，必须考虑电容漏电电阻和开关漏电电阻的影响，所以，式（3-36）计算的电阻 R 实际上是待测电阻 R_x 和漏电电阻 R_0 的并联值，即

$$\frac{1}{R} = \frac{1}{R_x} + \frac{1}{R_0} \tag{3-37}$$

与求 R 值的方法类似，欲求电阻 R_0，可在 RC 电路中不接入待测电阻 R_x，直接让电容器通过 R_0 放电，则有

$$\ln d = \ln d_0 - \frac{1}{RC}t$$

作 $\ln d$-t 直线，求出该直线的斜率 m_0，则有

$$R_0 = -\frac{1}{m_0 C} \tag{3-38}$$

由式（3-36）、式（3-37）、式（3-38）三式联立，即可求出待测电阻 R_x。

【仪器装置介绍】

（1）换向开关的使用（参见 3.1.2）。

（2）冲击电流计的使用及注意事项（参见 3.6 节及实验 13）。

【实验内容】

实测电路如图 3-35 所示（其中 C 为 1 μF 标准电容），按图接好线后请教师检查方可通

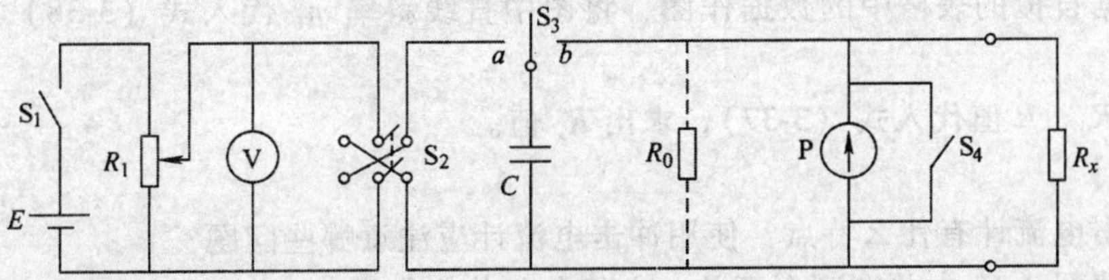

图 3-35 冲击电流计测高电阻电路图

电，具体测量内容为：

1. 测定冲击电流计的冲击常数 K_q

先对电容器充电（S_2 合向任意一边，S_3 合向 a 端），然后让 C 通过冲击电流计 P 放电（S_3 合向 b 端），观察冲击电流计第一次偏转值 d，并记下 d 和 U 值（在相同电压下，利用换向开关 S_2，测出左、右两边的最大偏转值 $d_{左}$、$d_{右}$ 各一次）。

操作时需注意：

（1）电路中此步不接入 R_x。

（2）冲击电流计使用前要先进行调零（方法参见实验 13）。

（3）正式测量前，要调节 R_1，使 C 两端有一适当电压，能使光标偏转 $d > \frac{2}{3}$标尺读数（但不要超出$\frac{3}{4}$标尺）。

（4）欲使冲击电流计光标迅速停止摆动，可在光标摆过标尺零点时，按下阻尼开关，使冲击电流计两端短路，产生电磁阻尼，从而制动。

2. 测电阻 R_x

（1）测 R_x 与 R_0 的并联值　电路同上，但要接入 R_x，对电容器充电后再放电，记录一组放电不同时刻 t 所对应的光标移动值 d_1，然后利用换向开关 S_2，测出相应放电时刻 t 的光标移动值 d_2，将所得数据填入表 3-17。

（2）测漏电电阻 R_0　将电路中的 R_x 拆掉，测量方法与 1）同（表格自拟）。

注意：操作内容全部完成后，应将冲击电流计两端短路。

【数据记录及处理】

表 3-17　测定电阻 R

次数 n	1	2	3	4	5	6	7	8	9	10
t/s										
d_1/cm										
d_2/cm										
$\bar{d}$/cm										
$\ln d$										

（1）将 $\bar{d} = \frac{d_1 + d_2}{2}$及 $q = UC$ 代入式（3-32），求出冲击常数 K_q，并用不确定的方法估算误差。

（2）根据表 3-17 中的数据作图，由图中求出直线斜率 m，代入式（3-36），求得 R 值。

（3）根据自拟的表格中的数据作图，将图中直线斜率 m_0 代入式（3-38），求出漏电电阻 R_0。

（4）将 R_0、R 值代入式（3-37），求出 R_x 值。

【思考题】

（1）冲击电流计有什么特点？使用冲击电流计应注意哪些问题？

（2）电路图 3-35 中共有四个开关，它们各起什么作用？

（3）若 τ 较大，会使电量的测量结果偏大还是偏小？为什么？

【扩展实验】

利用本实验的仪器和元件，将 R_x 换成标准高值电阻 R_C，则可测量未知电容 C_x。要求：

（1）自拟实验方案，推导测量公式。

（2）自拟实验步骤，并测出相应数据。

（3）处理实验数据。

（4）分析误差，并表达出最后测量结果。

实验 12　直流电位差计的原理及其应用

直流电位差计是一种根据补偿原理制成的比较式电测仪器，它最突出的优点是测量时不改变被测量的原有状态，测量准确度可达 0.001% 或更高。直流电位差计主要用来测量直流电动势和电压，在配合标准电阻时，也可测量电流和电阻，而且电位差计还可用来校准直流电桥或精密电表等直读式仪表，可用来测量一些非电量（如压力、温度、位移等）或用于自动检测和控制系统中。总之，电位差计和电桥一样，是电学测量中应用最广泛的仪器之一。

【实验目的】

（1）掌握电位差计的构造、工作原理，学习使用箱式电位差计。

（2）学习校准仪表的方法及校准曲线的画法。

（3）学习正确使用标准电池。

（4）了解温差电偶的测温原理和方法。

【预习重点】

（1）直流电位差计的原理及构造。

（2）自组电位差计、箱式电位差计、标准电阻的使用。

（3）校准电表的方法及校准结果的表示（校准曲线）。

（4）温差电偶及其测温原理和方法。

（5）用标准差的方法估算误差及用作图法处理数据。

【实验仪器与用具】

稳压电源、标准电池、指针式检流计、滑线变阻器、电阻箱、UJ36 型电位差计、保护电阻、待测电池、直流毫伏表、镍铬-康铜温差电偶、电热器、温度计、双刀开关等。

【实验原理】

1. 补偿法原理

磁电式指针仪表的突出缺点是必须从被测线路中取出电能转换为驱动指针偏转的机械

能，这就必然改变被测系统的原有状态，从而引入系统误差，而电位差计所采用的补偿法则从测量原理上根除了这种误差。

补偿法测量原理如图3-36所示，图中E_0为一可精确调节其大小的已知电动势，E_x为待测电动势，两者并联于电路中，当调节E_0，使电路中电流为零时，必有$E_x=E_0$，则称此时E_0补偿（平衡）了E_x。其实质是通过检流计示零来直接比较E_x和E_0的大小。这种测量方法与天平称质量、平衡电桥测电阻一样，都是直接与标准器进行比较，属于高精度测量。

2. 自组电位差计测电动势

按获得可变标准电动势或标准电压方法的不同，直流电位差计可分为两大类。第一类是定流变阻式，原理如图3-37，电路中固定工作电流I_0不变，改变R_0的数值，则标准电压$U_0=I_0R_0$发生改变，当$U_0=U_x$时，检流计示数为零，$U_x=I_0R_0$。第二类是定阻变流式，原理如图3-38，图中R_0的数值保持不变，通过改变电阻R_P的大小使工作电流I_0的数值发生变化，从而改变标准电压的数值，当$U_0=U_x$时，检流计示数为零，$U_x=R_0I_0$。

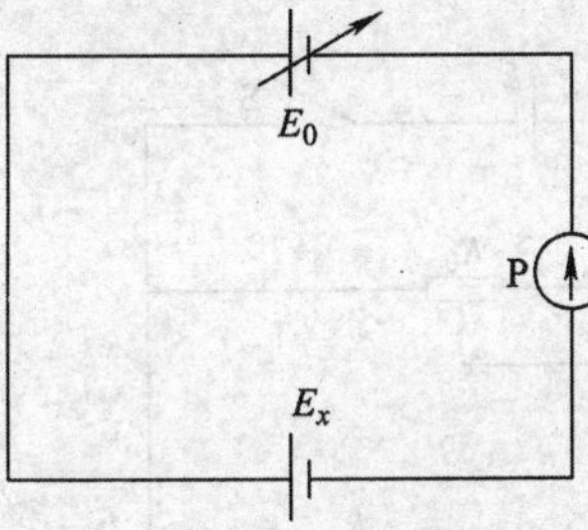

图3-36 补偿原理

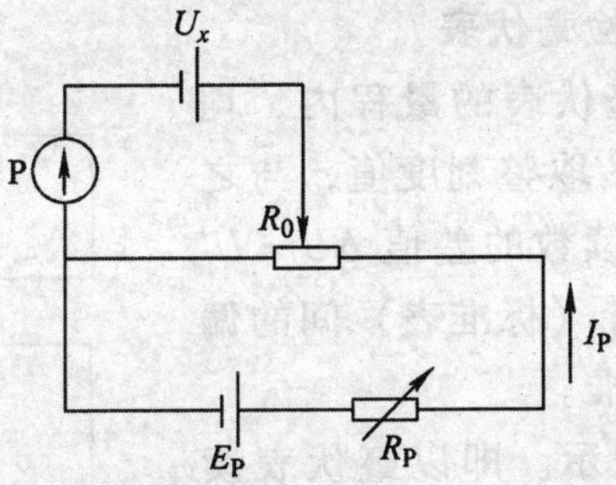

图3-37 定流变阻式电位差计原理

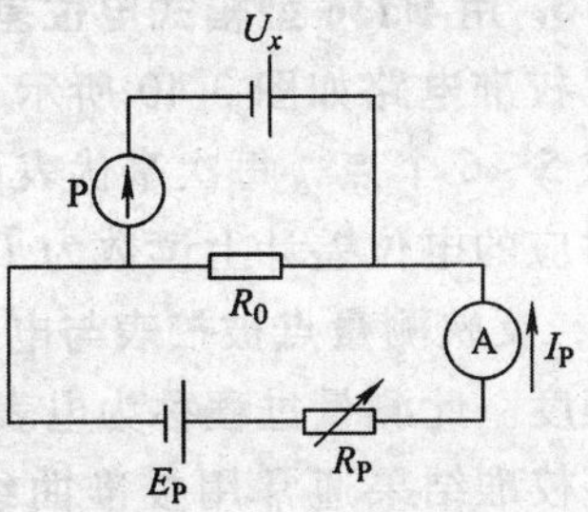

图3-38 定阻变流式电位差计原理

本实验的实测电路如图3-39所示，这是一种常见的定流变阻式电位差计，图中E_x为一节1号干电池，$R_粗$、$R_细$为滑线变阻器，R_1、R_2为电阻箱，S_3为保护开关。电路图可分为三个回路，即①工作电流回路，由电源E、电阻$R_粗$、$R_细$、R_1、R_2、开关S_1组成；②校准回路，由标准电池E_n，检流计P、保护开关S_3、电阻R_1组成；③测量回路，由待测电源E_x、检流计P、保护开关S_3、电阻箱R_1组成，对E_x的测量分为两步进行：

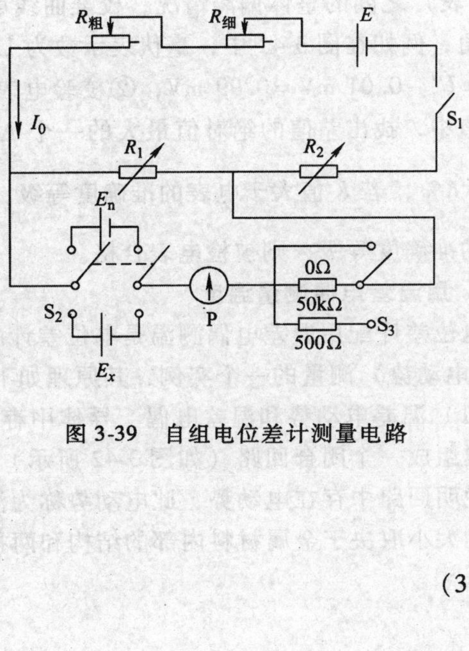

图3-39 自组电位差计测量电路

（1）校准电位差计 将开关S_2合向标准电池E_n，取R_1、R_2为某设定值，依次调节$R_粗$、$R_细$至检流计中示数为零，此时工作电流I_0在R_1上的压降恰好与标准电池的电动势处于补偿状态，则有

$E_n=I_0R_1$ 也即

$$I_0=\frac{E_n}{R_1} \tag{3-39}$$

“校准”，顾名思义，就是使流过电阻 R_1 上的电流准确地等于式（3-39）所决定的“标准电流” I_0。

（2）测量 E_x 将开关 S_2 合向 E_x，在保持 I_0 不变的情况下（如何做到?），调节 R_1 的阻值至 R'_1，使检流计重新指零，则有

$$E_x = I_0 R'_1 = \frac{R'_1}{R_1} E_n \tag{3-40}$$

由上述测量过程不难看出，两步骤中的补偿电压 $I_0 R_1$ 及 $I_0 R'_1$ 是回路中电阻上的压降。在此将 E_x 与 E_n 的比较转换为 R_1 的两次取值的比较。且只要 $\frac{R'_1}{R_1}$ 和 E_n 足够准确，E_x 的测量就能达到很高的准确度，此两步骤中均要求检流计指零。这意味着达到补偿状态时，电源 E_n 及 E_x 均不需输出电流，这样既保证了测量时不改变待测回路的原有状态，同时又有效地避免了电源内阻及导线电阻对测量结果的影响，这是补偿法测量准确度高的另一原因。

3. 用 UJ36 型箱式电位差计校检毫伏表

校准电路如图 3-40 所示，在毫伏表的量程内，均匀取 5~6 个点，每次毫伏表读数 U' 取整刻度值，与之相对应的电位差计上读数为 U，两读数的差值 $\Delta U = U' - U$，反映测量点被校表与电位差计（标准表）间的偏离程度。此测量过程称为电表的校准。

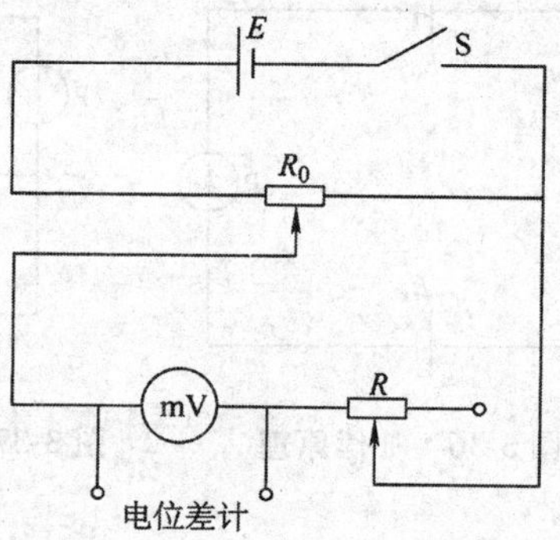

图 3-40 校准毫伏表电路

校准结果通常用校准曲线来表示。即以毫伏表读数 U' 为横坐标，差值 ΔU 为纵坐标，将测量结果绘于图内，并将相邻两测量点间用直线连接，则可得一折线状的测量曲线，此称为校准曲线，如图 3-41 所示。整条校准曲线可反映出被校毫伏表相对于电位差计（标准表）之间的整体偏离情况，校准曲线可用于①修正毫伏表读数，从而得到较为准确的测量值，例如在图 3-41 中，毫伏表示数为 1.00 mV 处的 $\Delta U = 0.01$ mV，则标准（表）值应为 $U = U' - 0.01\ \text{mV} = 0.99\ \text{mV}$；②校验电表，以确定被检电表是否合格。方法为，在所有测量值中，找出差值的绝对值最大的一个 ΔU_m，用 ΔU_m 与被校电表的量程 U_m 相比，比值 $\frac{\Delta U_m}{U_m} = K\%$，若 K 值大于电表的准确度等级，则被检电表不合格，反之，若 K 值小于或等于仪器的准确度等级，则被检电表合格。

4. 用温差电偶测量温度

电位差计配用温差电偶测温是电位差计的典型应用之一，也是把非电学量转换成电学量（温差电动势）测量的一个实例，其原理如下：

（1）温差电动势和温差电偶 导体中存在与热现象有关的非静电力和电动势，当用两种金属组成一个闭合回路（如图 3-42 所示）时，若两接触点温度不同，则回路内有电流流过，说明回路中存在电动势，此电动势称为温差电动势，这一对金属称为温差电偶。温差电动势的大小取决于金属材料内部的结构和两接点的温度差，极性则惟一由温差电偶的材料来决定。

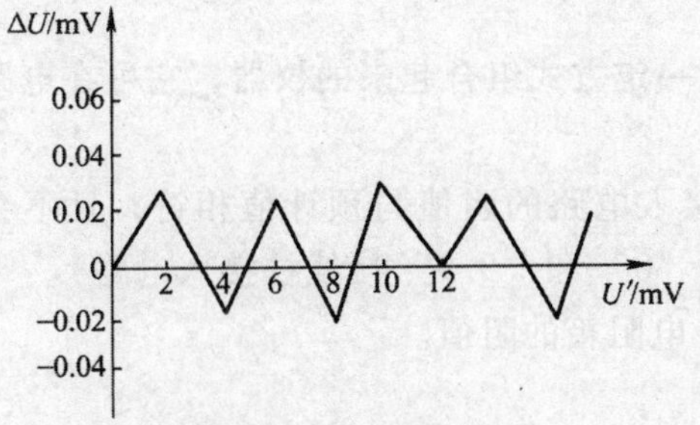

图 3-41 校准曲线

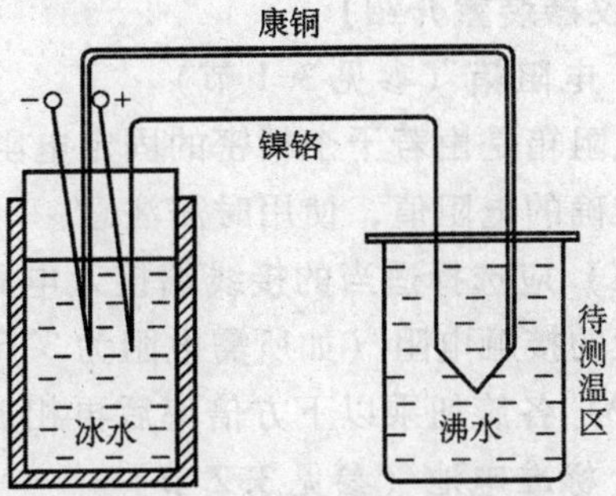

图 3-42 实验用的温差电偶装置

(2) 温差电偶测温原理 将温差电偶的一端置于 0 ℃冰水共存的容器中（此端称参考端或自由端），另一端焊接在一起，置于待测温区（称测温端）。温差电偶中形成的温差电动势与温差的关系通常用幂函数表示，但在常温范围内，要求准确度不太高时，可以取一级近似，写为

$$E = a + bt$$

式中，常数 a 取决于参考端的温度；b 为温差电系数，它表示测温端温度每变化 1 ℃时温差电动势的变化量，表 3-18 给出了几种常用温差电偶材料的性能。

表 3-18 常用温差电偶材料的性能（写在前边的材料为正极）

类型代号	组合温差电偶的材料	测温范围及用途
B	铂铑 30-铂铑 6	200 ~ 1750 ℃，测高温用，100 ℃以下 $b \approx 0$
E	镍铬合金-铜镍合金（康铜）	-250 ~ 800 ℃，温差系数高，500 ℃时 $b = 81$ μV/℃
J	铁-铜镍合金	0 ~ 760 ℃，工业上使用广泛
K	镍铬合金-镍铝合金	-269 ~ 1260 ℃，温差系数高，工业上常用
R	铂铑 13-铂	0 ~ 1500 ℃，做标准温度计或精密测温用
T	铜-铜镍合金（康铜）	-250 ~ 350 ℃，$b = 40$ μV/℃，常用

要通过温差电动势来测知温度，则必须先预知所使用的温差电偶对应的温差电动势与测温端温度的函数关系，此函数的确定，称温差电偶的定标。定标方法有二种，一种是在几个特殊的已知温度点测量温差电偶对应的电动势，然后根据最小二乘法以多项式拟合实验曲线，求出 a、b、…常数，另一种是用一标准测温仪与未知温差电偶置于同一水浴或油浴槽中，改变浴槽温度进行对比，也可作出一条 E-t 定标曲线，本实验采用的就是这种定标方法。

本实验使用的是镍铬-康铜温差电偶，由表 3-18 可知，镍铬合金为正极（90% 镍，10% 铬），康铜为负极（55% 铜，45% 镍），作出定标曲线后，在保持参考端温度不变的条件下，将测温端放入待测区，由电位差计测出此时的电动势 E 值，并代入 E-t 定标曲线，即可找出对应的温度值 t。

温差电偶温度计的优点很多，它不仅结构简单，制作方便，而且测量范围广（-200 ~ 2000 ℃），灵敏度高，准确度高（可达 10^{-3}℃以下），热容量小，响应快，可用于微区测温，并广泛用于实时测温和监控系统。

【仪器装置介绍】

1. 电阻箱（参见3.1节）

电阻箱是由若干个精密的固定电阻元件，按照一定方式组合起来的仪器，它可在电路中接入准确的电阻值，使用时需注意：

（1）应选择适当的接线端接入电路，以保证接入电路的阻值与预计值相符，且不会引入过大的接触电阻（如所需电阻为3.6 Ω，则应将“0”和“9.9”接线柱接入电路）。

（2）各旋钮乘以下方倍率后再相加，即为整个电阻箱的阻值。

2. 标准电池（参见3.2节）

标准电池是电动势和电压的标准量具，它可分为饱和式和不饱和式两种。本实验使用的是饱和式标准电池，其特点为电动势非常稳定，但当使用温度变化时，电动势随温度变化显著，一般每个电池都标有20 ℃时的电动势E_{20}值。本实验中$E_{20}=1.01860$ V，其他温度下的E修正公式见3.2节。使用标准电池时应注意：

（1）电池两端不允许短路，且不允许用电压表测量电池两端电压值。

（2）通过标准电池的电流不允许过大（以不超过0.1～10 μA为宜）。

（3）轻拿轻放，防止振动或碰撞。

（4）严禁倒置！

3. 指针式检流计（参见3.5节）

指针式检流计的结构与其他普通磁电系仪表工作原理相同，只是它采用张丝或悬丝代替轴承结构，从而去掉了机械摩擦，提高了灵敏度。其使用方法为：

（1）使用前将锁扣扳向“白点”，通过“零点调节”对检流计调零。

（2）按下“电计”按钮，即可进行测量，测量时间不易过长，最好采用跳跃接触方式。

（3）若指针剧烈摆动，可按下“短路”按钮，使线圈处于过阻尼状态，从而指针停止摆动（注意：此时不能进行测量）。

（4）用完后，或实验中需要搬动检流计时，必须将锁扣扳向“红点”，此时线圈处于短路（过阻尼）状态，仪器不易损坏（注意：此状态下不能对检流计调节零点）。

4. UJ36a型箱式电位差计（参见3.7节）

仪器面板图见图3-13，此电位差计依据补偿原理制成，可用于测量直流电压或电动势，也可用来校准各种直流电表等，其使用方法为：

（1）将倍率开关置于×1档，3 min后使用调零旋钮对检流计调零。

（2）将扳键开关扳向“标准”档（压住），调节“电流调节”钮，对检流计调零（此步是通过调节多圈变阻器接入电路的阻值，以使电位差计内工作电流为5 mA）。

（3）将扳键开关扳向“未知”，调节步进读数盘（小轮）和滑线读数盘（大轮），使检流计指针再次指零，则“小轮示数＋大轮示数”即为待测量的电动势（或电压）值。调节时动作要缓慢。

注意：

1）根据补偿原理，将未知电动势（或电压）接入电位差计时，待测量的极性必须与电位差计的极性相同，否则不能补偿。

2）在连续测量中，要经常校对工作电流［即重复步骤2）］，以防变化。

3）仪器使用完毕，将倍率开关旋向“断”，扳键开关置于中间位置。

【实验内容】

1. 用自组电位差计测干电池的电动势

按图 3-39 连接线路，并将 $R_{粗}$、$R_{细}$ 置于安全位置（参见实验 8），电路连好后请教师检查（注意：E、E_n、E_x 三电动势为并联关系）。

（1）校准　S_2 合向 E_n，取 $R_1 = R_2 = 100\ \Omega$，两滑线变阻器的调节顺序为先 $R_{粗}$ 后 $R_{细}$（如何判断哪个变阻器起粗调作用?），保护开关 S_3 的使用顺序为依次将 50 kΩ，500 Ω，0 Ω 档接入电路中，在各对应阻值下，分别调节检流计平衡（为什么要依此顺序调节?）。

（2）测量　S_2 合向 E_x，此时不能改变 $R_{粗}$、$R_{细}$ 的阻值，且调节 R_1 时，要始终保持 $R_1 + R_2$ 值不变（为什么?），同理，在保护开关分别取 50 kΩ，500 Ω，0 Ω 三档的情况下，分别调节检流计示数为零，记下 S_3 为 0 Ω，检流计示数为零情况下的 R_1 取值 R'_1。

2. 使用 UJ36a 型箱式电位差计校准毫伏表

按图 3-38 电路连线，注意图中 R_0 为分压接法（即由电源引出的两根线应接于滑线变阻器的固定端，再由任一固定端和滑动端向下一回路输出电压），通电前应将 R_0、R 分别置于安全位置（参见实验 8），线连好后请教师检查。

如前所述，在毫伏表的量程内每间隔 10 mV 校准 1 个刻度值（或在量程内均匀取 6 ~ 10 个点进行校准），注意每次测量前都应先对电位差计校准，然后将扳键开关置于中间。

为提高校准的准确度，对每个校准点都应在电压增值和减值两种情况下进行校准，两次测量取平均值，将各点测量结果填入自拟的表格中。

3. 用箱式电位差计和镍铬-康铜测量本地区水的沸点

（1）测量 E-t 定标曲线　将温差电偶的自由端放入冰水共存的容器中，测量端插入放有电热器的容器中，并将温差电偶的镍铬端接于电位差计的“未知 +”接线柱，康铜端接于“未知 -”接线柱。

先测量室温下的温差电动势，然后对水加温，每间隔 10 ℃左右测一次电动势和对应的温度，测量点不少于 6 个，将测得数据填入表 3-19 中。

表 3-19　定标测量数据

测量次数 n	1	2	3	4	5	6	……
待测端温度 t/℃							
温差电动势 E/ mV							

注意：每次要先测出电动势后，再测温度值。

（2）测量水沸点

将水加温至沸腾，测出此时对应的温差电动势，并记录备用。

注意：用电位差计测量时，应先调节步进盘（小轮），再调节滑线盘（大轮）。

【数据记录及处理】

（1）将测量数据代入式（3-40），计算干电池的电动势，并按标准差的方法估算误差，完整地表示出测量结果（已知 E_n 的精度等级为 0.005 级）。

（2）由校准点的测量数据作出校准曲线，并用 $\dfrac{\Delta U_m}{U_m}$ 与被校表的精度等级进行比较，从而判断被校电表是否合格。

(3) 用表3-19中各点数据描点作图，得出 $E-t$ 定标曲线，并将测得的水沸点的温差电动势值代入 E-t 定标曲线，查出水沸点所对应的温度。

【思考题】

(1) 电池的电动势与两极间的电压有何区别？能否用伏特表直接测定电池电动势？为什么？

(2) 自组电位差计基本电路中包含三个回路，各起什么作用？什么是补偿法？有什么优点？

(3) 电位差计使用前为什么要校准？如何校准？

(4) 图3-39中 S_1、S_2、S_3 各起什么作用？

(5) 电位差计得到补偿的标志是什么？如果无论怎样调节，检流计总偏向一边，则可能是哪几种原因？如何排除？

(6) 无论是使用自组电位差计，还是使用箱式电位差计，为什么接线时要特别注意电动势（或电压）的极性？

(7) 估算实验中自组电位差计的量程，若待测电压超过了它的量程，会有什么现象？

(8) 测量 E-t 定标曲线时，温度和电动势连续改变，应如何操作和读数才能使测量数据较准确？

(9) 若温差电偶的参考端不是0 ℃，而是处于室温下，测温端仍处在高温区，则本实验使用的测温方法是否仍适用？

【扩展实验】

(1) 用标准电阻和电位差计测未知电阻 R_x 和 R_x 上的电流。

提示：使用图3-43所示的电路，自述实验原理，设计实验步骤。

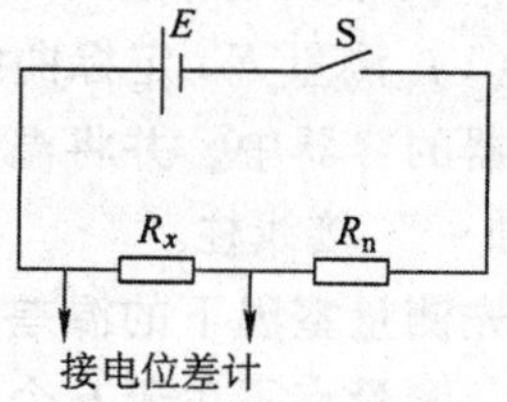

图3-43 用电位差计测电阻电流

(2) 用电位差计校准电流表。

提示：将待校电流表与标准电阻串联，电位差计与标准电阻并联，即可校准电流表。

试画出电路图，并设计实验步骤。注意，为使被校电流表校正后有较高的准确度，电位差计与标准电阻的准确度等级要比被校电表至少高2级。

【小结】

在有关电磁学各种量的测量中，测试方法是多种多样的，但从观测的方式分，可将所有直接的或间接的测量分为偏转法和指零法两大类。被测量靠指示电表偏转示值，直接或间接地得到结果称为偏转法；在被测量与标准量进行比较的过程中，通过补偿或平衡原理，并通过灵敏的指零仪表来检查是否达到平衡，靠标准量示值得到结果称为指零法。

图3-44表示了偏转法和指零法的各种专用方法。在前面的几个实验中，伏安法测电阻、冲击电流计测高电阻采用的都是间接测量中的直读偏转法，而单（双）臂电桥实验以及电位差计实验，采用的则是替代指零法。从测量角度来看，指零法具有以下特点：

(1) 指零法对应的是一种平衡状态，在这种状态下，许多非常复杂的函数关系可以简化。例如用天平称物体质量时，若天平横梁静止，但天平未平衡，则需通过一系列的计算，方可求得物体的质量，但若天平处于平衡状态下，则被测质量等于砝码质量。

（2）指零法测量具有较高的稳定性和可靠性。例如当电源电压不稳定时，这种电压的变化将均衡地反映在整个电路上，从而不会影响平衡指示状态。

（3）指零装置的引入不会改变系统的状态，且在测量过程中，指零装置本身并不表征任何测量结果，而仅用于判别系统是否达到了一种特殊状态——平衡。

总之，指零法的实质是一种平衡测量，此法往往比偏转法测量灵敏度高，因此在实验方法和测量技术中，有着极其重要的位置。当然，一个具体物理量测量方案的选择，还需考虑仪器条件，简便与否、经济等许多因素，因此，偏转法也是经常使用的测试方法之一。

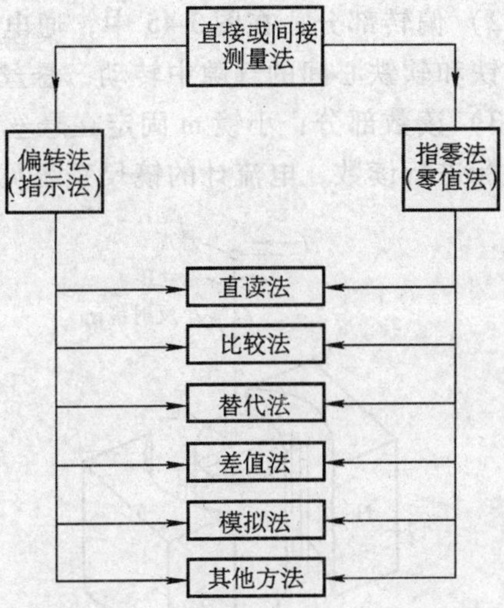

图3-44 测量方法及分类示意图

实验13 灵敏电流计特性的研究

灵敏电流计又称检流计，是一种用来进行精密电磁测量的常用仪器，主要用来检验和测量微弱电流（$10^{-6}\sim10^{-11}$ A）或微小电压（$10^{-3}\sim10^{-7}$ V），还可用于光电流、生理电流、温差电动势的测量或用作精密电桥及电位差计等的指零仪器。

【实验目的】

（1）了解灵敏电流计的结构和工作原理，学习其调节和使用。

（2）掌握控制灵敏电流计三种运动状态的方法。

（3）练习用标准差估算误差。

（4）练习用逐差法、作图法处理数据。

【预习重点】

（1）了解灵敏电流计的结构、原理及线圈阻尼运动规律。

（2）灵敏电流计的调节及使用方法。

（3）标准电阻、换向开关的使用方法。

（4）逐差法、作图法及标准差的计算。

【实验仪器与用具】

光点式灵敏电流计、直流电压表、标准电阻、滑线变阻器、电阻箱、直流稳压电源、单刀开关、双刀双掷换向开关等。

【实验原理】

灵敏电流计的结构、工作原理、三种运动状态及主要技术参数的测定方法介绍如下：

1. 灵敏电流计的结构及工作原理

（1）结构　磁电系灵敏电流计主要由以下三部分构成，即

1）磁场部分：如图3-43所示，永久磁铁产生磁场，磁极间固定地装着圆柱形软铁心J，用来加强磁场，并使磁场呈均匀辐射状。

2）偏转部分：在图3-45中，通电线圈C两端用金属弹性悬丝（如细铜丝）E绷紧，能在磁铁和软铁心间的气隙中转动，悬丝还起着接通线圈电流的作用。

3）读数部分：小镜m固定在悬丝上，用它把光源射来的光反射到标尺上，并且形成一个光标进行读数，电流计的镜尺系统见图3-46。

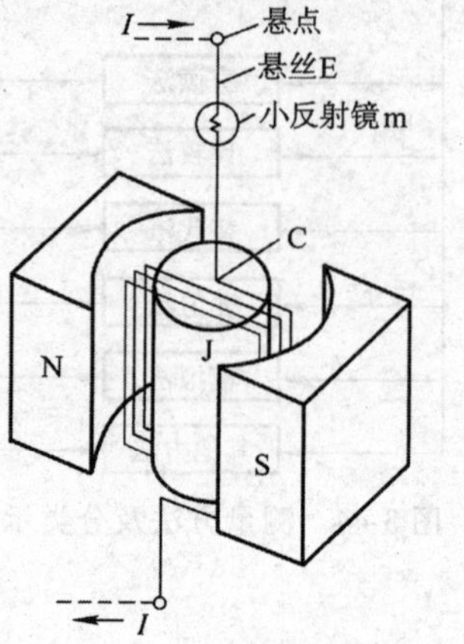

图3-45 灵敏电流计测量机构

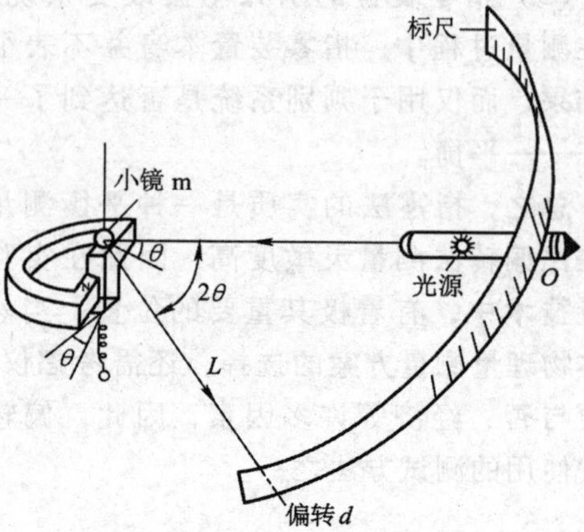

图3-46 灵敏电流计镜尺系统

可见，磁电系灵敏电流计的基本结构和普通的磁电式电流计差不多，它之所以测量灵敏度较之普通电流计高，是基于它在普通电流计的基础上做了以下两点改进。

其一，以悬丝代替了普通电表的转轴和轴承，去掉了线圈在磁场中转动时的机械摩擦。

其二，用光标指示代替了指针。固定在悬丝上的小反射镜与线圈同步转动，它将光源的光反射到标尺上，在这里，光束实际上是一个无重量的指针，由图3-46可知，线圈每转动α角，则反射光转过2α角，从而提高电流计的灵敏度。（在直流复射式光斑电流计中，还采用了将反射光经多次反射后再在标尺上投影的方法，这相当于大大延长了“光指针”的长度，使得线圈微小的偏转都将引起标尺上较大的光标移动。）

（2）工作原理　当给图3-45中线圈通以电流I时，线圈在磁场中受到磁力矩的作用，其大小为

$$M_{电} = NBSI \tag{3-41}$$

式中，N为线圈匝数；S为线圈面积；B为磁极与铁心间的气隙处之磁感应强度。此磁力矩将使线圈发生偏转，使悬丝被扭转。由于弹性，悬丝会产生一个反方向的弹性扭力矩（又称恢复力矩），其大小为

$$M_{扭} = -D\theta \tag{3-42}$$

式中，D为悬丝的扭转系数；θ为线圈的转角，负号表示此力矩的方向与线圈转角方向相反。当线圈达到平衡时，扭力矩和磁力矩大小相等，即

$$NBSI = D\theta_0 \tag{3-43}$$

所以

$$I = \frac{D}{NBS}\theta_0 \tag{3-44}$$

故可由线圈的转角θ_0来确定线圈中电流I的大小。

设小镜到标尺的距离为L，光标中央黑色准丝像的偏转距离为d，则由图3-46可看出

θ_0、L、d 三者之间的关系为

$$d = 2\theta_0 L \tag{3-45}$$

将式（3-45）代入式（3-44）得

$$I = \frac{D}{2NBSL}d = Kd \tag{3-46}$$

式中

$$K = \frac{D}{2NBSL} \tag{3-47}$$

称为灵敏电流计的电流常数（又叫分度值），由式（3-47）可看出，K 由电流计本身的结构决定，单位是 A/mm，表示光标每偏转 1 mm 所对应的电流值。显然，K 值越小，则电流计灵敏度越高，在复射式电流计中，就是通过多次反射光线来拉长 L，从而减小 K 值，提高灵敏度的。

为更明确地表述电流计的性能，人们还将 K 的倒数定义为电流计的电流灵敏度，用 S 表示，即

$$S = \frac{1}{K} = \frac{2NBSL}{D} \tag{3-48}$$

S 的单位为 mm/A，显然，S 值越大，电流计就越灵敏。

2. 灵敏电流计的三种运动状态及应用

（1）三种运动状态　由于电磁感应的作用，通电线圈在转动过程中，除受到磁力矩和扭力矩外，还将受到电磁阻尼力矩的作用。因为线圈是在磁场中运动的，线圈两边要切割磁力线，从而产生动生电动势。电流计工作时，其内阻 R_g 与外电路电阻 $R_外$ 构成闭合回路，则回路中有感生电流流过，根据楞次定律可知，此感生电流 I_i 的方向恒与待测电流 I 的方向相反，故受到一个与转动方向相反的磁力矩，因其对线圈的转动起阻碍作用，被称之为阻尼力矩，其大小为

$$M_{阻} = -\frac{(NBS)^2}{R}\frac{\mathrm{d}\theta}{\mathrm{d}t} \tag{3-49}$$

式中，$\frac{\mathrm{d}\theta}{\mathrm{d}t}$为线圈转动的角速度，$R = R_g + R_外$，为闭合回路中的总电阻，负号表示 M_i 的方向始终和角速度方向相反。式（3-49）表明，$M_阻$ 的大小与角速度成正比，角速度越大，线圈所受的阻尼力矩也越大；线圈静止时，就没有阻尼力矩。令比例系数为 P，则

$$M_{阻} = -P\frac{\mathrm{d}\theta}{\mathrm{d}t} \tag{3-50}$$

显然

$$P = \frac{(BNS)^2}{R} \propto \frac{1}{R_g + R_外} \tag{3-51}$$

P 称为阻力系数，它除与电流计本身的常数（N、B、S、R_g）有关外，还与外电路的电阻 $R_外$ 有关。

如前所述，$M_电$ 和 $M_扭$ 决定了线圈最后达到的稳定偏转角 θ_0，而在线圈转动过程中，若没有 $M_阻$，则由于惯性和弹性，线圈将在平衡位置 $\theta = \theta_0$ 两侧来回摆动，此时线圈的转动动能和弹性势能互相转化，系统的运动和单摆类似，表现为光标作简谐振动。在实际测量中，

$M_{阻}$ 不可避免，则由于 $R_{外}$ 数值不同，线圈将呈现三种不同的运动状态。

1）欠阻尼状态：$R_{外}$ 较大时，P 较小，对一个确定的线圈转动过程来说，$M_{阻}$ 较小，此时线圈在运动中虽要克服阻尼力矩做功，但能量消耗较慢，故线圈偏离平衡位置后，会作多次来回振动，振幅逐渐衰减，经过数个周期后方能停在平衡位置，表现为光标作减幅振动。显然，$R_{外}$ 越大，$M_{阻}$ 就越小，振动周期越多，回到平衡位置所需的时间就越长。

2）临界阻尼状态：随着 $R_{外}$ 的减小，阻尼力矩增大，振幅将减小得越来越快，当 $R_{外}$ 取某一特定值时，线圈直接趋向平衡位置，而不再振荡（即振幅在$\frac{1}{4}$"周期"内恰好衰减为零），表现为光标迅速到达并停在平衡位置。

3）过阻尼状态：当 $R_{外}$ 继续减小时，阻力系数 P 更大，即线圈所受阻力矩更大，线圈将以非振荡的方式缓慢地趋向平衡位置，且不会越过，表现为光标缓慢到达平衡位置。

图 3-47 中，以时间为横坐标，光标偏转读数 d 为纵坐标，表示了线圈偏转过程中的三个状态，其中 a 图表示光标偏转到某一读数 d_0 的过程，b 图则表示光标返回零点的过程。两图中曲线①、②、③分别与欠阻尼、临界阻尼、过阻尼状态相对应。

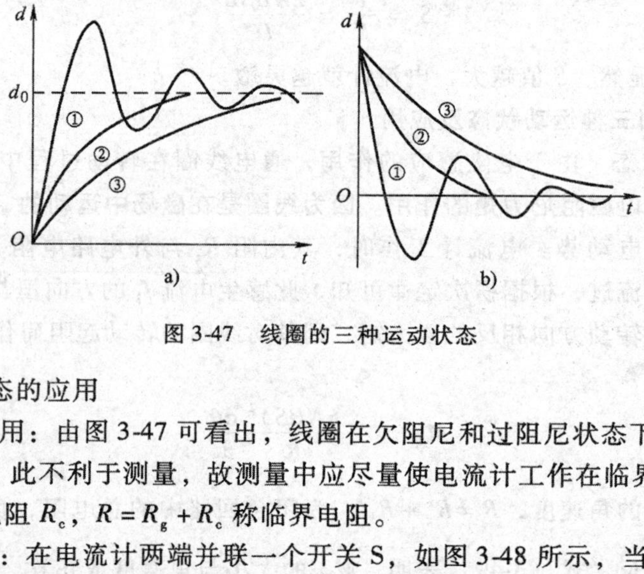

图 3-47 线圈的三种运动状态

（2）各阻尼状态的应用

1）临界阻尼应用：由图 3-47 可看出，线圈在欠阻尼和过阻尼状态下达到稳定偏转位置都需要较长的时间，此不利于测量，故测量中应尽量使电流计工作在临界状态下。此时对应的 $R_{外}$ 称为外临界电阻 R_c，$R = R_g + R_c$ 称临界电阻。

2）过阻尼应用：在电流计两端并联一个开关 S，如图 3-48 所示，当 S 闭合时，$R_{外}=0$，阻尼力矩最大，线圈运动会变得非常缓慢，S 称为阻尼开关。故在实验中遇光标来回摆动时，可在光标到达平衡位置的瞬间按下电键 S 制动，经反复按电键数次，光标即可迅速停在平衡位置。

电流计面板上分流器的短路档对应的是在仪器内部表头两端并联了一个阻尼开关，当仪器受到振动时，线圈不会剧烈晃动，从而起到保护电流计的作用。

3. 灵敏电流计主要技术参数的测定

灵敏电流计的主要技术参数有三个，即内阻 R_g、电流常数 K、外临界电阻 R_c、它们可通过下面的方法来确定：

（1）外临界电阻 R_c 的确定　测量灵敏电流计技术参数的电路见图 3-49。首先将 R_2 值由大到小调节，同时调节 R，使光标始终保持偏转在某一定值处，每调节一次，断开 S_2，观察光标回零时的运动方式多次，调节 R_2，直到光标能迅速回到零点，且不振动，此时 R_2 的阻值即为灵敏电流计外临界电阻 R_c。

（2）等偏法测定电流计内阻 R_g 和电流常数 K 因灵敏电流计只允许通过很小的电流，故本实验采用二级分压电路。图3-49中，R_0 为标准电阻，R_0 的阻值（1 Ω）远远小于 R_1 的值（几千欧姆），故电源 E 经过两次分压后，R_0 上得到一个微弱电压，设伏特计上示数为 U 时，R_0 上电压降为 U_0，则通过电流计的电流 I_g 为

$$I_g = \frac{U_0}{R_g + R_{外}} = \frac{R_0 I}{R_g + R_0 + R_2} \tag{3-52}$$

式中，I 为 R_0 上通过的电流，且 $I=\frac{U}{R_0+R_1}$，代入得

$$I_g = \frac{R_0}{(R_g + R_0 + R_2)}\frac{U}{(R_0 + R_1)} \tag{3-53}$$

考虑到 $R_0 \ll R_1$、R_2，则式（3-53）可简化为

$$I_g = \frac{R_0}{(R_g + R_2)R_1}U \tag{3-54}$$

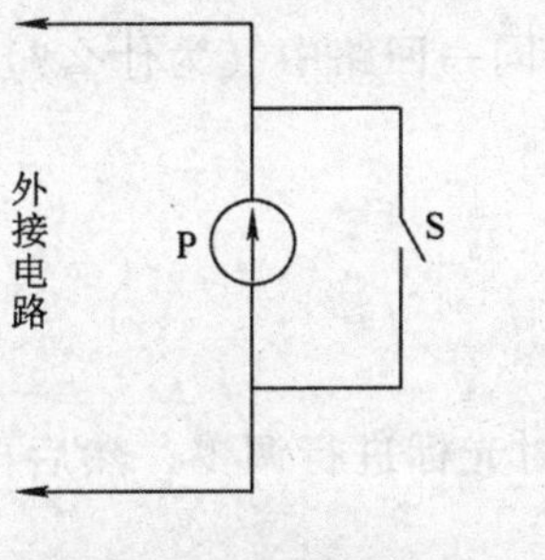

图3-48 阻尼开关

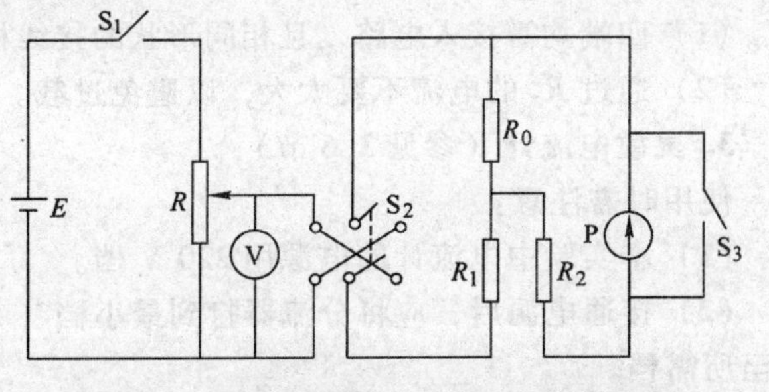

图3-49 测量灵敏电流计技术参数的电路

实验中采用等偏法，即在改变伏特计两端电压的同时，调节 R_2 的取值，使通过电流计上的电流维持不变（光标偏转仍为 d 格），则有

$$I_g = \frac{R_0}{R_1}\cdot\frac{U_1}{(R_g + R_{21})} = \frac{R_0}{R_1}\cdot\frac{U_2}{(R_g + R_{22})} = \cdots \tag{3-55}$$

整理后可得

$$R_g = \frac{U_1 R_{22} - U_2 R_{21}}{U_2 - U_1} \tag{3-56}$$

若取 $U_2 = 2U_1$，则上式可减化为

$$R_g = R_{22} - 2R_{21} \tag{3-57}$$

将式（3-54）代入式（3-56），可得

$$K = \frac{I_g}{d} = \frac{R_0}{R_1(R_g + R_2)}\cdot\frac{U}{d} \tag{3-58}$$

（3）用作图法确定电流计内阻 R_g 和电流常数 K

将式（3-58）整理，可改写为

$$R_2 = \frac{R_0 U}{K R_1}\cdot\frac{1}{d} - R_g \tag{3-59}$$

实验中若保持 U、R_1 不变，则 R_2 与 $\frac{1}{d}$ 成线性关系，改变 R_2，令其取一系列的阻值，则可得

一组相应的光标偏转 d，将各组（R_{2i}，d_i）值描于图中，可得 $R_2-\frac{1}{d}$ 直线，该直线的斜率和截距分别为

$$\begin{cases}斜率 = \dfrac{R_0 U}{KR_1} \\ 截距 = R_g\end{cases} \tag{3-60}$$

由式（3-60）即可求出所需参数 R_g、K。

【仪器装置介绍】

1. 双刀双掷换向开关的使用（参见 3.1.2）

由于双刀双掷换向开关的特殊结构，当将开关合向不同方向时，可改变电路中的电流方向，请注意图 3-49 中电路的连线方法（六个接线柱对应电路图中的六个圆圈标记）。

2. 标准电阻的使用（参见 3.3 节）

本实验使用的是四端式标准电阻，其优点为不包含接触电阻和引线电阻，使用时需注意：

（1）四端均需接入电路，且相同形状的接线柱必须接入同一回路中（为什么?）。

（2）通过 R_0 的电流不要太大，以避免过载。

3. 灵敏电流计（参见 3.6 节）

使用时需注意：

（1）本实验中电流计的电源用 220 V 档。

（2）接通电源后，应将分流器打到最小档（×0.01），对光标进行调零，然后再逐次调节至所需档。

（3）若通电后无光标，则首先检查仪器内小灯泡是否点亮，然后轻轻晃动一下电流计，观察光标偏在哪一边，若向左偏，则逆时针旋转零点调节器，反之顺时针旋转零点调节器。

（4）测量中若光标不停地摆动，则要闭合电路图 3-49 中的开关 S_3，使线圈阻尼。

（5）结束实验后，须将分流器置于短路档（为什么?）。

【实验内容】

1. 观察三种运动状态，测量外临界电阻 R_c

按图 3-49 正确连接线路，注意换向开关 S_2、标准电阻 R_0、滑线变阻器 R 的正确连线。其中 R 为分压接法，即电源应与 R 的两固定端相连，输出电压由 R 的滑动端和任一固定端取出（通电前需将 R 置于安全位置）。线路连好后请教师检查。

（1）将 R_1 取 4 kΩ，R_2 按照仪器标牌上给出的 R_c 取值。调节 R，使光标偏转满刻度的一半以上，调好后断开 S_2，观察光标的回零运动；在 R_c 值附近调节 R_2，并调节 R 值，每次调好后（使光标有如上偏转），断开 S_2，比较光标的回零运动，从中测出 R_c 值（实验中，此值只能粗略估计得到），并记录在表 3-20 中。

（2）R_2 按表 3-20 取值，观察光标的回零运动，判断线圈的阻尼类型。

（调节 R_2 时要密切注意光标变化，当发现光标偏转可能超出标尺范围时，应及时减小 R，以适当减小 U。）

2. 等偏法测量电流计内阻 R_g 和电流常数 K；按表 3-21 测量数据

3. 用作图法测定 R_g 和 K 值；按表 3-22 测量数据

【数据记录及处理】

表 3-20 观察三种运动状态 条件 $R_1=4\ \text{k}\Omega$

R_2	$8R'_c$	$4R'_c$	R'_c	$\frac{1}{4}R'_c$	$\frac{1}{8}R'_c$
光标运动现象					
运动类型					
备注	表头标定 R_c = kΩ； 实测 R'_c = kΩ				

表 3-21 等偏法测量 R_g 及 K 条件 $R_1=4\ \text{k}\Omega$, $d=50$ mm

次数 n		1	2	3	4	5	6	7	8	9	10
U/V		0.8	0.9	1.0	1.1	1.2	1.6	1.8	2.0	2.2	2.4
R_2（kΩ）	左偏										
	右偏										
$\bar{R}_2$/kΩ											

表 3-22 作图法测定 R_g 和 K 值

条件 $R_1=4\ \text{k}\Omega$, $U=2$ V

R_2/kΩ											
d/mm	左偏										
	右偏										
	平均										
$\frac{1}{d}\times10^{-1}$/（mm^{-1}）											

（1）计算等偏条件下测得的 R_g 和 K。

1）由式（3-55）可知，式（3-56）可以写成更一般的公式

即

$$R_g=\frac{U_iR_{2j}-U_jR_{2i}}{U_j-U_i}\quad\begin{cases}i=1,2,3,4,5\\j=6,7,8,9,10\end{cases}\tag{3-61}$$

代入 $U_j=2U_i$ 得

$$R_g=R_{2j}-2R_{2i}\tag{3-62}$$

利用式（3-62）及表 3-21 中数据可求出 5 个 R_g 值，计算测量的标准偏差，并表示测量结果。

2）将计算得到的 R_g 值及任一组测量值（R_2，U_2）代入式（3-58），即可求出 K，将此 K 与仪器铭牌上的 K 值进行比较（求相对误差）。

（2）用表 3-22 中数据描点作图，由 R_2-$\frac{1}{d}$直线求出 R_g 和 K，并求此 R_g、K 值分别与标称值之间的相对误差。

【思考题】

（1）灵敏电流计与一般电表相比，在结构上有何不同？在用途上有何不同？

（2）实验线路中为何采用二级分压，用一级分压可以吗？

（3）若一灵敏电流计更换了一个比原悬丝扭转系数 D 小一些的悬丝，试问其外临界电阻是否会改变？为什么？

（4）为什么观察三种阻尼状态时，要从欠阻尼运动状态开始调节，若从过阻尼开始调节会有什么坏处？

（5）测量线路中为什么要使用换向开关改变电流方向？没有 S_2 会带来什么影响？

（6）图 3-49 中，S_3 开关有什么作用？

实验 14　用电流场模拟静电场

在自然界中，许多现象和规律往往是不能直接进行测量的，如小鸟对飞机的冲击，地震对建筑物的影响等。为了解决这一类问题，人们常常采用模拟的方法来对被测对象进行研究。即用一种易于实现、便于测量的物理状态或过程模拟不易实现、不便测量的状态或过程。前提是这两种状态或过程有一一对应的两组物理量，且它们满足相似的数学形式及边界条件。

【实验目的】

（1）了解模拟实验方法及其适用条件。

（2）加深对静电场以及描述静电场的基本物理量 $\boldsymbol{E}$、U 之间关系的理解。

（3）学习用图示法表达实验结果。

【预习重点】

（1）理解模拟法。

（2）用模拟法测绘静电场分布的原理。

（3）正确模拟静电场的实验条件及保证措施。

（4）真空管电压表的使用。

【实验仪器与用具】

静电场描绘仪、真空管电压表、电源、滑线变阻器、模拟场模型、单刀开关等。

【实验原理】

1. 模拟法

一般模拟法可分为物理模拟和数学模拟两种类型。

物理模拟：指仍保持原测量对象的属性（性质、形状等），仅按一定的比例将实物放大或缩小制成样品，对该样品在相同的条件下进行测试，再按比例反推出原件的结果。故物理模拟中所使用的模型需满足三个条件，即①模型与实物原型有完全相同的物理性质；②两者经历完全相同的物理过程；③两者有完全相同的量纲和一致的函数关系。

数学模拟：当某一被测量与另一物理量间具有完全相同的数学表达式，且遵循同样的数学规律时，可用该物理量及其数学关系相似地表征被测量，此称为数学模拟。在数学模拟中，模拟量和被模拟量可以是不同的物理量，可以有不同的量纲，但需注意：①模拟量和被模拟量必须有相似的数学表达式；②两者必须具有相似的边界条件。

总之，模拟法是在试验和测量难以直接进行，尤其是在理论上难以计算时常采用的一种方法，它在仪器、产品、工程等的设计过程中有着广泛的应用，许多物理问题如静电场、稳恒磁场、稳定温度场、液流场等，都能通过模拟法来进行测量。本实验采用电流场来模拟静电场，拟藉此帮助同学们对模拟法有一个较具体的了解。

2. 模拟静电场

（1）面临的困难　在现代科研或生产中，了解仪器内部各电极间电场的分布，常常是设计仪器或产品的依据。如设计示波管、显像管、电子显微镜等的内部电极形状时，就需要考虑极间电场的影响。若直接测量静电场，首先，由于静电场是相对于观察者静止的电荷产生的场，故没有电荷运动，此时磁电式电表无法使用；其次，将仪器和探针引入静电场时，必将因感应使表面出现电荷，这些电荷的电场与原电场迭加起来，将使原电场产生很大的畸变，导致测量失真。而若要通过数学计算来了解极间电场分布，则虽然理论上可行，但实际上由于带电体形状一般较复杂，故很难找到相应的数学表达式。所以需要借助模拟法来了解空间的静电场分布情况。

（2）用电流场模拟静电场　用模拟法测量静电场的方法之一，是用电流场代替静电场。因为电流场和静电场虽是两种不同性质的场，但由电磁场理论的麦克斯韦方程可知，当介质中无电流源时，电流场中电流密度矢量$\boldsymbol{j}$满足方程

$$\begin{cases}\oiint \boldsymbol{j}\cdot \mathrm{d}\boldsymbol{s} = 0 \\ \oint \boldsymbol{j}\cdot \mathrm{d}\boldsymbol{l} = 0\end{cases} \tag{3-63}$$

此与介质中无自由电荷时，静电场中电场强度矢量$\boldsymbol{E}$满足的方程

$$\begin{cases}\oiint \boldsymbol{E}\cdot \mathrm{d}\boldsymbol{s} = 0 \\ \oint \boldsymbol{E}\cdot \mathrm{d}\boldsymbol{l} = 0\end{cases} \tag{3-64}$$

形式相同，且在相似的场源分布和相似的边界条件下，它们的解也具有相同的数学形式。故均匀导电介质中稳恒电流的电流场与均匀电介质中（或真空中）的静电场具有相似性，也即可以用对电流场分布规律的研究替代对静电场分布规律的研究，显然此属于数学模拟。

（3）具体模拟　静电场可以用电场强度$\boldsymbol{E}$和电势U的空间分布来描述，由于标量在计算和测量上要比矢量简单得多，且在许多实际问题中，用外部条件来控制的不是电荷的分布，而是电场中某些等势面的形状及其电势值，故在实验中，可先测出电流场中的电势分布，由此作出等势面，再根据电力线与等势面处处正交的性质作出电力线，至此可得整个电场的几何描述。若要定量讨论电场分布，则可根据场强与电势之间的电势梯度关系（$\boldsymbol{E}_{\mathrm{n}} = -\frac{\mathrm{d}u}{\mathrm{d}n}\boldsymbol{n}_0$），求出场强数值。

本实验欲模拟的是空气中的静电场分布，为保证模拟结果与实际相符，实验条件需满足：

1）电流场中应选用电阻均匀和各向同性的导电介质，本实验使用清水。

2）静电场中带电导体是等势体，电流场中的电极也必须尽量接近等势体，这就要求制作电极的金属材料的电导率必须比场中介质（水）的电导率大得多，以致可以忽略金属电极上的电势降。

3）一般各电极的形状、位置分布应与静电场中各导体相同，但在具体问题中，可利用场的对称性，合理简化电极的形状。如无限长同轴电缆的缆芯与金属丝外皮之间的电场具有

轴对称性，且沿轴向平移对称，故可用一截同轴圆柱面电极之间的电流场模拟该电场与轴垂直的任一截面上的电场分布，如图 3-50 所示。

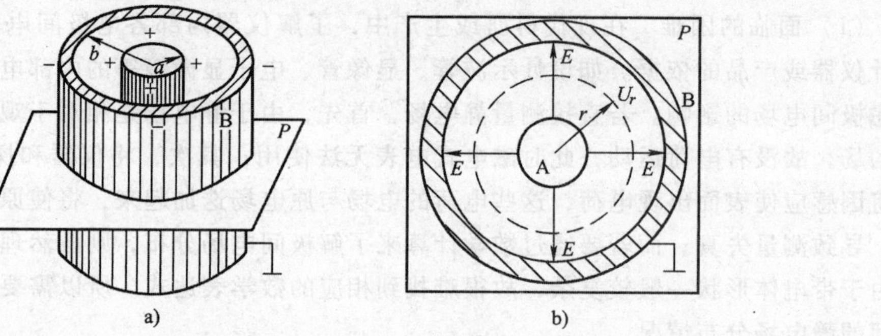

图 3-50　同轴电缆电极及截面图

当选好电极以及极间电介质后，在极间加上直流电压，使各电极上的直流电势值与各对应导体上的静电电势值相同，这时就会有电流从水中流过，形成与静电场分布完全相同的电流场，该电流场中任一点的直流电势与静电场中对应点的静电电势完全相同。

下面以同轴圆柱面内静电场分布与同轴圆柱面电极间的电流场分布对比来检验这种模拟的可行性和正确性。

1）同轴圆柱面内静电场的分布　由静电场中的高斯定理可知，同轴圆柱面间的电场强度大小为

$$E = \frac{\lambda}{2\pi\varepsilon_0 r} \tag{3-65}$$

式中，λ 为柱面每单位长度上的电荷量，r 为两柱面间任意场点到轴线的距离。设 a 为内圆柱面的半径，b 为外圆柱面的内半径，见图 3-50a，则两圆柱面间的电势差为

$$U_0 = \int_a^b E\mathrm{d}r = \int_a^b \frac{\lambda}{2\pi\varepsilon_0}\frac{1}{r}\mathrm{d}r = \frac{\lambda}{2\pi\varepsilon_0}\ln\frac{b}{a} \tag{3-66}$$

柱面间任一点与外柱面之间的电势差为

$$U_r = \int_r^b E\mathrm{d}r = \int_r^b \frac{\lambda}{2\pi\varepsilon_0}\frac{1}{r}\mathrm{d}r = \frac{\lambda}{2\pi\varepsilon_0}\ln\frac{b}{r} \tag{3-67}$$

将式（3-66）代入式（3-67）得

$$U_r = U_0\frac{\ln\dfrac{b}{r}}{\ln\dfrac{b}{a}} = U_0\frac{\ln\dfrac{r}{b}}{\ln\dfrac{a}{b}} \tag{3-68}$$

2）同轴圆柱面电极间的电流场分布　设不良导电介质薄层（如水）厚度为 t，电阻率为 ρ，则任意半径 r 到 $r+\mathrm{d}r$ 的圆周间的电阻是

$$\mathrm{d}R = \rho\frac{\mathrm{d}r}{s} = \rho\frac{\mathrm{d}r}{2\pi rt} = \frac{\rho}{2\pi t}\frac{\mathrm{d}r}{r} \tag{3-69}$$

将式（3-69）积分得两圆柱面间总电阻为

$$R = \int\mathrm{d}R = \int_a^b \frac{\rho}{2\pi t}\frac{\mathrm{d}r}{r} = \frac{\rho}{2\pi t}\ln\frac{b}{a} \tag{3-70}$$

同理可得半径为 r 的圆柱面到外圆柱内表面的总电阻为

$$R_r = \int_r^b \frac{\rho}{2\pi t}\frac{dr}{r} = \frac{\rho}{2\pi t}\ln\frac{b}{r} \tag{3-71}$$

当两圆柱面间所加电压为 $U'_0 = U_0$ 时，则内、外柱面间流过的电流为

$$I = \frac{U'_0}{R} = U_0 \frac{2\pi t}{\rho \ln \frac{b}{a}} \tag{3-72}$$

故两柱面间任意点与外柱面之间的电势差为

$$U'_r = IR_r = \frac{U'_0}{R}R_r \tag{3-73}$$

将式（3-70）、式（3-71）代入式（3-73）得

$$U'_r = U'_0 \frac{\ln \frac{b}{r}}{\ln \frac{b}{a}} = U_0 \frac{\ln \frac{r}{b}}{\ln \frac{a}{b}} \tag{3-74}$$

对比式（3-68）和式（3-74）可看出，静电场与模拟场的电势分布是完全相同的，也即所选的模型很成功。

图3-51给出了几种典型静电场的模拟电极形状及相应的电场分布。

应该指出：①一般电场是分布在三维空间的，但应用水进行模拟实验时，测出的场分布于一个平面内，故此时的等势面退化为等势线；②为避免直流电压长时间加在电极上，致使电极产生“极化作用”，影响电流场的分布，故本实验在两极间通以交流电压，此交流电压的有效值与直流电压等效，所以其模拟的效果和位置完全与直流电流场中相同；③为减小用电压表测量电势时引入的系统误差，本实验采用高内阻的真空管毫伏表。

【仪器装置介绍】

1. 真空管毫伏表的使用（参见3.4节）

本实验使用GB-9B型真空管毫伏表测量交流电压，这种表的灵敏度高，内阻大，但抗干扰能力差。使用时应注意：

（1）最初接通电源时，指针将来回摆动，此属正常现象，预热2～3 min后，在两输入接线端短路的情况下将指针调零，方可用于测量。

（2）测量中应选择适当的量程，若被测电压大小无法估计，可由大量程逐步向小量程选择，直至选到恰当的量程，且每变换一次量程，都需重新调一次零。

（3）表盘刻度尺有两个，读数时要注意所选量程与刻度尺的对应关系，以免引入粗大误差。

2. 静电场描绘仪

静电场描绘仪装置示意图见图3-52，装置的下层用于放置水盘和电极，上层用于安放坐标纸，P是测量探针，用于在水中测量等势点，P′是记录探针，可将P在水中测得的各电势点同步地记录在坐标纸上（打出印迹）。由于P、P′是固定在同一探针架上的，所以两者绘出的图形完全相同。

【实验内容】

1. 测绘同轴电缆的等势线

测量电路见图3-53，连线时需注意滑线变阻器的分压接法（电源电动势加在滑线变阻

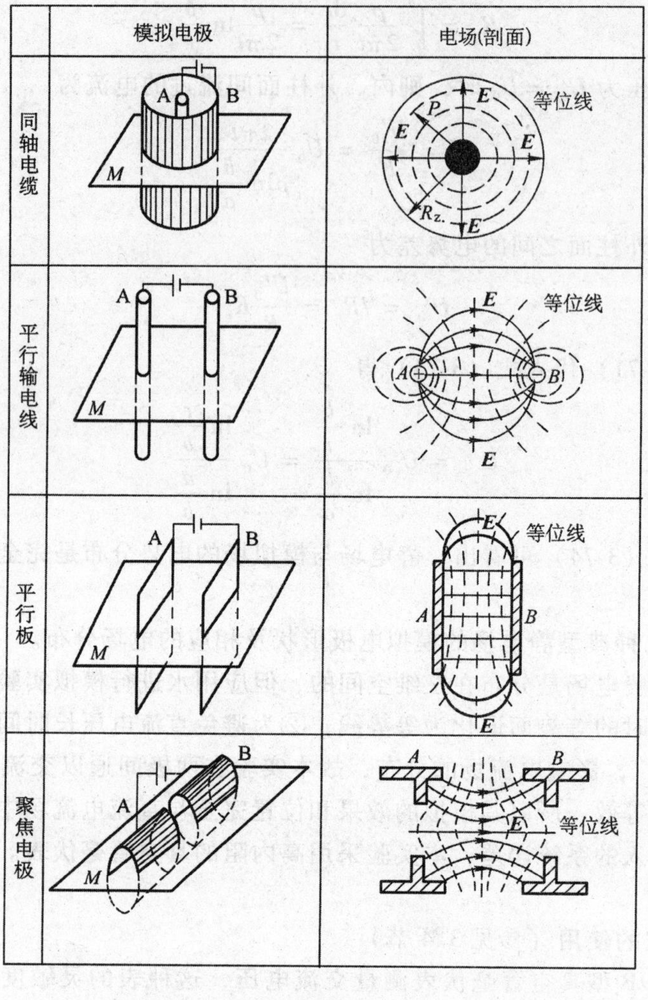

图 3-51　几种模拟电极的电场示意图

器的两固定端，由滑动端和任一固定端向负载输出电压)，且通电前将 R 置于安全位置，线路接好后经教师检查方可通电。

图 3-52　静电场描绘仪

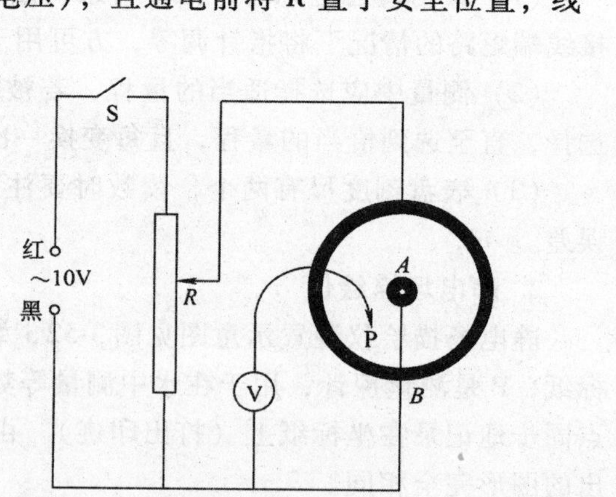

图 3-53　测量电路

在两极间加 8 V 电压，先用探针绘出内柱和外壁内表面在坐标纸上的位置，然后在两极之间测绘出七条等势线（要求各线间电势差相同）。

测绘时应注意以下问题：

（1）水盘内各处水深要相同（为什么）？但不可太深，以 5 mm 左右为宜。

（2）测绘前先分析一下电极周围等势线的形状，以及是否具有对称性，对等势点的位置作一估计，以便有目的地进行探测。

（3）操作时，右手平稳地移动探针架，同时注意保持探针 P、P′处于同一铅垂线上，以免测绘结果失真。

（4）为保证测绘的准确性，每条等势线上不得少于 10 个测量点。

2. 测绘聚焦电极的等势线

方法及要求同上，注意到等势线的对称性，可适当减少测绘点，但在曲线急转弯处，记录点应密些。

3. 测绘平行输电线周围的等势线，方法及要求与上面相同

【数据处理】

（1）用光滑曲线将测得的各等势点连成等势线，并标出每条等势线对应的电势值。

（2）在各测得的电势分布图上用虚线至少画出八条电力线，注意电力线的箭头方向，以及电力线与等势线的正交关系。

（3）对同轴电缆的测绘结果，要将坐标纸上各等势线的电势值及相应圆环的半径填入下表，并由此作出 U-r 曲线。

U/ V	0.00	1.00	2.00	3.00	4.00	5.00	6.00	7.00	8.00
r/cm									

【思考题】

（1）你如何理解模拟法？它的适用条件是什么？

（2）用稳恒电流场模拟静电场的实验条件有哪些？

（3）如果将电源电压增大一倍或减小一半，等势线和电力线的形状是否变化？

（4）如果水盘各处水深不一致，对实验结果将有何影响？

实验 15　霍尔效应法测磁场

电和磁是自然界的基本现象，且二者在本质上有着不可分割的联系。在实验 14 中，我们学习了一种模拟的测量方法，这是在对电场量进行测量时常用的方法。而在实验 15、实验 16 中，我们是对磁场进行测量。磁场的测量方法有很多，各种方法的出发点均为先将磁量转换成电量，然后再用电测仪表或装置进行测量，这种磁测量的设计思路是由磁介质的特殊性质决定的。

目前常用的磁测量方法可分为两类，一类是物质的磁效应法，如利用霍尔效应测磁场就是很典型的一例。另一类是电磁感应法，如实验 16 中，用冲击电流计测磁场等。

【实验目的】

（1）了解霍尔效应现象及其产生机理。

（2）学习用霍尔元件测磁场的原理和方法。

(3) 进一步掌握电位差计的使用方法。

【预习重点】

(1) 霍尔效应产生机理。

(2) 霍尔元件测磁场的方法以及一种消减系统误差的方法。

(3) 箱式电位差计的使用。

(4) 作图法处理实验数据。

【实验仪器与用具】

霍尔效应仪、安培表、毫安表、稳压电源、滑线变阻器、UJ36a 型直流电位差计、单刀开关等。

【实验原理】

1. 霍尔效应

霍尔效应是霍尔（Hall）24 岁时在美国读研究生期间，研究关于载流导体在磁场中的受力性质时发现的一种现象，即当一电流垂直于外磁场方向流过导体时，在与电流和磁场均垂直的方向上会出现横向电场，由此导致导体的两侧出现电势差。该横向电场称为霍尔电场，相应的电势差称为霍尔电压。更进一步的研究表明，霍尔效应不仅仅存在于金属中，同时也存在于半导体和导电流体（如等离子体）中，且半导体的霍尔效应比金属强得多。

霍尔效应的应用非常广泛，用半导体材料制成的霍尔传感器已在许多类型的仪器上使用，关于“磁流体发电”的研究也是依据流体中的霍尔效应原理进行的。目前，霍尔效应不仅可以用来测量某点或缝隙中的磁场，还可用来测量电流、加速度，测量半导体中载流子的迁移率和浓度，以及判别材料的导电类型等。此外，利用霍尔效应还可制成磁读头、磁罗盘和单向传递信息的隔离器，且随着近年来对量子霍尔效应的研究，可以预期霍尔效应的应用范围将会得到更进一步的拓宽。

2. 利用霍尔元件测磁场的原理

霍尔效应是磁电效应的一种，当用霍尔元件测磁场时，元件就是一个传感器（将磁量转化成电量来测量），其测磁的范围可从 10^{-7} T 到 10 T，且测量精度可达 1% 以上。具体测量原理如下：

如图 3-54 为一块 N 型半导体薄片（电子导电），它的四个边分别焊有四个电极，这就是最简单的霍尔元件，又称霍尔片。将霍尔元件置于如图所示的均匀磁场中，左右两个侧面（4、3 面）通以工作电流 I，则霍尔片内作定向运动的电子将受到一个向上的洛仑兹力 F_m 作用，其大小为

$$F_m = evB \tag{3-75}$$

式中，e 为电子电量；v 为电子运动速度。显然，由于洛仑兹力的作用，霍尔片的上、下两侧（1、2 面）将堆积负正电荷，从而形成一个自下向上方向的霍尔电场 E_H，此电场对运动电子也有一个力的作用，其大小为

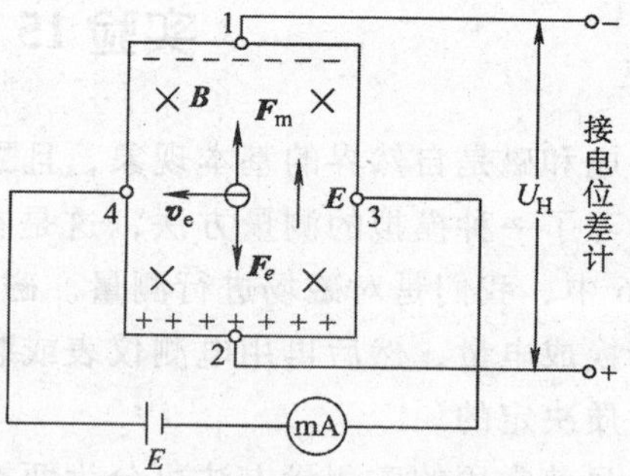

图 3-54 霍耳效应原理

$$F_e = eE_H \tag{3-76}$$

当磁场恒定，电流 I 一定时，F_m 大小恒定，而式（3-76）中的 F_e 则是随着电荷积累的增加，也即霍尔电场的增强而增大的。此力将阻止电子的继续迁移。当电子积累到一定程度时，有 $F_m = F_e$，即

$$evB = eE_H$$

整理得

$$E_H = vB \tag{3-77}$$

此时电子积累达到动态平衡，可在霍尔片的上、下两侧形成一个稳定的霍尔电压，其大小为

$$U_H = E_H b = vBb \tag{3-78}$$

式中，b 为霍尔元件的宽度。b、U_H 均易测得，但电子运动速度 v 是微观量，无法直接测得，故需将 v 变换成其他量来表达。由电流的定义可知

$$I = envbd \tag{3-79}$$

式中，d 为霍尔片的厚度；n 为载流子浓度（即单位体积内载流子数目）。则将式（3-79）代入式（3-78），有

$$U_H = \frac{I}{enbd}Bb = \frac{1}{en}\frac{IB}{d} \tag{3-80}$$

令 $R_H = \frac{1}{en}$，可知 R_H 只和制作霍尔元件的材料有关，故称 R_H 为材料的霍尔系数。令 $K_H = \frac{R_H}{d}$，则 K_H 数值与具体的霍尔片有关，称为霍尔元件的灵敏度，单位为 mV/ mA · T，将 K_H 定义代入式（3-80），则

$$U_H = K_H IB \tag{3-81}$$

可见，在给确定的霍尔元件通以稳恒电流的情况下，U_H 与 B 有一一对应关系。实验中，K_H 值由实验室给出，I、U_H 值分别由仪器测定，则可由式（3-81）求出磁场。

从测量的角度来看，人们总是希望霍尔元件的灵敏度越高越好，而 $K_H \propto \frac{1}{d}$、$\frac{1}{n}$，所以，霍尔片一般都做得很薄，只有 0.1 mm 左右，且都是由半导体材料制成的（载流子浓度小）。

半导体材料有 N 型和 P 型两种，N 型是电子导电，载流子带负电；P 型是空穴导电，载流子带正电。由霍尔电压形成的机制可知，这两种材料形成的霍尔电压极性相反，实验中，可依据磁场方向、工作电流方向以及霍尔电压的极性，判断该霍尔元件内载流子类型，从而判定半导体材料的类型。如在图 3-54 中，N 型半导体内电子所受 F_m 向上，从而霍尔电压是 2 正 1 负，反之，若为 P 型半导体，则空穴受一向上的 F_m，故霍尔电压 1 正 2 负。

3. 霍尔效应的副效应及其消除方法

上述推导是从理想情况出发的，实际情况要复杂得多。在产生上述霍尔效应的同时，不可避免地还要产生一些副效应，这些副效应产生的附加电势差迭加在霍尔电压上，造成 U_H 测量中的系统误差，从而影响 B 的测量准确度。这些副效应可分为四种，即：

（1）爱廷豪森效应　由于所有电子并非都以同一速度 v 运动，故各电子所受的洛仑兹力大小不同，偏转程度也就不同。由分子运动论可知，速度快的电子温度高，故在 E_H 方向

形成一温度梯度，从而在 U_H 方向产生一温差电动势 U_E，可以证明，$U_E \propto I$、B，且 U_E 的正负与 I 和 B 的方向均有关。

（2）能斯特效应　由于两个电流引线 3、4 焊点处的接触电阻一般不同，故通电后在两电极处发热程度不同，从而在 3、4 点间形成温度差，引起热扩散电流，这个电流在磁场作用下也会在 U_H 方向产生电势差 U_N，U_N 的方向仅与 B 的方向有关。

（3）里纪—勒杜克效应　此是由于 1、2 两点间接触电阻的差异，而在 1、2 两极间直接产生温差电动势 U_R，它的正负也仅与 B 的方向有关。

（4）不等势电势差　当给霍尔片通以电流时，在其内部要形成等势面，（见图 3-55)，由于制造上的困难及材料的不均匀性，1、2 两点实际上不可能在同一等势线上，此时，1、2 两点间的电势差 U_0 称为不等势电势差，其正负仅与 I 的方向有关。

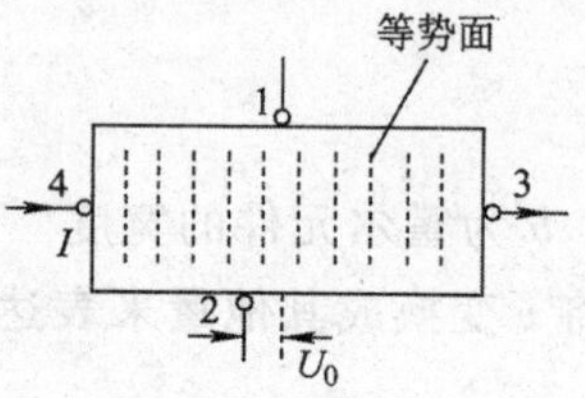

图 3-55　不等势电势差 U_0

综上所述，实际测出的电压是 U_H、U_E、U_N、U_R 和 U_0 这五种电压的代数和，为此应尽量减小或消除各项附加电势差。

将上述五种电势差与 I 和 B 方向的关系列表如下：

U_H		U_E		U_N		U_R		U_0	
I	B	I	B	I	B	I	B	I	B
有关	有关	有关	有关	无关	有关	无关	有关	有关	无关

设在图 3-54 所示的 I、B 方向条件下，所有的效应均使接点 2 的电势高于接点 1 的电势，且此时测得 2、1 两点间的电势差为 U_1，则

$$U_1 = U_H + U_E + U_N + U_R + U_0 > 0$$

I 不变，B 换向：　$U_2 = -U_H - U_E - U_N - U_R + U_0 < 0$

I 换向，B 不变：　$U_3 = -U_H - U_E + U_N + U_R - U_0 < 0$

I 与 B 同时换向：　$U_4 = U_H + U_E - U_N - U_R - U_0 > 0$

由以上四个等式联立可解得如下关系

$$U_H = \frac{1}{4}(U_1 - U_2 - U_3 + U_4) - U_E$$

考虑到 U_2、U_3 本身为负值，则上式又可改写为

$$U_H = \frac{1}{4}(U_1 + |U_2| + |U_3| + U_4) - U_E \tag{3-82}$$

一般 U_E 比 U_H 小得多，故实验中若取电流和磁场的四种工作状态，测出结果，求其平均，则基本可消除附加效应所带来的误差。当然，若对测量的准确度要求较高，则还需设法减小 U_E，最简便的方法是将工作电流 I 由直流改为交流，使其温度差来不及建立，从而消除 U_E 的影响。

【仪器装置介绍】

1. 霍尔效应仪

实测电路如图 3-56 所示，霍尔效应仪由霍尔元件、带铁心的线圈、带刻度尺的座架以

及三个换向开关 S_1、S_2、S_3 组成。

图 3-56 所示中，线圈的两端通过换向开关 S_1 与外电路连接，合上 S_1，则线圈中有电流流过，从而产生一个垂直于霍尔元件所在平面的磁场，马蹄形铁心起增强磁场的作用；霍尔元件是一块半导体材料的薄片，固定在带刻度的座架上，调节座架上两个旋钮，可在一定范围内改变霍尔元件所处的位置；霍尔元件的左、右两侧各引出一根线接于开关 S_2，合上 S_2，元件内将有一个从 3→4 或从 4→3 的电流通过，霍尔元件的上、下两端也各引出一根线，通过开关 S_3 与电位差计相连，用于测量霍尔片上的霍尔电压；显然，S_1、S_2 采用换向开关是为了方便地改变磁场和工作电流的方向，S_3 采用换向开关是为了方便地调节 U_H 与电位差计内部电势并联关系。

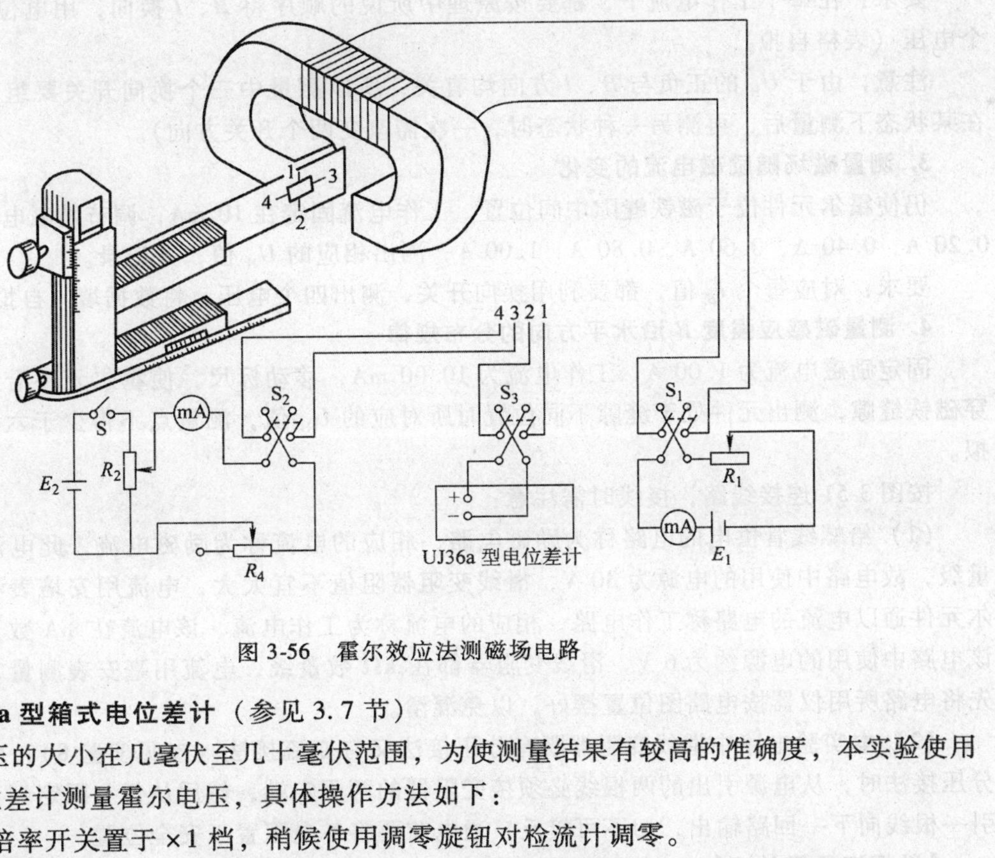

图 3-56 霍尔效应法测磁场电路

2. UJ36a 型箱式电位差计（参见 3.7 节）

霍尔电压的大小在几毫伏至几十毫伏范围，为使测量结果有较高的准确度，本实验使用 UJ36a 型电位差计测量霍尔电压，具体操作方法如下：

（1）将倍率开关置于 ×1 档，稍候使用调零旋钮对检流计调零。

（2）将扳键开关扳向“标准”档（压住），调节“电流调节”旋钮，对检流计调零。

（3）将扳键开关扳向“未知”，调节步进读数盘（小轮）和滑线读数盘（大轮），使检流计指针再次指零，则小轮示数 + 大轮示数即为 U_H 值。注意，调节时动作不要太快。

此外，操作时还需注意以下问题：

（1）只有当 U_H 极性与电位差计内部电源极性相同（并联）时，才能根据补偿原理测出霍尔电压，因此，若测量中检流计指针始终偏向一边，可能 U_H 与电位差计内部电动势是串联，应考虑改变 S_3 的方向。

（2）连续测量中，要经常重复操作步骤（2），以保证电位差计内标准电流恒定。

（3）仪器使用完毕，将倍率开关旋向“断”，扳键开关置于中间位置。

【实验内容】

1. 判断载流子类型及半导体元件类型

在任一B、I方向下，调节电位差计平衡后，分别由各电源正极出发，查找磁场方向、工作电流方向，以及U_H的极性，将结果记录于示意图中（注意：S_2、S_3开关上，导线头打有标记）。

2. 测量霍尔电压与工作电流的关系

使霍尔元件大致位于磁铁缝隙中间位置，调节励磁电流$I_B=1.00$ A，改变工作电流I，使其依次取2.00 mA，4.00 mA，6.00 mA，8.00 mA，10.00 mA，测出相应的U_H值，并记录。

要求：在每个工作电流下，都要按原理中所说的顺序将B、I换向，用电位差计测出4个电压（表格自拟）。

注意，由于U_H的正负与B、I方向均有关，所以测量中三个换向开关要组合使用（即在某状态下测量后，再测另一种状态时，一次需改变两个开关方向）。

3. 测量磁场随励磁电流的变化

仍使霍尔元件位于磁铁缝隙中间位置，工作电流固定在10 mA，调节励磁电流，使之取0.20 A，0.40 A，0.60 A，0.80 A，1.00 A，测出相应的U_H值，并记录。

要求：对应每个I_B值，都要利用换向开关，测出四个电压，将数据填入自拟的表格中。

4. 测量磁感应强度B沿水平方向的分布规律

固定励磁电流为1.00 A，工作电流为10.00 mA，移动标尺，使霍尔元件沿水平方向横穿磁铁缝隙，测出元件处于缝隙不同位置时所对应的U_H值，测量点不得少于六个，表格自拟。

按图3-51连接线路，接线时需注意：

（1）给螺线管供电的电路称为励磁电路，相应的电流称为励磁电流，此电流在安培数量级，故电路中使用的电源为30 V，滑线变阻器阻值不宜太大，电流用安培表测量；给霍尔元件通以电流的电路称工作电路，相应的电流称为工作电流，该电流在mA数量级，因此该电路中使用的电源约为6 V，滑线变阻器都在kΩ数量级，电流用毫安表测量，接线前须先将电路所用仪器按电路图位置摆好，以免混淆。

（2）本实验电路中滑线变阻器既有分压接法又有变流接法（参见实验8），变阻器采用分压接法时，从电源引出的两根线必须接变阻器的两固定端，然后从任一固定端和滑动端各引一根线向下一回路输出，切不可接反！通电前要将各电阻置于安全位置。

【数据记录及处理】

将各测试内容所得结果记录于自拟的表格中，并按以下要求处理数据：

1. 判断载流子类型及半导体元件类型

假定元件内是空穴导电，则可依据B、I方向判定U_H的极性，将所得结果与实测结果进行比较，一致则为P型半导体，反之为N型半导体。

2. 霍尔电压随I的变化

将每个工作电流下测出的U_H值取平均，作U_H-I曲线。

3. 磁场随I_B的变化

对每个励磁电流下测出的四个U_H值取平均，再利用式（3-81）求出相应的B值，作B

$-I_B$ 曲线。

4. B 沿水平方向（x）的分布规律

将测得的各点 U_H 值代入式（3-81），求出相应的磁感应强度 B，作 B-x 曲线。

【思考题】

（1）为什么霍尔效应在半导体材料中更显著？

（2）霍尔系数 R_H 与半导体中载流子类型有何关系？

（3）若磁感应强度 B 的方向与霍尔元件不垂直，则对实验结果有何影响？

（4）测量过程中，若电位差计始终偏向一侧，调不平衡，则可能是什么原因？应如何排除故障？

（5）你能否提出一种利用霍尔效应测量其他物理量的方案（例如测电流、转速、运动速度、位移等）？

【小结】

磁测量技术的应用非常广泛，如计算机中用于软、硬盘信息存储的技术；地球物理领域中用于测量地磁变化、探矿、考古、地震预报等；空间技术中用于测量星体或地球周围磁场；高能物理领域中用于测量各种加速器磁场；军事上用于测量弱磁场、排雷等；医学上用于测量心脏磁场、绘制心磁图、测血清磁化率，以及各种磁疗仪等；生物工程上用于测量蛋白质的磁性及物质结构；化学工程上用于测量催化剂的磁化率等等。总之，磁测技术应用前景很好，应该很好地学习和掌握。

实验16 用冲击法测螺线管磁场

用冲击电流计进行各种测量常称为冲击法测量。冲击法虽然是一种经典方法，但由于它可对磁学量进行绝对测量，故至今仍是国际上公认的测试磁性材料直流参数的标准方法；同时冲击法还可对间接磁测量仪器进行定标和校准，所以它在磁学测量中占有很重要的地位。

【实验目的】

（1）了解用冲击电流计测量磁场的基本原理。

（2）学习使用冲击电流计。

（3）通过对螺线管轴线上磁场的测量结果与理论计算结果相比较，加深对螺线管磁场的理解。

【预习重点】

（1）冲击电流计的结构、原理和使用方法。

（2）冲击法测螺线管轴线磁场的原理和方法。

（3）各种电阻的使用方法。

（4）电路图中各开关作用及使用方法。

【实验仪器与用具】

冲击电流计、标准互感器、长直螺线管、稳压电源、探测线圈、直流毫安表、电阻箱、滑线变阻器、换向开关、双刀双掷开关、阻尼开关。

【实验原理】

1. 冲击电流计的结构及工作原理（见实验11）

2. 长直螺线管轴线上的磁场

图 3-57a 为一长直密线螺线管，管上每单位长度有 n 匝线圈，通以电流 I，设螺线管置于空气中，则由理论计算可推出螺线管轴线上某点的磁感应强度为

$$B = \frac{1}{2}\mu_0 nI(\cos\beta_2 - \cos\beta_1) \tag{3-83}$$

式中，μ_0 为真空中的磁导率（$\mu_0 = 4\pi \times 10^{-7}\ \mathrm{H \cdot m^{-1}}$），$\beta_1$、$\beta_2$ 分别为轴线上某点到两顶端的连线与轴之间的夹角，当螺线管的半径远小于其长度时，螺线管可看作无限长，对于管的中部，有 $\beta_1 \to \pi$，$\beta_2 \to 0$，故

$$B = \mu_0 nI \tag{3-84}$$

而对于螺线管两端点，有

$$B = \frac{1}{2}\mu_0 nI \tag{3-85}$$

将螺线管轴线上各处磁感应强度分布用曲线表示，则如图 3-57b 所示。

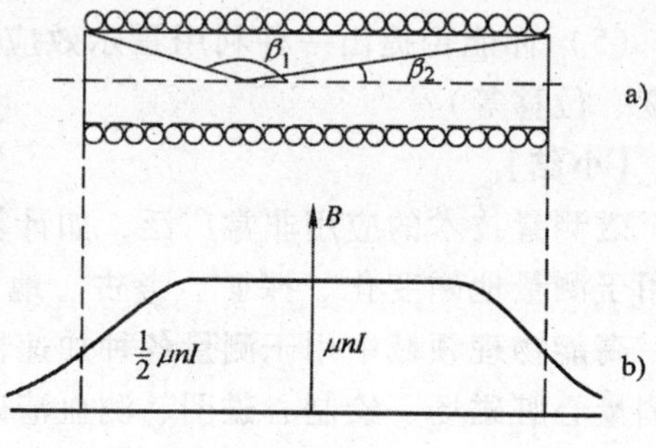

图 3-57 密绕螺线管及其轴线上的磁场分布

3. 用冲击法测螺线管磁场的原理

用冲击电流计测量磁场的基本原理是电磁感应定律。

测量电路如图 3-58 所示。欲测螺线管轴线上某处 B 值，可将一匝数为 N、线圈面积为 S 的小探测线圈置于该处，且使线圈平面与磁感应线相垂直。实验中，利用换向开关 S_1 使螺线管中的电流突然反向（由 $I \to -I$），则根据电磁感应定律，探测线圈中产生的感应电动势为

$$\mathscr{E} = -\frac{\mathrm{d}\Phi}{\mathrm{d}t} = -NS\frac{\mathrm{d}B}{\mathrm{d}t} \tag{3-86}$$

相应地，测量回路（由探测线圈、冲击电流计、标准互感的次级线圈以及电阻箱组成）中的感应电流为

$$i = \frac{\mathscr{E}}{R} = -\frac{1}{R}\frac{\mathrm{d}\Phi}{\mathrm{d}t} = -\frac{NS}{R}\frac{\mathrm{d}B}{\mathrm{d}t} \tag{3-87}$$

式中，R 为测量回路的总电阻。在改变电流的过程中，通过冲击电流计迁移的电荷量为

$$q = \int_0^\tau i\mathrm{d}t = \int_{+B}^{-B} -\frac{NS}{R}\mathrm{d}B = \frac{2NS}{R}B \tag{3-88}$$

将式（3-88）改写，可得

$$B = \frac{R}{2NS}q \tag{3-89}$$

由实验 11 可知，通过冲击电流计的电荷量 q 与电流计光标产生的第一次最大位移 d 成正比，即

$$q = Kd \tag{3-90}$$

式中，K 为比例系数，称为冲击电流计的电流常数，将式（3-90）代入式（3-89）中，可得

$$B = \frac{KR}{2NS}d \tag{3-91}$$

对给定的测量系统而言，N、S、R 是已知的，故实验中只要能测出相同条件下的 K 和 d，就

可求得磁感应强度 B。

4. 电流常数 K 的测量

K 值可通过标准互感器测出。方法为将开关 S_2 合向标准互感一侧，图 3-58 中，电源回路与标准互感 M 的初级线圈相联，当回路中电流由 $I\to -I$ 时，互感次级线圈中产生的感应电动势为

$$\mathscr{E} = -M\frac{\mathrm{d}i'(t)}{\mathrm{d}t}$$

式中，M 为互感，此过程相应迁移的电荷量为

$$q' = \int_0^{\tau} i'(t)\,\mathrm{d}t = \int_{I'}^{-I'} -\frac{M}{R}\mathrm{d}i'(t) = \frac{2MI'}{R} \tag{3-92}$$

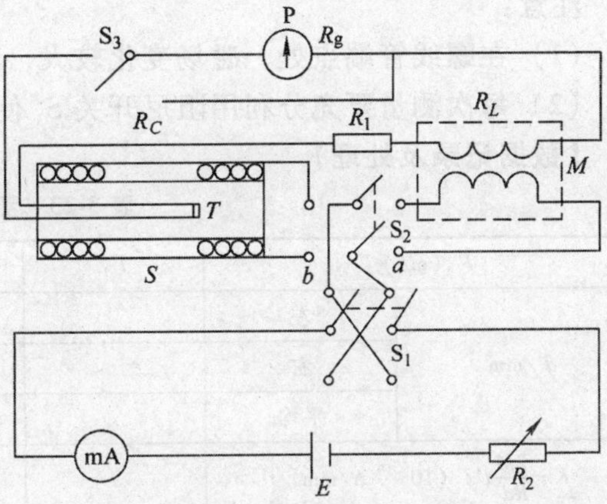

图 3-58 测磁感应强度电路

借助于式（3-90），K 可表示为

$$K = \frac{2M}{Rd'}I' \tag{3-93}$$

式中，d'为初级线圈中电流变化引起的电流计最大偏转。上式表明，K 值与测量回路的总电阻 R 有关，所以每次使用冲击电流计时，对于确定的回路，都要先测量电流常数 K，再对未知量进行测量，且测 K 和测 B 所对应的回路电阻要完全一致。

【仪器装置介绍】

（1）电阻箱及换向开关的使用参见本教材 3.1 节。

（2）冲击电流计的使用和注意事项（参见 3.6 节及实验 13）。

【实验内容】

按图 3-56 连线，注意仪器摆放位置要合理，在实验过程中，可能影响磁场的仪器（如滑线变阻器、铁磁性器件等）应离长直螺管远一些，线路连好后须经教师检查方可通电，并测试以下内容：

1. 测量电流计常数

对冲击电流计调零后，将开关 S_2 合向 M，调节滑线变阻器 R_2，使互感器初级线圈中的电流依次为 I'_1，I'_2，…，I'_5，记下当用换向开关换向时冲击电流计的最大偏转，且为消除光标左右偏转不对称引起的系统误差，对应每个 I'值，均要使光标向左、右各偏转一次，取其平均值。将测得数据填入表 3-23。

注意：

（1）为使光标尽快停止摆动（$R_C+R_L+R_1$）的值要尽量接近电流计的外临界电阻值。

（2）通电前，R_2 应置于安全位置，通电后电流由小到大逐渐增加，以免损坏仪器。

2. 测量螺线管轴线上的磁感应强度分布

将图 3-58 中开关 S_2 合向 S，使螺线管中通以电流 I，改变探测线圈在螺线管中轴线上的不同位置，分别测量当电流换向时电流计的最大偏转 d，且与前一步操作同理，对应螺线管中的每个测量位置，均要使光标向左、右各偏转一次，取其平均，将测得的数据填入自拟的

表格中。

注意：

(1) 在螺线管端点处，磁场变化较大，移动距离要小些。

(2) 每次测量要充分利用阻尼开关 S_3 使光标尽快停稳。

【数据记录及处理】

表 3-23 测量电流常数 K $R_C+R_L+R_1=R_{临界}=$ ____

I' (mA)		I'_1	I'_2	I'_3	I'_4	I'_5
d'/mm	左					
	右					
	平均					
$K=\frac{2M}{Rd'}I'$/ (10^{-10} A/mm)						

(1) 由表 3-23 的数据算出电流常数 K 的平均值和不确定度，并完整表示出测量结果。

(2) 由式 (3-91) 计算出各点的磁感应强度 B，并将螺线管中的测量值与理论计算值 ($B_{理}=\mu_0 nI$) 相比较，求出相对误差。

(3) 根据测量数据，以 x 为横轴，B 为纵轴，作出 $B-x$ 曲线。

【思考题】

(1) 冲击电流计与灵敏电流计在构造、用途和使用方法上有什么区别？是否可以互相代用？

(2) 图 3-58 电路中，各开关的作用是什么？S_3 应如何使用？

(3) 当用换向开关使电流进行正反两次换向时，冲击电流计为什么会产生左右不同的偏转？

(4) 测量时要求回路电阻 R 不变，若测 d 时比测 d'时回路电阻减小，会给 B 的测量结果带来什么影响？

实验 17 电子示波器的原理和应用

示波器是一种可以显示被测信号的波形，并能够记录、存储、处理、研究变化过程中波形参数的测量仪器，在现代科研和生产中应用非常广泛。依工作原理的不同，示波器可分为电子示波器（又称阴极射线示波器）和电磁示波器（又称光线示波器或振子示波器）。本实验使用的是前一种。

【实验目的】

(1) 了解电子示波器的基本结构和工作原理。

(2) 学习使用示波器观察各种电信号的波形，学习测量电压信号的大小及频率。

(3) 学习低频信号发生器的使用。

【预习重点】

(1) 示波器的基本结构和工作原理。

(2) 了解双踪示波器各旋钮开关的作用、调节方法，以及它们的功能与示波器电路结构、工作原理的联系。

(3) 低频信号发生器的使用。

(4) 用示波器测量信号电压幅值、周期、频率的方法以及测量磁滞回线的方法。

【实验仪器与用具】

双踪示波器、低频信号发生器、整流波形仪等。

【实验原理】

1. 示波器简介

(1) 示波器基本结构及工作原理　电子示波器能够将被测信号的瞬变过程以曲线、图形、字符或数据参数的形式清晰地展现在荧光屏上，便于直接观察和定量分析，而且许多可以转换成电压信号的电学量（电流、电功率等）和非电学量（加速度、应力、温度、磁场、频率等）以及这些量随时间的变化过程均可通过示波器进行观测和分析。

示波器的规格和型号很多，但不管什么型号的示波器，其主要组成部分均为：示波管（CRT）、X 轴和 Y 轴电压放大器、扫描电路、电源等（有的还带标准信号源）。示波器的工作原理见图 3-59。

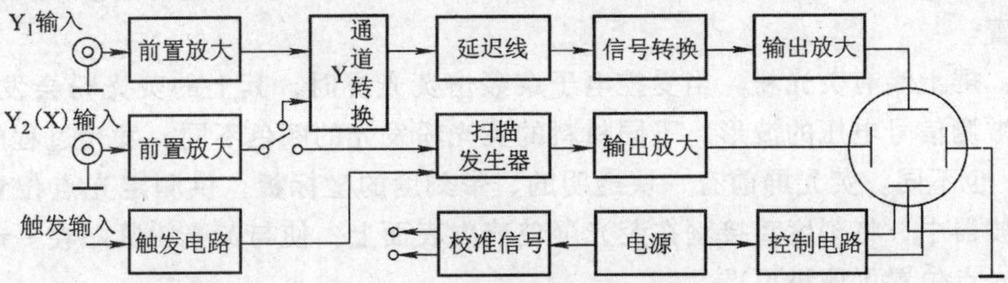

图 3-59　示波器电路原理框图

由图 3-59 可看出，被测信号电压 U 从 Y 通道输入后，经过放大器放大（如 U 信号太大，则需衰减）加到示波器的 Y 轴偏转板上；同时，从扫描电路输出的锯齿波形扫描电压加到示波管的 X 偏转板上。这样，就能在荧光屏上重复出现被观测信号电压的波形。当 X 轴也要输入信号电压时，只需将扫描电路切断即可。

(2) 示波管的构造与工作原理　示波管是示波器的心脏，它由电子枪、偏转系统、荧光屏组成，所有装置密封在一个抽成高真空的玻璃管内，其构造如图 3-60 所示，各部分的工作原理分别为：

电子枪：由灯丝、阴极、栅极、第一阳极和第二阳极组成。灯丝通电后加热阴极；阴极是一个表面涂有氧化物的金属圆筒，被加热后发射电子；控制栅极是一个顶端有小孔的圆筒，套在阴极的外面，它的电位比阴极低，对阴极发射出来的电子起控制作用。因此只有初动能大于某一定值（$e\Delta U$）的电子才能穿过栅极顶端的小孔进入阳极，改变栅极电位，控制每秒钟射向荧光屏的电子数（即电子流强度），从而改变荧光屏上图像的亮度。显然，控制栅极的电位越低，电子射线的强度越弱，则反映在屏幕上图像的亮度越小。阳极电位比阴极电位高得多，且第二阳极的电位高于第一阳极，第一阳极主要对电子起聚焦的作用，故又称聚焦电极，第二阳极主要对电子起加速作用，故又称加速电极。适当调节控制栅极、第一阳极和第二阳极的电位，则可使电子束在荧光屏上形成一个约零点几毫米直径的小光点。可见，电子枪是用来发射和形成一束聚焦良好的细电子束的装置。

偏转系统：由两对互相垂直放置的 Y 偏转板和 X 偏转板组成，当给偏转板上加电压时，

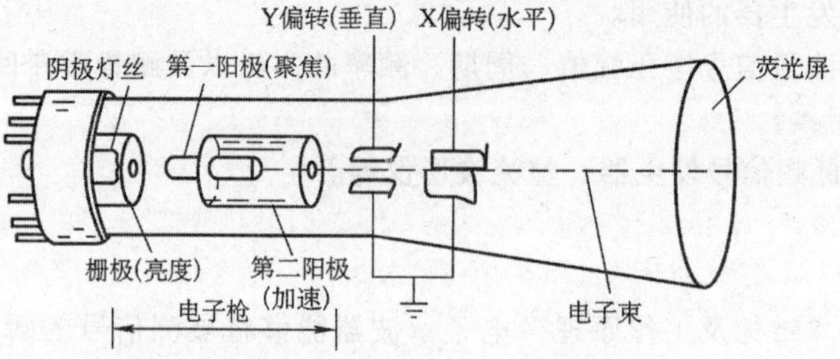

图 3-60 示波管构造示意图

电子束通过偏转板区域将受到电场力作用，运动方向发生偏转，且可以证明，电子束的偏转量正比于偏转板上所加电压的大小，即

$$d = KU \tag{3-94}$$

K 的物理含义为偏转板上单位电压所引起的电子束偏转量，称为偏转因子。可见，调节 Y 偏转板、X 偏转板上的电压值，可控制电子束在竖直方向和水平方向上的偏移，从而控制屏幕上的光斑位置。

荧光屏：屏上涂有荧光粉，当受控电子束轰击荧光屏时，其上的荧光粉会发出可见光，从而显示出被测信号电压的波形。不同材料的荧光粉发光的颜色不同，发光过程的持续时间（余辉时间）也不同。荧光屏前有一块透明的、带刻度的坐标板，供测定光点位置用。在性能较好的示波器中，将刻度直接刻在荧光屏玻璃内表面上，使与荧光粉紧贴在一起以消除视差，从而使光点位置可测得更准。

2. 示波器显示波形原理及测量原理

当示波器的两对偏转板上不加任何电压时，荧光屏上只出现一个光点，若在 Y 偏转板或 X 偏转板上施加某一信号电压，则电子束就沿该方向偏转。当信号频率大于 20 Hz 时，由于荧光粉的余辉和人眼的视觉暂留作用，将使观察者在屏幕上看到一条发光的线。

在实际使用示波器时，往往是在 Y 偏转板上加待测信号电压，例如

$$U_Y = U_m \sin\omega t \tag{3-95}$$

若此时 X 偏转板上不加电压，则光点将沿 Y 轴作简谐振动，一般 ω 足够大，故荧光屏上只能看到一条 Y 轴方向的稳定直线（见图 3-61），要想看到 Y 轴所加的正弦波形，就需将光点沿 X 轴方向拉开，也即在 X 偏转板上加扫描电压。此时电子束将在两个相互垂直力的作用下沿合力方向运动。

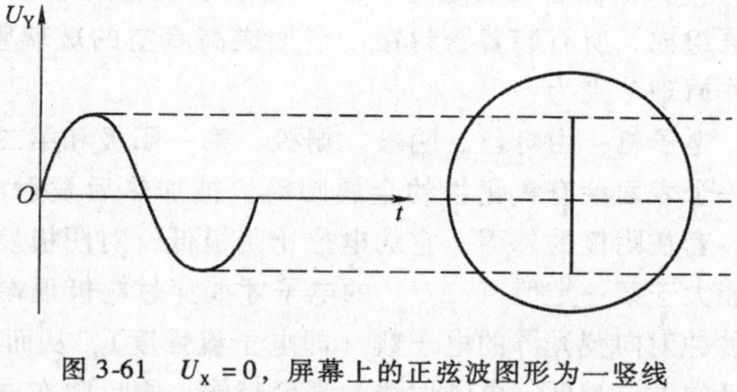

图 3-61 $U_X = 0$，屏幕上的正弦波图形为一竖线

一般示波器的扫描方式为直线扫描，也即在 X 偏转板上加锯齿波电压来实现，电压的大小与时间成正比关系，即

$$U_X = K't \tag{3-96}$$

K'为比例系数。锯齿波扫描电压波形见图 3-62，此电压将使光点在作竖直方向简谐振动的同时，沿水平方向匀速运动。能够证明，在锯齿波的作用下，Y 偏转板上的待测电压波形可以

还原地显示在荧光屏上，显示过程见图3-63，当扫描电压一个周期结束的瞬间，光点迅速回跳到 $x=0$ 处。每个周期重复相同的扫描过程（光点沿 x 轴线性变化及反跳回原点的过程称为扫描），只要正弦波的频率足够高，前面扫出的波形图还没消失，后面的波形又重迭在上面，如果各个周期扫出的图形都一样，则屏幕上可看到一个稳定的待测电压波形图。

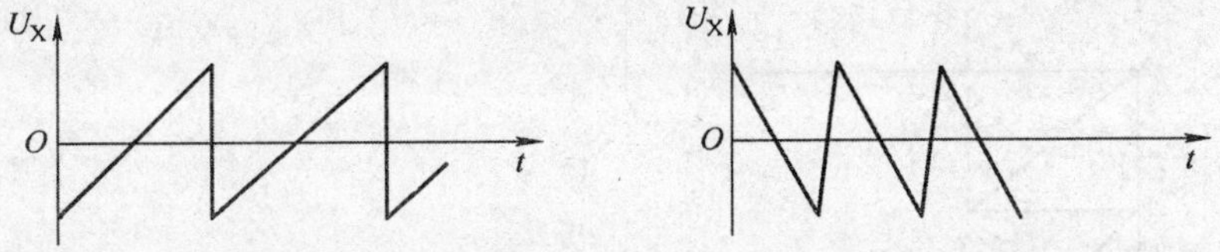

a)正向　　b)负向

图3-62　锯齿波扫描电压波形

扫描电压的周期（或频率）可以调节，当扫描电压的周期与待测电压周期相同时，荧光屏上将出现一个周期稳定的波形图，当扫描电压的周期 T_X 是待测电压周期 T_Y 的 n 倍时（也即 $f_Y=nf_X$，$n=1$，2 …），则荧光屏上将出现 n 个周期的待测电压稳定波形，此状态称为两偏转板上电压同步。目前多数示波器中是采用触发扫描电路来实现同步的。

在图形达到稳定的情况下，通过测量正弦波形的“振幅”Y，将振幅乘以相应的灵敏度 S（$=\frac{1}{K}$），则可求出待测正弦波的幅值，即

$$U_Y=SY \tag{3-97}$$

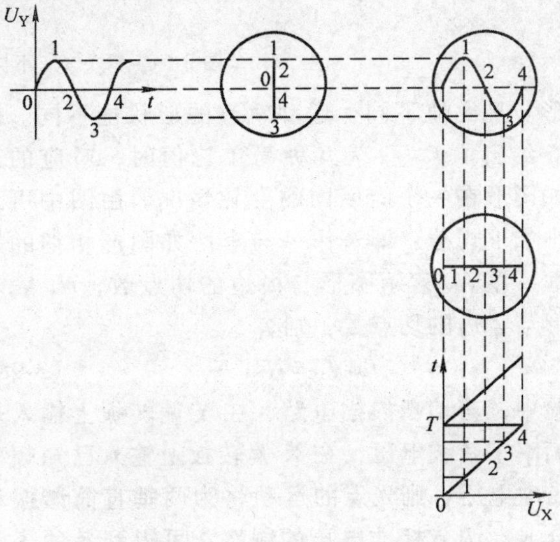

图3-63　显示图形的原理

显然，S 的含义为屏幕上电子束单位偏转所对应的偏转板上的电压值，式（3-97）就是利用示波器对未知电压进行测量的原理。

若 T_X 与 T_Y 之间不满足整数倍的关系（不同步），则屏幕上看到的将是一个移动着的不稳定的波形。图3-64表示的是 $T_X=\frac{5}{4}T_Y$ 的扫描结果，由于各次 U_X 开始扫描时对应的 U_Y 起点不同，则扫描电压每个周期扫出来的图形不同，图中，实线为锯齿波第一个周期扫描出的波形图，虚线为第二个周期扫描出的波形图，由于前一个图形还没消失，后一个图形又重迭上来，则波形好像在移动。

3. 用李萨如图形法测量未知电压的频率

前面讲到的测未知电压的方法，理论上也可用来测频率，但由于扫描电压频率指示不是很精确，故测出的未知电压频率值也只能是很粗略的，要想更精确地测定未知电压的频率，可采用李萨如图形法。

由振动学知识可知，当两相互垂直的简谐振动合成时，若两振动的频率 f_X、f_Y（或周期 T_X、T_Y）有一简单的整数比值关系，则合成振动为一稳定的封闭的运动轨道，称为李萨如

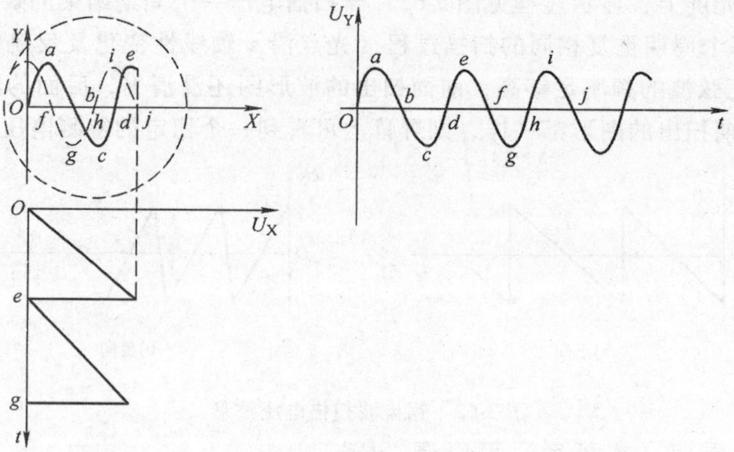

图 3-64 U_X、U_Y 不同步时显示的波形

图形。且比值不同，运动轨道的形状也不同。图3-65给出了f_Y:f_X为几种简单比值时，对应的李萨如图形在一个周期内的变化情况。由图中可总结出如下规律：即若作一与李萨如图形相切的矩形框，用N_X表示图形与横边的切点数，N_Y表示图形与竖边的切点数，则有

$$f_Y : f_X = N_X : N_Y \qquad (3\text{-}98)$$

实验中，若切断扫描电路，在Y偏转板上输入未知频率正弦波电压，在X偏转板上输入已知频率正弦波电压，则光点的运动将为两垂直简谐振动的合成，调节标准电压的频率，可得到各种李萨如图形，将图形在水平方向上的切点数和竖直方向上的切点数以及f_X的数值代入式（3-98），即可求出未知电压频率f_Y的值。

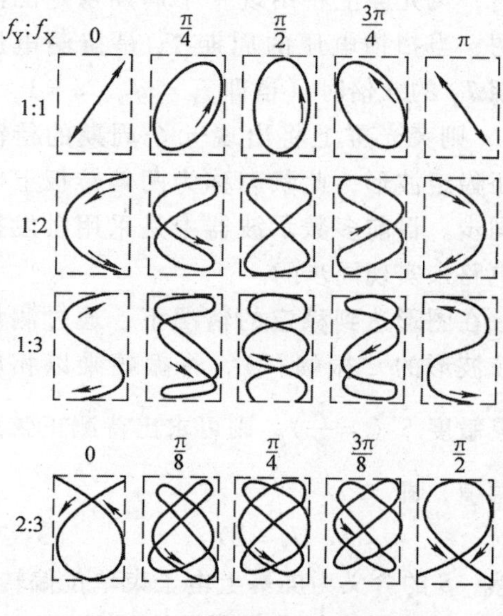

图 3-65 各种频率比的李萨如图形

注意，从振动合成的角度来说，李萨如图形应该是稳定的，但实验中，由于两振动来自不同的电源，故两者的周相差将是缓慢变化的，图形不能够完全定在屏幕上，只能在调节f_X达到图形变化最慢的情况下进行测量。

【仪器装置介绍】

1. 双踪示波器的使用

GOS－620 20 MHz 双轨迹示波器面板图见图3-66，图中各标号含义分别为

CRT 显示屏：

2：INTEN，轨迹及光点亮度控制钮

3：FOCUS，轨迹聚焦调整钮

4：TRACE ROTATION，使水平轨迹与刻度线成平行的调整钮

6：POWER，电源开关。

33：FILTER，滤光镜片，可使波形易于观察。

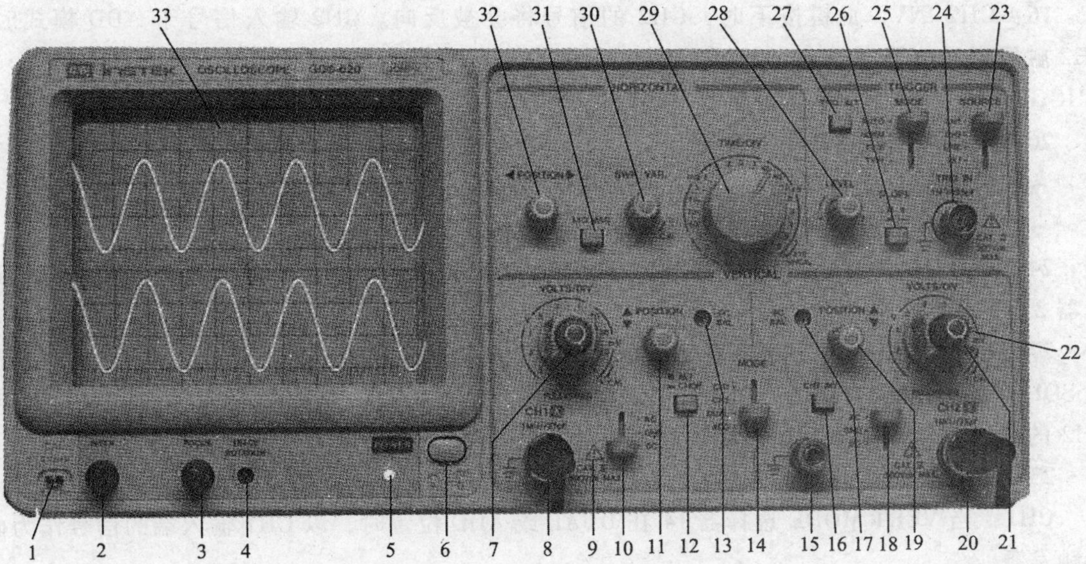

图 3-66 GOS－620 示波器面板图

VERTICAL 垂直偏向

7，22：VOLTS/DIV，垂直衰减选择钮，以此钮选择 CH1 及 CH2 的输入信号衰减幅度，范围为 5mV/DIV～5V/DIV，共 10 档。

10，18：AC－GND－DC，输入信号耦合选择按键组：

AC：垂直输入信号电容耦合，截止直流或极其低频信号输入。

GND：按下此键则隔离信号输入，并将垂直衰减器输入端接地，使之产生一个零电压参考信号。

DC：垂直输入信号直流耦合，AC 与 DC 信号一齐输入放大器。

8：CH1（X）输入，CH1 的垂直输入端；在 X－Y 模式中，为 X 轴的信号输入端。

9，21：VARIABLE，灵敏度微调控制，至少可调到显示值的 1/2.5 倍。在 CAL 位置时，灵敏度即为档位显示值。当此旋钮拉出时（×5MAG 状态），垂直放大器灵敏度增加 5 倍。

20：CH2（Y）输入，CH2 的垂直输入端：在 X－Y 模式中，为 Y 轴的信号端。

11，19：POSITION，轨迹及光点的垂直位置调整钮。

14：VERT MODE，CH1 及 CH2 选择垂直操作模式：

CH1：设定本示波器以 CH1 单一频道方式工作。

CH2：设定本示波器以 CH2 单一频道方式工作。

DUAL：设定本示波器以 CH1 及 CH2 双频道方式工作，此时可切换 ALT/CHOP 模式来显示两轨迹。

ADD：用以显示 CH1 及 CH2 的相加信号；当 CH2 INV 键 16 为压下状态时，即可显示 CH1 及 CH2 的相减信号。

17，13：CH1 & CH2，调整垂直直流平衡点。

12：ALT/CHOP，当在双轨迹模式下，放开此键，则 CH1 & CH2 以交替方式显示（一般使用于较快速之水平扫描文件位）。当在双轨迹模式下，按下此键，则 CH1 & CH2 以切割方式显示（一般使用于较慢速之水平扫描文件位）。

16：CH2 INV，此键按下时，CH2 的信号将会被反向。CH2 输入信号于 ADD 模式时，CH2 触发截选信号（Trigger Signal Pickoff）亦会被反向。

TRIGGER 触发：

26：SLOPE，触发斜率选择键

+：凸起时为正斜率触发，当信号正向通过触发准位时进行触发。

-：压下时为负斜率触发，当信号负向通过触发准位时进行触发。

24：EXT TRIG. IN，TRIG. IN 输入外部触发信号。欲用此端子时，须先将 SOURCE 选择器 23 置于 EXT 位置。

27：TRIG. ALT，触发源交替设定键，当 VERT MODE 选择器 14 在 DUAL 或 ADD 位置，且 SOURCE 选择器 23 置于 CH1 或 CH2 位置时，按下此键，本仪器即会自动设定 CH1 与 CH2 的输入信号以交替方式轮流作为内部触发信号源。

23：SOURCE，内部触发源信号及外部 EXT TRIG. IN 输入信号选择器。

CH1：当 VERT MODE 选择器 14 在 DUAL 或 ADD 位置时，以 CH1 输入端的信号作为内部触发源。

CH2：当 VERT MODE 选择器 14 在 DUAL 或 ADD 位置时，以 CH2 输入端的信号作为内部触发源。

LINE：将 AC 电源线频率作为触发信号。

EXT：将 TRIG. IN 端子输入的信号作为外部触发信号源。

25：TRIGGER MODE，触发模式选择开关。

UATO：当没有触发信号或触发信号的频率小于 25 Hz 时，扫描会自动产生。

NORM：当没有触发信号时，扫描将处于预备状态，屏幕上不会显示任何轨迹。本功能主要用于观察≤25 Hz 之信号。

TV - V：用于观测电视信号之垂直画面信号。

TV - H：用于观测电视信号之水平画面信号。

28：LEVEL，触发准位调整钮，旋转此钮以同步波形，并设定该波形的起始点。将旋钮向“+”方向旋转，触发准位会向上移；将旋钮向“-”方向旋转，则触发准位向下移。

水平偏向：

29：TIME/DIV，扫描时间选择钮，扫描范围从 0.2 μs/DIV 到 0.5 μs/DIV 共 20 个档位。

X - Y：设定为 X - Y 模式。

30：SWP. VAR，扫描时间的可变控制旋钮，若按下 SWP. UNCAL 键 19，并旋转此控制钮，扫描时间可延长至少为指示数值的 2.5 倍；该键若未压下时，则指示数值将被校准。

31：10MAG，水平放大键，按下此键可将扫描放大 10 倍。

32：POSITION，轨迹及光点的水平位置调整钮。

其他功能：

1：CAL（$2V_{P-P}$），此端子会输出一个 $2V_{P-P}$、1 kHz 的方波，用以校正测试棒及检查垂直偏向的灵敏度。

15：GCD，本示波器接地端子

2. GOS - 620 示波器基本使用方法

（1）单一频道基本操作法　本节以 CH1 为范例，介绍单一频道的基本操作法。CH2 单频道的操作程序是相同的，仅需注意要改为设定 CH2 栏的旋钮及按键组。

项目		设定
POWER	6	OFF 状态
INTEN	2	中央位置
FOCUS	3	中央位置
VERT MODE	14	CH1
POSITION	11、19	中央位置
VOLTS/DIV	7、22	2V/DIV

项目		设定
AC-GND-DC	10、18	GND
SOURCE	23	CH1
TRIGGER MODE	25	AUTO
TLME/DIV	29	0.5 mSec/DIV
POSITION	32	中央位置
×10MAG	31	凸起

按照上表设定完成后，请插上电源插头，继续下列步骤：

1）按下电开关 6，并确认电源指示灯 5 亮起。约 20 s 后 CRT 显示屏上应会出现一条轨迹，若在 60 s 之后仍未有轨迹出现，请检查上列各项设定是否正确。

2）转动 INTEN 2 及 FOCUS 3 钮，以调整出适当的轨迹亮度及聚焦。

3）调 CH1 POSITION 钮 11，使轨迹与中央水平刻度线平行。

4）将整流波形仪输出连接至 CH1 输入端 8，打开整流波形仪电源开关并将交流 - 直流转换开关打在交流上。

5）将 AC - GND - DC 10 置于 AC 位置，调节 7 及 22，此时 CRT 上会显示正弦波形。

6）调整 FOCUS 3 钮，使轨迹更清晰。

7）欲观察细微部分，可调整 VOLTS/D/V 7 及 TIME/DIV 29 钮，以显示更清晰的波形。

8）调整 POSITION 11 及 POSITION 32 钮，以使波形与刻度线齐平，并使电压（V_{p-p}）及周期（T）易于读取。

（2）双频道操作法　双频道操作法与（1）的步骤大致相同，仅需将 VERT MODE 14 置于 DUAL 位置。此时，显示屏上应有两条扫描线，CH1 的轨迹为正弦波，CH2 则因尚未连接信号，轨迹呈一条直线。

（3）ADD 之操作　将 MODE 选择器 14 置于 ADD 位置时，可显示 CH1 及 CH2 信号相加之和：按下 CH2 INV 键 16，则会显示 CH1 及 CH2 信号之差。为求得正确的计算结果，事前请先以 VAR 钮 9、21 将两个频道的精确度调成一致。任一频道的 POSITION 钮皆可调整波形的垂直位置，但为了维持垂直放大器的线性，最好将两个旋钮都置于中央位置。

（4）X - Y 模式操作说明　将 TIME/DIV 旋钮设定至 X - Y 模式，则本仪器即可作为 X - Y 示波器。其输入端关系如下：

1）设定 TIME/DIV 旋钮至 X - Y 位置（逆时钟方向至底），CH1 为 X 轴输入端，CH2 为 Y 轴输入端。

2）X 及 Y 之位置可调整水平 POSITION 及 CH2 POSITION 旋钮。

3）垂直（Y 轴）偏向感度可调整 CH2 VOLT/DIV 及 VAR 旋钮。

4）水平（X 轴）偏向感度可调整 CH1 VOLT/DIV 及 VAR 旋钮。

3. 音频信号发生器

本仪器是一种具有高度稳定性、宽频带的函数信号发生器。其外形设计典雅坚固，操作方便，频率范围为 0.1 Hz ~ 15 MHz，能直接产生正弦波、三角波、方波、斜波、脉冲波，且具有 VCF 输入控制功能，TTL/CMOS 可与 OUTPUT 作同步输出，波形对称可调并具有反向输出，直流电平可连续调节。数字窗口既可显示内部发生器的频率，也可显示 30 MHz 以下的外部输入信号的频率，还可选装调频/调频和调频/扫频功能。

（1）主要技术特性

1）频率范围：0.1 Hz－2 MHz（MFG－8216A）

0.1 Hz－5 MHz（MFG－8250A）

2）波形：正弦波、三角波、方波、正向或负向锯齿波、正向或负向脉冲波、TTL 脉冲波、（调频/调幅、调频/扫频可选）等。

3）输出

①阻抗：50 Ω±10%

②幅度：不小于 20 V_{p-p}（空载）

③衰减：20 dB、40 dB

（2）使用与维护　面板标志及功能说明见表 3-24 及图 3-67，后面板有 50 Hz 输出接口。

表 3-24　面板标志与功能说明

序号	面板标志	作　用
1	FUNCTION	1）1 输出波形选择 2）2 与 SYM、INV 配合，可得到正、负锯齿波和脉冲波
2	RANGE	频率选择开关与 7 配合选择工作频率
3	Hz/kHz	指示频率单位，灯亮有效
6	POWER	按下开关，电源接通
7	FREQ	与 2 配合选择工作频率
9	FINE	可微调频率
10	COUNTER	内外计频选择及外接信号衰减器
12	ATT 20 dB 40 dB	衰减 20 dB 或 40 dB
14	OUT PUT	输出波形由此输出，阻抗为 50 Ω
15	AMPL/INV	1）拉出时波形反向 2）调节输出幅度大小

4. 整流波形仪

整流波形仪面板布置见图 3-68，该仪器内有整流和滤波电路，当交流－直流转换开关打在交流时，转出 6.3 V，50 Hz 交流电，当交流－直流转换开关打在直流时，可输出全波整流、半波整流波形（此时一次滤波，二次滤波开关打在断），接通一次滤波、二次滤波开关可观察一次、二次滤波波形。

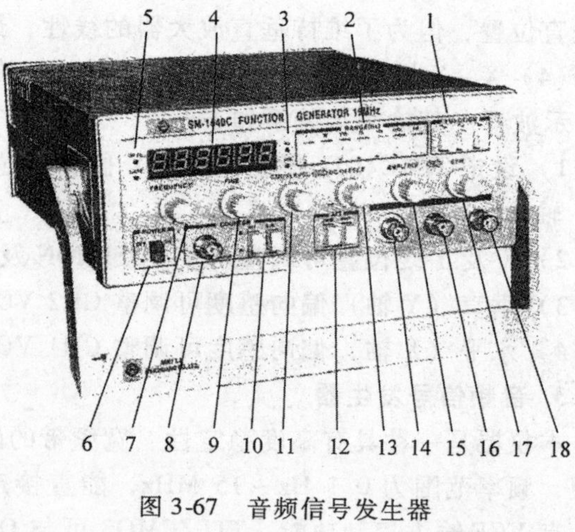

图 3-67　音频信号发生器

【实验内容】

1. 定量测量输入信号的电压值

（1）测量直流输入信号的电压值　测量前，按下 6 通电预热 3 min，然后通过旋钮 2、3 及旋钮 32、11、19，在屏幕上调出一个细小的亮点，并将其调至屏幕正中心（此时旋钮 29 置于“X - Y”，选择开关 10、18 置于“⊥”档）。

测量时，将待测电压（整流波形仪输出电压）接入 CH2 输入端，整流波形仪交流 - 直流转换开关扳至直流，全波 - 半波开关扳至全波，一次滤波和二次滤波开关扳向上，CH2 灵敏度旋钮 22 置于适当位置，CH2 耦合开关扳到“DC”档，记录荧光屏上光点偏离中心的高度 Y 及 CH2 灵敏度值。

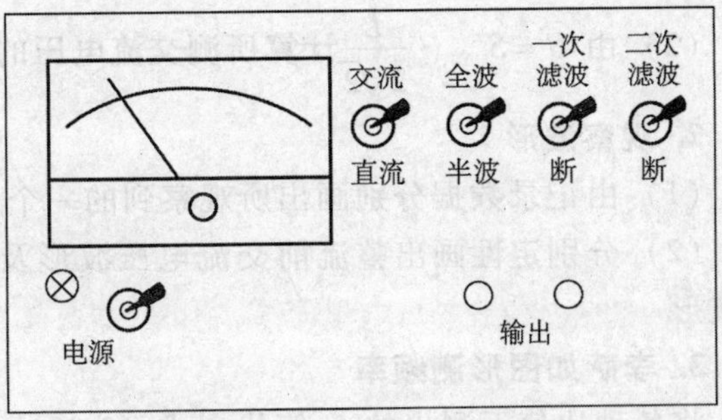

图 3-68　整流波形仪面板图

（2）测量整流波形仪输出的交流电压　将整流波形仪输出电压接入 CH2，将 CH2 耦合开关扳至“AC”档，整流波形仪交流 - 直流转换开关扳至交流，适当调节 CH2 灵敏度旋钮 22，可在屏幕上得一竖线，记录竖线的长度 L 和灵敏度值（注：L 为正弦波的峰峰值）

2. 观察波形

（1）观察一列正弦电压波形　将整流波形仪输出电压接入 CH2，整流波形仪交流 - 直流开关扳至交流（整流仪面板右侧选择开关全部扳向上），选择开关 14 置于“CH2”，18 置于“AC”，25 置于 AUTO 或 NORM，23 置于“CH2”，调节灵敏度旋钮 22，使屏幕上图形大小适中，然后调节扫描时间 29 及 28 旋钮，使图形稳定，调节移位旋钮，使图形居屏幕中间。

实验中，要求通过调节旋钮 29，在屏幕上分别得到一个周期、两个周期、三个周期的正弦波形（以上三个图形要对应同一个灵敏度值）记录灵敏度值及每个图形所分别对应的周期格数和幅值（峰峰值）格数。

（2）观察两列电压信号　在完成上一步操作的基础上，将选择开关 14 旋于“DUAL”档，则可看到屏幕上同时显现了两列正弦波形，此即双踪显示的含义（此时整流波形仪的输出接于 CH2 输入通道）。信号源输出接入 CH1 通道（请考虑，如何在屏幕上同时看到两条水平直线？两条直线对应的含义是什么?）。

（3）观察整流、滤波的波形　将开关 14 重新切换到“CH2”，调出具有三个周期的稳定波形，然后依次从左向右扳动整流波形仪的选择开关，可分别得到全波整流、半波整流、一次滤波、二次滤波的波形图，定性记录所观察到的五个波形。

3. 李萨如法测频率

将信号源输出的正弦波电压输入到 CH1，整流波形仪输出的交流信号输入到 CH2，29 置于 X - Y 位置，调节信号发生器输出频率，使图形变化尽可能缓慢，再调节两灵敏度旋钮，可得大小适中的李萨如图形。

实验中要求调出 1∶1，1∶2，1∶3 及 2∶3 的李萨如图形，记录相应的标准频率 f_x（信号发生器输出频率）和波形（定性记录，且每种频率比只画一个图）。

【数据处理】

1. 计算输入信号的电压值

（1）由 $U_Y = S_{Y_1} Y$ 计算所测直流电压值。

（2）由 $U = S'_{Y_1} \cdot \frac{L}{2\sqrt{2}}$ 计算所测交流电压的有效值。

2. 观察波形

（1）由记录数据分别画出所观察到的一个周期、两个周期、三个周期的正弦波形。

（2）分别定性画出整流前交流电压波形及半波整流、全波整流、一次滤波、二次滤波的波形。

3. 李萨如图形测频率

将各种比值下测出的 f_X 值代入式（3-98），求出整流波形仪输出电压频率的平均值。

【思考题】

（1）接通示波器电源预热 3 min 后，若屏幕上既无亮点又无扫描线，会是什么原因？应如何调节（示波器可正常工作）？

（2）用示波器观测未知电压时，被观测信号应从哪里输入？扫描电压是否一定要加？若加一直流电压，屏幕上将显示什么？

（3）如果①增大 Y 通道放大器的放大倍数；②增大扫描发生器发出的锯齿波上升沿斜率，屏幕上波形将如何变化？

（4）如果 Y 轴信号频率 f_Y 比 X 轴信号频率 f_X 大很多，在屏幕上会看到什么波形？反之，若 $f_Y \ll f_X$，又会看到什么波形？应如何调节？

（5）若被测信号幅度太大（在不引起仪器损坏的前提下），在屏上会看到什么图形？应如何调节？

（6）示波器灵敏度 S_X、S_Y 的示值各有什么含义？应如何选取灵敏度值？

（7）①若波形缓慢向左或向右转动，则是什么原因？应如何解决？②屏幕上波形稳定，但波的负半周图形落在正半周图形正下方，则是由什么原因导致的？应如何调节方可真实再现待测电信号的波形？

（8）可否利用李萨如图形来校准信号发生器的正弦波信号频率？应如何做？

实验 18 用磁聚焦法测定电子荷质比

电子电荷 e 和电子质量 m 之比 $\frac{e}{m}$，称为电子荷质比，它是描述电子性质的重要物理量。历史上，电子荷质比首先由 J. J. 汤姆孙于 1897 年在英国剑桥卡文迪许实验室测得，后来，密立根于 1911 年用油滴法测得了电子的电荷，进而推算出电子的质量。这两项杰出的成就不仅证明了电子的客观存在，而且进一步说明了原子是具有内在结构的。因此，电子荷质比的测定在近代物理学发展史上占有重要地位。

【实验目的】

（1）加深对电子在电场和磁场中运动规律的理解。

（2）了解电子射线束磁聚焦的基本原理。

（3）学习用磁聚焦法测定电子荷质比 e/m 的值。

【预习重点】

（1）示波管的构造及其各个电极的作用（参见实验 17）。

（2）带电粒子在电场和磁场中的运动规律。

（3）纵向磁聚焦测$\frac{e}{m}$的实验方法。

【实验仪器与用具】

阴极射线示波管、长直螺线管、直流稳压电源、直流安培计、直流伏特计、电子荷质比测定仪电源、换向开关等。

【实验原理】

1. 电子束的纵向磁场聚焦原理

纵向磁场是指与示波管轴线平行的磁场。将示波管插入一通电长直螺线管的中部，则可以认为示波管近似处于均匀纵向磁场中，如图3-69。

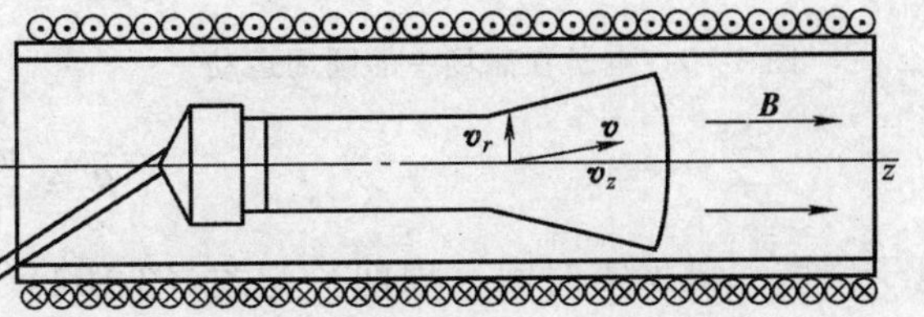

图3-69　示波管内纵向磁场

由电磁学理论可知，电子枪发射出来的电子在示波管中运动时将受到洛仑兹力的作用，其大小为

$$F = evB\sin(\boldsymbol{v},\boldsymbol{B}) \tag{3-99}$$

式中，v是电子运动速度的大小；B是均匀磁场的磁感应强度；（$\boldsymbol{v}$，$\boldsymbol{B}$）是电子速度方向与磁感应强度方向的夹角。依电子速度方向与$\boldsymbol{B}$的夹角不同，式（3-99）可分为下面几种情况：

（1）$\boldsymbol{v} \parallel \boldsymbol{B}$，则$\sin(\boldsymbol{v},\boldsymbol{B})=0$，得$F=0$，电子将沿原方向作匀速直线运动。

（2）$\boldsymbol{v} \perp \boldsymbol{B}$，$\sin(\boldsymbol{v},\boldsymbol{B})=1$，$F=evB$，由右手螺旋法则可知，此力的方向垂直于$\boldsymbol{v}$、$\boldsymbol{B}$构成的平面，即$\boldsymbol{F} \perp \boldsymbol{v}$，所以$\boldsymbol{F}$只能改变$\boldsymbol{v}$的方向，不能改变$\boldsymbol{v}$的大小，电子将在洛仑兹力的作用下作匀速圆周运动（洛仑兹力提供向心力），即

$$F = evB = m\frac{v^2}{R} \tag{3-100}$$

由式（3-100）整理可得电子作圆周运动的轨道半径为

$$R = \frac{mv}{eB} \tag{3-101}$$

式（3-101）中，R正比于速度v，说明速度越大的电子在磁场中转动的圆轨道半径越大，电子绕一周所需时间为

$$T = \frac{2\pi R}{v} = \frac{2\pi m}{eB} \tag{3-102}$$

可见，电子作圆周运动的周期T与电子运动速度无关，所以，当B一定时，所有从同一点出发的电子尽管它们各自的速度大小不同，但运动一周所用的时间都是相同的，故这些电子在旋转一周后，都将同时回到原来的位置（如图3-70所示）。

（3）$\boldsymbol{v}$与$\boldsymbol{B}$斜交（夹θ角），可将电子运动速度$\boldsymbol{v}$分解成与磁场方向平行的分量$\boldsymbol{v}_{/\!/}$及与磁场方向垂直的分量$\boldsymbol{v}_{\perp}$，如图3-71所示，由1）、2）分析可知，此时$\boldsymbol{v}_{/\!/}$将使电子在磁场方向作匀速直线运动；$\boldsymbol{v}_{\perp}$将使电子在垂直于磁场方向的平面内作匀速圆周运动，电子的实际运动为两种运动的合成，即运动轨迹为螺旋线，见图3-72，由式（3-101）可知，此螺旋线的回转半径为

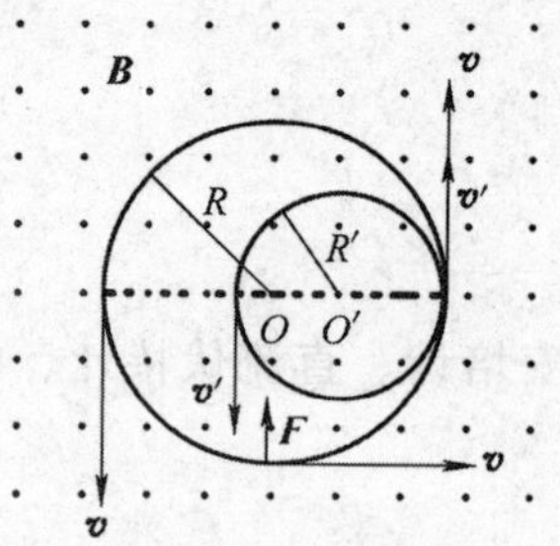

图 3-70　电子在磁场中的圆周运动

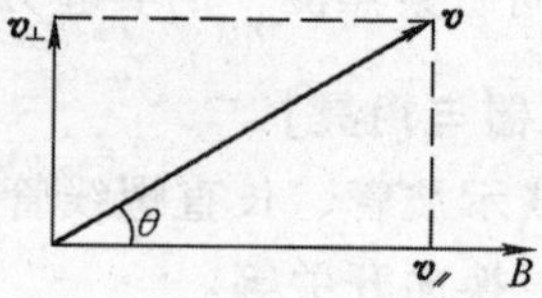

图 3-71　电子运动方向与磁场斜交

$$R = \frac{mv_\perp}{eB} \tag{3-103}$$

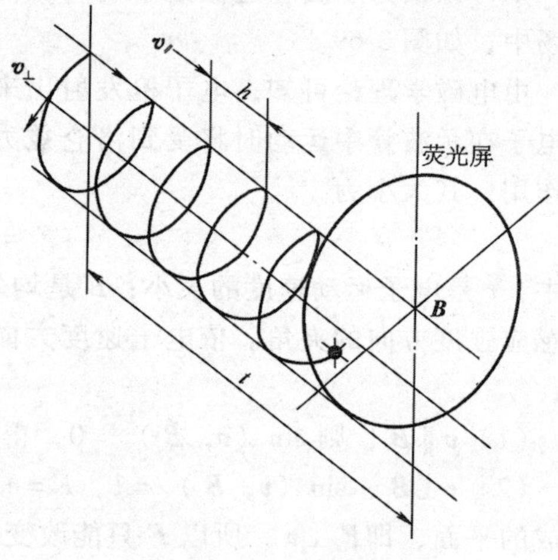

图 3-72　电子的螺旋运动

电子回转一周所需时间（周期）与式（3-102）相同，即

$$T_\perp = \frac{2\pi m}{eB} \tag{3-104}$$

故螺旋线的螺距为

$$h = v_{/\!/} T_\perp = \frac{2\pi m}{eB} v_{/\!/} \tag{3-105}$$

式（3-104）、式（3-105）表明，电子作螺旋运动时，其回转周期 $T_\perp$ 和螺距 h 均与垂直速度 $v_\perp$ 无关，故当磁场一定时，对 t 时刻从示波管中同一点出发的电子来说，各电子运动的螺旋轨道不同，但绕各自螺旋轨道运动一周所需的时间 $T_\perp$ 却相同，且只要各电子 $v_{/\!/}$ 数值相同，则各螺旋轨道的螺距也相同，故电子经过相同的周期数 $T_\perp$、$2T_\perp$ …后，将会聚于距离出发点为 h、$2h$…处，h 的大小由 B 和 $v_{/\!/}$ 的数值来决定，这就是纵向磁聚焦的理论依据。

2. 电子荷质比的测定方法

将式（3-105）改写后有

$$\frac{e}{m} = 2\pi \frac{v_{/\!/}}{Bh} \tag{3-106}$$

故若能测出 $v_{/\!/}$、h 和 B 值，代入式（3-106），即可求得荷质比$\frac{e}{m}$。

图 3-73 为测量线路图，测量中所使用的测量线路电源面板见图 3-74。图 3-73 中的示波管置于螺线管中部（图中未画出），并用电缆与电源背面的插座接好，实验时只需用导线插头把面板所示电极的插孔与相应电压插孔连接起来，即可获得所需的实验条件。本实验测定荷质比采用下列两种方法。

（1）等电位法测量　将示波管中第一阳极 A_1、第二阳极 A_2 以及 X、Y 偏转板全部和 U_2 连接起来，使这一部分成为等势区，则来自栅极附近的聚焦点的电子一进入阳极区，就在等势场中作匀速运动。由于电子束未经电聚焦，故在屏上形成一个大的亮斑。

1）纵向速度 $v_{/\!/}$：电子沿纵向磁场的运动速度值可由加速电压 U_2 确定，即由

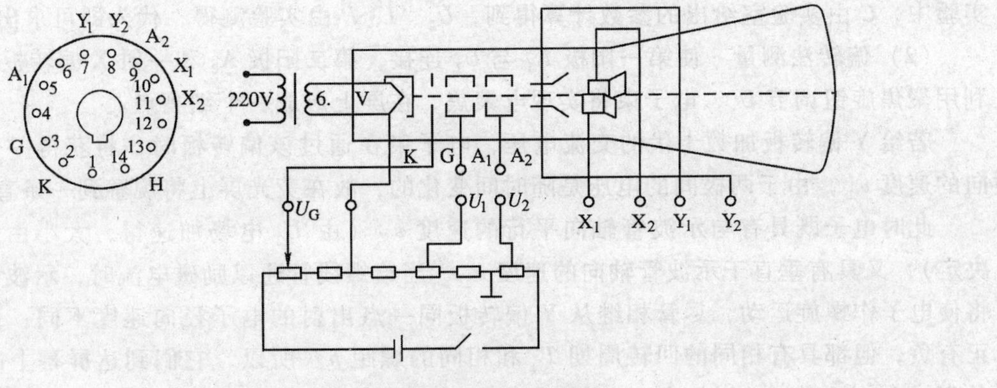

图 3-73 示波管各电极的接线图

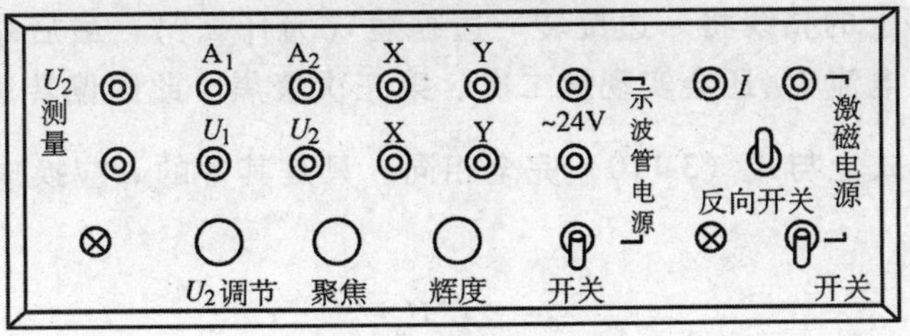

图 3-74 e/m 实验电源

$$\frac{1}{2}mv_{/\!/}^2 = eU_2$$

得

$$v_{/\!/} = \sqrt{\frac{2eU_2}{m}} \tag{3-107}$$

2）螺距 h：由式（3-105）可知，当 $v_{/\!/}$ 固定时（U_2 不变），h 随 B 的变化而改变，只有当电子束的出发点（聚焦点）到屏幕的距离 L 满足 h 的整数倍时，屏幕上才能观察到聚焦点，故当连续改变磁场 B（即改变螺线管的励磁电流）时，屏幕上可陆续观察到一系列的聚焦点，各聚焦点对应的螺距为

$$h = \frac{L}{P} \quad (P = 1,2\cdots) \tag{3-108}$$

3）磁感应强度 B：考虑到实验中使用的螺线管并非无限长，故对无限长螺线管磁感应强度公式修正后可得螺线管中间一段磁场 B 的计算公式为

$$B = K\mu_0 nI \tag{3-109}$$

式中，μ_0 为真空中磁导率，$\mu_0 = 4\pi \times 10^{-7}\,\mathrm{N/A^2}$；$n$ 为螺线管单位长度的匝数；I 是励磁电流；K 为修正系数，与螺线管的形状及线圈的绕制方法有关，本实验取 $K = 0.98$。

将式（3-107）、式（3-108）、式（3-109）代入式（3-106）得

$$\frac{e}{m} = \frac{8\pi^2 P^2 U_2}{K^2\mu_0^2 L^2 n^2 I^2} \tag{3-110}$$

令 $C = \frac{8\pi^2}{K^2\mu_0^2 L^2 n^2}$，则

$$\frac{e}{m} = \frac{CU_2 P^2}{I^2} \tag{3-111}$$

实验中，C 由实验室给出的参数计算得到，U_2、I、P 由实验测得，代入即可求出荷质比。

（2）偏转法测量　使第一阳极 A_1 与 U_1 连接，第二阳极 A_2 和一对 X 偏转板与 U_2 连接，利用聚焦旋钮调节 U_1，电子束将实现电聚焦，在屏上形成一个细亮点。

若给 Y 偏转板加数十伏的交流电压，电子束在通过该偏转板时，将获得一个垂直于轴向的速度 $v_\perp$，由于两极间的电压是随时间变化的，故在荧光屏上将观察到一条直线。

此时电子既具有与示波管轴向平行的速度 $v_{/\!/}$（由 U_2 电场加速得，大小由式（3-107）决定），又具有垂直于示波管轴向的速度 $v_\perp$，当给螺线管通以励磁电流时，示波管内的磁场将使电子作螺旋运动，尽管相继从 Y 偏转板同一点出射的电子径向速度不同，而且方向有正有负，但都具有相同的回转周期 $T_\perp$ 和相同的螺距 h。所以，它们到达屏幕上时都在同一条直线上，且增加 B（加大 I）时，各电子的回转半径及螺距都将减小（见式（3-103）、式（3-105）），因而屏幕上的亮线将一边旋转一边缩短（为什么?），最后缩成一个亮点，实现磁聚焦。若继续增大电流 I，还会实现第二次、第三次聚焦。此即偏转法测荷质比，该方法中，计算 $\frac{e}{m}$ 的公式形式上与式（3-110）完全相同，只是其中的 L 应换成 Y 偏转板中心到屏的距离 L'，即

$$\frac{e}{m} = \frac{C'U_2P^2}{I^2} \tag{3-112}$$

式中，$C' = \frac{8\pi^2}{K^2\mu_0^2L'^2n^2}$。

【实验内容】

1. 用等电位法测荷质比

首先，检查和调整示波管在螺线管中的位置，并调整螺线管方位与地磁场平行（西安地区为 50°29′），按图 3-73 接线，将 A_1、A_2、X_1、X_2、Y_1、Y_2 接成等电位，接好后请教师检查。

分别在 U_2 = 800 V，900 V，1000 V，1100 V，1200 V 条件下，将励磁电流由小加大，测量一次聚焦和二次聚焦的磁场电流，且将 I 换向后再测，将测得数据填入自拟的表格中。

注意：

（1）因线路中有高压，操作时应加倍小心，以防电击。

（2）为了减小干扰，螺线管支架应接地，其他铁磁物体应远离螺线管，且不测量时，应断开励磁电流，以免螺线管过热。

（3）在改变螺线管电流方向以前，应先调节励磁电源输出为“零”或最小，然后再扳动换向开关，使电流反向。

（4）聚焦光点应尽量细小，但不必太亮，以免难以判断聚焦的好坏。

（5）改变 U_2 值时，光点亮度会改变，此时需重新调节亮度及 U_2，以达到最佳测量状态。

（6）在切断高压电源之前，需将输出调至最低，否则，瞬时高压会损坏计数管。

2. 用偏转法测荷质比

取 U_2 为 800 ~ 1200 V 之间的某固定值，调节聚焦、亮度旋钮，使屏上亮线清晰，亮度适中。然后改变励磁电流，测量一次聚焦、二次聚焦所对应的励磁电流值，并换向后再测一

次，记录测量结果。

注意事项仍同1中所述。

【数据处理】

（1）将仪器型号、级别及原始数据等填入事先拟好的表格中。

（2）计算常数 C。

（3）对等电位法，要求出在各 U_2 值下励磁电流正、反方向的平均值，然后分别作出 $P=1$ 和 $P=2$ 时的 U_2-I^2 曲线，并由图线斜率及常量 C 求出 $\frac{e}{m}$，再取平均值。

（4）采用偏转法，在分别求出一次聚焦电流正反向的平均值 $\bar{I}_1$、二次聚焦电流的平均值 $\bar{I}_2$ 后，按公式

$$\bar{I}=\frac{\bar{I}_1+\bar{I}_2}{2} \tag{3-113}$$

求出相当于一次聚焦的磁场电流值，代入式（3-112）求出 $\frac{e}{m}$。

（5）求出两种方法的 $\frac{e}{m}$ 测量值与公认值的相对百分误差（公认值 $\frac{e}{m}=1.759\times10^{11}$ C/kg）。

【思考题】

（1）调节螺线管中电流 I 的目的是什么？

（2）实验中螺线管的电流方向要反向，为什么？

（3）静电聚焦（$B=0$）后，加偏转电压时，荧光屏上呈现的是一条直线而不是一个亮点，为什么？

（4）偏转法测量中加上磁场后，磁聚焦时，如何判定偏转板到荧光屏间是一个螺距而不是两个、三个或更多？

第4章 光 学

4.1 光学仪器的基本知识

光学仪器一般由光学系统和机械系统两部分组成，有些仪器还包括电气系统。

光学系统主要由各种透镜、棱镜、球面镜及平面镜等光学元件组成，光学元件的光学质量直接影响到仪器的准确度和使用。

机械系统主要由基座、导轨、轴系、齿轮、螺旋、凸轮机构、限动器及密封器等组成。通过这些机械装置可以达到固定光学零件的目的，还可以使光学系统按操作要求一维、二维或三维移动或转动。机械零件加工准确度和安装准确度也直接影响到仪器的准确度和使用效果。

光学元件大多用光学玻璃制成，对其光学性能都有一定要求，而它们的机械性能和化学性能都很差，怕碰，怕震，怕压；其表面在一定条件下容易生霉生雾，怕潮湿，怕玷污，怕灰尘，怕腐蚀性气体。

机械部件的特点是薄壁、细牙，精密零件多。壁薄怕撞击，怕径向施力；螺纹一般为细牙螺纹，在拆卸和装配过程中，如果未对准就拧，容易造成烂牙。机械零件加工准确度高，特别是蜗轮蜗杆付、螺杆螺母付、轴系和导轨等常为精密件，必须给予足够的润滑。

因此，在了解光学仪器特点的基础上，为了搞好光学仪器的维护，保持仪器原有准确度，延长使用寿命，使用光学仪器必须注意以下几点：

（1）使用仪器前，必须了解仪器的操作和使用方法，切不可在不了解仪器的操作和使用的情况下，随意调整和拆卸光学元件。搬动时，要防止光学元件位置移动。

（2）轻拿轻放，勿使光学仪器或光学元件受到冲击或振动，特别要防止摔落。

（3）不许用手触摸光学元件的光学面，须用手拿光学元件时，只能接触其磨砂面或边缘，如图4-1所示。

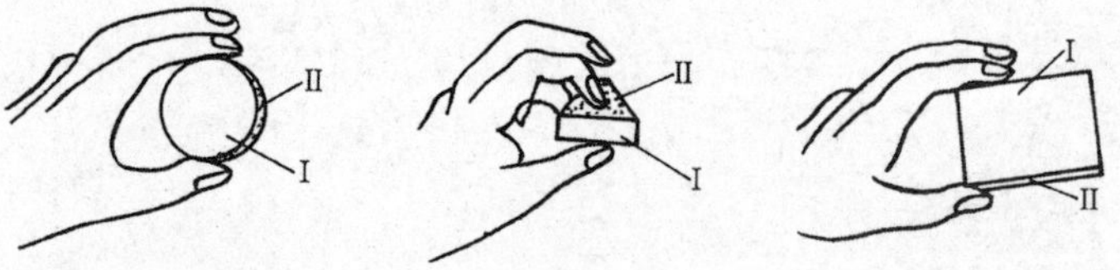

图4-1 手持光学元件的方式（Ⅰ光学面 Ⅱ磨砂面）

（4）光学元件表面上如有灰尘，应用专用的干燥脱脂软毛笔轻轻掸去，或用橡皮吹球吹掉，若光学表面有轻微污痕或指纹印，应用特制镜头纸或清洁的麂皮轻轻地拂去，不可加压擦拭，更不准用手、卫生纸和衣角擦拭。所有镀膜面均不能触碰或擦拭。

（5）除实验规定外，不允许任何溶液接触光学元件表面，不要对着光学元件表面说话，更不能对着它咳嗽，打喷嚏。

（6）光学仪器的机械结构一般都比较精密，操作时动作要轻而缓慢地进行，用力要平稳均匀，不得强行扭动，也不能超出其行程范围。若使用不当，仪器精度会大大降低，甚至损坏。

（7）所有锁紧螺钉、锁紧螺母不能拧得过紧。蜗轮蜗杆付、螺母螺杆付、导轨、微动手轮等尽量避免固定在某个位置长期重复使用。在使用过程中发现异常，应立即停止使用，待检修后才能继续使用。微动手轮在使用到头后，不要强行转动，应让粗动部位退回一点，才能继续使用微动手轮。

（8）实验完毕，光学元件不得随意乱放，应放回原箱（盒）内，注意防尘、防湿和防腐蚀。

4.2 眼睛光学

在光学实验中，常需要通过眼睛的观察作出某种主观判断。眼睛的构造是相当复杂的，但从光学原理上来说，眼球里的晶状体相当于一个凸透镜，其平均焦距约为 15 mm，视网膜相当于一个成像屏。要看清外界的物体，第一个条件是物体在视网膜上成一个实像。晶状体至视网膜的距离可看作不变，为了使物体成像在视网膜上，对于远近不同的物体，要靠睫状肌的松弛和紧张来改变晶体的曲率，这一过程称为眼睛调焦。观察无穷远的物体时，晶状体焦距增大，睫状肌处于松弛状态；观察近处物体时，晶状体焦距变短，睫状肌处于紧张状态。短期内不会使眼睛感到疲劳的距离一般为 25 cm，这一距离称为明视距离。如果物体至眼睛的距离小于 25 cm，观察起来容易疲劳，甚至看不清楚。看清外界物体的第二个条件是像具有一定的照度。瞳孔内的虹膜的启缩可以控制进入眼中的光通量，光强时瞳孔缩小，光弱时瞳孔放大。瞳孔的这一机能叫适应。但是，瞳孔的最大直径约为 8 mm，最小直径约为 2 mm，调节的范围就光通量可能通过的面积来说，相差不过 16 倍，而光的亮度变化可以在 10 万倍左右，这时要靠视网膜本身的机能来适应。当从阳光下走进暗室时，必须经过比较长的时间才能识别四周的物体，就是这个道理。看清物体的第三个条件是视角不能太小。如图 4-2 所示，用眼睛直接观察物体 AB，在视网膜上成像 $A'B'$，物体对眼睛的张角称为视角。眼睛能分辨的最小视角 δ 称为分辨本领或分辨率，一般人眼的分辨本领为$\delta = 1'$。

光学实验中经常碰到测量像的位置和大小的问题。要测量物体的大小，必须将量度标尺与被测物体紧靠在一起，否则，读数将随眼睛位置的不同而异，如图 4-3 所示。在光学实验中经常用一只眼睛通过仪器进行观察，这样就不容易判断标尺（分划板标尺或叉丝）是否与物体（经常是像）在同一平面内。利用视差可以帮助我们解决这一问题。当用一只眼睛

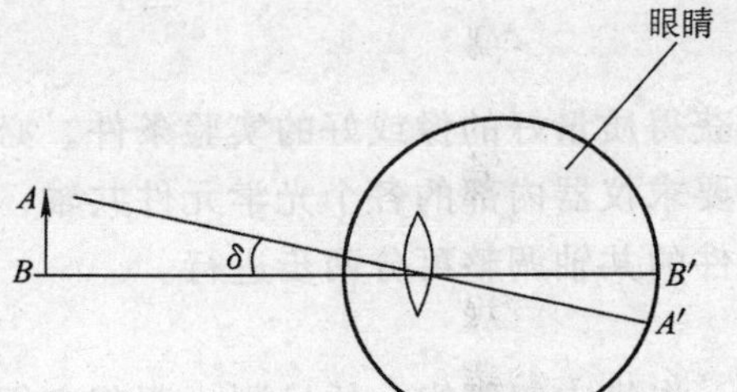

图 4-2 视角

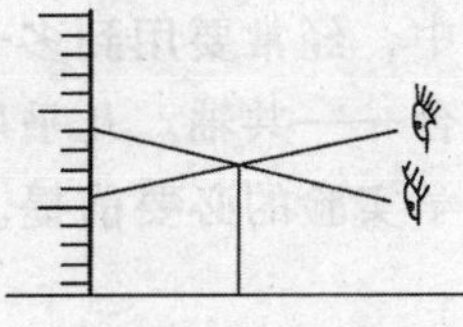

图 4-3 视差

观察前后位置不同的两物体时，左右或上下移动眼睛，就会发现两物体间有相对位移，这种现象称为视差。在光路中为了准确定位和测量，必须把像与分划板标尺（或叉丝）调到一个平面上，即作消视差调节。消视差调节常常是测量前必不可少的步骤。在比较像与分划板标尺二者离眼睛的远近时，可据下述实验规律作出判断：把自己左右手的食指伸直，一前一后立在视平线附近，眼睛左右移动时即可看出，离眼近者，其视线位置变动与眼睛位移相反，而离眼远者，其视线位置变动与眼睛移动方向相同。

实验中只需用一只眼睛时，若遮住另一只眼睛的视线，就能避免这只眼睛因紧闭时间太长引起的不适。

4.3　光具座与共轴调整

4.3.1　光具座

光具座是一种多用途的通用光学仪器，许多光学实验都要在光具座上进行。实验室的光具座通常由导轨、滑动座、光源、狭缝、像屏和各种光学元件夹持器组成，如图 4-4 所示。不同的光学实验需要配置不同的光学元件，如透镜、反射镜、光电转换器件等。常用的导轨长度约 1 ~ 2 m，导轨上附有米尺，滑动座上有定位线，很容易读出各光学元件之间的距离。

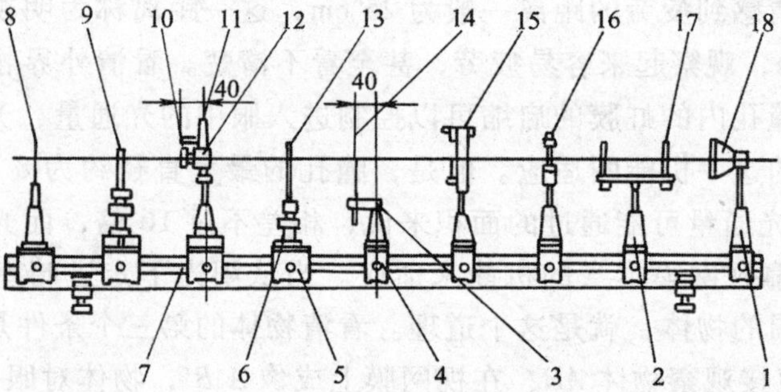

图 4-4　光具座

1、2—不同高度的支座　3—弯头架　4、5—不同宽度的滑动座　6—垂直微调支架　7—横向微调组件　8—像屏　9—测微目镜架　10—可调狭缝　11—可转圆盘　12—偏振片圈　13、14—大小弹簧夹片屏　15、16—透镜夹　17—激光管架　18—光源

4.3.2　光学元件的共轴调整

在光学实验中，经常要用到多个光学元件，为了获得质量好的像或好的实验条件，必须使它们的光轴重合——共轴。几乎所有的光学仪器都要求仪器内部的各个光学元件共轴，共轴调整是做好光学实验的必要前提。光具座上光学元件的共轴调整可分两步进行。

1. 粗调

把光源、物屏、透镜和像屏装到光具座的导轨上，先将它们靠拢，凭目测，调节它们的高低、左右，使各光学元件的中心大致在一条与导轨平行的直线上，并使物屏、透镜、像屏的平面相互平行且与导轨垂直，此过程称为粗调。

2. 细调

使物屏和像屏之间的距离 $D>4f$，缓缓地将凸透镜从物屏移向像屏，在此过程中，像屏上将先后获得一次放大的和一次缩小的清晰实像，若两次成像的中心重合，则表明该光学系统达到共轴要求；若大像中心在小像中心的上方，说明透镜位置偏高，应将透镜调低；反之，应将透镜调高，调节中采用“大像追小像”的办法，并注意保持透镜、物屏和像屏的相互平行且与导轨垂直，反复调节，逐步逼近。

应当注意，在光学系统中有两个或两个以上透镜（如用物距像距法测凹透镜焦距）时，必须逐个进行调整，先将第一个透镜（凸透镜）调节好，记下像中心在屏上的位置，然后加上另一透镜（凹透镜），再次观察成像情况，对后一透镜作上下、左右位置调整，使像中心仍落在第一次成像记下的中心位置上，切不可两透镜同时进行调整。

4.4 常用光源

光学实验中离不开光源，光源的正确选择对实验的成败和结果准确性至关重要，现简要介绍一些实验室常用光源。

4.4.1 热辐射光源

热辐射光源是利用电能将钨丝加热至白炽而发光的光源。

白炽灯是以热辐射形式发射光能的电光源。一般照明用的钨丝白炽灯，灯丝通电加热至白炽状态发光，即可见光。为了增加使用寿命，需往抽真空的灯泡内充入氩、氮等惰性气体，以抑制钨丝的蒸发。

白炽灯的光谱是连续的，可做白光光源和一般照明用，实验室用的白炽灯电源电压一般为 220 V 和 6.3 V 两种。

灯泡中充入惰性气体后，钨丝的工作温度提高到 2700 ~ 3000 K，可是，由于热传导和热对流造成了附加热损失，光效比同温度的真空泡要低。当泡内充入卤族元素后，灯丝温度可提高到 3000 ~ 3200 K，不但抑制了钨的蒸发，而且大大提高了光效，也延长了使用寿命。常见的碘钨灯、溴钨灯被当作强光源，作为摄影照明灯、电影放映机、投影仪、幻灯机的光源等。

4.4.2 热电极弧光放电型光源

这种光源的使用电路基本上与普通日光灯相同，必须通过镇流器接 220 V 电源，下面仅介绍两种最常用的。

1. 汞灯

汞灯是利用汞蒸气放电发光而制成的一种光源。按汞蒸气压及用途的不同，可分为低压汞灯、低压水银荧光灯、高压汞灯、高压水银荧光灯和超高压汞灯几种类型。这里只介绍低压汞灯。

汞蒸气压在一个大气压以内的汞灯，称为低压汞灯。可用它产生汞元素的几条特征光谱线，在可见光范围内，谱线波长为 435.9 nm，546.1 nm，577.0 nm 以及 579.1 nm。

低压汞灯从启动到正常工作需要一段预热、点燃时间，通常为5~10 min，而灯熄灭后决不能马上再启动，需要等灯管冷却、汞蒸气凝结后方可再点燃，冷却过程也需要5~10 min。所以在实验中不要熄灭它。

2. 钠灯

钠灯是一种金属蒸气放电灯。按钠蒸气压可分低压钠光灯和高压钠光灯。物理实验多用低压钠光灯，它的光谱在可见光范围内，有两条强光谱线589.0 nm和589.6 nm，通常取它们的中心近似值589.3 nm作为黄光的标准参考波长，许多光学常数以它作为基准，是物理光学实验的重要光源。钠灯工作时必须配有扼流圈，通电后经10~15 min预热才能正常工作。一旦点燃不要轻易熄灭，否则会影响灯管寿命。点燃的过程中（包括断电后但灯泡尚未冷却时）不得颠倒，摇动。

4.4.3 冷电极辉光放电型光源

该型光源常用的有氢灯和氦灯。表4-1列出了它们两种型号的工作参数：

表 4-1

型号	名称	功率/W	电源电压/V	启辉电压/V	工作电流/mA
GP10H	氢灯	10	220	8000	15
GP10He	氦灯	10	220	5000	7.5~9.5

这两种型号的灯的结构，是一对镍制的电极分别封于两根粗玻璃管的一端，在两根粗玻璃管中间用毛细管相通，成H形状，管内充以高纯气体，当加高电压后产生辉光放电，发出气体的特征原子光谱。高压电源常用专用漏磁变压器或霓虹灯变压器，因为所用的变压器线圈就是一个很大的电感，可代替镇流器，所以一般不得用其他高压电源代替上述两种变压器。当用霓虹灯变压器时，应在其一侧端接一调压变压器来控制其输出电压。

4.4.4 氦氖激光器

激光是一种亮度高，单色性好，方向性强，相干性好的比较理想的光源。激光是激活物质受激辐射而发光。

氦氖激光器的工作物质为氖，辅助气体是氦，输出光的波长为632.8 nm。它在激光导向、准直、测距和全息照相等许多方面都有应用。它的构造包括放电管、储气套、电极、反射镜和工作物质等。从结构上又有外腔式、半外腔式和内腔式三种。

物理实验所使用的氦氖激光器多为内腔式，其谐振腔长约250 mm，正电极用钨棒，负电极用铝皮圆筒，放电管内充有氦、氖混合气体，两端用镀有多层介质膜的反射镜封闭，构成谐振腔，光在两镜面间反射，形成持续振荡（外腔式的两反射镜安装在管外，便于调节和更换，放电管的窗口与管轴成布儒斯特角，发出的光为完全偏振光）。

光源与其他仪器一样，为了延长使用寿命，精心维护，遵守操作规程，安全操作等都是十分重要的。一般应注意：

(1) 各种光源都有特定的点燃电压，有的用直流，有的用交流。在直流状态下工作时，要注意电源的极性，不能接反。在实验前必须严格检查电源是否符合要求，线路是否正确无误，确认无疑后方可点燃使用。

（2）汞灯除发出可见光外，还有较强的紫外线。紫外线对眼睛有强烈刺激作用，容易引起灼伤。激光对眼睛也有伤害，实验时尽量避免直接对着光源，最好戴防护眼镜。

（3）高压电源有触电危险，使用时禁止触摸电极和导线，电源外壳要接地。

（4）灯管必须按规定方式安放。要防止颠覆倾倒、震动和破损。废管也要妥善处理（汞蒸气有毒，钠蒸气遇水要爆炸，应保管好）。

4.5 分光计

分光计是一种能精确测量平行光线偏转角度的光学仪器。它由底座、平行光管、载物台、望远镜和读数装置五部分组成。在光学测量中，常用分光计来测量反射角、衍射角、折射角等，用途十分广泛。掌握分光计的调整及使用是光学实验中必不可少的基本技能。分光计的结构及调整要求见实验23。

4.6 滤光片

滤光片是能够从白光或其他复色光分选出一定波长范围或某一准单色辐射成分（光谱线）的光学元件，各种滤光片可以按所利用的不同物理现象分类，其中以选择吸收和多光束干涉两种类型最为常见。

4.6.1 吸收滤光片

这是利用化合物基体本身对辐射具有的选择吸收作用制成的滤光片。常用的材料是无机盐做成的有色玻璃或者有机物质做成的明胶和塑料。

有色玻璃滤光片使用广泛，优点是稳定、均匀，有良好的光学质量，但其通带较宽（很少低于30 nm）。有机物质滤光片制作容易，便于切割，而机械强度和热稳定性较差。

选用两片（或三片）不同型号的有色玻璃组合起来，可以获得较窄的通带。

4.6.2 干涉滤光片

干涉滤光片的显著优点是既有窄通带，同时又有较高的透射率。

常见的透射干涉滤光片利用多光束干涉原理制成。例如，一种最简单的结构是：在一块平面玻璃板上先镀一层反射率较高的金属膜，然后镀一层介质膜，在这层膜上再镀一层金属反射膜，最后盖封一块平面玻璃板。

使光束垂直通过滤光片，则直接透过的光束与经金属膜两次反射后再透过的光束之间的光程差

$$\delta = 2nd$$

其中，n 为介质膜的折射率；d 为膜的厚度。如果选择光程 nd，对某一波长为 λ 的光束来说

$$\delta = m\lambda \qquad (m = 1,\ 2,\ 3,\ \cdots)$$

则

$$\lambda = \frac{2nd}{m}$$

于是，该波长的透射光都是干涉加强的，其他接近此波长的透射光急剧减弱。例如，当忽略折射率随波长变化时，设 $nd=5.46\times10^{-5}$ cm，则在可见光范围的透射光峰值波长为546 nm，这就是能够滤出汞光谱绿线的干涉滤光片。如果以多层介质膜取代上述金属膜，即可获得高透射率的窄带滤光片。选择普通吸收滤光片做干涉滤光片的基板（保护板）还可以控制透射光的截止区域。

为了保持干涉滤光片性能的稳定，延长使用寿命，要求环境空气湿度最好不超过65%，它的两个光学表面应受到良好的保护，谨防碰伤和污损。

实验19 薄透镜的成像规律

透镜是光学仪器最基本的元件，显微镜、望远镜和照相机等多种光学仪器都是采用多种透镜组成透镜组来满足要求的。透镜最主要的参数就是焦距和像差。厚透镜和透镜组的参数比较复杂，本实验通过对薄透镜成像规律的研究来确定其参数。

【实验目的】

（1）了解薄透镜的成像规律。

（2）掌握光学系统的共轴调节。

（3）测定薄透镜的焦距。

【预习重点】

测量薄透镜焦距的几种方法和有关实验技术知识。

【实验仪器与用具】

光具座、薄透镜、光源、狭缝、平面反射镜、观察屏等。

【实验原理】

凸透镜可使光线因折射而会聚，也称会聚透镜。凹透镜具有使光束发散的作用，又称发散透镜。

1. 薄透镜成像公式

透镜是由两个折射面组成的简单共轴球面系统，其间是构成透镜的媒质（即光学玻璃），折射面通常是凸球面、凹球面和平面。所谓薄透镜，是指它的厚度远比两折射面的曲率半径和焦距小得多的透镜。

在薄透镜和近轴光线（入射光线与主光轴夹角很小）的条件下，物距 u、像距 v 和焦距 f 之间的关系为

$$\frac{1}{u}+\frac{1}{v}=\frac{1}{f} \tag{4-1}$$

式（4-1）是薄透镜成像的高斯公式。规定 u 恒取正值，当物和像在透镜异侧时，v 为正值，在透镜同侧时，v 为负值。对凸透镜 f 为正值，对凹透镜 f 为负值。

2. 凸透镜焦距的测量

测量凸透镜焦距的方法有以下几种：

（1）自准法（平面镜法） 如图4-5所示，若物 AB 正好位于透镜 L 的前焦平面上，则物上任一点发出的光束经 L 后成为平行光，由平面镜 M 反射后仍为平行光，再经透镜 L 仍会聚于前焦平面上，得到与原物等大的倒立实像 $A'B'$，此时，物距就等于透镜的焦距 f。此

法常用于粗测凸透镜的焦距。

（2）物距像距法　根据薄透镜成像的高斯公式，当 $u>f$ 就可以得到一个倒立实像。在光具座上分别测出物体、透镜的位置，就可以得到 u、v，从而求出 f。为消除透镜的光心位置不准带来的误差，可以将透镜转 180°再进行测量，取两次测量的平均值。

（3）共轭法（贝塞尔法）　如图 4-6 所示，固定物与像屏之间的距离为 s，而物与像屏可以互换，透镜的位置与像的大小一一对应，当凸透镜在其间移动时可以成两次像，一大一小，这就是物像共轭。根据

$$\frac{1}{u}+\frac{1}{v}=\frac{1}{f} \qquad u+v=s$$

可解得

$$u=\frac{s\pm\sqrt{s(s-4f)}}{2} \tag{4-2}$$

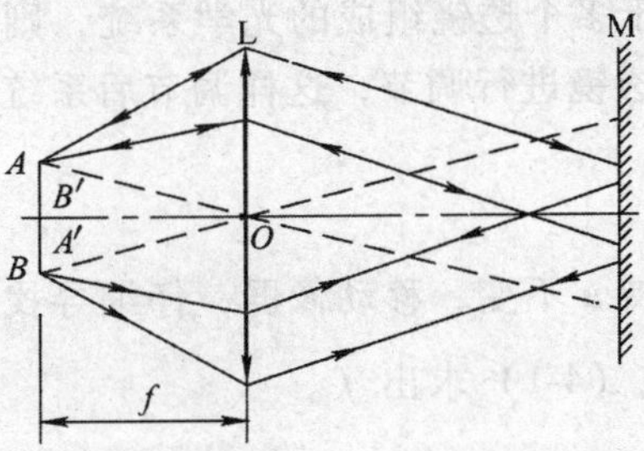

图 4-5　自准法测凸透镜焦距

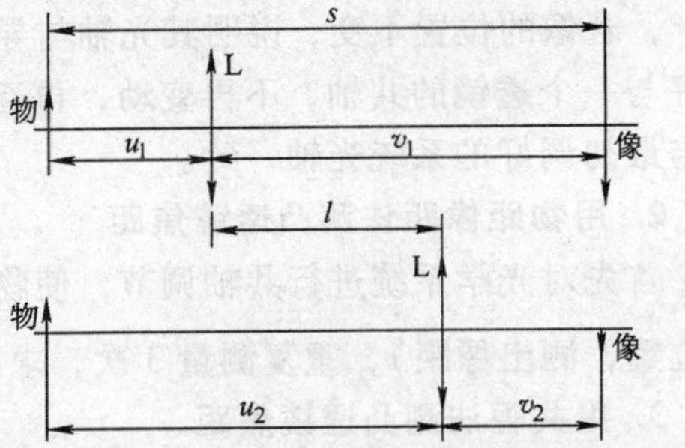

图 4-6　共轭法测凸透镜焦距

显然，当 $s>4f$ 时，u、v 有实解。设透镜两次成像时的位移为 l，由图 4-6 知

$s-l=u_1+v_2=2u_1$，　$u_1=\dfrac{s-l}{2}$，　$v_1=s-u_1=\dfrac{s+l}{2}$，则

$$f=\frac{s^2-l^2}{4s} \tag{4-3}$$

这种方法避免了物距像距法估计光心位置不准带来的误差，也不需要将透镜转动 180°测量。

3. 凹透镜焦距的测量

凹透镜无法成实像，因而无法直接测量其焦距，通常采用一凸透镜作为辅助透镜来测量。

（1）物距像距法　如图 4-7 所示，物体 A 经一凸透镜 L_1 成 A'像，放入凹透镜 L_2 后，A'对 L_2 而言是虚物，它又成 A''像，分别求出凹透镜 L_2 的物距 $u=|x_1-x_2|$，像距 $v=-|x_3-x_2|$，就可由式（4-1）求得 f。

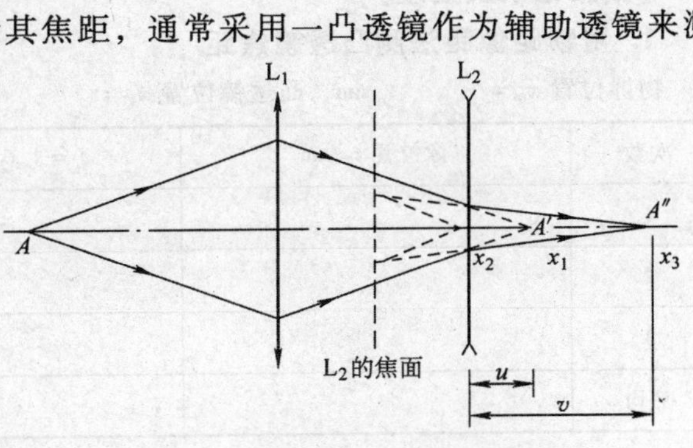

图 4-7　物距像距法测凹透镜焦距

（2）自准法　如图 4-8 所示，M 为平面反射镜，调节凹透镜 L_2 的相对位置，

直到物屏上出现和物大小相等的倒立实像，记下 L_2 的位置 x_2。在不移动 L_1 和物的条件下，拿掉 L_2 和平面镜，则在某点处成实像，记下这一点的位置 x_3，则 $f=|x_3-x_2|$。

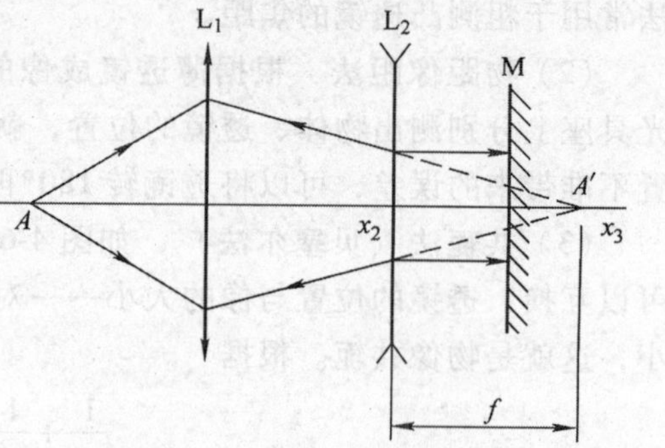

图 4-8 自准法测凹透镜焦距

【实验内容】

1. 光学系统的共轴调节

对所有光学元件构成的光学系统进行共轴调节，是光学测量的先决条件，也是确保实验误差小的重要步骤。调节分两步进行：

（1）粗调 将安放在光具座上的所有光学元件沿导轨靠拢在一起，用眼睛观察，使镜面、屏面等相互平行、中心等高，且与导轨垂直，这样各光学元件的光轴也大致重合。

（2）细调 对单个透镜可以采用图 4-6 所示的光路图，在成像的两个位置处把透镜转 180°，若像的位置不变，说明其光轴与导轨平行。对于多个透镜组成的光学系统，则应先调节好与一个透镜的共轴，不再变动，再逐个加入其余透镜进行调节，这样调节后系统的光轴将与最初调好的系统光轴一致。

2. 用物距像距法测凸透镜焦距

首先对光学系统进行共轴调节，使物距 $u>f$，保持 u 不变，移动像屏，仔细寻找像清晰的位置，测出像距 v，重复测量 3 次，求出 $\bar{v}$，代入式（4-1）求出 $\bar{f}$。

3. 用共轭法测凸透镜焦距

首先取物屏、像屏距离 $s>4f$，固定物、像屏，然后对光学系统进行共轴调节。移动凸透镜，当屏上成清晰放大实像时，记录凸透镜位置 x_1；移动凸透镜，当屏上成清晰缩小实像时，记录凸透镜位置 x_2，则两次成像透镜移动的距离为 $l=|x_2-x_1|$。记录物、像屏间距 s，根据式（4-3）求出 f，重复测量 3 次，求出 $\bar{f}$。

4. 用物距像距法测凹透镜焦距

先调节光学系统共轴，取下凹透镜，用凸透镜成缩小像，记录像的位置 x_1；然后在凸透镜和像屏之间放上凹透镜，向后移动像屏成清晰像，记录凹透镜的位置 x_2 及像屏位置 x_3；重复测量 3 次，求出 $\bar{f}$。

【数据记录及处理】

1. 用物距像距法测凸透镜焦距

物屏位置 $x_0=$ cm，凸透镜位置 $x_1=$ cm

次数	像位置 x_2/cm	$v_i=\|x_2-x_1\|$/cm	$\Delta v_i=\|v_i-\bar{v}\|$/cm
1			
2			
3			
平均		$\bar{v}=$	$S_v=$

$f=\bar{f}\pm S_f=$ cm $E_f=$ %

2. 用共轭法测凸透镜焦距

物屏位置 $x_0 =$ cm，像屏位置 $x_3 =$ cm，$s = |x_3 - x_0| =$ cm

次数	透镜位置/cm		透镜位移/cm	$\Delta l = \lvert l_i - \bar{l} \rvert$ /cm
	x_1	x_2	$l_i = \lvert x_2 - x_1 \rvert$	
1				
2				
3				
平均			$\bar{l} =$	$S_l =$

$f = \bar{f} \pm S_f =$ cm，$E_f =$ %

3. 用物距像距法测凹透镜焦距

透镜所成实像位置 $x_1 =$ cm

次数	x_2/cm	x_3/cm	$u = \lvert x_1 - x_2 \rvert$ /cm	$v = -\lvert x_3 - x_2 \rvert$ /cm
1				
2				
3				
平均			$\bar{u} =$ ，$S_u =$	$\bar{v} =$ ，$S_v =$

$f = \bar{f} \pm S_f =$ cm $E_f =$ %

【误差分析】

用物距像距法测凸透镜焦距时，常令 $u = v = 2f$，下面的计算表明，此时测量的相对误差 N 最小。为计算方便，u 和 v 一律取绝对值，并使 $\Delta u = \Delta v$，则

$$N = \frac{\Delta f}{f} = \left[\frac{v}{u(u+v)} + \frac{u}{v(u+v)}\right]\Delta u = \left[\frac{2}{u^2} + \frac{1}{v^2}\right]f\Delta u$$

$$= \left[\frac{1}{u^2} + \frac{(u-f)^2}{u^2 f^2}\right]f\Delta u = \left[\frac{2}{u^2} - \frac{2}{uf} + \frac{1}{f^2}\right]f\Delta u$$

令

$$\frac{\partial N}{\partial u} = 0,\text{有} \quad \frac{\partial N}{\partial u} = \left(-\frac{4}{u^3} + \frac{2}{u^2 f}\right)f\Delta u = 0$$

故 $u = 2f = v$，注意到$\frac{\partial^2 N}{\partial u^2} = \frac{\Delta u}{4f^3} > 0$，所以当 $u = v = 2f$ 时，$\frac{\Delta f}{f}$有极小值，这时的相对误差最小。

另外，实验中所进行的误差计算实际上只考虑了随机误差，并没有考虑系统误差，例如透镜的厚度、主平面以及光源的单色性等，这些系统误差在该实验中一般比随机误差大。即使在准确度较高的共轭法中，虽然只是测量物像间距以及透镜移动的距离，但只要涉及到判断成像是否清晰，就与透镜的厚度以及光源的单色性有关。此外，由于近轴光线的假设也会带来其他方面的像差，这些都会使像的清晰程度受到影响，从而增大透镜焦距测量的误差。

【思考题】

(1) 什么是透镜的光轴？为什么要对光学系统进行共轴调节？调节的步骤有哪些？

(2) 用共轭法测凸透镜焦距时，S 变大，标准偏差 S_f 是变大还是变小？为什么？

(3) 说明什么是实像和虚像？什么是实物和虚物？如何获得虚物？

【扩展实验】

（1）激光束的发散角很小，在应用时常需扩束。试利用一个短焦凸透镜和一个长焦凸透镜安排光路对氦氖激光束进行扩束，准直为平行光，并测量扩束后平行光的直径。

（2）透镜的色差是由于玻璃对不同波长的光折射率不同而引起的。如图4-9所示，色差 H 的大小常以红色像 A' 与紫色像 A'' 至透镜距离之差表示，即 $H = S'' - S'$，按照物距像距法测凸透镜焦距的光路测量透镜的色差。

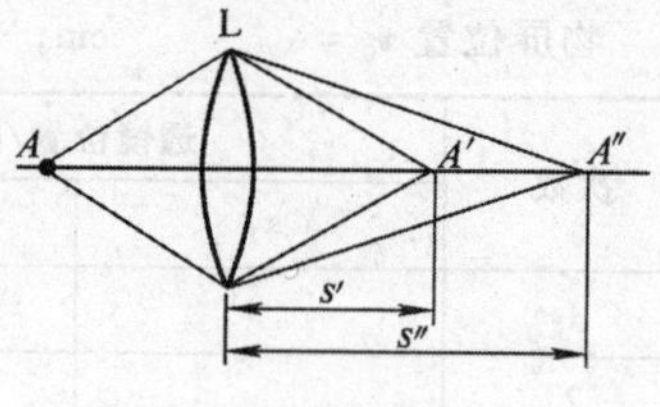

图4-9 透镜的色差

实验20 用分光计测量棱镜玻璃的折射率

折射率是描述物质折光性能的物理量，也是光学玻璃的重要特性参数。折射率与入射光的波长有关。无色光学玻璃的国家标准规定应给出7种光谱线的折射率，这些谱线来自钠、钾、氢和汞4种元素。一般折射率常对钠黄光（$\lambda = 589.3\ \mathrm{nm}$）而言，用 n_D 表示。

【实验目的】

（1）观察了解棱镜的色散和光谱的一般特征。

（2）用最小偏向角法测量棱镜玻璃的折射率。

（3）掌握分光计的调节和使用方法。

【预习重点】

（1）测定三棱镜玻璃对空气的相对折射率的原理和方法。

（2）分光计的基本结构和调节方法。

【实验仪器与用具】

分光计、三棱镜、钠光灯等。

【实验原理】

如图4-10所示，单色光束沿 SD 方向射在三棱镜的 AB 面上，经过两次折射从 ES' 方向射出。$\triangle ABC$ 是三棱镜的主截面，图中所示光线和角度都在此平面内，入射光线与出射光线的夹角叫做偏向角，以 δ 表示。由图可见

$$\delta = \angle FDE + \angle FED = (i_1 - i_2) + (i_4 - i_3)$$

因顶角 $\alpha = i_2 + i_3$，所以

$$\delta = (i_1 + i_4) - \alpha \tag{4-4}$$

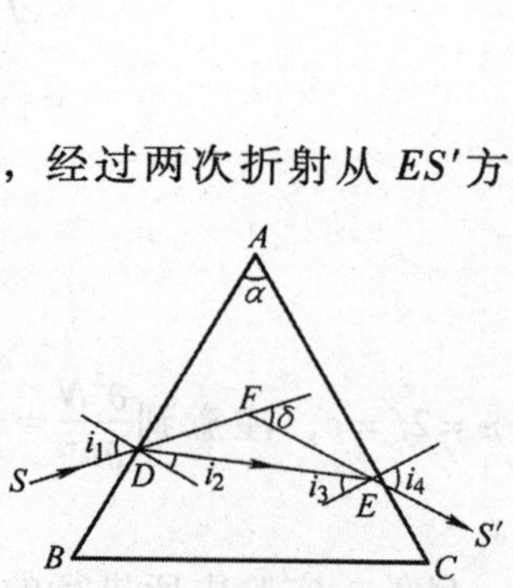

图4-10 光在棱镜主截面内的折射

同一棱镜的顶角 α 和折射率 n 皆为定值，故 δ 只随入射角 i_1 而变，在 δ 随 i_1 的变化中，对某一 i 值，δ 有一极小值，称为最小偏向角 $\delta_{\min}$。按求极值的方法可以获得满足最小偏向角的条件。由式（4-4）对 i_1 求导数得

$$\frac{\mathrm{d}\delta}{\mathrm{d}i_1} = 1 + \frac{\mathrm{d}i_4}{\mathrm{d}i_1}$$

产生 $\delta_{\min}$ 的必要条件是 $\frac{\mathrm{d}\delta}{\mathrm{d}i_1} = 0$，于是

$$\frac{di_4}{di_1} = -1 \tag{4-5}$$

由折射定律

$$\left.\begin{aligned} \sin i_1 = n\sin i_2 \\ \sin i_4 = n\sin i_3 \end{aligned}\right\} \tag{4-6}$$

得

$$\frac{di_4}{di_1} = \frac{di_4}{di_3}\cdot\frac{di_3}{di_2}\cdot\frac{di_2}{di_1} = \frac{n\cos i_3}{\cos i_4}\cdot(-1)\frac{\cos i_1}{n\cos i_2}$$

$$= -\frac{\cos i_3\ \sqrt{1-n^2\sin^2 i_2}}{\cos i_2\ \sqrt{1-n^2\sin^2 i_3}} = -\frac{\sqrt{1+(1-n^2)\operatorname{tg}^2 i_2}}{\sqrt{1+(1-n^2)\operatorname{tg}^2 i_3}} \tag{4-7}$$

比较式（4-5）与式（4-7）有 $\tan i_2 = \tan i_3$，而 i_2 和 i_3 必小于$\frac{\pi}{2}$，故

$$i_2 = i_3 \tag{4-8}$$

由式（4-6）得出

$$i_1 = i_4 \tag{4-9}$$

可见 $i_2 = i_3$ 或 $i_1 = i_4$ 是 δ 达到极小值的条件。将式（4-9）代入式（4-4）得 $\delta_{min} = 2i_1 - \alpha$ 或 $i_1 = \frac{1}{2}(\delta_{min} + \alpha)$，而 $\alpha = i_2 + i_3 = 2i_2$，$i_2 = \frac{\alpha}{2}$。根据折射定律

$$n = \frac{\sin i_1}{\sin i_2} = \frac{\sin\frac{1}{2}(\delta_{min}+\alpha)}{\sin\frac{1}{2}\alpha} \tag{4-10}$$

由此可见，为了测量棱镜玻璃对空气的相对折射率 n，需要测量三棱镜的顶角 α 和棱镜对单色光的最小偏向角 δ_{min}。

【实验内容】

1. 调节分光计

把棱镜放在分光计的载物台上（见图 4-11），使棱镜的一个光学平面与载物台的两个调平螺钉的边线相垂直，折射棱脊 A 在台面中心附近并且对着平行光管。转动望远镜，分别找到从棱镜 AB 面和 AC 面反射来的光（狭缝像）。如果在望远镜视场中看到的这两个反射像不在分划板的中间（偏上或偏下），说明棱镜的两个光学面的法线所成的平面（即棱镜主截面）不垂直于仪器的主轴。为了校正 AB 面的倾斜，可调节 a 或 b 调平螺钉；为了校正 AC 面的倾斜，只调节 c 螺钉。当 AB 面和 AC 面反射的狭缝像都能处在分划板上下对称的位置时，即满足了棱镜的主截面垂直于仪器主轴的要求。

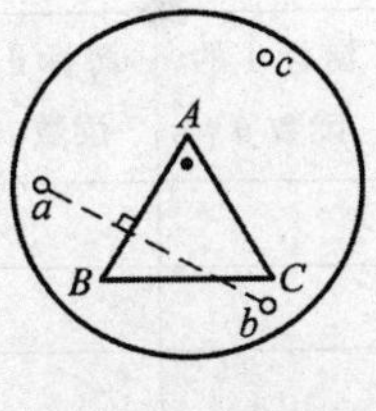

图 4-11 棱镜在载物台上的位置

2. 测量三棱镜的顶角

如图 4-12 所示，若棱镜的两个光学面反射的光线分别在 θ_1 和 θ_2 两个角位置处，则 $|\theta_1 - \theta_2|$ 就是两束反射光的夹角。可以证明，棱镜的顶角

$$\alpha = \frac{|\theta_1 - \theta_2|}{2}$$

用望远镜十字叉丝对准狭缝像（使用微调装置），从度盘上分别读出 θ_1 和 θ_2（每个角位置都要用两个游标读数）记入表格。改变度盘与棱镜台的相对角位置，重复测量。

3. 测量三棱镜的最小偏向角

转动载物台，使棱镜处于图 4-13 所示的位置（不要移动平台上的棱镜），先用眼睛直接找到折射光的大致方向，再用望远镜观察。当棱镜随载物台的转动（即改变入射角 i_1）偏向角逐渐减小的时候，使望远镜跟随谱线转动。这个过程中会发现偏向角有一最小值，即棱镜台转到某一个位置再继续转动偏向角反而变大。这时把望远镜十字叉丝对准这个转折处的谱线，记录角位置 φ_1 的两个游标读数，然后使望远镜对准入射光（可以棱镜上方通过）读取入射光角位置读数 φ_0，则最小偏向角 $\delta_{\min} = |\varphi_1 - \varphi_0|$。

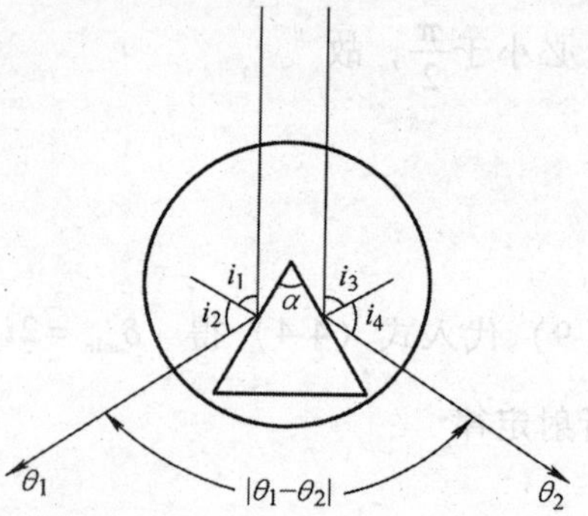

图 4-12　利用反射光测棱镜的顶角

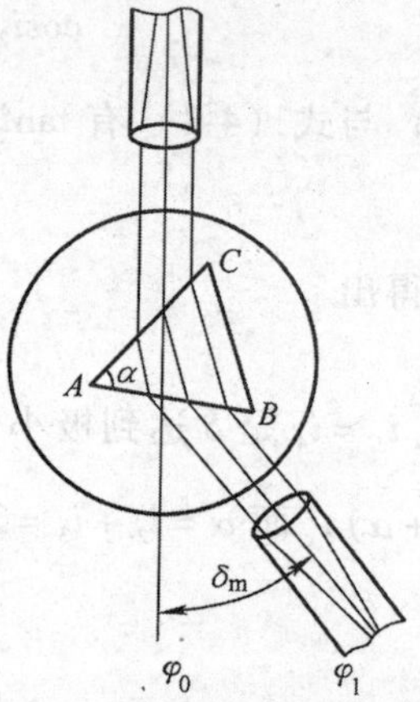

图 4-13　最小偏向角的测定

【数据记录及处理】

1. 测三棱镜顶角 α

测量次数	θ_1		θ_2		$\alpha=\frac{1}{4}[\lvert\theta'_1-\theta'_2\rvert+\lvert\theta''_1-\theta''_2\rvert]$
	游标Ⅰ的读数 θ'_1	游标Ⅱ的读数 θ''_1	游标Ⅰ的读数 θ'_2	游标Ⅱ的读数 θ''_2	
1					
2					
3					
平均	$\bar{\alpha}=$				

2. 测量最小偏向角

光的波长 /nm	φ_1		φ_2		$\delta_m=\frac{\lvert\varphi'_1-\varphi'_0\rvert+\lvert\varphi''_1-\varphi''_0\rvert}{2}$	$n=\frac{\sin\frac{\alpha+\delta_m}{2}}{\sin\frac{\alpha}{2}}$
	游标Ⅰ φ'_1	游标Ⅱ φ''_1	游标Ⅰ φ'_0	游标Ⅱ φ''_0		

【思考题】

1. 在实验中测出钠光波长的最小偏向角以后，固定载物台和三棱镜，是否可以利用望远镜直接确定其他波长的最小偏向角位置？

2. 本实验三棱镜在载物台上的位置放置应有哪些考虑？

注： 望远镜转过的角度是同一游标两次方位角读数之差，故必须注意望远镜转动过程中是否越过了刻度零点。

实验21 等厚干涉

在对光的本性认识过程中，光的干涉为光的波动性提供了有力的实验证据。要产生光的干涉现象，两束光必须满足频率相同、振动方向相同和位相差固定的相干条件。光的等厚干涉在现代精密测量技术中有很多重要应用，例如，它一直是高精度光学表面加工中检验光洁度和平直度的主要手段，还用于精密测量薄膜的厚度和微小角度，测量曲面的曲率半径，研究零件的内应力分布，测定样品的膨胀系数等。

【实验目的】

(1) 观察等厚干涉实验现象，了解等厚干涉的原理和特点。

(2) 利用牛顿环测定透镜的曲率半径及用劈尖干涉测微小角度。

(3) 正确使用读数显微镜，学习用逐差法处理数据。

【预习重点】

(1) 牛顿环、劈尖干涉的原理。

(2) 阅读有关纳光灯和读数显微镜的介绍，了解对实验装置的调整要求和如何进行测量。

【实验仪器与用具】

读数显微镜、钠光灯、牛顿环、劈尖等。

【实验原理】

等厚干涉属分振幅法产生的干涉现象，干涉条纹定域于薄膜表面。如图4-14所示，当波长为 λ 的单色光垂直入射厚度为 e 的空气薄膜时，在薄膜上下两个表面反射的光线1和2的光程差为

$$\delta = 2e + \frac{\lambda}{2}$$

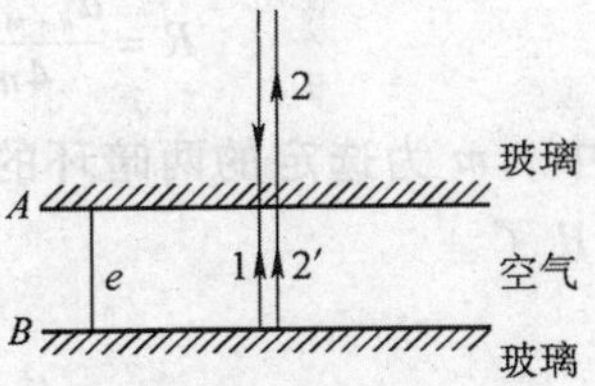

图4-14 薄膜等厚干涉的形成

其中$\frac{\lambda}{2}$是考虑到入射光线在上表面反射有半波损失而在下表面反射时没有半波损失导致光程差增加了半个波长。根据干涉条件：

$$\delta = 2e + \frac{\lambda}{2} = \begin{cases} 2k\frac{\lambda}{2} & k = 1,2,3,\cdots \text{为明条纹} \\ (2k+1)\frac{\lambda}{2} & k = 0,1,2,\cdots \text{为暗条纹} \end{cases} \tag{4-11}$$

由式（4-11）知，光程差取决于产生反射光的薄膜厚度，同一干涉条纹所对应的空气薄膜的厚度相同，故称为等厚干涉。

1. 牛顿环

如图4-15所示，将一块曲率半径 R 很大的平凸透镜的凸面放在一块光学平板玻璃上，在透镜的凸面和平板玻璃间形成一层空气薄膜，其厚度从中心接触点到边缘逐渐增加。当以

波长为 λ 的平行单色光垂直入射时，在薄膜表面附近出现中疏外密、明暗交替的同心圆环干涉条纹，其中心处为一暗斑。这种干涉图样称为牛顿环。

用 r_k 表示第 k 级暗环半径，e_k 表示该级暗环处对应的空气膜厚度，由图 4-15a 中的几何关系得

$$r_k^2 = R^2 - (R - e_k)^2 = 2Re_k - e_k^2 \qquad (4\text{-}12)$$

由于 $R \gg e_k$，可以略去 e_k^2，再将式（4-12）代入式（4-11）得

$$r_k^2 = kR\lambda \qquad (4\text{-}13)$$

因此，在波长已知的情况下，通过测量暗环半径 r_k 就可得到透镜的曲率半径 R 了。

在理想情况下，牛顿环中心处为一暗点。但实验中观察到的牛顿环中心却不是一点，而是一个不很清晰的小圆面暗斑，这是因为透镜与平板玻璃接触时，由于压力引起弹性形变，使接触处为一圆面。这种系统误差可以通过取两暗环半径的平方差来消除，由式（4-13）可推得

$$R = \frac{r_{k+m}^2 - r_k^2}{m\lambda}$$

式中，r_{k+m}、r_k 分别为第 $k+m$ 级、第 k 级暗环的半径。又因暗环中心不易确定，造成暗环半径测量误差大，故改直径 d_{k+m}、d_k，则透镜曲率半径

$$R = \frac{d_{k+m}^2 - d_k^2}{4m\lambda} \qquad (4\text{-}14)$$

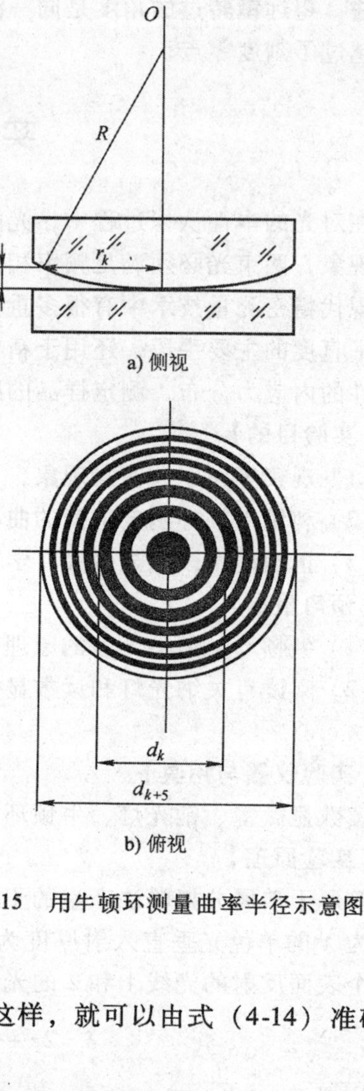

a) 侧视

b) 俯视

图 4-15 用牛顿环测量曲率半径示意图

式中，m 为选定的两暗环的级数差，它是很容易确定的。这样，就可以由式（4-14）准确求得 R 了。

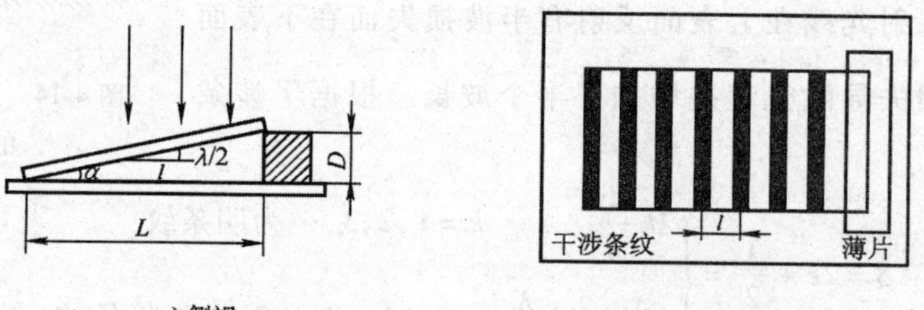

a) 侧视

b) 俯视

图 4-16 用劈尖干涉测厚度示意图

2. 劈尖干涉

将两块平板光学玻璃叠放在一起，在一端夹入一薄片或细丝，则在两玻璃板间形成一劈尖形空气薄膜，如图 4-16 所示。当用波长为 λ 的单色光垂直照射时，在劈尖薄膜的上下两

表面反射的两束光发生干涉，在读数显微镜下可以观察到一簇平行于劈棱的明暗相间的等间距干涉条纹。从式（4-11）知，第 k 级暗纹处的空气隙厚度 $e_k = k\dfrac{\lambda}{2}$，而相邻两暗纹所对应的空气隙厚度差为 $e_{k+1} - e_k = \dfrac{\lambda}{2}$，因劈尖夹角 θ 很小，则有

$$\theta \approx \sin\theta = \frac{e_{k+1} - e_k}{l} = \frac{\lambda}{2l} \tag{4-15}$$

式中，l 为两相邻暗纹间距。可见，测量出两相邻暗纹间的距离 l，就可以由已知光源的波长 λ 测定出劈尖夹角 θ。

【实验内容】

1. 测量平凸透镜的曲率半径 R

测量时先调整读数显微镜，使十字叉丝清晰，然后将目镜锁紧。用钠光灯作为单色光源，波长 $\lambda = 589.3$ nm。将牛顿环装置的螺钉调节适度，过松条纹易跑动，过紧两镜接触处产生形变，条纹不是圆形牛顿环。将调整好的牛顿环装置放在读数显微镜的载物台上，轻轻转动读数显微镜，使 M 对准光源方向，这时显微镜视场中较明亮，如图 4-17 所示。读数显微镜本身的反光镜不用，应转向不反光一端，以免其反射光影响测量。轻轻转动显微镜调焦手轮进行聚焦，直至观察到清晰的一簇同心圆条纹为止。再调节牛顿环装置的位置，使得移动时，需测的牛顿环均能在显微镜视场内出现。显微镜中的十字叉丝应调节成其中一根与载物台移动方向垂直，测量时应使这根十字叉丝与干涉环纹对准来读数。在中心圆斑左侧选定某一牛顿环为第 7 级，顺次向左数至第 17 级，然后倒回来使十字叉丝垂直对准第 16 级暗环，开始逐条读取位置读数，直到第 7 级。继续向右移动显微镜筒，经过中心斑后，直至右侧对称的第 7 级暗环又开始读数，测到第 16 级为止。读数时，使显微镜筒朝一个方向移动的目的是为了避免空螺距差产生的测量误差。

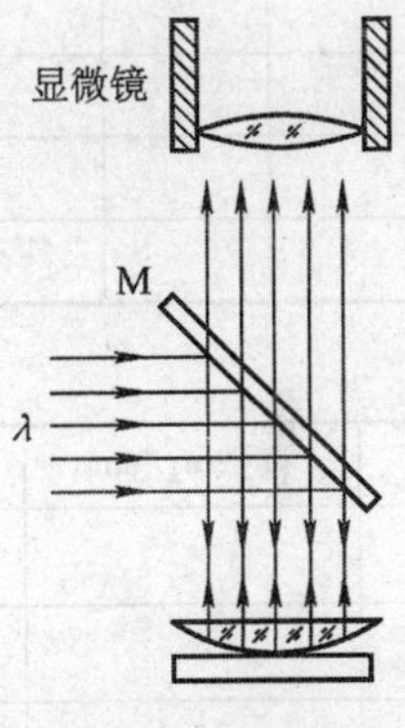

图 4-17 用显微镜观测牛顿环示意图

2. 测量劈尖夹角 θ

将牛顿环装置从载物台上取下，换上劈尖装置。调整读数显微镜焦距，直至能观察到清晰的平行直条纹。再调整劈尖干涉装置的位置和方向，使得移动镜筒时，劈尖上所有干涉条纹都能在视场中出现，且干涉条纹与十字叉丝的竖直线平行。转动测微鼓轮，使显微镜筒向一个方向移动。为了提高暗纹间距 l 的测量准确度，用逐差法求 l，采用多次测量，每隔 4 个暗纹读一次数，直到第 36 条。

【数据记录及处理】

1. 测量平凸透镜的曲率半径 R

将测量数据记录于表 4-2 中，用式（4-14）计算 R，估算平均值 $\bar{u}$ 的标准偏差 $S_{\bar{u}}$，求出 S_R 和 E_R，用 $R = \bar{R} \pm S_R$ 表示测量结果。

2. 测量劈尖夹角 θ

按表 4-3 记录测量数据，用式（4-15）计算 θ 值，估算平均值 $\bar{l}$ 的标准偏差 S_l，求出 S_θ 和 E_θ，以 $\theta = \bar{\theta} \pm S_\theta$ 表示测量结果。

表 4-2　测量平凸透镜的曲率半径

级数 k	环的位置/mm 左	环的位置/mm 右	环的直径 d_k/m	d_k^2/mm^2	$u_k = d_{k+5}^2 - d_k^2/\text{mm}^2$	
16					u_{11}	
15					u_{10}	
14					u_9	
13					u_8	
12					u_7	
11					$\bar{u} = \sum_{i=7}^{11} \frac{u_i}{5} =$	
10						
9						
8						
7						

表 4-3　测量劈尖夹角

级数 k	读数 n_k/mm	$u_k = \lvert n_{k+20} - n_k \rvert$ /mm	
0		u_{16}	
4		u_{12}	
8		u_8	
12		u_4	
16		u_0	
20		$\bar{u}$	
24		$\bar{l} = \frac{\bar{u}}{20} =$　　mm	
28			
32			
36			

【思考题】

(1) 为什么牛顿环离中心越远，条纹越密？

(2) 为什么说读数显微镜测出的是牛顿环的直径，而不是显微镜内牛顿环放大像的直径？如果改变显微镜的放大倍数，是否会影响测量结果？

(3) 劈尖干涉实验中，干涉条纹虽是相互平行的直条纹但彼此间距不等，这是什么原因引起的？如果干涉条纹看起来仍是直的但彼此不平行，这又是什么原因所致？

实验 22　单缝衍射的光强分布

光的衍射是光的波动性的又一重要特征。只有在障碍物的线度和波长可以比拟时，衍射现象才明显地表现出来。研究光的衍射不仅有助于进一步加深对光的波动性的理解，同时还有助于进一步学习近代光学实验技术，如光谱分析、晶体结构分析、全息照相、光学信息处理等。利用光电器件（如硅光电池）测量光强的相对分布是常用的一种光强测量方法。

【实验目的】

（1）观察单缝夫琅禾费衍射现象。

（2）掌握单缝衍射相对光强的测量方法，求出单缝宽度。

【预习重点】

（1）单缝夫琅禾费衍射明、暗条纹的位置及条纹特征。

（2）硅光电池的基本特性。

【实验仪器与用具】

He－Ne 激光器、可调单缝、光电器件（硅光电池）、接收屏、测量装置等。

【实验原理】

光的衍射分夫琅禾费衍射和菲涅尔衍射两大类，前者要求光源和接收屏都距衍射屏（如单缝）为光学无限远，后者要求光源和接收屏（或两者之一）距衍射屏为光学有限远。可见，夫琅禾费衍射的入射光和衍射光都是平行光。夫琅禾费衍射在理论上处理较简单，利用激光使夫琅禾费衍射比较容易实现，在测量微小尺寸方面也有许多应用，本实验仅研究单缝夫琅禾费衍射。

1. 单缝夫琅禾费衍射基本规律

由惠更斯－菲涅尔原理可以得到单缝夫琅禾费衍射的光强分布为

$$J = I_0 \frac{\sin^2 u}{u^2} \tag{4-16}$$

式中，$u = \pi a \sin\varphi/\lambda$；$I_0$ 是衍射条纹中心处的光强；a 是单狭缝宽度。当 $\varphi = 0$ 时，$I = I_0$，光强具有最大值，称为中央主极大，衍射的相对光强分布如图 4-18 所示。

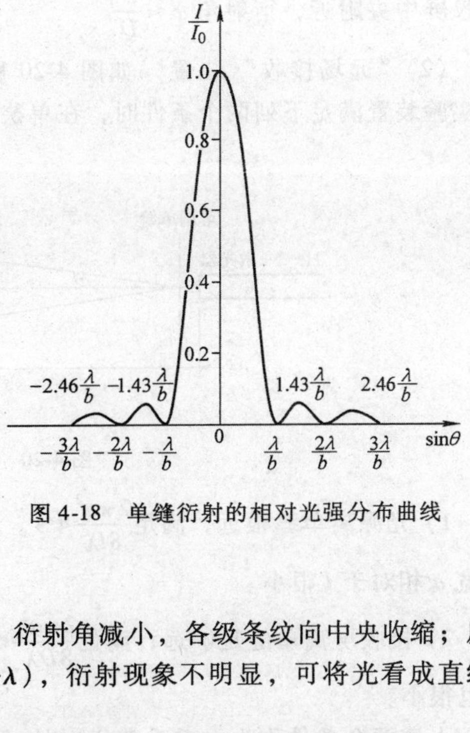

图 4-18 单缝衍射的相对光强分布曲线

在式（4-16）中，令 $I = 0$ 可求暗纹位置。$I = 0$ 时，$\sin u = 0$，即 $u = k\pi$ 或 $\frac{\pi\alpha}{\lambda}\sin\varphi = k\pi$，于是得到

$$a\sin\varphi = k\lambda \quad (k = \pm 1, \ \pm 2\cdots) \tag{4-17}$$

由此可得：

（1）衍射角 φ 与缝宽 a 成反比关系，缝加宽时，衍射角减小，各级条纹向中央收缩；反之，各级条纹向两侧发散；当缝宽 a 足够大时（$a \gg \lambda$），衍射现象不明显，可将光看成直线传播。

（2）中央明纹的宽度由 $k = \pm 1$ 的两个暗纹的衍射角所确定，中央明纹的角宽度为 $\Delta\varphi = \frac{2\lambda}{a}$。

（3）暗条纹是关于中央明纹左右对称等间距分布的，两相邻暗条纹的衍射角的差值 $\Delta\varphi = \frac{\lambda}{a}$。

（4）各级明条纹的宽度是中央明条纹宽度的一半，其光强极大值称为次极大，它们的位

置是　$\varphi \approx \sin\varphi = \pm 1.43\dfrac{\lambda}{a}$，$\pm 2.46\dfrac{\lambda}{a}$，$\pm 3.47\dfrac{\lambda}{a}$，…

它们的相对光强为

$$I/I_0 = 0.047,\ 0.017,\ 0.008,\ \cdots$$

单缝的宽度可由下式确定

$$a = \frac{k\lambda D}{x} \tag{4-18}$$

式中，D 是单缝主接收屏之间的距离；x 是第 k 级暗纹至中央明纹中心的距离。

2. 产生夫琅禾费衍射的两种方式

用下面两种方法可以实现夫琅禾费衍射所要求的实验条件：

（1）“焦面接收”装置　如图 4-19 所示，把光源 S 置于凸透镜 L_1 的前焦面上，接收屏 P 置于凸透镜 L_2 的后焦面上。由几何光学可知，光源 S 和接收屏 P 距单缝均为光学无限远。在接收屏中央附近，衍射角 $\varphi \approx \dfrac{x}{D}$。

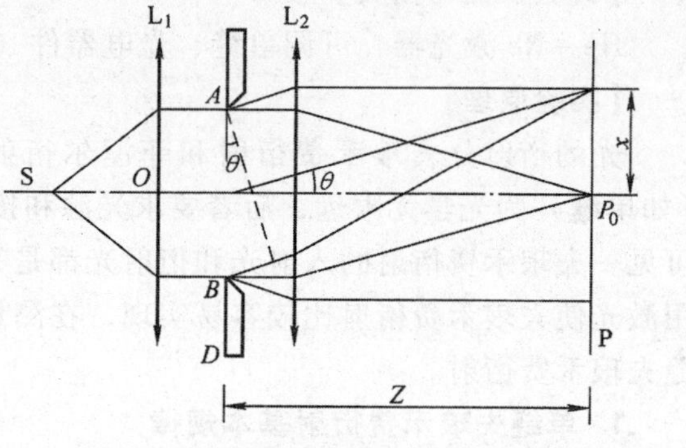

图 4-19　“焦面接收”装置

（2）“远场接收”装置　如图 4-20 所示，当实验装置满足下列两个条件时，在单狭缝的前后可以不用透镜 L_1 和 L_2 而获得夫琅禾费衍射。

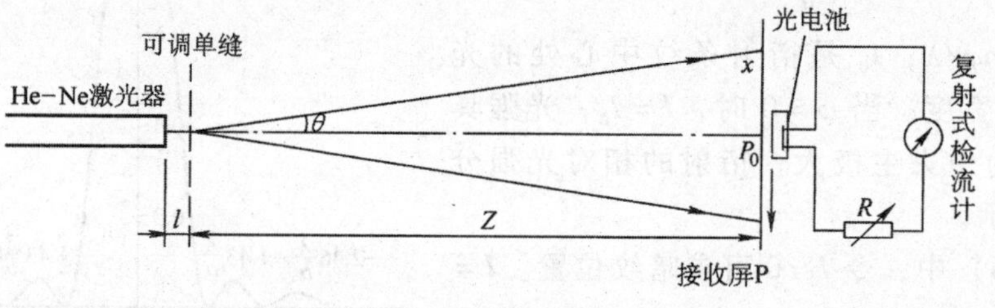

图 4-20　“远场接收”装置

1）光源离单缝很远，满足$\dfrac{2\pi a^2}{8l\lambda} \ll 1$。式中，$l$ 是光源 S 至单缝之间的距离，此条件表明缝宽 a 相对于 l 很小。

2）接收屏离单缝足够远，满足$\dfrac{2\pi a^2}{8D\lambda} \ll 1$，$D$ 为单缝至接收屏的距离，这样缝宽 a 相对于 D 也很小。

上述两个条件称为夫琅禾费衍射的“远场”条件。在实验中，用激光器作光源，由于激光器发散角很小（约 2×10^{-3} rad），可作为近似平行光直接照射在单缝上。对一般较小的 He－Ne 激光器（$\lambda = 632.8$ nm），单缝宽度 $a = 0.1$ mm 时，使 $l = 0.4$ m，$D > 1.3$ m，即可满足要求，这时的衍射角 $\varphi = \dfrac{x}{D}$。

3. 光电探测器件

实验中用光电探测器件测量光强的大小，即把光信号变成电信号，再接入测量电路。本实验采用单晶硅光电池，利用其内光电效应实现光电转换。硅光电池的响应时间为 10^{-3} ~ 10^{-4} s，它的光谱响应范围为0.4 ~ 1.1 μm，与人眼的灵敏范围相近。通常光电池在没有光照射的情况下，由于热激发也会产生光电子，所形成的电流称为暗电流。光电池的光电流与入射光照度在负载很小的情况下成线性关系。此外，杂散光产生的光电流称为本底电流，在实验中尽可能把杂散光减小到最低限度。

【实验内容】

1. 布置光路，观察衍射图样

采用“远场接收”方法，按图4-20布置光路，激光束垂直照射在单缝平面上，接收屏放置在单缝后大于1 m的位置，微调单缝的左右位置和方位，使衍射图样清晰和左右对称。将接收屏缓慢后移，观察衍射图样的变化。调节单缝宽度，观察衍射图样的变化。

2. 测量衍射图样的相对光强分布

①按图4-20连接测量电路。②调节单缝宽度，使接收屏上中央明纹的宽度约为12 mm。③移开接收屏，使衍射光直接照射在硅光电池的测量装置上，中央极大的中心对准接收缝。调节电阻箱 R，使检流计光标（用×0.01档或×0.1档）接近满偏。④从左侧第3个暗点开始，横向移动硅光电池，每移动1 mm读一次光电流 I 值，一直测到右侧第3个暗点为止。⑤测量完光强分布，关掉激光器，测出硅光电池的本底电流，激光所产生的光电流为所测值 I 减去本底电流值。

3. 单缝宽度的测量

①用米尺测出单缝到硅光电池之间的距离 D。②将单缝放在读数显微镜的载物台上，测量3次单缝的宽度 a。

【数据记录及处理】

(1) 记录移动接收屏和改变缝宽时衍射图样的变化情况。

(2) 在直角坐标纸上绘出 $\frac{I}{I_0}-x$ 单缝衍射相对光强分布曲线。

(3) 从分布曲线可以确定对应于 $k=\pm1,\ \pm2,\ \pm3$ 的暗纹位置 x_k，将 x_k 与 D 值代入式(4-18)，计算相应的单缝宽度 a，求其平均值，并与直接测量结果比较。

【思考题】

(1) 用两台同类激光器分别作为光源，但它们的输出光强不同，则单缝衍射图样及相对光强分布有无区别？为什么？

(2) 如果测出的衍射图样对中央极大左右分布不对称，是什么原因造成的？怎样调节实验装置才能纠正？

实验23 用光栅测量光波波长

光栅可以看成是一组数目很多、排列紧密、均匀而又平行的狭缝。根据多缝衍射原理制成的衍射光栅，能够产生间距较宽的均排光谱，是一种重要的分光元件。通常光栅可用金刚石刀在玻璃片上刻制，也可以复制或用全息照相等方法制成，精制的光栅在1 cm内可以有1万条以上的刻痕，它具有较高的分辨本领。光栅不仅适用于可见光，还能适用于红外和紫外光波，常用于准确测定光波波长及进行光谱分析。以衍射光栅为色散元件组成的单色仪和摄谱仪是物质光谱分析的基本仪器，光栅衍射原理也是晶体 x 射线结构分析、近代频谱分析和光学信息处理的基础。光栅分为透射式和反射式两类，在结构上又分为平面光栅、阶梯光栅和凹面光栅几种。本实验使用的是透射式平面光栅。

【实验目的】

（1）熟悉分光计的构造原理和使用方法。

（2）观察透射式平面光栅的衍射现象。

（3）测量钠光光波波长。

【预习重点】

（1）分光计的结构及各项调节要求。

（2）用分光计测量光波波长的原理和方法。

【实验仪器与用具】

分光计、钠光灯、双面反射镜、光栅。

【实验原理】

当一束平行光照射透射光栅时，光栅中的每条狭缝都将产生衍射，而且透过各个狭缝的光波间还要发生干涉，光栅衍射图样是上述两者效果的总和。如图 4-21 所示，若光栅刻痕宽度为 b，透光狭缝宽度为 a，则相邻两缝的距离 $d=a+b$ 称为光栅常数，它是光栅的基本参数之一。实验室用的光栅的光栅常数大约为 10^{-5} ~ 10^{-6} m。

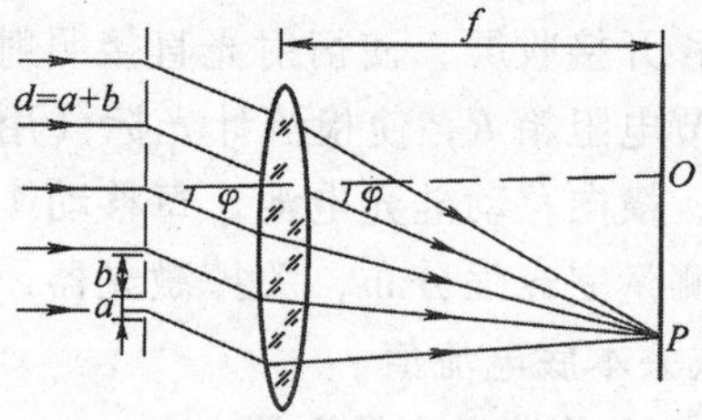

图 4-21 透射光栅示意图

当单色光垂直照射光栅时，光栅后面的衍射光束通过透镜会聚在焦平面上，形成一组明暗相间的衍射条纹，各级明条纹的位置由光栅方程确定。

$$d\sin\varphi_k = k\lambda \quad (k=0,\ \pm1,\ \pm2,\ \cdots) \tag{4-19}$$

式中，λ 为单色光波长；k 是明条纹的级数；φ_k 是第 k 级明条纹所对应的衍射角。$k=0$ 的明条纹称为中央明纹，其他各级明条纹对称分布在中央明纹两侧，如图 4-22 所示。与 $k=\pm1$ 相对应的两明条纹也称为正一级谱线和负一级谱线，类似的还有二级、三级等谱线。由此可见，对不同波长的入射光（如白光照射），光栅具有将入射光分解为按波长排列的光谱的功能，所以它是一种分光元件，用它可以做成光栅光谱仪或摄谱仪。此外，光栅衍射条纹与单缝衍射条纹相比，其主要特点是：明条纹很亮很细，各级明纹之间有较暗的背景，因此，光栅具有更高的分辨率，且光栅常数越小，角分辨率越高。

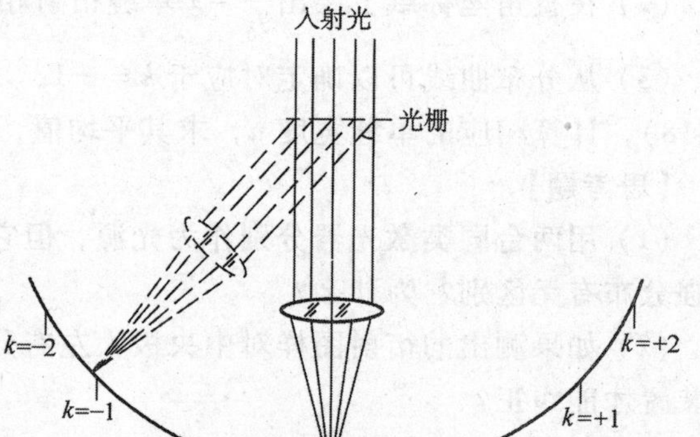

图 4-22 光栅衍射示意图

【仪器介绍】

分光计的结构与调整步骤。

1. 分光计的结构

JJY 型分光计结构如图 4-23 所示，它主要由以下各部分组成：

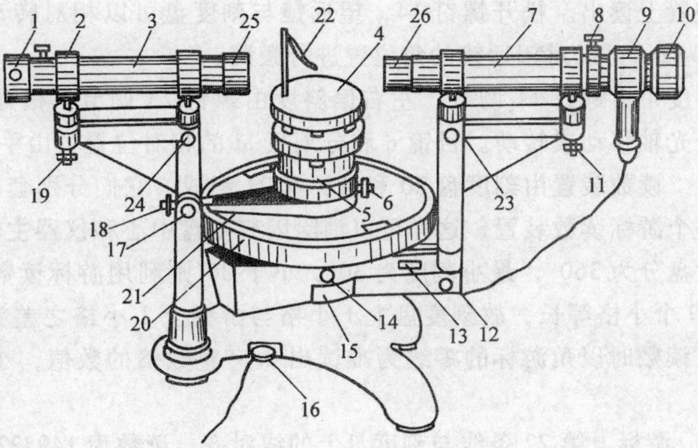

图 4-23 JJY 型分光计的结构图

1—狭缝宽度调节手轮 2—狭缝装置锁紧螺钉 3—平行光管 4—载物台 5—载物台调平螺钉（3 只） 6—载物台锁紧螺钉 7—望远镜 8—目镜锁紧螺钉 9—阿贝式自准直目镜 10—目镜调节手轮 11—望远镜水平度调节螺钉 12—望远镜微调螺钉 13—照明器插座 14—望远镜与刻度盘连接螺钉 15—望远镜锁紧螺钉（在另侧） 16—分光计底座插座 17—游标盘微调螺钉 18—游标盘止动螺钉 19—平行光管水平度调节螺钉 20—刻度盘 21—游标盘 22—夹持待测物的弹簧片 23—望远镜左右偏斜度调节螺钉 24—平行光管左右偏斜度调节螺钉 25—平行光管物镜 26—望远镜物镜

（1）底座 其上装有中心轴（又称主轴），轴上装有可绕轴转动的望远镜 7、刻度盘 20、游标盘 21 和载物台 4，其中一个底脚的立柱上装有平行光管 3。

（2）平行光管 它的作用是出射平行光。它的一端装有物镜 25，另一端装有一个可伸缩的套筒，套筒末端有一狭缝，松开螺钉 2，伸缩套筒可把狭缝调到物镜的焦平面上，当管外有光照射狭缝时，平行光管就出射平行光。狭缝的宽度可由手轮 1 调节，平行光管的水平度由螺钉 19 调节，左右偏斜度由螺钉 24 调节。

（3）载物台 它是一个用来放置棱镜、光栅或其他光学元件的平台。平台上有夹持待测物的弹簧片 22。平台下有三个调平螺钉 5，可以调节载物台的水平度。当松开螺钉 6，载物台可单独绕仪器的主轴转动或升降，如拧紧螺钉 6，载物台可与游标盘 21 固定在一起。螺钉 18 用以固定游标盘的位置，然后调节螺钉 17 使之微动。

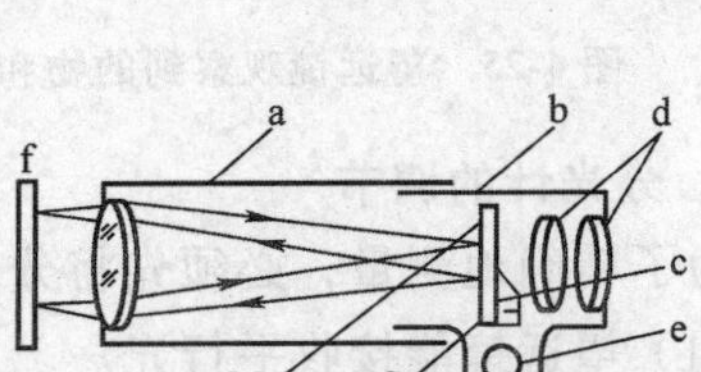

图 4-24 阿贝式自准直望远镜

a—物镜圆筒 b—套筒 c—全反射棱镜 d—目镜 e—光源 f—反射平面 g—十字透光窗 M—分划板

（4）望远镜 如图 4-24 所示，望远镜由物镜分划板 M，全反射棱镜 c，目镜 d 和光源 e 组成，由光源 e 发出的光，经全反射棱镜 c 照亮十字透光窗 g，十字透光窗 g 和分划板 M 上的刻线在同一平面上，当它们正好处于物镜的焦平面时，则发出的光通过物镜后成为平行光束，射向反射平面 f，如果此反射平面与望远镜的光轴垂直，则反射光再次通过物镜，会聚在焦平面（即十字透光窗 g 所在平面）上，形成十字反射像。这时十字透光窗 g 和它的反射像分居于光轴的上下，并对称于光轴。观测者可以从望远镜观察到图 4-25 所示的图像。

当旋紧螺钉 14 时，望远镜的支架和刻度盘 20 固定在一起，可绕仪器主轴旋转，其角位置可从游标读数装置上读出。松开螺钉 14，望远镜与刻度盘可以相对转动，如果拧紧螺钉 15，借助微调螺钉 12，可以对望远镜的角位置进行微调。

望远镜的水平度可由螺钉 11 调节，左右偏斜度由螺钉 23 调节，松开目镜锁紧螺钉 8，阿贝目镜 9 可以沿光轴移动或转动。目镜 d 和分划板 M 的相对位置可由手轮 10 调节。

（5）读数装置　读数装置由刻度盘 20 和游标盘 21 组成，它们分别套在主轴上，在同一直径的两端各装一个游标读数装置，这样可以消除因刻度盘中心和仪器主轴中心不重合所引起的偏心差。刻度盘分为 360°，最小刻度为 30′，小于 30′则利用游标读数。游标上刻有 30 小格与刻度盘上 29 个小格等长，故刻度盘上 1 小格与游标上 1 小格之差为 1′，因此，该游标的分度值为 1′。读数时以角游标的零线为准读出 0.5°整数倍的数值，小于 0.5°的数值从角游标上读出。

图 4-26a 所示，游标上第 22 条线与刻度盘上的线对齐，读数为 149°22′。

图 4-26b 所示，游标上第 15 条线与刻度盘上刻度线对齐，但游标零线过了半度线，读数为 149°45′。

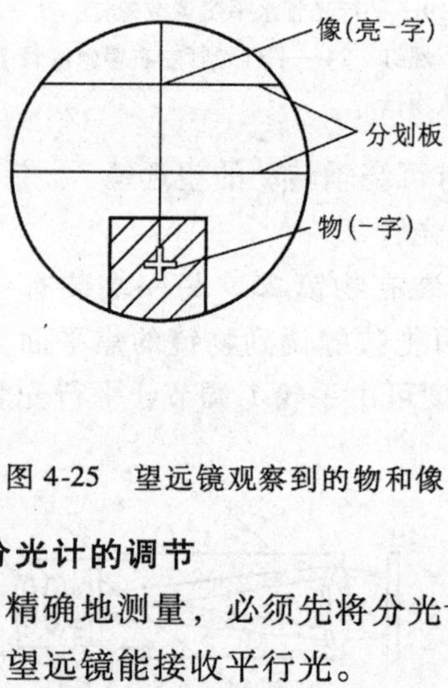

图 4-25　望远镜观察到的物和像

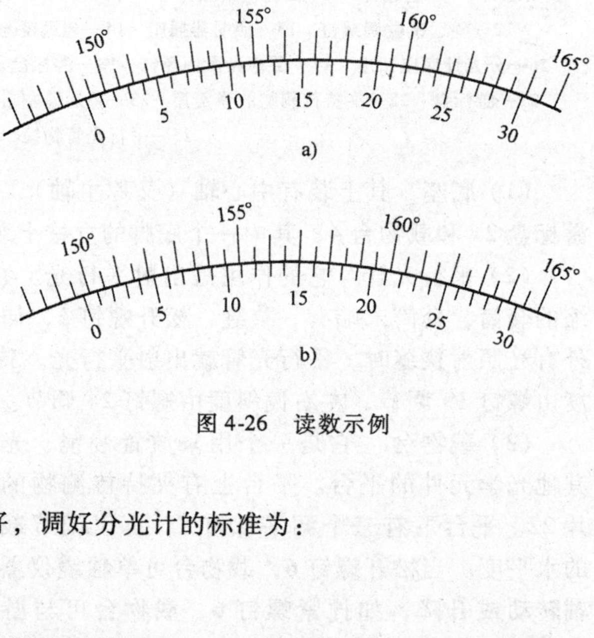

图 4-26　读数示例

2. 分光计的调节

为了精确地测量，必须先将分光计调节好，调好分光计的标准为：

（1）望远镜能接收平行光。

（2）平行光管能出射平行光。

（3）望远镜的光轴和平行光管的光轴与仪器的主轴垂直，在一般情况下，还要使载物台与仪器主轴垂直。

具体调节步骤如下：

1）对照实物熟悉分光计各部分的具体结构和作用。

2）对分光计进行粗调，即用眼睛估测，使载物台、望远镜和平行光管大致垂直于仪器的主轴。

3）用自准法调节望远镜，使之能接收平行光。

①接通电源：将变压器输出端 6.3 V 电源插头插在分光计底座 16 上，将阿贝目镜照明

插头插在照明器插座13上。

②目镜调焦：旋转目镜手轮10，使分划板刻线成清晰像。

③将双面反射镜放在载物台上，如图4-27所示。

④视线要与望远镜等高，并从望远镜侧面观察，看到反射镜内有一亮十字，然后从望远镜正面观察，缓缓地转动载物台，使亮十字随之移动，继续转动载物台，当反射平面正对望远镜时，从望远镜中可以看到一光斑，这就是十字透光窗 g 的反射像。

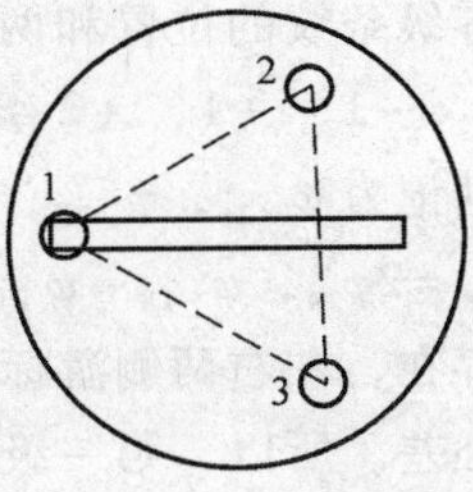

图4-27 双面反射镜在载物台上的位置

⑤松开目镜锁紧螺钉8，前后移动阿贝目镜9，使亮十字、十字反射像成无视差的清晰像。此时，望远镜就对无穷远聚焦了，再旋紧螺钉8。

4）调节望远镜光轴使之垂直于仪器的主轴。

①当从目镜中看到清晰的十字反射像后，十字反射像一般不在图4-28c所示的准确位置（即与亮十字分划板上方的十字刻线重合）上，而与分划板上方的十字刻线有一高度差 h，如图4-28a所示，这一高度差反映了望远镜光轴不垂直于仪器主轴，为此采用各半调节法。调节载物台调平螺钉2或3，使高度差 h 减少一半，如图4-28b所示；再调节望远镜的水平调节螺钉11，使另一半高度差完全消除，如图4-28c所示。

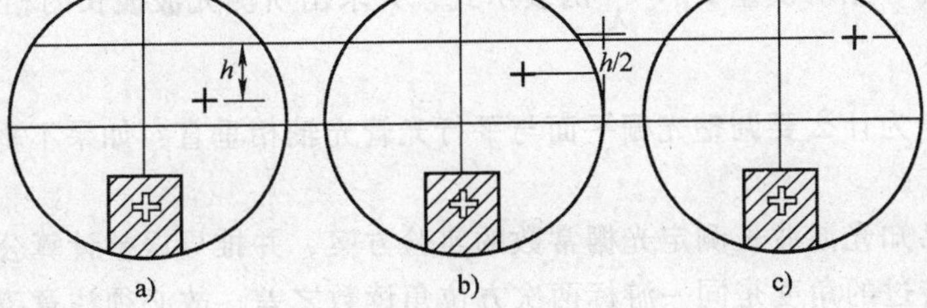

图4-28 各半调节法

②转动载物台，使双面反射镜转180°。再观察十字反射像与准确位置的高度差，仍用上述方法，使高度差完全消除。

③重复①、②步骤，直到望远镜对准双面反射镜正、反两面时，都能在望远镜中观察到十字反射像与准确位置相重合，此时望远镜光轴垂直于仪器的主轴。

5）调节平行光管，使之出射平行光。

①从侧面与俯视两个方向用目测法把平行光管的光轴大致调节到与望远镜的光轴相一致。

②关闭阿贝目镜的光源，取下载物台上的双面反射镜，用漫射光照射狭缝。

③将望远镜正对平行光管，从望远镜中观察狭缝像。松开螺钉2，调节平行光管狭缝与物镜之间的距离，使在望远镜中看到清晰的狭缝像，而且像与目镜分划板的刻线无视差。此时平行光管出射平行光，然后旋转螺钉1，调节狭缝宽度（约0.5 mm）。

【实验内容】

（1）按分光计的调整步骤调节分光计使其处于正常使用状态。这时，分光计的望远镜和平行光管光轴垂直于仪器转轴，并使平行光管出射平行光。

（2）测量谱线的衍射角，把光栅放置在载物台上，先转动望远镜观察衍射光谱，注意中央零级条纹的位置和两侧所能观察到的谱线。使望远镜从左侧向右侧转动，分别测量 $k=-2$，-1，$+1$，$+2$ 级各谱线的角位置，对每一谱线的角位置，记录左、右两侧游标读数，分别记为 φ_{-2A}，φ_{-2B}，φ_{-1A}，φ_{-1B}，φ_{+1A}，φ_{+1B}，φ_{+2A}，φ_{+2B}。同一游标读数相减，$\varphi_{-1A}-\varphi_{+1A}=2\varphi_{1A}$，$\varphi_{-1B}-\varphi_{+1B}=2\varphi_{1B}$，$\varphi_{-2A}-\varphi_{+2A}=2\varphi_{2A}$，$\varphi_{-2B}-\varphi_{+2B}=2\varphi_{2B}$。由于分光计偏心差的存在，左右两侧游标读数 φ_A 和 φ_B 有差异，一个偏大，一个偏小，求其平均值就可以消除偏心差。所以，第一级、第二级明纹主极大谱线的衍射角分别为

$$\varphi_1=\frac{|\varphi_{-1A}-\varphi_{+1A}|+|\varphi_{-1B}-\varphi_{+1B}|}{4} \tag{4-20}$$

$$\varphi_2=\frac{|\varphi_{-2A}-\varphi_{+2A}|+|\varphi_{-2B}-\varphi_{+2B}|}{4} \tag{4-21}$$

由式（4-19）知，所测光波波长为

$$\bar{\lambda}=\frac{1}{2}\left(\frac{d\sin\varphi_1}{1}+\frac{d\sin\varphi_2}{2}\right)$$

【数据记录及处理】

自行设计表格记录实验数据。

已知分光计的仪器额定误差为 $1'=2.91\times10^{-4}$ rad，d 值的相对误差为 0.1%，根据光栅方程式（4-19）推导相对误差 $E_\lambda=\frac{\Delta\lambda}{\lambda}$ 的表示式，并求出所测光波波长的相对误差。

【思考题】

（1）实验时，为什么要调整光栅平面与平行光管光轴相垂直？如果不垂直，能够测定谱线的波长吗？

（2）试设计已知光波波长测定光栅常数的实验方案，并推导误差计算公式。

注： 望远镜转过的角度是同一游标两次方位角读数之差，故必须注意望远镜转动过程中是否越过了刻度的零点。

实验 24　偏振光的观测

光的干涉和衍射现象有力地说明了光具有波动性。而光的偏振现象则能进一步说明光是横波，即光的振动方向垂直于它的传播方向。1809 年，马吕斯（Malus）在实验中发现了光的偏振现象，光的电磁理论建立后，光的横波性才得以圆满说明。偏振光的应用十分广泛，从立体电影、晶体性质研究到光学计量、光弹、薄膜、光通讯等技术领域都有巧妙的应用。

【实验目的】

（1）了解产生和检验偏振光的原理和方法，加深对光偏振现象的认识和理解。

（2）用各种起偏振和检偏振的仪器来观测偏振光。

【预习重点】

（1）如何获得和检验偏振光。布儒斯特定律和马吕斯定律。

（2）分光计的基本结构和使用方法。

【实验仪器与用具】

分光计（加装带分度盘的检偏器）、黑玻璃镜、玻璃片堆、钠灯、高压汞灯、偏振片、

方解石等。

【实验原理】

根据光的电磁理论，光波的电矢量 $\boldsymbol{E}$、磁矢量 $\boldsymbol{H}$ 和光的传播方向三者相互垂直，因而光是横波。通常人们用电矢量 $\boldsymbol{E}$ 代表光的振动方向。普通光源发出的光是由于大量原子或分子的自发辐射所产生的，其电矢量 $\boldsymbol{E}$ 可取与传播方向垂直的任何方向，且各方向的振幅可认为完全相同，这种光称为自然光。电矢量的振动方向始终沿某一确定方向的光称为线偏振光，又称为平面偏振光。介于自然光和线偏振光之间的情况，即电矢量在各个方向都有振动，但在某个固定方向占相对优势，这种光称为部分偏振光。电矢量的末端在垂直于光传播方向的任一平面内作椭圆（或圆）运动的光称为椭圆（或圆）偏振光。

1. 反射产生偏振与布儒斯特定律

当自然光以入射角 i 投射到两种介质（例如空气和玻璃）分界面时，反射光和折射光一般都是部分偏振光，如图 4-29 所示。如果以 i 表示入射角、γ 表示折射角，在 $i+\gamma=\frac{\pi}{2}$ 时，反射光只有垂直入射面振动的线偏振光。此时的入射角 i_B 称为布儒斯特角。

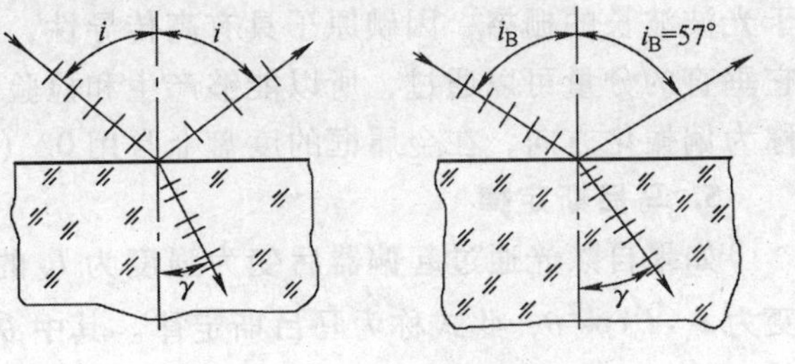

图 4-29 反射光的偏振

当光以 i_B 角入射时，折射定律可简化为 $n=\tan i_B$，这就是布儒斯特定律。式中，n 为介质的折射率。利用这个关系可以通过测量 i_B 来测定介质的折射率。

2. 折射起偏振，玻璃片堆

当光波的入射角为布儒斯特角时，虽然反射光为线偏振光，但反射率很低（对于空气和玻璃界面，反射光强约为入射光强的 8%）。对折射光而言，平行于入射面的振动分量全部透过界面，而垂直于入射面的振动分量仅一小部分被反射，大部分也透过了界面，所以只是偏振化程度不高的部分偏振光。如果用许多平行的薄玻璃片组成玻璃片堆，让光波多次反射，就不但能使反射产生的偏振光加强，也能使折射光更接近于线偏振光。

3. 双折射产生偏振光

在某些晶体内光的传播速度与光矢量的振动方向有关，当自然光入射时会产生双折射现象。自然界存在的方解石（一种 $CaCO_3$ 的天然晶体）、石英等都是双折射晶体。

一束自然光进入方解石后，产生两束折射光线，其中一束遵循通常的折射定律，称为寻常光，简称 o 光；另一束不遵循折射定律，其折射光线可以不在入射面内，并且入射角的正弦和折射角的正弦的比值不是常数，随入射角而变，这束光线称为非常光线，也称为 e 光。方解石中有一个固定方向，它是与通过三个钝角面会合的顶点并和这三个面成等角的一直线相平行的方向，沿此方向不发生双折射，这个方向为晶体的光轴。在晶体内，o 光与光轴所成的平面称 o 光主平面，e 光与光轴所成的平面为 e 光主平面。o 光的振动方向垂直于自己的主平面，而 e 光的振动方向平行于自己的主平面。一般情况下，o、e 两光的主平面是不重合的，但夹角不大，因而用检偏器检测出 e 光和 o 光振动方向是接近垂直的。当把晶体磨成表面平行于光轴的晶片，且自然光垂直表面入射时，晶体内的 e 光与 o 光沿同一方向传播，它们的振动方向严格垂直，并且传播速度相差最大。这种情况下晶体对 o 光和 e 光的折射率 n_o 和 n_e 规定为双折射晶体的折射率。对于方解石 $n_o=1.658$，$n_e=1.486$，e 光行进速度比 o 光快，称为负晶体。而石英的 $n_o=1.544$，$n_e=1.522$ 是正晶体。利用方解石可制成尼科耳棱镜以获得单一的线偏振光。

4. 二向色性起偏振

有些晶体材料对于自然光在其内部产生的偏振分量具有选择吸收作用，即对一种振动方向的线偏振光吸收强烈，而对与这一振动方向垂直的线偏振光吸收较少，这种现象称作二向色性。例如铝硼硅酸盐（电气石天然晶体），仅需约 1 mm 的厚度就能将寻常光完全吸收，只透过非寻常光，从而获得线偏振光。

偏振片是人工制造的具有二向色性的膜片。现代 H 型偏振片被广泛使用。在长链聚合物的被拉伸薄膜内，有碘附着在碳氢链上。由于大量含碘长链分子的平行排列构成了间隙小于光波波长的栅格，因碘原子具有高传导性，平行于长链分子的电场分量容易被吸收，而与它垂直的分量可以通过，所以能够产生和检验偏振光。偏振片上的最易透过电场分量的方向称为偏振化方向，在金属框的度盘上常用 0°（180°）表示。

5. 马吕斯定律

如果自然光通过起偏器后变为强度为 I_0 的线偏振光，再通过一个理想偏振片，光强度变为 $I=I_0\cos^2\theta$，此式称为马吕斯定律。其中 θ 为起偏器与检偏器两个偏振化方向之间的夹角。

【实验内容】

1. 测定布儒斯特角

调节分光计使望远镜适合接收平行光束，望远镜和准直管光轴垂直于仪器主轴等基本要求。记下望远镜十字丝对准准直管狭缝的角位置 φ_0 后，在载物台上置一黑玻璃镜，使镜面通过台面中心，如图 4-30 所示。用望远镜观察反射光，同时调节狭缝和载物台，使狭缝像与分划板的竖直线重合。若转动载物台，用望远镜跟随反射光在很大角度范围都能保持这种重合，即可认为黑镜面已经平行于仪器主轴，垂直于度盘。接下来连同游标盘一起转动载物台，逐渐改变入射角，密切注意反射光的强弱变化，并配合转动检偏器 A 的手轮，寻找最弱的反射光。在初步确定检偏器偏振化方向以后，用逐步逼近的方法反复比较，缩小范围，直至找到反射光几乎完全消失的角度。记下此时望远镜的角位置 φ 和检偏器度盘读数，计算 $i_B=(180°-|\varphi-\varphi_0|)/2$，重复 5 次，求 i_B 的平均值，用布儒斯特定律求出黑玻璃的相对折射率 n，并与实验室给出的标准值作比较。

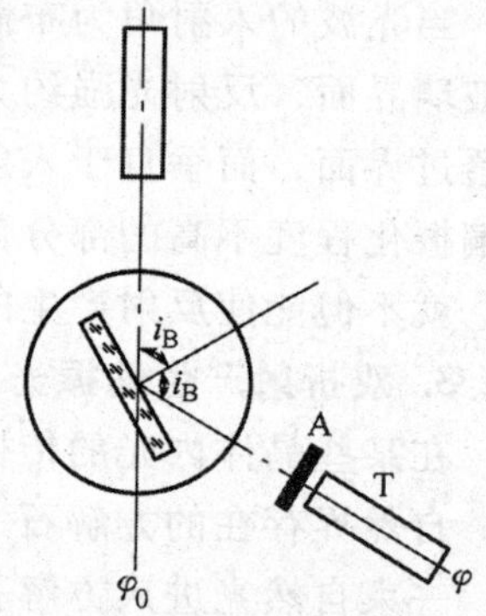

图 4-30 测量布儒斯特角

应注意，黑镜面必须十分清洁。实验时要尽量减少环境杂散光的干扰。

2. 观测折射起偏振

用洁净的玻璃片堆取代黑镜，重新对载物台作必要的调节，测布儒斯特角。用检偏器分析反射光和折射光的偏振态。

3. 观测双折射起偏振

在光具座上使自然光经过一个小孔光栏正入射方解石，辨别双折射中的两个光束，用检偏器定出寻常光和非常光的振动方向，说明方法并作图表示。

4. 验证马吕斯定律

用高压汞灯、干涉滤光片、准直管、两片带分度盘的偏振片和连接数字多用表的硅光电池，在光具座上组成实验装置，研究透射光强 I 与起偏器和检偏器偏振化方向之间夹角 θ 的关系。先用眼睛直接观察，而后从 $\theta=0°$ 开始至 $\theta=180°$，每 15°记录一次光电流值，用直角坐标纸作 $I-\theta$ 和 $I-\cos^2\theta$ 关系曲线，并说明其物理意义。

【思考题】

(1) 在测定布儒斯特角的过程中，需要改变几个参量？采用怎样的步骤能最快地找到全偏振的反射光？

(2) 若测得 I 与 $\cos^2\theta$ 的函数图形不是直线，而是一扁椭圆，试分析原因？

(3) 在两正交偏振片之间再插入一偏振片，并转动一周，会有什么现象？如何解释？

实验 25　频闪照相技术及应用

频闪照相能“凝固”运动物体的时空关系，是一种研究物体运动规律的先进实验方法。当频闪光源发出的多次等时间间隔的闪烁强光照射运动物体时，在照相机的同一张底片上就留下了一系列的影像，记录了运动物体在不同时刻的位置和形态，为研究物体的运动规律提供了可靠的科学依据，保存了各种信息资料。频闪照相技术在科学研究的诸多领域中有着广泛的应用。

【实验目的】

(1) 了解频闪照相的原理，掌握频闪照相技术。

(2) 根据照相法记录的小球运动轨迹，研究自由落体运动。

【预习重点】

(1) 黑白摄影的基本知识，包括照片拍摄、冲洗和晒印时的主要步骤。

(2) 频闪照相的主要特点。

【实验原理】

频闪摄影是一种周期性的多次曝光照相法，能“凝固”运动物体的时空关系，便于对运动规律的定量研究。为获得频闪照片，通常有两种方法：一是利用频闪光源（以一定周期发生闪光的闪光灯）照明被摄物体，同时用相机拍摄；二是给被摄物体以恒定的照明，在镜头前设置一周期性通光的遮光屏，遮光屏是一个带有开孔的转动圆盘，每当转盘开孔对准相机镜头时，就拍下物体的一个像。如果物体在运动，就会得到沿着运动轨迹的一串物体像，如图 4-31 所示。

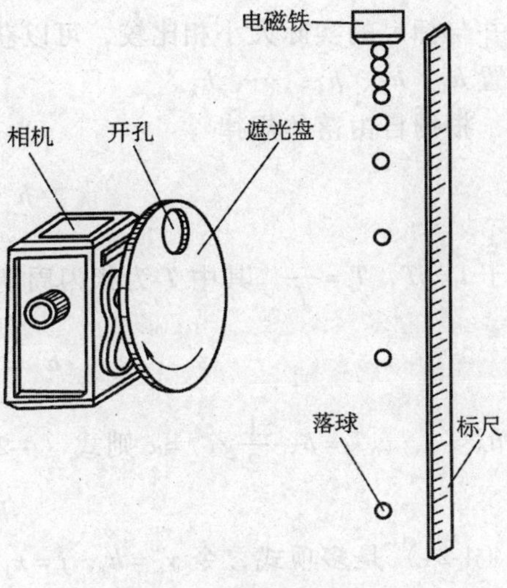

图 4-31　频闪照相装置

利用频闪光源得到频闪照片时，对光源有几个特殊要求：①控制频率要准，等时间间隔性要好。②每次闪光时间要短，亮度要大。③有较完善的同步控制作用。

【仪器和用具】

35 mm 单镜头反光照相机、SB-3 频闪光源、放大机、暗箱及冲洗和晒印设备。

【实验内容】

1. 拍摄

先熟悉照相机的使用方法，弄清楚每个按钮的作用。将 GB21°胶卷装在照相机内，照相机离开标尺约 3 m，安置在三角支架上。

闪光灯的“频率检测”与频率计相连，选择 25Hz 频率档。闪光灯的同步输入与照相机上的“闪光插座”连接。闪光灯的“电磁铁插口”与电磁铁开关连接。接通电源，检查闪光灯是否正常闪光。然后，将照相机的快门速度放在“B”，选择合适的光圈数 F（通常取 8 或 11），调节调焦旋钮使成像清晰。曝光时，因同步控制和开启闪光灯闪光，小球自由落下，照相机内的感光片曝光同时进行。小球落地时，关闭闪光灯，曝光也同时停止。

2. 冲洗

在暗箱内，从照相机内取出拍摄过的底片，装在暗罐内。先水洗 2 min，再加入 D－72 配方的显影液，显影约 10～15 min。再水洗约 2 min 后放入 F－5 配方的定影液，定影时间约 10 min。定影结束后水洗 10 min 并晾干，得到一张负片。

3. 晒印

将负片装在放大机的负片夹内，开启灯光，调节负片的位置和焦距，使像清晰。利用试片选择合适的曝光时间。进行曝光、显影、定影以及水洗、上光、烘干。得到一张带有小球自由落下的影像相片。

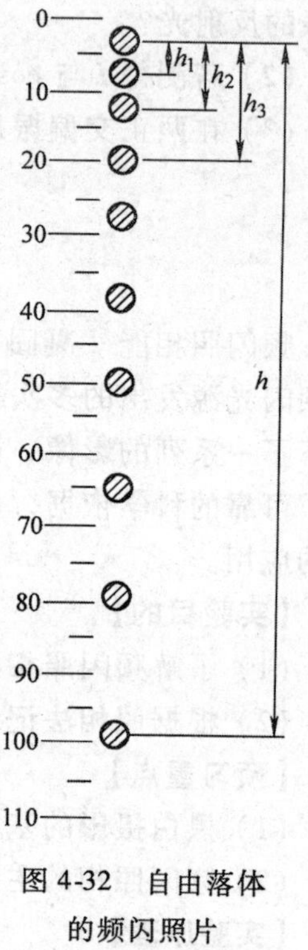

图 4-32 自由落体的频闪照片

4. 分析及测量小球下落的距离 h

小球自由落下的影像相片如图 4-32 所示。用毫米尺测出标尺像并与标尺的实际大小相比较，可以获得相片被缩小的倍数 m。再用毫米尺测量小球影像的位置 h_1、h_2、h_3、…、h_k。

根据自由落体规律

$$h = h_0 + v_0 t + \frac{1}{2}gt^2 \tag{4-22}$$

由于 $t = jT$，$T = \frac{1}{f}$，其中 T 为频闪周期，f 为闪光频率，那么

$$h_j = h_0 + v_0 Tj + \frac{1}{2}gT^2 j^2 \tag{4-23}$$

记 $h_0 = a$，$v_0 T = b$，$\frac{1}{2}gT^2 = c$ 则式（4-23）可写成

$$h_j = a + bj + cj^2 \tag{4-24}$$

式（4-24）是多项式，令 $y_i = h_j$，$j = x_1$，$j^2 = x_2$，则式（4-24）可化为二次线性方程。

$$y_i = a + bx_{1i} + cx_{2i} \tag{4-25}$$

式中，$i=1, 2, 3, \cdots, k$，是测量的次数。根据式（4-25），用线性回归法（最小二乘法）可求解重力加速度 g

$$g = 2cf^2m \tag{4-26}$$

式中，f 为闪光频率；c 根据线性回归法公式由 h_i 与测量次数 i 求出。

【注意事项】

（1）闪光灯连续开启的时间不宜太长，不进行拍摄时，不要空闪。

（2）闪光灯应位于小球下落高度的中间位置，上下对称照射。

【思考题】

（1）为使所拍的照片小球和标尺都清晰，应采用什么方法？

（2）照相机上光圈刻度数和时间刻度数的排列有什么规律？

（3）为了对照片进行精确测量，经常采用照相放大技术应注意些什么？

第 5 章　近代物理

实验 26　光学全息照相

光学全息照相是 20 世纪 60 年代发展起来的一门波阵面再现的新技术。它是利用光波的干涉现象，以干涉条纹的形式，把被摄物表面的光波的振幅和相位信息记录下来，是记录光波全部信息的一种有效手段。光学全息照相在精密计量、无损检测、遥感测控、信息存储和处理、生物医学等方面的应用日益广泛。全息照相的基本原理是以波的干涉和衍射为基础的，对于红外、微波、X 光以及声波、超声波等波动过程也适用，并相应出现了微波全息、X 光全息和超声全息等新技术，全息技术已发展成为近代科学的一个新领域。

【实验目的】

(1) 了解光学全息照相的基本原理和主要特点。

(2) 学习静物光学全息照相的实验技术。

(3) 观察和分析全息图的成像特性。

【预习重点】

(1) 光的干涉和衍射的基本原理。

(2) 激光的基本特性。

【实验仪与用具】

全息台、He－Ne 激光器及电源、分束镜、扩束镜、全反射镜、磁性光具座、全息感光干板、照相冲印设备等。

【实验原理】

从光的波动理论可知，描述光波的特征物理量是振幅、相位和波长。对于单色光，它所载有的特征信息就是它的振幅和相位。普通照相是以几何光学的规律为基础的，只能记录物体表面各点发出的光或反射的光的振幅（强度）分布，不能记录光波的相位信息，因而只能显现出被摄物体的平面像，不能反映被摄物体表面凹凸及远近的差别，所以无立体感。全息照相是以波动的干涉和衍射的规律为基础的，它把光波的振幅和相位信息同时记录在感光底板上，所以可以再现出被摄物体的立体图像。

全息照相不仅在基本原理上与普通照相不同，而且从拍摄方法到再现方法上也与普通照相完全不同。它分为全息记录和全息再现两个主要过程。

1. 全息照片的获得

拍摄全息照片的光路图如图 5-1 所示。由 He－Ne 激光器射出的激光束通过分光板被分成两束相干光，一束相干光入射到平面镜 M_2 上，反射后经透镜 L_2 扩束照射到全息记录介质底片全息干板 H 上，这束光称为参考光或 R 光；另一束相干光经平面镜 M_1 反射，再被透镜 L_1 扩束后照射到被摄物体 D 上，经漫反射（对于透明的物体则为透射）后也射到全息干板 H 上，这部分光称为物光或 O 光。

参考光和物光在全息干板上相遇后产生干涉，这样就可以把物光波前的振幅和相位信息转换成全息干板上的干涉条纹信息。假设参考光为垂直于干板表面的平面波，如果干板对物点所张的立体角充分小，从物点发出的球面波在干板上的任一小区域，如图 5-2 所示的 aa' 区域，可以简化为平面波，则在 aa' 处，物光与参考光的干涉即为两束平行光的干涉，所形成条纹间隔为

$$d_i = \frac{\lambda}{\sin\theta_i}$$

因同一物点发出的物光在干板的不同区域与参考光的夹角 θ_i 不相同，相应的干涉条纹间隔 d_i 和条纹的方向也不相同；那么，不同物点发出的物光在干板的同一区域与参考光所产生的干涉条纹的间隔、强度和方向均不相同。这样，在全息干板上就记录了无数组不同强度、不同疏密和方向的干涉条纹，从而利用干涉条纹的形状、明暗程度和疏密状况将物光的全部信息记录下来。

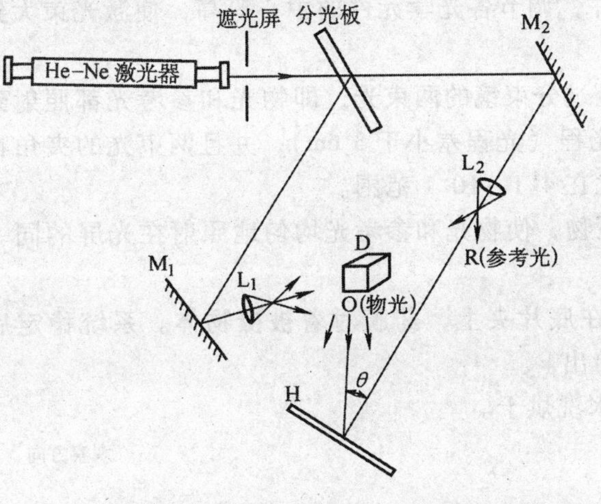

图 5-1　拍摄全息照片的光路图

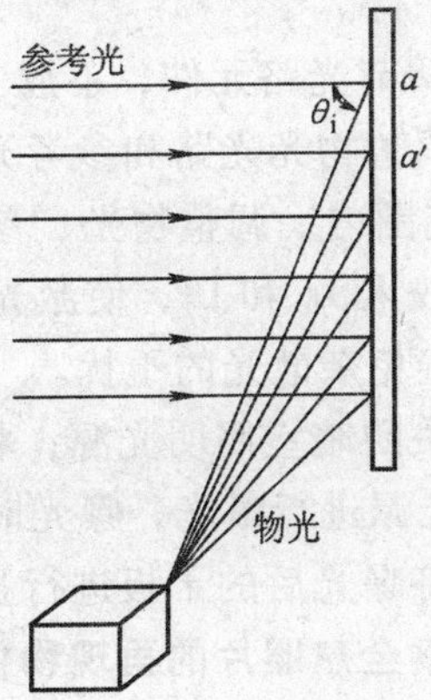

图 5-2　物光与参考光干涉示意图

全息干板经过显影、定影后，便成为一张全息照片。

2. 全息照片的再现

由于全息照相在感光干板上记录的不是被摄物体的直观形象，而是无数组干涉条纹复杂的组合，所以观察全息照片记录的物像时，必须应用与原参考光完全相同的光束去照射，才能重视被摄物体的立体像，这束光称为再现光。全息照片再现的光路如图 5-3 所示。对于再现光，全息照片相当于一块反差不同、间距不等、透过率不均匀的复杂光栅，当再现光照射到全息照片上时，被照片上的干涉图像所衍射，在照片后面出现一系列衍射光波，其中包含着原来的物光波的波前，和物体在拍射时所发出的光波完全一样，人们在全息照片前看到的立体像就是这个再现波前所产生的虚像。另外，还有衍射波在原物体对称位置上形成的物体的实像，称为共轭像。

全息照相有很多重要的特点。

（1）由于全息照片记录了物光的全部信息，所以再现出来的被摄物体形象是一个与物体完全一样的立体图像。如果观察者改变自己的观察位置时，图像的透视情况也和观察原来

的物体一样在改变，故可看到不同侧面。景物中的近景和远景的视差效应十分明显。当从某一方向观察时，若一物被另一物遮住，还可在另一角度避开障碍物，看到被遮住的物体。

（2）由于全息照片上的每一部分都记录了物体上各点漫反射出来的光信息，所以全息照片具有可分割性，把全息照片分割为若干小块，每一小块都能完整地再现原来的物像，不过像的分辨率降低。因此，缺损的全息照片仍能再现被摄物体的全貌，不会使再现物像失真。

（3）在同一块全息干板上可以采用不同角度进行多次拍摄，从而记录多个不同的图像。再现时，在不同的衍射方向能够相互不干扰地单独显示每一个物像。

（4）全息照片容易复制。如用接触法复制出的全息照片，原来透明的部分变成不透明的，但再现出来的像仍和原来照片的像完全一样。全息照片的再现像还可以放大或缩小，只要用不同波长的激光束照射全息照片，由于与拍摄时所用激光的波长不同，再现的物像就会发生放大或缩小。再现光的波长大于原参考光的波长时，像被放大；反之被缩小。

【实验内容】

1. 拍摄静物全息照片

（1）按图 5-1 在全息台上布置各光学元件，调节各光学元件的中心等高，使激光束大致与实验台平行。

（2）调节光路元件，不放 L_1 和 L_2，使经过分束镜的两束光，即物光和参考光都照射到光屏上。调整物光光路和参考光光路大致等光程（光程差小于 3 cm），并且两束光的夹角在 45°～90°范围内。调整物光、参考光的光强比在 4:1～10:1 范围。

（3）放入 L_1 和 L_2，使激光均匀照亮被摄物，使物光和参考光均匀地照射在光屏的同一区域内，避免杂散光的干扰。

（4）关闭暗室照明光源，将全息干板装在底片夹上，药膜对着被摄物体。系统稳定后打开激光光源进行曝光，曝光时间由实验室给出。

（5）将曝光后的干板进行显影、定影、水洗烘干。

2. 观察全息照片的再现物像

（1）按图 5-3 安排光路，取与拍摄时参考光方向尽量一致的再现光照亮全息照片，干板的感光膜面向着再现光束，使再现光束的扩束镜位置和方向尽量与拍摄时一致。观察再现虚像出现的位置、大小和亮度，与原物进行比较，体会再现像的立体性。

（2）将开有小孔的黑纸板覆盖在全息照片上，在不同的位置使激光通过小孔，观察再现虚像，记录观察结果。

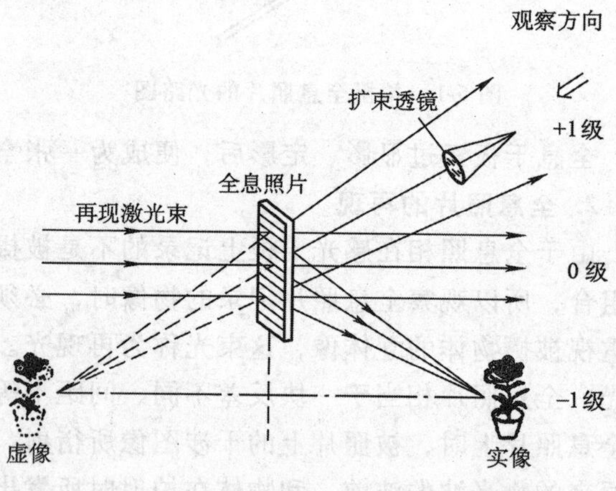

图 5-3　全息照片再现的原理光路图

【注意事项】

（1）保持各光学元件的清洁，勿用手触摸。

（2）切勿用眼睛正视激光束，以免损伤视网膜。

（3）全息干板是玻璃基片，注意轻放，以免弄碎。

（4）曝光时勿触及全息台，不要走动，避免实验室内有大的气流流动。

【思考题】

(1) 全息照相与普通照相比较有何优点?

(2) 为什么要求光路中的物光与参考光的光程尽量相等?

(3) 如何判断所看到的再现物像是实像还是虚像?

实验27 密立根油滴实验

电子的电荷是一个重要的基本物理量。首次准确地测定电子电荷数值的是美国杰出的物理学家密立根(R. A. Millikan),他在前人工作的基础上经过11年努力,最后采用油滴带电的方法,于1917年完成了电子电荷的测定,从而证明了任何带电物体所带的电荷量都是电子电荷量的整数倍,证实了基本电荷的存在和电荷的量子性。密立根油滴实验是物理学发展史上一个很重要的实验。此外,该实验设计巧妙、方法简便、测量结果准确,被公认为实验物理学的光辉典范。

【实验目的】

(1) 测定电子的电荷值。

(2) 从实验结果验证电荷的量子性。

【实验原理】

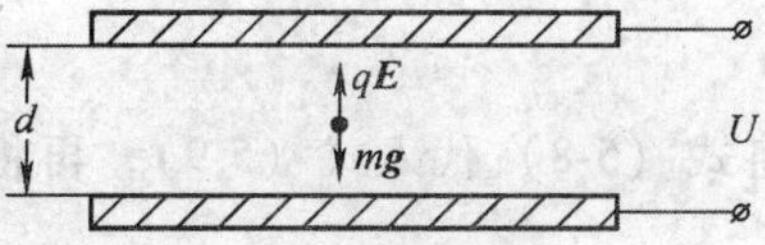

图5-4 油滴受力图

用喷雾器将油珠喷入两块相距为 d 的水平放置的平行板之间(见图5-4)。油滴在喷射时由于摩擦,一般都是带电的。设油滴质量为 m,所带电荷量为 q,两极板加的电压为 U,则油滴在平行极板间同时受到两个力的作用:一个是重力 mg,一个是静电力 $qE = q\dfrac{U}{d}$。调节两极板间的电压 U,使两力平衡,这时

$$mg = q\frac{U}{d}, \qquad q = \frac{md}{U}g \tag{5-1}$$

1. 油滴质量的测定方法

为了测出油滴所带的电荷量 q,除测定 d 和 U 之外,还需测定 m,但由于 m 很小,需要采用如下的特殊方法来测定。

当平行板间 $U=0$ 时,油滴将加速下降,但空气的粘滞性对油滴所产生的阻力与速度成正比,油滴下落一段距离到达某一速度 v_s 后,阻力与重力平衡(空气浮力忽略不计)。由斯托克斯定律

$$F_r = 2\pi r\eta\, v_s = mg \tag{5-2}$$

式中,η 是空气的粘度;r 是油滴的半径(由于表面张力,油滴呈球状)。设油的密度为 ρ,油滴质量

$$m = \frac{4\pi}{3}r^3\rho \tag{5-3}$$

合并式(5-2)、式(5-3),得油滴半径

$$r = \sqrt{\frac{9\eta\, v_s}{2\rho g}} \tag{5-4}$$

由于油滴半径近于空气中孔隙大小，空气介质不能再认为是均匀的，而斯氏定律只能对均匀介质才正确，因而斯氏定律应修正为

$$F_T = \frac{6\pi r\eta\ v_s}{1+\dfrac{b}{pr}} \tag{5-5}$$

式中，b 为修正常数，$b=8.22\times10^{-3}\ \mathrm{m\cdot Pa}$；$p$ 为大气压强。将式（5-5）代入得

$$r = \sqrt{\frac{9\eta\ v_s}{2\rho g}\cdot\frac{1}{1+\dfrac{b}{pr}}} \tag{5-6}$$

上式中还包含油滴的半径，但因它处于修正项中，故仍可用式（5-4）计算。将式（5-6）代入式（5-3），得

$$m = \frac{4\pi}{3}\rho\left[\frac{9\eta\ v_s}{2\rho g}\cdot\frac{1}{1+\dfrac{b}{pr}}\right]^{3/2} \tag{5-7}$$

2. 油滴收尾速度的测定方法

当两极板间的电压 $U=0$ 时，油滴匀速下降的距离为 s，时间间隔为 t，则

$$v_s = \frac{s}{t} \tag{5-8}$$

将式（5-8）代入式（5-9），再将式（5-7）代入式（5-1）得

$$q = \frac{18\pi}{\sqrt{2g\rho}}\left[\frac{\eta\ s}{t\left(1+\dfrac{b}{p}\sqrt{\dfrac{2\rho gt}{9\eta s}}\right)}\right]^{3/2}\frac{d}{U} \tag{5-9}$$

上式就是本实验的理论公式。

下面对理论公式（5-9）进行简化：

（1）令

$$A = \frac{18\pi}{\sqrt{2\rho g}}(\eta\ s)^{3/2}d$$

$$B = \frac{b}{p}\sqrt{\frac{2\rho g}{9\eta s}}$$

则式（5-9）可简化为

$$q = \frac{A}{[t(1+B\sqrt{t})]^{3/2}}\frac{1}{U} \tag{5-10}$$

（2）在确定的实验条件下，A、B 为常数，可以具体计算出来。

实验证明，对于同一个油滴，如果它带的电荷量分别为 q_1、q_2，…，q_n，则能使油滴在电场中平衡的电压分别为 U_1、U_2，…，U_n，这只能是一些不连续的特定值，这个事实揭示了电荷存在着最小的基本单元，油滴所带的电荷只能是电荷最小单元 e 的整倍数。即

$$q = ne \quad (n=\pm1,\ \pm2,\ \cdots) \tag{5-11}$$

实验中测出各个油滴的电荷值 q_1、q_2，…，q_n。然后求它们的最大公约数，这个最大公约数就是电子的电荷量。

【实验仪器与用具】

实验所需的参数如下：

油的密度 $\rho = 981\ kg \cdot m^{-3}$（20℃）　　重力加速度 $g = 9.97\ m \cdot s^{-2}$

空气粘度 $\eta = 1.83 \times 10^{-5}\ Pa \cdot s$　　修正常数 $b = 8.22 \times 10^{-3}\ m \cdot Pa$

大气压强 $p = 1.013 \times 10^{5}\ Pa$　　平行极板间距离 $d = 5.00 \times 10^{-3}\ m$

OM99CCD 微机密立根油滴仪

油滴仪主要由油雾室、油滴盒、CCD 电视显微镜、电路箱、监视器等组成。

油雾室用有机玻璃制成，其上有喷雾口和油雾孔，该孔可以通过拉动铝片来开关。

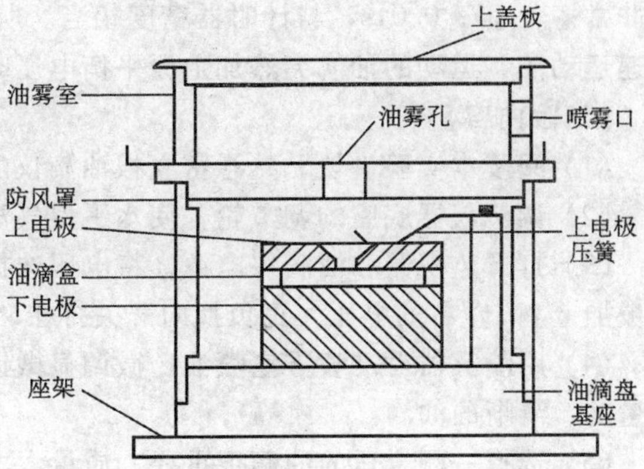

图 5-5　油滴盒

油滴盒的结构如图 5-5 所示。中间是两个圆形平行极板，间距为 d，放在有机玻璃防风罩中。上电极板中心有一个直径为 0.4 mm 的小孔，油滴经油雾孔落入小孔，进入上下电极板之间，由照明灯照明。防风罩前装有测量显微镜。目镜中有分划板，分划板刻度，垂直线视场 2 mm，分八格，每格为 0.25 mm。

照明灯安装在照明座中间位置，在照明光源和照明电路设计上也与一般油滴仪不同。照明灯采用了带聚光红色发光二极管。

CCD 是电荷耦合器件的英文缩写（即 Charge Coupled Device），它是固体图像传感器的核心器件，由它制成的摄像机，可把光图像变为视频电信号，由视频电缆接到监视器上显示，可接录像机，或接计算机进行处理。本实验使用灵敏度和分辨率甚高的黑白 CCD 摄像机，用高分辨率（800 电视线）的黑白监视器将显微镜观察到的油滴运动图像清晰逼真地显示在屏幕上，以便观察和测量。

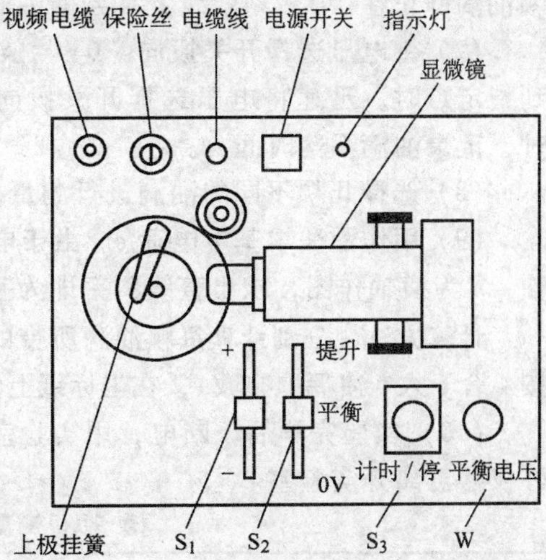

图 5-6　油滴仪面板

电路箱体内装有高压产生、测量、显示等电路。底座装有三只调平手轮，面板结构见图5-6。由测量显示电路产生的电子分划板在监视器的屏幕上显示白色刻度。

在面板上有两只控制平行极板电压的三档开关：S_1 控制上下极板电压的极性，S_2 控制极板上电压的大小。当 S_2 处于中间位置即“平衡”档时，可用电位器调节平衡电压的大小。打向“提升”档时，自动在平衡电压的基础上增加 200～300 V 的提升电压。打向“0V”档时，极板上电压为 0。

为了提高测量精度，OM99 油滴仪将 S_2 的“平衡”、“0V”档与计时器的“计时/停”联动，此时面板上联动开关要打在联动上。在 S_2 由“平衡”打向“0V”，油滴开始匀速下落的同时开始计时，并且油滴下落到预定距离时，迅速将 S_2 由“0V”档打向“平衡”档，油滴停止下落的同时停止计时。在屏幕上显示的是油滴实际的运动距离及对应的时间，这样可提高测距、测时精度。OM99 油滴仪的计时器也可采用“计时/停”（不联动）面板上联动开关打在“联动”另一方向，即按一下开关，清 0 的同时立即开始计时，再按一下，停止计时，并保存数据。计时器的最小显示为 0.01s。

由于空气阻力的存在，油滴是先经一段变速运动后进入匀速运动的，但这变速运动的时间非常短，小于 0.01s，与计时器精度相当。所以油滴可以看做自静止开始运动时是立即作匀速运动的，运动的油滴突然加上原平衡电压时，将立即静止下来。

【实验内容】

（1）阅读本实验讲议，熟悉密立根油滴仪的使用。

（2）调节仪器底座的调节轮，使水平仪气泡居中，此时平行极板水平。

（3）打开监视器和油滴仪电源，将电压选择开关拨向“平衡”，调节平衡电压旋钮，给极板加上 0V 左右的电压，正负换向开关打在“+”或“-”均可。

（4）用喷雾器对准喷雾室喷油，微调显微镜调焦手轮，使显微镜聚焦，从屏幕上可看见大量的、清晰的油滴。

（5）选择一颗合适的油滴很重要。质量太大的油滴，下落时间快，时间测量误差大；太小的油滴，布朗运动比较明显，也造成测量误差。油滴所带电荷量的多少对测量误差也有影响。通常选择平衡电压在 0~100 V 左右，匀速下落 1.5 mm（每格 0.25 mm，下落 6 格）的时间在 8~20 s，目视油滴的直径（屏幕上尺寸），选择直径在 0.5~1 mm 的油滴比较适宜。

（6）将选中的一颗油滴用电压选择开关移到“0”刻度线上，仔细调节平衡电压，使这颗油滴静止在“0”刻度线上（判断油滴是否平衡要有耐心），并记录下平衡电压 U。

（7）将电压选择开关拨向“0V”，油滴开始匀速下落，同时计时器开始计时，油滴下落到指定点时，迅速将电压选择开关拨向“平衡”，油滴停止下落，同时让计时器也停止计时，记录油滴下落时间 t_g。

（8）选择几颗不同的油滴进行测量，每颗油滴重复测 4 次，测量数据填入表 5-1 中。

（9）用作图法求基本电荷 e。由于电荷的量子化特性，有 $q_i=n_ie$，n_i 为整数。以 q 为纵轴，n 为横轴作图，求出直线斜率即为基本电荷 e，并与 $e_{公认值}$ 比较求百分误差。

计算方法：分别计算每颗油滴所带的电荷 q_i，再用 q_i 除以 $e_{公认值}=1.602\times10^{-19}$ 得 n_i（n_i 按 4 舍 6 入 5 凑偶取整数），在坐标纸上作出 $q-n$ 的曲线图，再从 $q-n$ 线上取两点求出斜率。

（10）实验完毕后，断电，用实验室准备的布或纸将油雾室及上下极板擦拭干净，整理好仪器再离开实验室。

表 5-1 测量数据填入下面的数据表格

油滴	次数	U/V	t/s	q/（$\times10^{-19}$C）	n	e/（$\times10^{-19}$C）	相对误差 E%
第一油滴	1						
	2						
	3						
	4						
	平均值						

（续）

油滴	次数	U/V	t/s	q/（$\times10^{-19}$C）	n	e/（$\times10^{-19}$C）	相对误差 E%
第二油滴	1						
	2						
	3						
	4						
	平均值						
第三油滴	1						
	2						
	3						
	4						
	平均值						
第四油滴	1						
	2						
	3						
	4						
	平均值						
第五油滴	1						
	2						
	3						
	4						
	平均值						

【思考题】

（1）对实验结果造成影响的主要因素有哪些？

（2）如何判断油滴盒内两平行极板是否水平？不水平对实验有何影响？

实验28 夫兰克－赫兹实验

众所周知，近代物理的标志是量子理论的建立，而量子理论的实验基础是原子光谱和各类碰撞研究。

1913年，丹麦物理学家玻尔（N. Bohr）在卢瑟福原子核模型的基础上，结合普朗克的量子理论，成功地解释了原子的稳定性和原子的线状光谱理论。玻尔原子结构理论发表的第二年，即1914年，夫兰克（J. Frank）和赫兹（G. Hertz）用慢电子与稀薄气体原子碰撞的方法，使原子从低能级激发到较高能级，通过测量电子和原子碰撞时交换某一定值的能量，直接证明了原子内部量子化能级的存在，同时也证明了原子发生跃迁时吸收和发射的能量是完全确定的、不连续的，这给玻尔的原子理论提供了直接的而且是独立于光谱研究方法的实验证据。由于此项卓越的成就，他俩获得了1925年的诺贝尔物理学奖。

【实验目的】

（1）通过测定氩原子的第一激发电位，证明原子能级的存在。

（2）分析温度、灯丝电流等因素对夫兰克－赫兹实验曲线的影响。

（3）了解计算机实时测控系统的一般原理和使用方法。

【预习重点】

（1）熟悉夫兰克－赫兹管的结构及工作原理。

（2）测量汞原子第一激发电位的方法。

【实验仪器与用具】

XD－FHZ 型夫兰克－赫兹仪、示波器。

【实验原理】

根据玻尔理论，原子只能较长久地停留在一些稳定状态（即定态），其中每一状态对应于一定的能量值，各定态的能量是分立的，原子只能吸收或辐射相当于两定态间能量差的能量。如果处于基态的原子要发生状态改变，所具备的能量不能少于原子从基态跃迁到第一激发态时所需要的能量。夫兰克－赫兹实验室通过具有一定能量的电子与原子碰撞，进行能量交换，从而实现原子从基态到高能态的跃迁。

设氩原子的基态能量为 E_1，第一激发态的能量为 E_2，初速为零的电子在电位差为 U_0 的加速电场作用下获得的能量为 eU_0，具有这种能量的电子与氩原子发生碰撞，当电子能量 $eU_0<E_2-E_1$ 时，电子与氩原子只能发生弹性碰撞，由于电子质量比氩原子质量小得多，电子能量损失很少，如果 $eU_0 \geqslant E_2-E_1=\Delta E$，则电子与氩原子会产生非弹性碰撞，氩原子从电子中取得能量 ΔE，而由基态跃迁到第一激发态，$eU_0=\Delta E$。相应的电位差 U_0 即为氩原子的第一激发电位。

夫兰克－赫兹实验原理如图 5-7 所示。

在充氩的夫兰克－赫兹管中，电子由热阴极发出，阴极 K 和栅极 G 之间的加速电压 U_{GK} 使电子加速。在板极 A 和栅极 G 之间加有减速电压 U_{AG}，管内电位分布如图 5-8 所示，当电子通过 KG 空间进入 GA 空间时，如果能量大于 eU_{AG}，就能达到板极形成板流。电子在 KG 空间与氩原子发生非弹性碰撞后，电子本身剩余的能量小于 eU_{AG}，则电子不能到达板极，板极电流将会随栅极电压增加而减少。实验时使 U_{GK} 逐渐增加，仔细观察板极电压的变化我们将观察到如图 5-9 所示的 $I_A \sim U_{GK}$ 曲线。

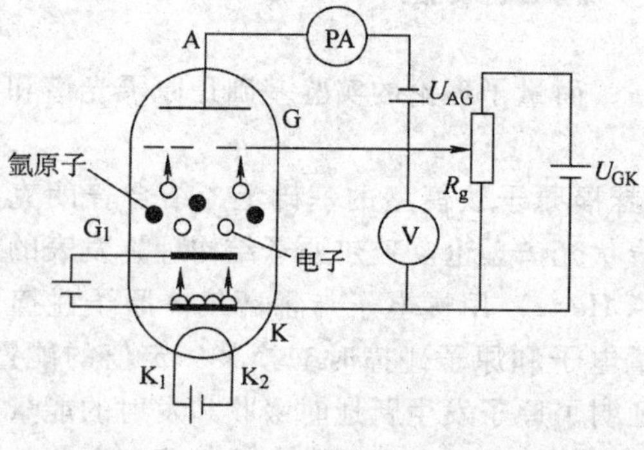

图 5-7 夫兰克－赫兹实验原理图

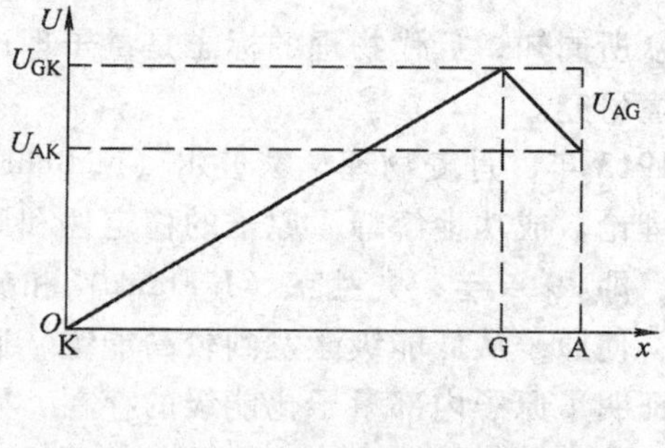

图 5-8 夫兰克－赫兹管管内电位分布

随着 U_{GK} 的增加，电子能量增加，当电子与氩原子碰撞后还留下足够的能量，并可以克服 GA 空间的减速场而到达板极 A 时，板极电流又开始上升。如果电子在 KG 空间得到的能

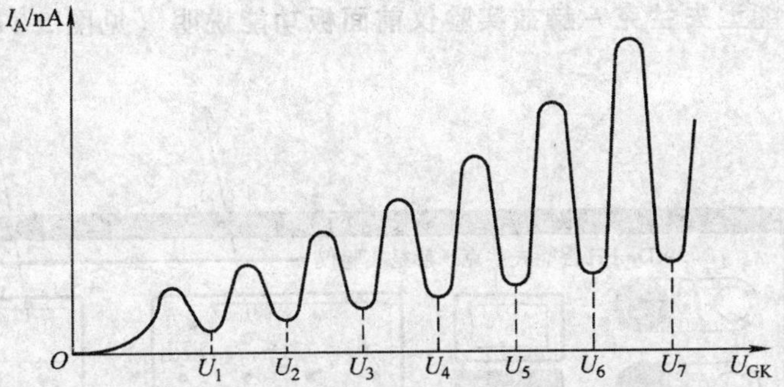

图 5-9　夫兰克－赫兹管的 I_A-U_{GK} 曲线

量 $eU_0=2\Delta E$ 时，电子在 KG 空间会因二次弹性碰撞而失去能量，而造成第二次板极电流下降。

在 U_{GK} 较高的情况下，电子在跑向栅极的路程中，将与氩原子发生多次非弹性碰撞。只要 $U_{GK}=nU_0$（$n=1$，2，…），就发生这种碰撞。在 I_A-U_{GK} 曲线上将出现多次下降。对于氩，曲线上相邻两峰（或谷）对应的 U_{GK} 之差即为原子的第一激发电位。

如果氩原子从第一激发态又跃迁到基态，这就应当有相同的能量以光的形式放出，其波长可以计算出来：$h\nu=eU_0$。实验中确实能观察到这些波长的谱线。

【仪器说明】

1. XD－FH 智能夫兰克－赫兹实验仪简介

一般的夫兰克－赫兹管是在圆柱状玻璃管壳中沿径向或轴向依次安装加热灯丝、阴极 K、网状栅极 G 及板极 A 的，有的在阴极 K 和栅极 G 之间还安装有第一阳极 G1。将管内抽取至高真空后，充入高纯氩或其他元素。

XD－FH 智能夫兰克－赫兹实验仪基本结构如图 5-10 所示。

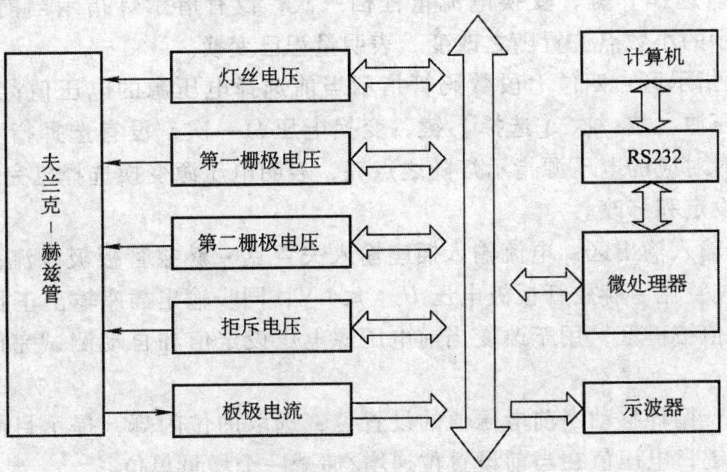

图 5-10　XD－FH 智能夫兰克－赫兹实验仪结构示意图

夫兰克－赫兹管的灯丝电压、第一栅极电压、拒斥电压、第二栅极电压等由程控直流稳压电源提供，既可由实验仪面板手动设定，也可由计算机控制。

程控直流微电流表测量板极电流，测量范围为 1 μA～1 mA，共有四档，测量数据可从实验仪面板读出，同时可以自动传送给计算机。

2. XD－FH 智能型夫兰克－赫兹实验仪前面板功能说明（见图 5-11）

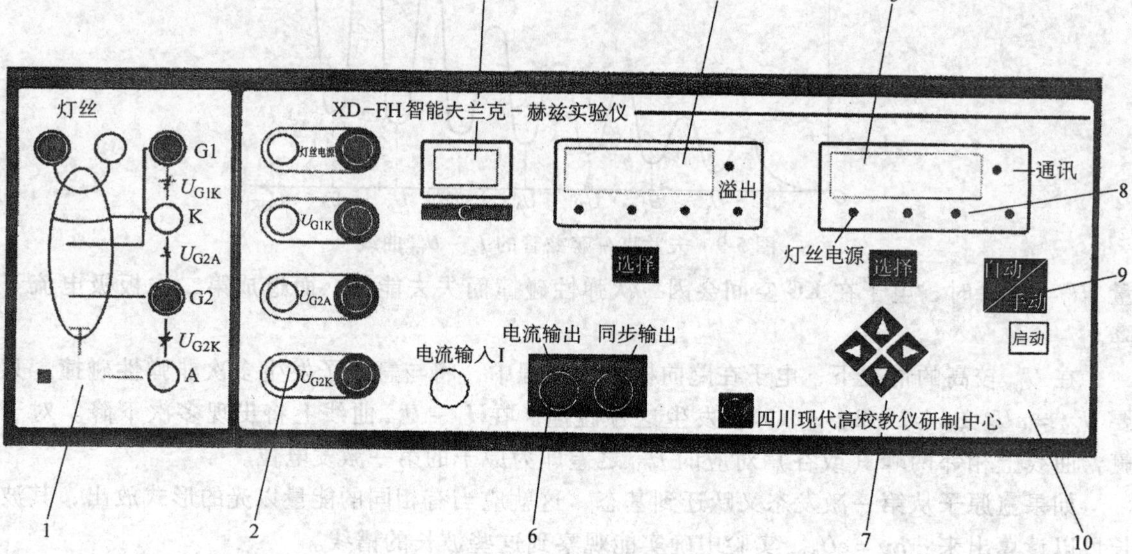

图 5-11 XD－FH 智能夫兰克－赫兹实验仪前面板

1：夫兰克－赫兹管各输入电压连接插孔和板极电流输出插座。

2：夫兰克－赫兹管所需激励电压的输出连接插孔，其中左侧输出为正极，右侧为负极。

3：温度显示。

4：测试电流指示区：四位七段数码管指示电流值；用一个［选择］键选择不同的电流量程档。按一次［选择］键，变换电流量程档一次，设有指示灯指示当前电流量程档位，同时对应电流指示的小数点位置随之改变，表明量程已变换。

5：测试电压指示区：四位七段数码管指示当前选择电压源的电压值；用一个［选择］键选择不同的电压源。按一次［选择］键，变换电压源一次，设有选择指示灯指示当前选择的电压源，同时对应的电压源指示灯随之点亮，表明电压源变换选择已完成，可对选择的电压源进行电压设定和修改。

6：测试信号输入输出区：电流输入插座输入夫兰克－赫兹管板极电流；信号输出插座输出被放大后的夫兰克－赫兹管板极电压 $U_{p-p}\leqslant 4$ V；同步输出插座输出正脉冲同步信号。

7：设置电压值按键区，用于改变当前电压源电压设定值和自动测试完成后设置查询电压点。

按下左/右键，循环移动当前电压值的设置位，选取的位闪烁，提示目前在设置的电压位置。按下增/减键，电压值在当前设置位递增/递减一个增量单位。

注意：

灯丝电压 U_F、U_{G1K}、U_{G2A} 的电压值的最小变化值是 0.1 V；电压源 U_{G2K} 的电压值的最小变化值是 0.5 V，自动测试查询时是 0.2 V。

如果当前电压值加上一个单位电压值后的和值超过了允许输出的最大电压值，再按下↑键，电压值只能设置为该电压的最大允许电压值。

如果当前电压值减去一个单位电压值后的差值小于零，再按下↓键，电压值只能设置为零。

8：工作状态指示键：左边红灯亮，表示自动扫描；左边绿灯亮，表示手动扫描。

9：启动键：通信指示灯指示实验仪与计算机的通信状态；启动按键与工作方式按键共同完成多种操作，见相关详细说明。

10：电源开关。

【实验内容】

1. 调试仪器并观察 I_A-U_{G2K} 曲线

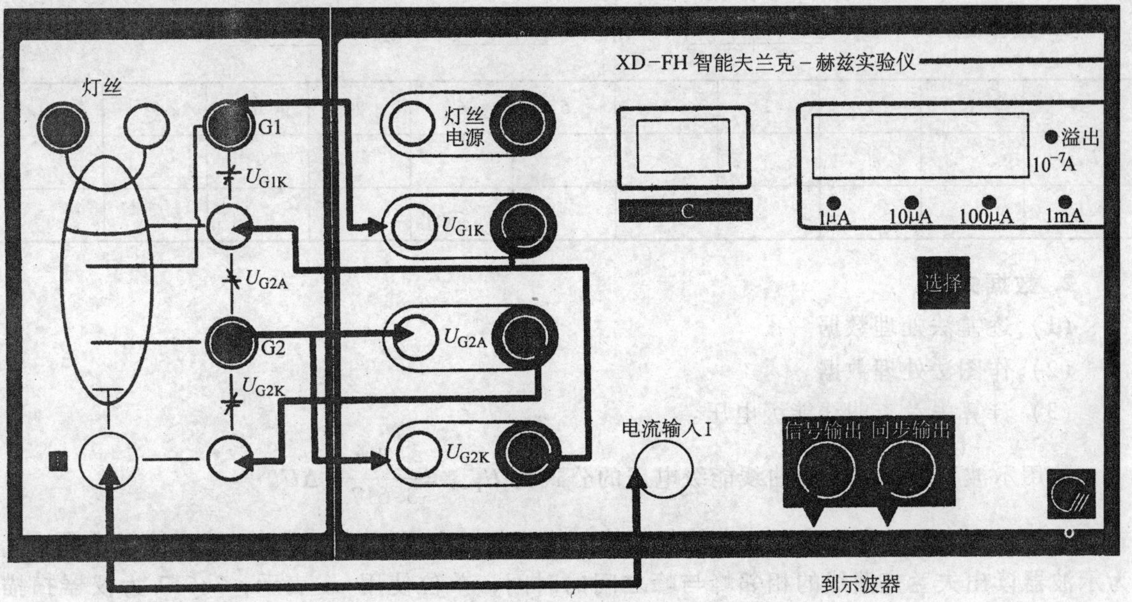

图 5-12　XD-FH 智能夫兰克-赫兹实验仪连线

（1）按照图 5-12 中所示连接线路选择自动工作状态（红灯亮），用电流指示区 4 选择键设定适当电流档（一般设 10μA 或 100μA 档），利用电压指示区 5 选择灯丝电压，利用设置电压按键区 7 按键设定灯丝电压为 2V，预热 2min。需设定的电压源有：灯丝电压 U_F、U_{G1K}、U_{G2A}，此时设置的 U_{G2K} 电压值即是扫描终止电压。此时 U_{G2K} 的电压值的最小变化值是 0.25V。

（2）将信号输入输出区 6 的"信号输出"和"同步输出"分别连接到示波器的信号通道和外同步通道，调节好示波器的同步状态和显示幅度，通过示波器观察自动测试过程。

（3）在自动测试过程中，面板上除"手动/自动"按键外的所有按键都被屏蔽禁止。当按下"手动/自动"键后，手动测试指示灯亮，实验仪就中断了自动测试过程，回复到手动状态。自动测试过程正常结束后，实验仪进入数据查询工作状态。改变电压源 U_{G2K} 的指示值，改变电压源 U_{G2K} 的指示值，就可查阅到在本次测试过程中电压源 U_{G2K} 的扫描电压值为当前显示值时，对应的夫兰克-赫兹管板极电流值的大小，该数值显示在电流指示区 4 的指示表上。

2. 测绘 I_A-U_{G2K} 曲线

（1）选择手动工作状态（绿灯亮），手动测试时 U_F、U_{G1K}、U_{G2A} 及电流档位等状态设置的操作过程、夫兰克－赫兹管的连线操作过程及示波器的连接与自动测试操作过程一样。

（2）改变电压源 U_{G2K} 的电压值（此时 U_{G2K} 的电压最小变化值是 0.5 V），观察电流值 I_A 示数，寻找 I_A 峰值和谷值，从出现第一个 I_A 峰值开始，记录每次 I_A 出现峰值和谷值时相应的 I_A 与 U_{G2K} 值，将数据填入数据表格中。

（3）用上述测量数据作 I_A-U_{G2K} 曲线，相邻峰值和谷值的间隔即为氩原子的第一激发电位实验值。用逐差法求出该实验值（按峰值和谷值两种情况分别求得）。

（4）氩原子的第一激发电位标准值为 11.8 V，将实验值与标准值比较，并计算误差。

【数据记录与处理】

1. 数据记录 $U_F=$________；$U_{G1K}=$________；$U_{G2A}=$________；

N	1	2	3	4	5	6	7	8	9	10
U_{G2K}										
I_A										

2. 数据处理

（1）逐差法处理数据。

（2）作图法处理数据。

（3）计算夫兰克曲线能级电压。

使用示波器计算夫兰克曲线能级电压的公式为 $U_{P-P}=\dfrac{T_s}{3.617}\times\Delta U$

式中，U_{P-P} 为在示波器上夫兰克曲线相邻峰与峰之间的电压，此电压叫夫兰克能级电压；T_s 为示波器读出夫兰克曲线的相邻峰与峰之间的时间，单位使用 μs 表示；3.617 为仪器扫描读出每一个地址的时间，单位为 μs，$T_s/3.617$ 为夫兰克曲线（相邻峰与峰）之间的地址数；ΔU 为测量时 U_{G2K} 每步的电压增量，单位为 V，自动测量时 ΔU 固定为 0.2 V。

例如，示波器读出的相邻峰峰之间的时间 $T_s=204.36\ \mu s$，ΔU 选自动 0.2 V 的电压增量，代入上述公式，$U_{P-P}=\dfrac{204.36}{3.617}\times 0.2\ V=11.299\ V$，即从示波器读出并计算出夫兰克曲线的能级电压为 11.299 V。

【注意事项】

（1）线路连好经检查无误后，方可开启电源。

（2）各参考电压一定要在实验仪器给定的数据范围之内，否则将造成管子的老化或击穿。电流量程：1 μA 或 10 μA 档；灯丝电源电压：3～4.5 V；U_{G1K} 电压：1～3 V；U_{G2A} 电压：5～7 V；U_{G2K} 电压：≤80.0 V。

（3）调节灯丝电压 U_F 时，电流 I_A 在 2 min 后达到稳定，才能读数测量。

【思考题】

（1）I_A-U_{G2K} 曲线是如何形成的？

（2）I_A-U_{G2K} 曲线中的第一个峰值对应的横坐标电压值是否就是氩原子的第一激发电压？请说明原因。

实验29　声光效应及其应用

光通过某一受到超声波作用的透明介质时，由于光波与介质中声波相互作用而发生衍射现象，称为声光效应。在一定条件下，声光效应的衍射光强分布类似于普通光栅的衍射，它提供了一种调控光束频率、强度和方向的方法。利用声光效应制成的声光器件，如声光调制器、声光偏转器等，是激光技术与超声技术结合的结果。

【实验目的】

（1）了解声光效应的原理，观察声光相互作用现象。

（2）利用超声光栅测量声波在液体中的传播速度。

【预习重点】

（1）了解产生超声光栅的原理，为什么能够用它来测量超声波速度。

（2）读数显微镜的使用方法。

【实验仪器与用具】

He－Ne激光器、超声池及待测液体、高频信号发生器、硅光电池及移动装置、接收屏等。

【实验原理】

在透明介质中传播的超声波使介质的局部区域发生周期性的压缩与膨胀，以致介质的密度进而折射率也随之发生相应的变化。当光束通过这样的介质后，就会产生衍射现象。这种有声波传播着的液体介质如同一个相位光栅。

设一束平行光沿着垂直于声波传播方向通过液体介质，这时因为液体的密度与折射率有关，介质的密度变化导致折射率变化。在相距等于超声波波长的两点，液体密度相同，其折射率也相同。结果，透射光的平面波波阵面的不同部位经历不同的光程，出射光的波阵面变得折皱，即透射光的相位发生周期性变化。同时光线通过折射率按一定周期变化的液体介质时也必然产生光线的弯曲，光线由折射率小处向折射率大处弯曲。因此，光线通过超声波液体后在出射面上得到的光强分布也是周期性的，光的相位和振幅都按一定规律发生周期性变化。光学上，任何装置只要它能给入射光的相位或振幅或两者同时加上一个周期性的空间调制，都可称为光栅。载有超声波的液体介质具有上述作用，所以称为超声光栅。其光栅常数等于相邻两密集（或稀疏）部分之间的距离，即超声波波长 λ。

超声光栅是光作用的结果，比一般光栅复杂得多。但考虑到光在液体中的传播速度（约 10^8 m/s）远大于超声波在液体中的传播速度（约 10^3 m/s），可以认为，光在通过液体的这段时间内其光栅结构不随时间改变，超声光栅起着一维光栅的作用。当液体介质的厚度满足声光喇曼－奈斯衍射条件 $2\pi\lambda_0 d/\lambda^2 \ll 1$ 时，它对光的衍射类似于一个光栅常数为 λ 的平面光栅衍射，光栅方程为

$$\lambda\sin\varphi = k\lambda_0 \qquad (k=0,\ \pm1,\ \pm2,\ \cdots) \tag{5-12}$$

式中，λ_0 为光波波长。

观察超声衍射使用的实验装置类似于单缝衍射实验，如图5-13所示。在超声池中充以待观测的透明液体介质，利用高频信号发生器产生的高频电振荡，激发压电陶瓷产生机械振动，向液体辐射超声波，产生的声光衍射图样可以在接收屏上观察到。

利用屏所在处的光电接收装置，将屏上的衍射光斑通过硅光电池转换成光电流，用螺旋

测微装置可以准确测出第 k 级衍射极大距中心的距离 x_k，测量出超声池与光电池之间的距离 Z，在衍射角 φ 很小的情况下，由式（5-12）可得

$$\varphi = \frac{x_k}{Z} = \frac{k\lambda_0}{\lambda}$$

则超声波在液体介质中的速度为

$$v = f\lambda = \frac{k\lambda_0 Zf}{x_k} \tag{5-13}$$

式中，f 为超声波的频率，可由高频信号发生器给出；在激光波长 λ_0 已知，x_k、Z 已测得时，从式（5-13）即可求出超声波在液体中的传播速度 v。

【实验内容】

1. 观察超声衍射现象

按图 5-13 布置光路，试样杯中放入待测液体，开启激光器，调整超声池的调节支架，使激光入射方向与压电陶瓷的振动平面相平行，而与超声波的传播方向垂直。激光光束应适中地穿过超声池，后面用接收屏远距离观察激光光斑，此时无衍射发生。然后，开启高频信号发生器，观察超声光栅对光的衍射，调节信号源频率、超声源的功率以及超声池的方向等，分别观察记录其衍射现象，同时为定量测量作好准备。

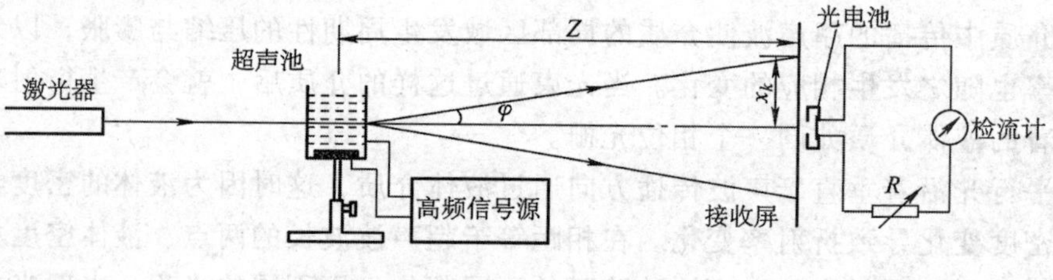

图 5-13　声光衍射的实验装置

2. 测量衍射条纹的分布间距并求出声速 v

调节高频信号发生器的输出频率，使其接近压电陶瓷的共振频率，此时衍射光的相对光强最大，衍射效率最高。移开接收屏，用装在外径千分尺上的硅光电池接收衍射光信号，当光电池的接收缝分别对准中央亮纹两测的一、二级衍射亮纹时，检流计应指示到相应的极大值，准确记录下外径千分尺相应的位置读数，左、右极大值各读一次数据，填入记录表格，算出 x_1、x_2 值。测量出超声池与光电池之间的距离 Z，已知 He－Ne 激光波长 λ_0 = 632.8 nm，代入式（5-13）计算出液体介质中的超声速度 v。换上另外的液体介质，可进行同样的测量。

【数据记录及处理】

液体中声速的测量

$\lambda_0 = 632.8$ nm，　$Z =$　　m，　$f =$　　Hz

液体介质	第一级亮纹位置/mm		第二级亮纹位置/mm		声速 $\bar{v}$/（m/s）	标准值 v_0/（m/s）	对 v_0 值的相对百分误差（%）
	左 / 右	$x_1 = \frac{\mid 左-右 \mid}{2}$	左 / 右	$x_2 = \frac{\mid 左-右 \mid}{2}$			
液体 1							

（续）

液体介质	第一级亮纹位置/mm		第二级亮纹位置/mm		声速 $\bar{v}$/（m/s）	标准值 v_0/（m/s）	对 v_0 值的相对百分误差（%）
	左	$x_1=\frac{\lvert 左-右 \rvert}{2}$	左	$x_2=\frac{\lvert 左-右 \rvert}{2}$			
	右		右				
液体 2							
液体 3							

【思考题】

（1）超声衍射有哪些特点？超声光栅与平面光栅有何异同？

（2）如何判断激光束垂直入射到超声光栅面？

实验30 氢原子光谱

每种原子、分子甚至原子核都有其特征光谱，它们只发射和吸收某些确定频率的电磁波，其频谱从射频（分子光谱）起直至x射线或γ射线波段（原子核光谱）。显然，这些微观客体各自独特的光谱必然载有它们内部结构的信息。光谱分析是探测微观粒子内部结构的一种方法，至今仍广泛地应用于科研和生产中。

氢原子是最简单的原子，1885年巴尔末提出了氢原子光谱可见光区域光谱线波长的经验公式。1913年，玻尔引入量子概念提出的氢原子模型，给出了氢光谱线系规律性的理论解释。

【实验目的】

（1）通过对氢原子光谱的测量，了解氢原子的光谱规律。

（2）学习用摄谱仪测量氢光谱谱线的波长。

【预习重点】

（1）氢原子光谱巴尔末系的规律性。

（2）小型棱镜摄谱仪的结构和原理。

【实验仪器与用具】

小型棱镜摄谱仪、氢光谱管及调压器、荧光灯、交流电弧发生器、光谱投影仪和读数显微镜。

【实验原理】

原子受到激发后，核外电子在离核较远的轨道上运动。处于激发态的原子是不稳定的，在电子从比较高的能级跃迁到低能级的过程中，原子释放能量而发光，其光波成分与原子结构有关。

表明氢光谱巴尔末线系分布规律的经验公式为

$$\lambda = b\frac{n^2}{n^2-4} \qquad (n=3，4，5，\cdots) \tag{5-14}$$

式中，$b=364.56\ \text{nm}$，是一个常量，与实验测量值符合得相当好。式（5-14）又可写成

$$\frac{1}{\lambda}=\frac{1}{b}\left(\frac{n^2-4}{n^2}\right)=\frac{4}{b}\left(\frac{1}{4}-\frac{1}{n^2}\right)=R_H\left(\frac{1}{2^2}\cdots\frac{1}{n^2}\right) \tag{5-15}$$

式中，R_H 称为里德伯常量。

按玻尔的氢原子模型理论，里德伯常量与几个基本物理量之间的联系是

$$R_H=\frac{e^4m_e}{8\varepsilon_0^2h^3c\left(1+\frac{m_e}{m_H}\right)}=\frac{R_\infty}{1+\frac{m_e}{m_H}} \tag{5-16}$$

式中，m_e 为电子质量；e 为电子电荷；h 为普朗克常量；c 为真空中的光速；ε_0 为真空中的介电常数；m_H 为氢原子核质量；R_∞ 表示把氢原子核的质量视为无限大（设核固定不动）时的里德伯常量。

$$R_\infty=\frac{m_ee^4}{8\varepsilon_0^2h^3c} \tag{5-17}$$

按照式（5-15）测里德伯常量，需测量氢光谱线的波长。把待测谱线与已知波长的谱线（常用铁光谱）并列拍摄下来，利用内插法，即可测出待测谱线的波长。例如，在一条待测谱线附近找出波长分别为 λ_1 和 λ_2 的两条已知波长谱线，因为在相当小的范围内，可以认为两条谱线的波长差与谱线间的距离成正比，所以

$$\frac{\lambda_2-\lambda_1}{d}=\frac{\lambda_x-\lambda_1}{d_x} \tag{5-18}$$

式中，d 是波长为 λ_1 和 λ_2 两已知谱线间的距离；d_x 是波长为 λ_1 的谱线与待测波长 λ_x 谱线之间的距离。于是待测谱线波长为

$$\lambda_x=\lambda_1+\frac{d_x}{d}\ (\lambda_2-\lambda_1) \tag{5-19}$$

用铁光谱作比较光谱，λ_1 和 λ_2 的波长可以从标准铁谱图上查到，而 d 和 d_x 用读数显微镜测量。

【实验内容】

1. 调整仪器

（1）调节氢光谱管和聚光镜的位置，使光源成像在狭缝上（缝宽 0.01 mm）。调节目镜聚焦，同时转动波长鼓轮，观察氢光谱。

（2）把荧光灯放在摄谱仪导轨上（勿动氢光谱管和聚光镜），暂时取下光栏板，使汞光谱的 435.8 nm 强蓝谱线对准视场内的箭头，以确定摄谱中间波长。

（3）以电极架取代荧光灯，调节电极架和两个铁试棒间隙的位置，接通电弧发生器，用极短时间的弧光放电调试，使狭缝体中间的光斑直径约为 1 cm。

2. 摄谱

（1）以摄影箱取代光谱管，把在暗室中装好光谱干板（或全色感光胶片）的底片匣插入摄影箱的已定好位置的滑道。关闭狭缝盖后拉开底片匣挡板。

（2）按实验室规定条件拍摄铁和氢的一组并列光谱。因铁在红光区的谱线弱，而紫光区的谱线强，可利用光栏的上下孔，用不同的曝光时间拍摄两次。

3. 测量

（1）用光谱投影仪把经过显影、定影和水洗吹干处理的谱板放大约 20 倍，再与放大倍

数相近的标准铁谱图对照识谱。

（2）用读数显微镜测出氢光谱4~7条谱线的波长，把数据记入自行设计的表格。

【数据记录及处理】

设波数 $\bar{\nu}=\frac{1}{\lambda}$，根据式（5-15）计算 R_H，有关数据填入自行设计的表格。

【思考题】

被拍摄的氢光谱内若混有杂质元素谱线，如何予以鉴别？

实验31 迈克尔逊干涉仪的调整与使用

迈克尔逊干涉仪是一种利用分振幅法实现双光束干涉的仪器。在历史上，迈克尔逊曾用它做了迈克尔逊－莫雷实验，分析光谱的精细结构和用光波波长标定米标准原器三个著名实验，为近代物理学和计量技术的发展作出了重大贡献。

【实验目的】

（1）掌握迈克尔逊干涉仪的原理、结构和调节方法。

（2）用迈克尔逊干涉仪测量He－Ne激光的波长。

【预习重点】

（1）迈克尔逊干涉仪的构造原理和使用方法。

（2）大学物理课中薄膜的等倾和等厚干涉。

【实验仪器与用具】

迈克尔逊干涉仪、He－Ne激光器、扩束镜等。

【实验原理】

迈克尔逊干涉仪的工作原理如图5-14所示。M_1 和 M_2 是两相互垂直的平面反射镜，M_2 是固定的，M_1 可沿导轨作精密移动。G_1、G_2 是两块材料相同、薄厚均匀相等的平行玻璃片。G_1 的一个表面镀有半透明的薄银层或铝层，形成半反半透膜，可使入射光分成强度基本相等的两束光。G_1 称为分光板，G_2 与 G_1 平行，以保证两束光在玻璃中所走过的光程完全相等且与入射光的波长无关，保证仪器能够观察单色光、复色光的干涉。由于 G_2 用作补偿光程，故称之为补偿板。G_1、G_2 与平面镜 M_1、M_2 成45°角。自光源 S_1 发出的光入射到 G_1 上，被 G_1 分为反射光和透射光，这两束光分别经过 M_1 和 M_2 反射后又沿原光路返回，在分光板后表面分别被透射和反射，在 E 处相遇后而产生干涉现象。

在图5-14中，M'_2 是平面镜 M_2 由 G_1 的半反膜形成的虚像。观察者从 E 处去看，经 M_2 反射的光好像是从 M'_2 来的。因此，干涉仪所产生的干涉和由平面 M_1 与 M'_2 之间的空气薄膜所产生的干涉是完全一样的，在讨论干涉条纹的形成时，只需考查 M_1 和 M'_2 两个面所形成的空气薄膜即可。当 M_1、M'_2 两面平行时，可得到等倾干涉；M_1 和 M'_2 有小的夹角时，可得到等厚干涉。

1. 等倾干涉条纹

当 M_1、M_2 两反射镜相互垂直时，即 M_1 和 M'_2 相平行，在 E 处观察到的条纹为同心圆环。如图5-15所示，当一束光入射到 M_1、M'_2 而分别反射出（1）、（2）两条光束时，由于（1）、（2）是相干涉的，由几何关系可知其光程差 δ 为

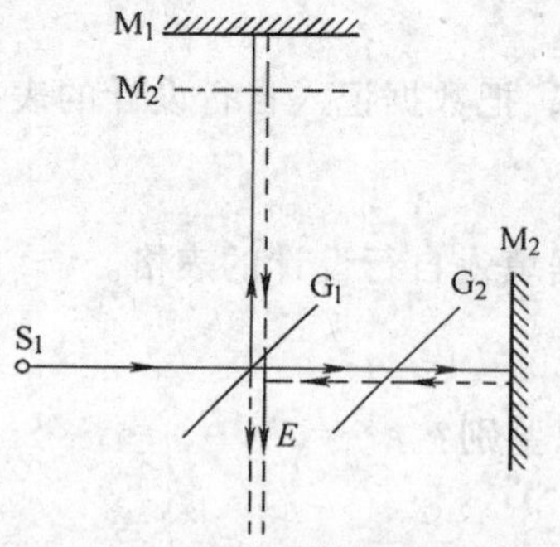

图 5-14 迈克尔逊干涉仪光路图

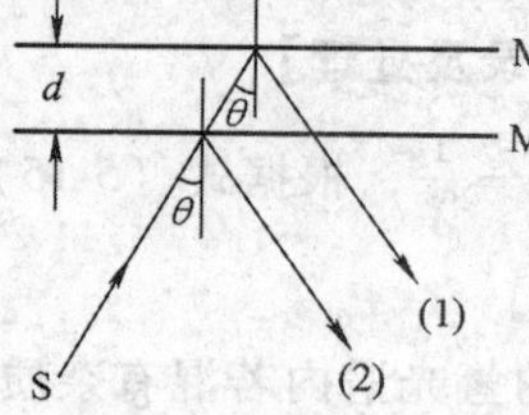

图 5-15 等倾干涉光程差示意图

$$\delta = 2d\cos\theta \tag{5-20}$$

式中，d 为 M_1 和 M'_2 之间的距离；θ 为入射角。根据光的干涉条件，当

$$\delta = 2d\cos\theta = \begin{cases} k\lambda & (k=1,\ 2,\ \cdots) \quad \text{明纹} \\ (2k+1)\ \dfrac{\lambda}{2} & (k=0,\ 1,\ 2,\ \cdots) \quad \text{暗纹} \end{cases} \tag{5-21}$$

由式（5-20）知，当 d 一定时，光程差 δ 只决定于入射角 θ。因此，具有相同入射角的光经反射镜 M_1、M'_2 反射后，在相遇点有相同的光程差，也就是说，凡入射角相同的光就形成同一条干涉条纹，这样的干涉条纹称为等倾干涉条纹。当用单色扩展光入射时，我们在毛玻璃屏上观察到一组明暗相间的同心圆条纹。由于 θ 越小，$\cos\theta$ 越大，根据式（5-21），k 的级数也越大，所以干涉条纹的级次以圆心为最大。

当 M_1 向 M'_2 靠近，即 d 减小时，对某一圆条纹 $2d\cos\theta$ 要保持恒定，此时 θ 就要变小。若我们跟踪观察某一条纹，将看到该干涉圆环变小，向中心收缩。每当 d 减小$\dfrac{\lambda}{2}$，干涉条纹就向中心消失一个。当 M_1 与 M'_2 接近时，条纹变粗变疏。当 M_1 和 M'_2 完全重合（即 $d=0$）时，视场亮度均匀。当 M_1 继续向原方向前进时，d 逐渐由零增加，将看到干涉圆环一个一个地从中心冒出来，每当 d 增加$\dfrac{\lambda}{2}$，就从中心冒出一个干涉圆环，当冒出圆环的数目为 N 时，相应的平面镜 M_1 移动了

$$\Delta d = N\frac{\lambda}{2} \tag{5-22}$$

从仪器上读出 Δd，数出相应的 N，就可测出波长 λ。随着 d 的增加，条纹重叠成为模糊一片。图 5-16 给出了当 d 变化时对干涉条纹的影响。

2. 等厚干涉条纹

当 M_1 与 M'_2 有一很小夹角时，M_1 与 M'_2 之间形成楔形空气层，如图 5-17 所示。入射光在 M_1 和 M'_2 上的反射相交于空气层近旁而形成干涉条纹。这两束光的光程差近似为

$$\delta = 2d\cos i \tag{5-23}$$

式中，d 为观察点空气层的厚度；i 为入射角。当平行光接近垂直入射时（i 角接近于 0 且不变化），光程差只与 d 有关。同一级干涉条纹对应于厚度相同之点的连线，且定域在空气层近旁，这种干涉称为等厚干涉。在 M_1 与 M'_2 相交处 $d=0$，光程差为零，将观察到直线干涉条纹，称之为中央条纹。离中央较远处同一级条纹由直线变为稍向厚度增加方面弯曲的条

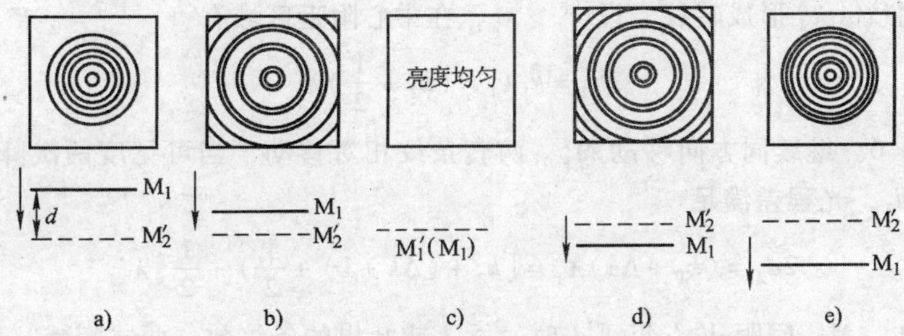

图 5-16 等倾干涉条纹

a) d 较大，条纹细而密 b) d 较小，条纹粗而疏 c) $d=0$，亮度均匀

d) d 较小，条纹粗而疏 e) d 较大，条纹细而密

纹，如图 5-18 所示。这是由于边缘处光源的入射角 i 增大，$\cos i$ 减小，要使 $2d\cos i$ 不变，则条纹只能向厚度增大方向移动。θ 角过大、入射角 i 过大或 d 过大都会导致干涉条纹消失。

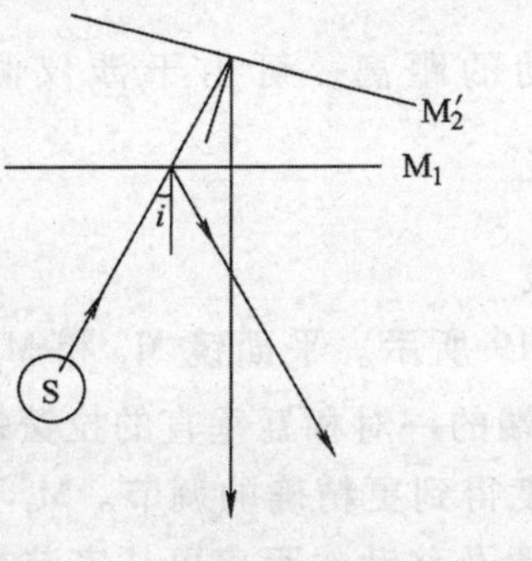

图 5-17 等厚干涉光路图

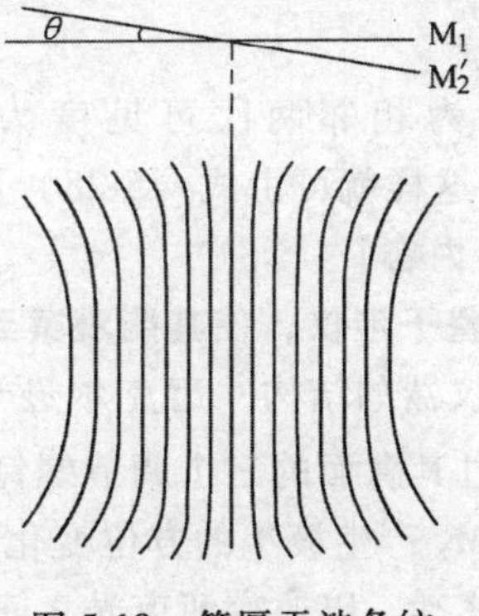

图 5-18 等厚干涉条纹

3. 钠双线波长差的测量

一般光学实验中所用的单色光源发出的光不是绝对单色光，只能说近似于单色光，即使是单色性很好的激光光源，它辐射的光波也有一定的波长范围 $\Delta\lambda$，只是较其他光源的 $\Delta\lambda$ 小而已。本实验所用的钠光灯其光强最强的谱线有两条，一条波长为 $\lambda_1=589.593$ nm，另一条波长为 $\lambda_2=588.996$ nm，其产生的等倾干涉条纹是两条谱线各自干涉条纹的叠加。

由于 λ_1、λ_2 相差很小，当 M_1、M'_2 之间距离 d 为某个值时，恰好使 λ_1 的干涉亮纹与 λ_2 的亮纹重合，λ_1 的暗纹与 λ_2 的暗纹重合。叠加的结果，明纹光强为极大值 I_{max}，暗纹光强为极小值 $I_{min}=0$，此时条纹明暗对比最强，最清晰，可见度最高。可见度用下式计算

$$V=\frac{I_{max}-I_{min}}{I_{max}+I_{min}} \tag{5-24}$$

对于上述情况，显然可见度 $V=1$。如果改变 d，而使 λ_1 干涉的亮纹与 λ_2 进一步的暗纹重合，叠加后条纹明暗对比不明显，若两谱线的发射光强相等，则合成条纹光强处处相等，$I_{max}=I_{min}$，可见度 $V=0$。继续改变 d，又会出现 $V=1$ 到 $V=0$ 的变化。因而，当 d 连续变化时，会出现可见度的周期性变化。

利用可见度的变化可以测量钠光灯两波长的差值 $\Delta\lambda$。设 M_1、M'_2 间距为 d_1 时，在同一

位置 λ_1 形成明纹，λ_2 形成暗纹，设 $\lambda_1>\lambda_2$，在中心附近区域有

$$2d_2=k_1\lambda_1=(k_2+\frac{1}{2})\lambda_2 \tag{5-25}$$

此时可见度 $V=0$。继续同方向移动 M_1，两套条纹相对移动，当可见度两次降为零时，M_1、M'_2 的间距为 d_2，光程差满足

$$2d_2=(k_1+\Delta k)\lambda_1=[k_2+(\Delta k+1)+\frac{1}{2})+\frac{1}{2}]\lambda_2 \tag{5-26}$$

式中，Δk 为 M_1、M'_2 间距从 d_1变到 d_2时，吞入或吐出的条纹数。两式相减，可解得

$$2\Delta d=\Delta k\lambda_1=(\Delta k+1)\lambda_2$$

由此式可进一步解得

$$\Delta\lambda=\lambda_1-\lambda_2=\frac{\lambda_1\lambda_2}{2\Delta d} \tag{5-27}$$

由于 λ_1、λ_2 相差很小，可取 $\lambda_1\lambda_2\approx\bar{\lambda}^2$，则

$$\Delta\lambda\approx\frac{\bar{\lambda}^2}{2\Delta d} \tag{5-28}$$

式中，Δd 为相邻两次可见度为零时，动镜 M_1 移动的距离，可由干涉仪测出。$\bar{\lambda}$ 取 589. 3 nm。这样就可由式（5-28）测定钠双线波长差 $\Delta\lambda$。

【实验内容】

1. 调整干涉仪，使其能观察到严格的等倾干涉条纹

（1）仪器的结构　迈克尔逊干涉仪的构造如图 5-19 所示。平面镜 M_1 和 M_2 的左右俯仰，可通过其背面的三个调节螺钉来粗调，通过 M_2 下端的一对相互垂直的拉簧螺钉 9 的松紧可以使 M_2 产生极小的方位变化，从而使 M_2 的倾斜度得到更精确的调节。M_1 可在导轨 7 上作精密移动，以改变两束光之间的光程差。M_1 的位置及移动的距离可从安装在仪器一侧的毫米标尺、读数窗口 16 及微调鼓轮 13 读出。粗调手轮 14 每旋转一周，M_1 移动 1 mm，粗调手轮上分为 100 小格，每转动一小格，M_1 移动 10^{-2} mm。微调鼓轮每旋转一周，粗调手轮就转动一格，微调鼓轮又分为 100 小格，故微调鼓轮每转动一小格，M_1 移动 10^{-4} mm，最小读数可估读到 10^{-5} mm。

（2）仪器的调整　调节粗调手轮，使 M_1 和 M_2 距 G_1 后表面的距离大致相等（调 M_1 的位置使其刻度在 30 mm 附近），保证两束光的光程差不会过大。粗调 M_1 背面的螺钉使 M_1 镜面法线大致平行于导轨。调节 He－Ne 激光器，使激光束保持水平，基本垂直于干涉仪导轨并入射于分光板 G_1 的中部，同时也入射于 M_1 和 M_2 的中部。通过观察屏，可以看到两排光点，调节反射镜 M_2 后面的三个螺钉，使两个最亮的光点重合并产生干涉（干涉时可看到重合的光点闪动）。在激光器前加扩束毛玻璃，并进一步调节 M_2 下面的微调拉杆，直到出现圆形干涉条纹，即等倾干涉条纹。

2. 测量 He－Ne 激光波长

用接收屏观察干涉条纹，转动微调鼓轮，观察干涉条纹从圆环中心“缩进”或“冒出”的现象。测量时选取可视度较好的状态（中心为亮斑或暗斑）作基准，记下 M_1 镜的初始位置，继续向同一方向旋动手轮，每隔 50 条作一次读数，连续对 450 个条纹进行测量，共可得 10 组数据。

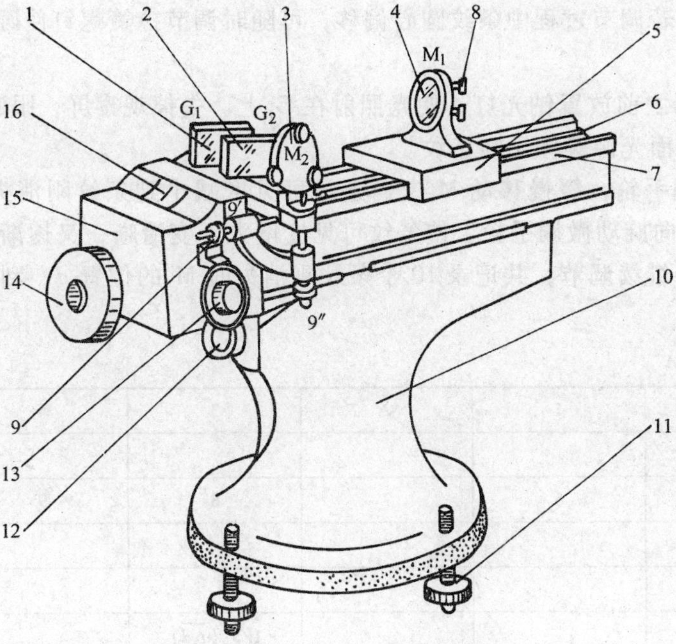

图 5-19 迈克尔逊干涉仪外观简图

1—分光板 G_1 2—补偿板 G_2 3—固定反射镜 M_2 4—移动反射镜 M_1 5—拖板 6—精密丝杆 7—导轨 8—固定反射镜调节螺钉 9—固定反射镜水平拉簧螺钉和垂直拉簧螺钉 10—底座 11—底座水平调节螺钉 12—观察支撑杆插孔 13—微调鼓轮 14—粗调鼓轮 15—啮合扳手或连动装置 16—观察屏或读数窗

3. 观察等厚干涉条纹

改变 M_1 的位置使等倾干涉条纹向中心收缩，直到中心圆斑扩展到整个视场，略调水平拉簧，使 M_1、M'_2 间有一微小夹角。用眼睛观察 M_1 可看到等厚干涉条纹。用白炽灯照亮毛玻璃，出现彩色条纹，即白光干涉条纹。缓慢转动微调鼓轮改变 M_1 的位置，使彩色条纹的对称中心（对应于 M_1、M'_2 的交线）位于视场中心，记下此时 M_1 镜的位置 d_0，就可确定 M_1 与 M'_2 重合的位置，也即等光程位置。由于白光干涉条纹较少，所以必须耐心细致地调节。M_1 的移动一定要非常缓慢，否则白光干涉条纹一晃而过，很不容易找到。

【数据记录及处理】

测量 He－Ne 激光波长

N_i	0	50	100	150	200
$d/\ (10^{-4}\ \text{mm})$					
N_i	250	300	350	400	450
$d/\ (10^{-4}\ \text{mm})$					
$\Delta d/\ (10^{-4}\ \text{mm})$					

用逐差法处理数据，用式（5-22）算出激光波长。计算测量值与标准值 632.8 nm 的相对百分误差。

4. 测量钠双线波长差

（1）在前面调节的基础上，旋动粗调手轮，使观察屏上的条纹越来越粗，直到只剩很少几个同心圆环。若调节过程中条纹圆心偏移，可随时调节拉簧螺钉使圆环中心处在视场中央。

（2）在激光器之前放置钠光灯，使光照射在G_1上。去掉观察屏，眼睛在E处直接向M_1镜看去，可观察到面光源等倾干涉条纹。

（3）旋转微调手轮，缓慢移动M_1，当条纹可见度减小到条纹刚消失时，记录M_1位置d_1，继续沿同一方向旋动微调手轮，使条纹可见度增大，变清晰，又逐渐减小，条纹又一次消失时，记录d_2。继续调节，共记录10个条纹刚消失时M_1的位置d，利用式（5-28）计算钠双线波长差$\Delta\lambda$。

平均波长差$\Delta\lambda$

测量次数 n_0	1	2	3	4	5
第 n 次读数					
测量次数 n_0+5	6	7	8	9	10
第 $n+5$ 次 dn 读数					
Δd					
$\overline{\Delta d}$			1/5（$\overline{\Delta d}$）		

测量钠双线波长差中，用逐差法计算$\overline{\Delta d}$。计算波长差并与公认值$\Delta\lambda=0.597$ nm 比较，算出相对百分误差。

【思考题】

（1）总结迈克尔逊干涉仪调整要点及规律。

（2）在观察等倾干涉条纹时，条纹从中心“冒出”，说明M_1和M'_2的间距是变大了还是减小了？条纹“缩进”中心又如何？

（3）在等光程位置附近，越靠近零光程则干涉条纹的间距将越来越宽和条纹变粗，描述并分析你所看到的等光程处的干涉现象。

【扩展实验】

固体折射率的测量

如图5-20所示，用迈克尔逊干涉仪可以测量各向同性、透明均匀平行平面薄片的折射率。以白光为光源，调出等厚干涉条纹并使零级干涉条纹出现在视场中央，读出M_1的位置。然后在光路中插入待测薄片，这时光线（1）的光程大于光线（2）的光程。因白光的相干长度很短，故白光的干涉条纹消失。移动M_1减小光线（1）的光程，使白光干涉再次出现，且零级干涉条纹出现在视场中央，读出M_1的位置。这时M_1移动所减少的光程正好等于薄片插入所增加的光程。设薄片的厚度为t，折射率为n，M_1移动的距离为ΔL，则有$nt-t=\Delta L$，由此可得薄片的折射率n为

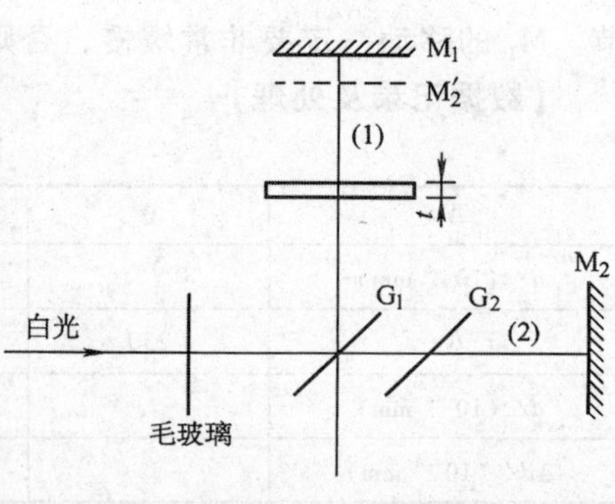

图5-20　测量固体折射率的装置图

$$n=1+\frac{\Delta L}{t} \tag{5-29}$$

白光是复色光，不同的波长 n 是不同的，不同的光 ΔL 各不相同。t 越小，ΔL 的差别越小；t 越大，ΔL 的差别越大。若 t 过大，可使白光的零级干涉条纹不再出现，因此只能用较薄的介质薄片，且测出的折射率是白光平均波长的折射率。

实验32　普朗克常数的测定

【实验目的】

(1) 通过实验深刻理解爱因斯坦的光电子理论，了解光电效应的基本规律。

(2) 掌握用光电管进行光电效应研究的方法。

(3) 学习对光电管伏安特性曲线的处理方法，并用以测定普朗克常数。

【实验仪器】

高压汞灯、滤色片、光电管、微电流放大器（含电源）。

【实验原理】

爱因斯坦从他提出的“光量子”概念出发，认为光并不是以连续分布的形式把能量传播到空间的，而是以光量子的形式一份一份地向外辐射。对于频率为 ν 的光波，每个光子的能量为 $h\nu$，其中，$h=6.6261\times10^{-34}$ J·s，称为普朗克常数。

当频率为 ν 的光照射金属时，具有能量 $h\nu$ 的一个光子和金属中的一个电子碰撞，光子把全部能量传递给电子。电子获得的能量一部分用来克服金属表面对它的束缚，剩余的能量就成为逸出金属表面后光电子的动能。显然，根据能量守恒有

$$E_k = h\nu - W_s \tag{5-30}$$

这个方程称为爱因斯坦方程。这里 W_s 为逸出功，是金属材料的固有属性。对于给定的金属材料，W_s 是一定值。

爱因斯坦方程表明：光电子的初动能与入射光频率之间呈线性关系。入射光的强度增加时，光子数目也增加。这说明光强只影响光电子所形成的光电流的大小。当光子能量 $h\nu < W_s$ 时，不能产生光电子。即存在一个产生光电流的截止频率 ν_0（$\nu_0 = W_s/h$）。

本实验原理如图5-21所示。一束频率为 ν 的单色光照射在真空光电管的阴极K上，光电子将从阴极逸出。在阴极K和阳极A之间外加一个反向电压 U_{KA}（A接负极），它对光电子运动起减速作用。随着反向电压 U_{KA} 的增大，到达阳极的光电子相应减少，光电流减少。当 $U_{KA}=U_s$ 时，光电流降为零。此时光电子的初动能全部用于克服反向电场作用。即

$$eU_s = E_k \tag{5-31}$$

这时的反向电压 U_s 叫截止电压。入射光频率不同时，截止电压也不同。将式（5-31）代入式（5-30）得

$$U_s = \frac{h}{e}(\nu - \nu_0) \tag{5-32}$$

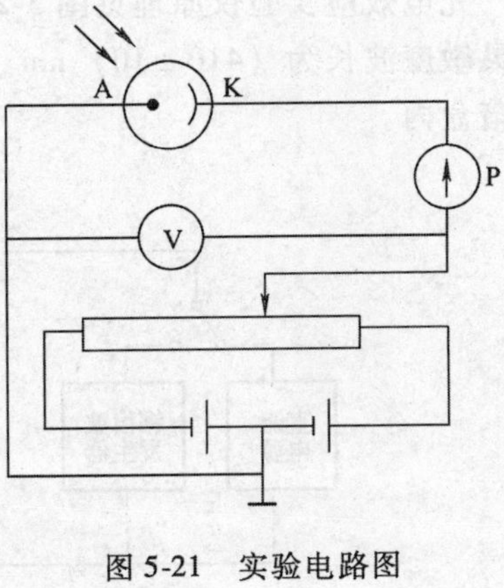

图5-21　实验电路图

式中，h，e 都是常量，对同一光电管 ν_0 也是常量，实验中测量不同频率下的 U_s，作出 $U_s-\nu$ 曲线。在式（5-32）得到满足的条件下，这是一条直线。若电子电量 e 为已知，由斜率 $k=h/e$

可以求出普朗克常数 h，由直线在 U_s 轴上的截距可以求出逸出功 W_s，由直线在 ν 轴上的截距可以求出截止频率 ν_0，见图 5-22。

在实验中测得的伏安特性曲线与理想的有所不同，这是因为：

（1）光电管的阴极采用逸出电位低的碱金属材料制成，这种材料即使在高真空也有易氧化的趋向，使阴极表面各处的逸出电势不尽相等。同时逸出具有最大动能的光电子数目大为减少。随着反向电压的增高，光电流不是陡然截止，而是较快降低后平缓地趋近零点。

（2）阳极是用逸出电势较高的铂、钨等材料做成。本来只有远紫外线照射才能逸出光电子，但在使用过程中常会沉积上阴极材料，当阳极受到部分漫反射光照射时也会发生光电子。因为施加在光电管上的外电场对于这些光电子来说正好是个加速电场，使得发射的光电子由阳极飞向阴极，构成反向电流。

（3）暗盒中的光电管即使没有光照射，在外加电压下也会有微弱电流流通，称作暗电流。其主要原因是极间绝缘电阻漏电（包括管座以及玻璃壳内外表面的漏电）阴极在常温下的热电子辐射等。暗电流与外加电压基本上成线性关系。

由于以上原因，实测曲线上每一点的电流是阴极光电子发射电流、阳极反向光电子电流及暗电流三者之和。理想光电管的伏安特性曲线如图 5-23 的虚线所示，实际测量曲线如图中的实线表示。

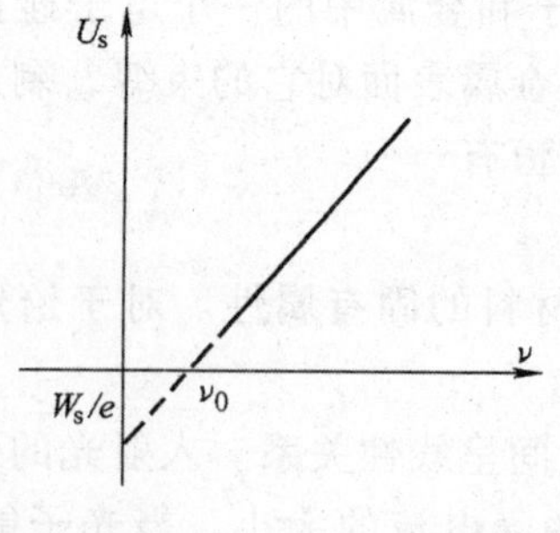

图 5-22　光电效应 $U_s-\nu$ 曲线

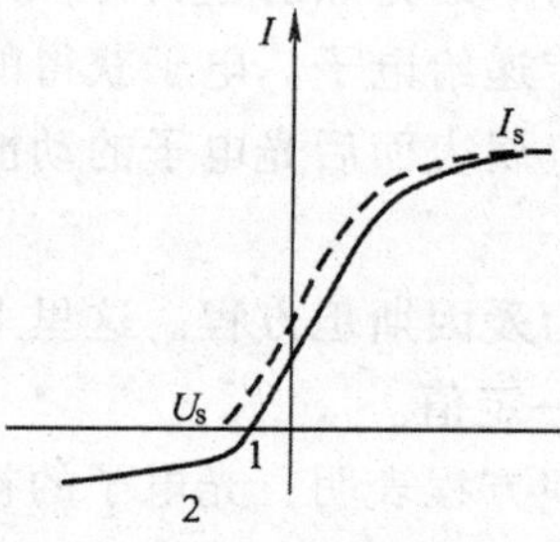

图 5-23　光电管的伏安特性曲线

光电效应实验仪原理见图 5-24。常见的 GDh－1 型光电管阴极为 Ag－O－K 化合物，最高灵敏度波长为（410±10）nm。为避免杂散光和外界电磁场的影响，光电管装在留有窗口的暗盒内。

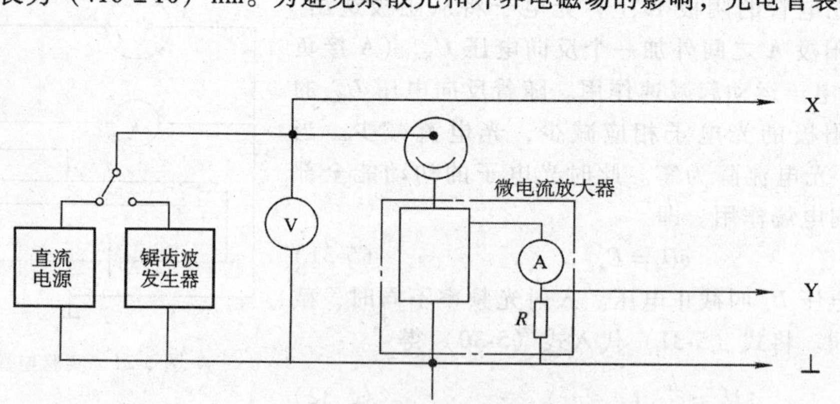

图 5-24　光电效应实验原理图

实验光源为高压汞灯，与滤色片配合使用，可以提供 356.6 nm，404.7 nm，435.8 nm，

546.1 nm，577.0 nm 五种波长的单色光。

由于光电流非常微弱，一般需要经过微电流放大器放大后才能读出。微电流放大器的测量范围为 $10^{-8} \sim 10^{-13}$ A，共分六档。光电管的极间电压由直流电源提供，电源可以从负到正在一定范围调节。

实验时可以由电压表和电流表逐点读数，并根据测量数据作图。也可以由锯齿波发生器产生随时间连续增大的电压加在光电管上，这时光电流也是连续变化的。将电流、电压量分别接在 X－Y 记录仪的 Y 端和 X 输入端（或计算机 A/D 转换器的输入端），就能自动画出光电管的伏安特性曲线。

由于暗电流和阳极电流的存在，准确地测量截止电压是困难的。一般采用下述两种方法进行近似处理：

（1）若在截止电压点附近阴极电流上升很快，则实测曲线与横轴的交点（图 5-23 中的“1”点）非常接近于 U_s点。以此点代替 U_s点，就是“交点法”。

（2）若测量的反向电流饱和很快，则反向电流由斜率很小的斜线开始偏离线性的“抬头点”（图 5-23 中的“2”点）电压值与 U_s点电压非常接近，可以用“抬头点”电压值代替 U_s点电压。

【实验内容】

（1）按要求布置好仪器，打开微电流放大器的电源预热 20 min。

（2）罩好暗盒窗上的遮光罩，测量暗电流随电压的变化。

（3）选择好某一波长的入射光，由 －3 V 开始增加电压进行粗测。注意观察电流变化较大时对应的电压区间，细测时在此区间内应多取一些测量点，以减小描绘曲线时的误差。

（4）在以上基础上精确测量 I 随 U 变化的数据。

（5）更换滤色片，选择其他波长，重复第 2 项和第 3 项实验内容。

（6）作各波长下的 $I-U$ 曲线，用“抬头点”确定 U_s点。

（7）作 $U_s-\nu$ 曲线，验证爱因斯坦公式。用作图法或最小二乘法求斜率并外推直线求截距，计算普朗克常数 h、逸出功 W_s和截止频率 ν_0。

（8）用锯齿波发生器做电源，由 X－Y 记录仪（或计算机）绘图，进行第 5 项和第 6 项工作。

（9）用移动光源位置或改变窗口大小的方法改变入射光的强度，观测 W_s、ν_0和饱和电流 I_s的变化。

【注意事项】

（1）汞灯打开后，要到实验全部完成后再关闭。一旦中途关闭电源，至少等 5 min 后再启动。

（2）注意勿使电源输出端与地短路，以免烧毁电源。

（3）实验过程中不要改变光源与光电管之间的距离（第 9 项内容除外），以免改变入射光的强度。

（4）注意保持滤色片的清洁，但不要随意擦拭滤色片。

（5）实验后用遮光罩罩住光电管暗盒，以保护光电管。

【思考题】

（1）光电流是否随光源的强度变化？截止电位是否因光源强度不同而改变？请解释。

(2) 本实验是如何满足照到光电管的入射光束为单色光的?

(3) 在实验过程中若改变了光源与光电管之间的距离，会产生什么影响?

(4) 光电管的阴极和阳极之间存在接触电位差，试分析这对实验结果有无影响?

(5) 选用光电管的阳极、阴极材料时应考虑哪些因素?

(6) 请用学过的知识设计一实验方案，测量饱和光电流随光强度的变化。

第6章 综合设计与现代物理应用

实验33 光学滤光片特性参数的测定

【实验目的】

(1) 了解光学滤光片特性参数的定义和测量原理。

(2) 测定一种滤光片的中心波长、带宽和透过率，掌握测试方法

【实验仪器与用具】

单色仪、热释电器件、调制器、电压表、浮光片、光源、透镜等。

【实验原理】

为了避免来自被测物体的背景、大气传输和接收器周围环境的干扰辐射，提高信噪比，常常采用滤光片这一器件，其作用类似于电子学中的滤波器。滤光片分为短波通、长波通和带通三种。短波通滤光片能透过小于特定波长的全部辐射（见图6-1a）；长波通滤光片能透过大于特定波长的全部辐射（见图6-1b）；带通滤光片只能透过一定波段的辐射（见图6－1c）。长波通、短波通滤光片常用于消除某些特定干扰。如在中、远红外测量时，常常在探测器前加长波通滤光片，以消除可见光及近红外光的干扰，对于带通滤光片来说，由图6－1c可见，在中心波长 λ_0 一定的情况下，总希望透过率尽可能大些，滤波能力尽可能强些，即带宽尽可能窄些。带通滤光片常用于特定光谱测量等方面。

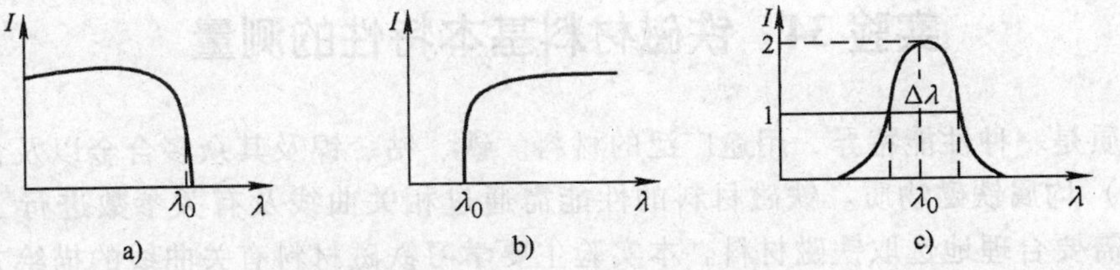

图6-1 短波通、长波通、带通滤光片

按工作原理，滤光片可分成两类：

1. 吸收滤光片

它利用了材料的吸收特性来吸收不希望透过的波长的辐射。由于该吸收特性只在很少情况下能符合所希望的光谱特性，故只应用在某些长波通或短波通滤光片上。

2. 干涉滤光片

它是通过在基片上，或直接在透镜及辐射敏感材料上镀一层乃至上百层 $\lambda_0/4$ 厚的介电材料（一般为半导体材料）而制成的。为了提高反射率，要交替使用具有高折射率 n_H 和低折射率 n_L 的材料作干涉膜。它基于以下两个原则：①滤光片边缘的陡度及对中心波长 λ_0 的

透射能力随干涉膜的层数增加而增加。②滤光片的带宽度 $\Delta\lambda$（见图 6-1c，指透过光强降至峰值处对应光强一半时所对应的通带宽度）随 n_H/n_L 的增大而减小。

【实验内容】

（1）将光源打开，并调整其位置，使灯丝通过聚光镜会聚在入射狭缝处，将入射狭缝调到 1 mm，当从出射狭缝处可看到灯丝的像时，光源的位置就调好了。

（2）将光路中放入调制器并通电。

（3）将热释电器件的光敏面对准出射狭缝 S_2（但不要碰到单色仪，以免交流噪声对信号干扰），加 12V 电池，将信号线接交流毫伏表，当指针有最大偏转时，热释电器件的位置就调好了。

（4）将滤光片放入光路，从大约 1.5 μm 处测起，至 2.3 μm 处为止，可依次测得暗电流 $I_{暗}$ 及 $\frac{1}{2}I_{max}$（左）、I_{max}、$\frac{1}{2}I_{max}$（右）、$I_{暗}$ 的相对值。

（5）将滤光片移出光路，测无滤光片时在 I_{max} 位置处的 I_{max} 的相对值。

注意：该实验单色仪根据测量波长的范围，选择的是 300 线/mm 的光栅。单色仪上的读数值应乘 4 才是实验波长值。

【数据记录及处理】

透过率 $\tau = I_{max}/I_{mas}$。

带宽 $\Delta\lambda = |\lambda\frac{1}{2}I_{max左} - \lambda\frac{1}{2}I_{max右}|$。

中心波长 λ 为 I_{max} 对应的波长值。

以上三个主要参量均通过作图法，利用测得数据在坐标纸上绘出 $I-\lambda$ 曲线，由曲线求结果。

【思考题】

光学滤光片有什么作用，它是如何分类的？

实验 34 铁磁材料基本特性的测量

铁磁物质是一种性能特异，用途广泛的材料。铁、钴、镍及其众多合金以及含铁的氧化物（铁氧体）均属铁磁物质。铁磁材料的性能需通过相关曲线及有关参数进行了解，以便根据不同的需要合理地选取铁磁材料。本实验主要学习铁磁材料有关曲线的描绘方法及材料参数的测量方法。

【实验目的】

（1）掌握用示波器观察磁滞回线以及基本磁化曲线的测绘方法。

（2）观察磁滞现象，加深对铁磁材料主要物理量（如矫顽力、剩磁和磁导率等）的理解。

（3）初步了解铁磁性材料在居里温度点由铁磁性变为顺磁性，从而了解整个磁性材料参数变化的微观机理。

（4）用感应法测定磁性材料的 $\varepsilon_{eff(B)}-T$ 曲线，并求出其居里温度。

【实验仪器】

磁滞回线测试仪、双踪示波器、居里点实验仪等。

【实验原理】

1. 基本原理

物质的磁化可分为抗磁性、顺磁性和铁磁性三种。具有铁磁性的物质称为铁磁体。铁、镍、钴、镝等元素的多种合金就是铁磁体。在铁磁体中，相邻原子间存在着非常强的交换耦合作用，这种相互作用促使相邻原子的磁矩平行排列起来，形成一个自发磁化达到饱和状态的区域。自发磁化只发生在微小的区域（体积约为 $10^{-8}m^3$，其中含有 $10^{17}\sim10^{21}$ 个原子），这些区域称为磁畴。在没有外磁场作用时，在每个磁畴中，原子的分子磁矩均取向同一方位，但对不同的磁畴，其分子磁矩的取向各不相同，见图6-2，其中图6-2a为单晶磁畴结构示意图，图6-2b为多晶磁畴结构示意图。磁畴的这种排列方式，使磁体能量处于最小的稳定状态。因此，对整个铁磁体来说，任何宏观区域的平均磁矩为零，物体不显示磁性。

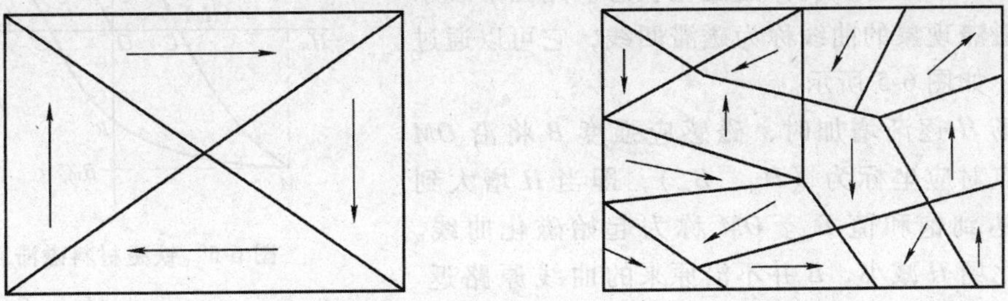

图6-2　磁畴结构示意图

a）单晶磁畴结构示意图　b）多晶磁畴结构示意图

在外磁场作用下，磁矩与外磁场同方向排列时的磁能低于磁矩与外磁场反向排列时的磁能。结果是自发磁化磁矩与磁场成小角度的磁畴处于有利地位，磁畴体积逐渐扩大；而自发磁化磁矩与外磁场成较大角度的磁畴体积逐渐缩小。随着外磁场的不断增强，取向与外磁场成较大角度的磁畴全部消失，留存的磁畴将向外磁场的方向旋转，以后再继续增加磁场，使所有磁畴沿外磁场方向整齐排列，这时磁化达到饱和，图6-3是某单晶结构磁体磁化过程的示意图。

铁磁性物质的磁化与温度有关，存在一临界温度 T_C，称为居里温度（也称居里点）（如图6-4）。当温度增加时，由于热扰动影响磁畴内磁矩的有序排列，但在未达到居里温度 T_C

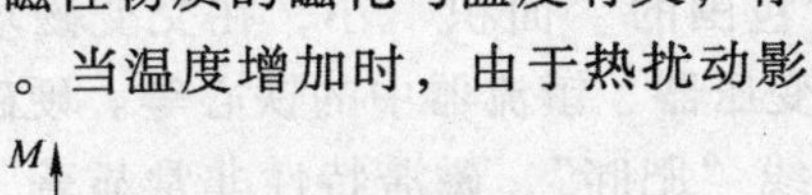

图6-3　磁体磁化过程的示意图

图6-4　磁化与温度关系曲线

时，铁磁体中分子热运动不足以破坏磁畴内磁矩基本的平行排列，此时物质仍具有铁磁性，仅其自发磁化强度 M 随温度升高而降低。如果温度继续升高达居里点时，物质的磁性发生突变，磁化强度 M（实为自发磁化强度）剧烈下降！因为这时分子热运动足以使相邻原子（或分子）之间的交换耦合作用突然消失，从而瓦解了磁畴内磁矩有规律的排列。此时磁畴消失，铁磁性变为顺磁性。

磁畴的出现或消失，伴随着晶格结构的改变，所以是一个相变过程。居里点和熔点一样，因物质不同而不同。例如铁、镍、钴的居里点分别为1043 K、631 K、1393 K。

2. 磁化曲线和磁滞回线的测量

铁磁材料的一个特征是在外磁场作用下可被强烈磁化，故磁导率 μ 很高。另一特征是磁滞，就是磁场作用停止后，铁磁物质仍保留磁化状态。用图形表示铁磁物质磁滞现象的曲线称为磁滞回线，它可以通过实验测得，如图6-5所示。

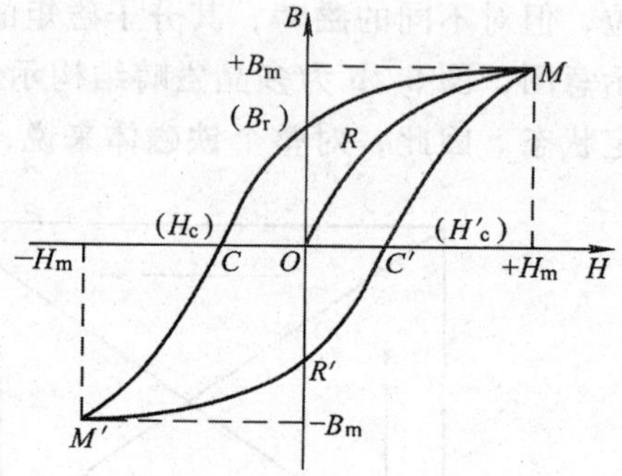

图6-5 铁磁材料磁滞回线图

当磁场 H 逐渐增加时，磁感应强度 B 将沿 OM 增加，M 点对应坐标为（H_m、B_m），即当 H 增大到 H_m 时、B 达到饱和值 B_m。OM 称为起始磁化曲线。如果将磁化场 H 减小，B 并不沿原来的曲线原路返回，而是沿 MR 曲线下降，即使磁场 H 减小到零，B 仍保留一定的数值 B_r，OR 表示磁场为零时的磁感应强度，称为剩余磁感应强度（B_r）。当反向磁场达到某一数值时，磁感应强度才降到零。强制磁感应强度 B 降为零的外加磁场的大小 H_c，称为矫顽力。当反向继续增加磁化场，反向磁感应强度很快达到饱和 M'（$-H_m$、$-B_m$）点，再逐渐减小反向磁场时，磁感应强度又逐渐增大。图6-5还表明，当磁场按 $H_m \to O \to H_c \to -H_m \to O \to H'_c \to H_m$ 次序变化时，相应的磁感应强度 B 则沿闭合曲线 $MRCM'R'C'$ 变化，这闭合曲线称为磁滞回线。由于铁磁物质处在周期性交变磁场中，铁磁物质周期性地被磁化，相应的磁滞回线称为交流磁滞回线，它最能反映在交变磁场作用下样品内部的磁状态变化过程，磁滞回线所包围的面积表示在铁磁物质通过一磁化循环中所消耗的能量，叫做磁滞损耗，在交流电器中应尽量减小磁滞损耗。从铁磁物质的性质和使用方面来说，它主要按矫顽力的大小分为软磁材料和硬磁材料两大类。软磁材料矫顽力小，磁滞回线狭长，它所包围的“面积”小，在交变磁场中磁滞损耗小，因此适用于电子设备中的各种电感元件、变压器、镇流器中的铁心等。硬磁材料的特点是矫顽力大，剩磁 B_r 也大，这种材料的磁滞回线“肥胖”，磁滞特性非常显著，适于制成永久磁铁用于各种电表、扬声器中等，软磁与硬磁材料的磁滞回线如图6-6所示。

应该说明，当初始状态为 $H=B=0$ 的铁磁材料，在交变磁场强度由弱到强依次进行磁化时，可以得到面积由小到大向外扩张的一簇磁滞回线，如图6-7所示，这些磁滞回线顶点的连线称为铁磁材料的基本磁化曲线，由此可近似确定其磁导率 $\mu = B/H$。因为 B 与 H 非线性，故铁磁材料的 μ 不是常数而要随磁场 H 而变化，如图6-8所示，铁磁材料的相对磁导率可高达数千乃至数万，这一特点是它用途广泛的主要原因之一。

只要设法使示波器X轴输入正比于被测样品中的 H，使Y轴输出正比于样品的 B，保持 H 和 B 为样品中的原有关系，就可在示波器荧光屏上如实地显示样品的磁滞回线。怎样才能使示波器的X轴输入正比于 H，Y轴输入正比于 B 呢？图6-9为测试磁滞回线的原理

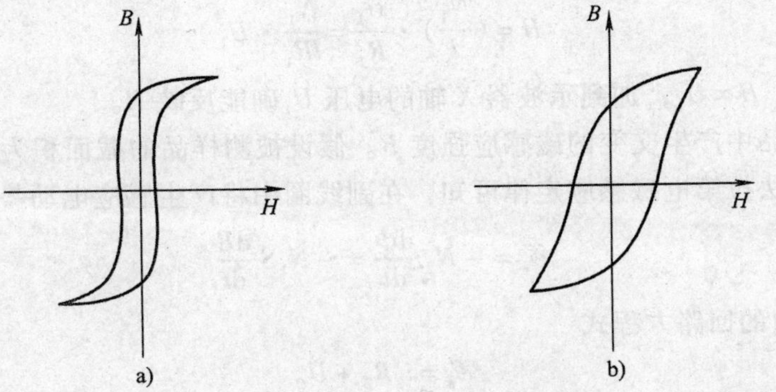

图 6-6　软、硬铁磁材料磁滞回线比较

a）软磁材料磁滞回线　b）硬磁材料的磁滞回线

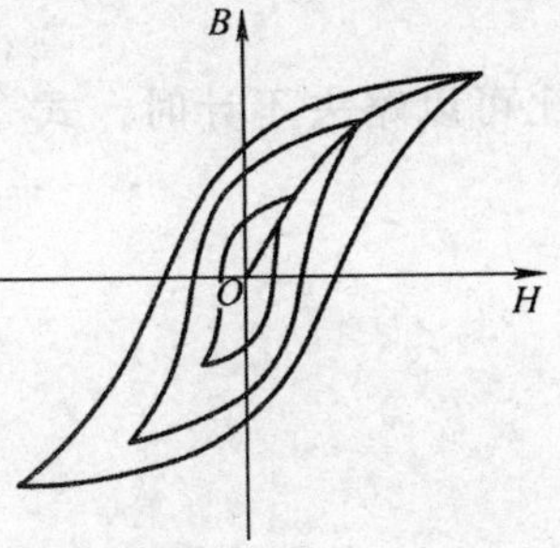

图 6-7　同一铁磁材料的一簇磁滞回线

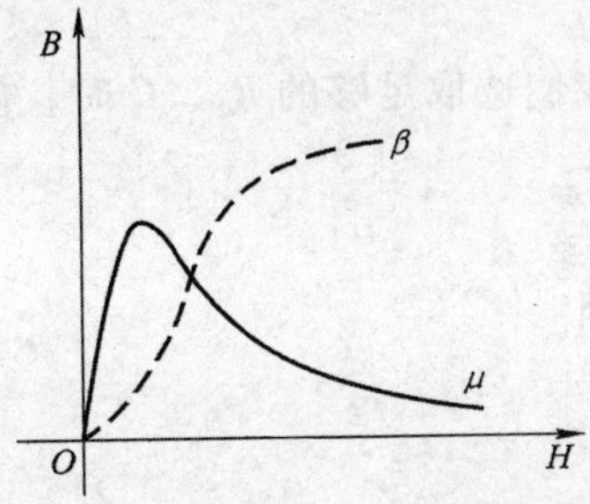

图 6-8　铁磁材料 μ 与 H 关系曲线

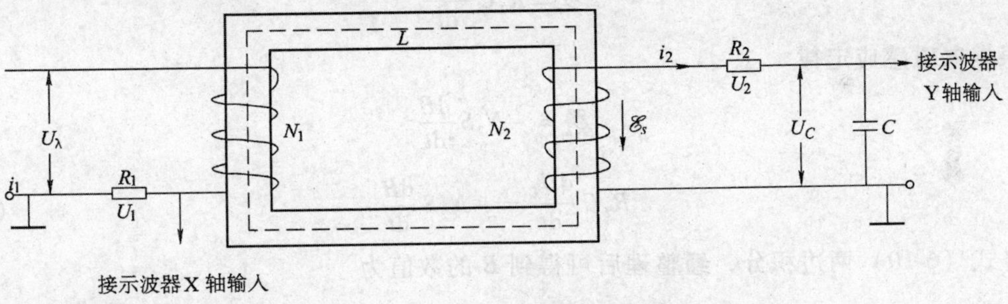

图 6-9　示波器显示样品磁滞回线的实验电路原理图

图。L 为被测样品的平均长度（虚线框），N_1、N_2 分别为原、副边匝数，R_1、R_2 为电阻，C 为电容。

当原边输入交流电压 U_λ 时就产生交变磁化电流 i_1，由安培环路定律可算得磁场强度 H 为

$$H = \frac{N_1 i_1}{l} \tag{6-1}$$

又因

$$i_1 = \frac{U_1}{R_1} \tag{6-2}$$

所以

$$H=\left(\frac{N_1}{l}\right)\cdot\frac{U_1}{R_1}=\frac{N_1}{lR_1}\cdot U_1 \tag{6-3}$$

由上式可知，$H\propto U_1$，加到示波器 X 轴的电压 U_1 确能反映 H。

交变的 H 样品中产生交变的磁感应强度 B。假设被测样品的截面积为 S，穿过该截面的磁通 $\Phi=BS$，由法拉第电磁感应定律可知，在副线圈中将产生感应电动势

$$\mathscr{E}_s=-N_2\frac{\mathrm{d}\Phi}{\mathrm{d}t}=-N_2S\frac{\mathrm{d}B}{\mathrm{d}t} \tag{6-4}$$

由图 6-9 副边的回路方程式

$$\mathscr{E}_s=i_2R_2+U_C \tag{6-5}$$

式中，i_2 为副边电流；U_C 为电容 C 两端的电压。设 i_2 向电容器 C 充电，在 Δt 时间内充电量为 Q，则此时电容两端的电压 U_C 表示如下：

$$U_C=\frac{Q}{C} \tag{6-6}$$

当我们选取足够的 R_2、C 时，使 U_C 小到与 i_CR_2 相比可以略去不计时，式（6-5）简化为

$$\mathscr{E}_s=i_2R_2 \tag{6-7}$$

又因

$$i_2=\frac{\mathrm{d}Q}{\mathrm{d}t}=C\frac{\mathrm{d}U_C}{\mathrm{d}t} \tag{6-8}$$

所以式（6-7）变为

$$\mathscr{E}_s=R_2C\frac{\mathrm{d}U_C}{\mathrm{d}t} \tag{6-9}$$

根据电磁感应定律

$$\mathscr{E}_s=-N_2S\frac{\mathrm{d}B}{\mathrm{d}t}$$

$$R_2C\frac{\mathrm{d}U_C}{\mathrm{d}t}=-N_2S\frac{\mathrm{d}B}{\mathrm{d}t} \tag{6-10}$$

将式（6-10）两边积分，经整理后可得到 B 的数值为

$$B=\frac{R_2C}{N_2S}U_C \tag{6-11}$$

式（6-11）表明，电容器上的电压 $U_C\propto B$，U_C 的确能反映 B。

故只要将 U_1、U_C 分别接到示波器的 X 轴与 Y 轴输入，则在荧光屏上扫描出来的图形就能如实反映被测样品的磁滞回线。依次改变 U_1（从零递增）值，便可得到一组磁滞回线，各条磁滞回线顶点的连线便是基本磁化曲线。

3. 测量居里温度

（1）感应法测定居里温度　在磁环上分别绕线圈 A，B，并在 A 线圈上通激励电流，则 B 线圈上感应电动势的有效值为

$$\mathscr{E}_{\mathrm{eff(B)}}=\sqrt{2}\pi fN\Phi_{\mathrm{m}} \tag{6-12}$$

式中，f 为频率；N 为线圈的匝数；Φ_{m} 为最大磁通。

$$\Phi_m = B_m S \tag{6-13}$$

式中，S 是磁环的截面积；B_m是最大磁感应强度，即磁感应强度正弦变化的幅值。

因为

$$H = \frac{B}{\mu} \tag{6-14}$$

μ 是磁导率，在 SI 制中单位为亨/米。

把式（6-13）、式（6-14）代入式（6-12），得

$$\mathscr{E}_{eff(B)} = \sqrt{2}\pi f N S \mu H_m \tag{6-15}$$

式中，H_m 是磁场强度的幅值，当激励电流稳定成正弦变化时，则 H_m 稳定，即得

$$\mathscr{E}_{eff(B)} \propto \mu$$

即当 $\mu = 0$ 时，感应电动势 $\mathscr{E}_{eff(B)} = 0$，此时温度 T_C 称为居里点。

显然，我们完全可用测出的 $\mathscr{E}_{eff(B)} - T$ 曲线来确定温度 T_C。具体说，在 $\mathscr{E}_{eff(B)} - T$ 曲线斜率最大处作其切线，并与横坐标轴相交的一点即为温度 T_C，如图 6-10 所示。这是因为有居里点时，铁磁材料的磁性才发生突变，所以要在斜率最大处作切线。又因为在居里点以上时，铁磁性已转化为顺磁性。因本实验交变磁场较弱，所以对顺磁性物质引起的磁化是很弱的，但是有一个很小的值，故 $\mathscr{E}_{eff(B)} - T$ 曲线不能与横坐标相交。

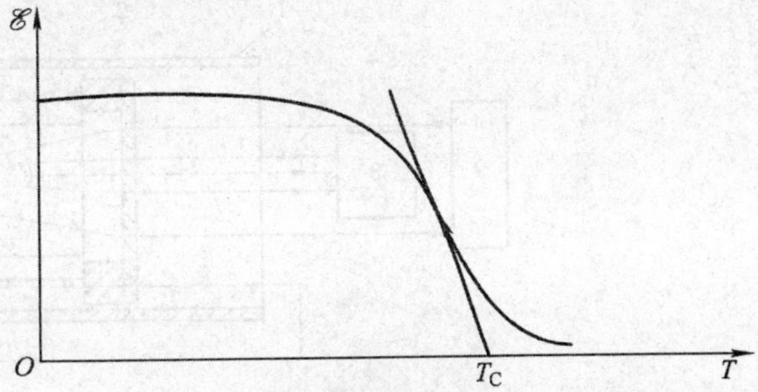

图 6-10　感应电动势随温度变化曲线

（2）观察法测定居里温度　如图 6-9 所示，式（6-4）可转化为

$$B = \frac{1}{N_2 S}\int \mathscr{E}_s \mathrm{d}t \tag{6-16}$$

所以，当样品被加热到一定温度时，由于磁物质金属点阵中的热运动的加剧，磁畴遭到破坏，铁磁物质将转化为顺磁物质，示波器上磁滞回线消失，铁磁物质这一转变温度称为居里点。

【实验装置】

1. 磁滞回线测量仪

观察和测量磁性材料的磁滞回线和基本磁化曲线的线路如图 6-11 所示，图中变压器、电阻 R_1、被测样品、电容器 C_2 等均已安装在实验仪中。实验时，只需连接好相应的导线，X（H）接至示波器 X 轴输入，Y（B）接至示波器 Y 轴输入，"⊥"接至示波器地即可。

2. 居里点测试仪（见图 6-12）

【实验内容及步骤】

（1）连接电路：选择样品 1 按实验仪上所给的电路图连接线路，并令 $R_1 = 2.5\ \Omega$，"U 选择"置于 0 位置。U_H和 U_B（即 U_1和 U_2）分别接示波器的"X 输入"和"Y 输入"。

（2）样品退磁：开启实验仪电源，对试样进行退磁，即顺时针方向转动"U 选择"旋钮，令 U 从 0 V 增到 3 V，然后逆时针方向转动旋钮，将 U 从最大值降为 0 V，其目的是消除剩磁，确保样品处于磁中性状态，即 $B = H = 0$。

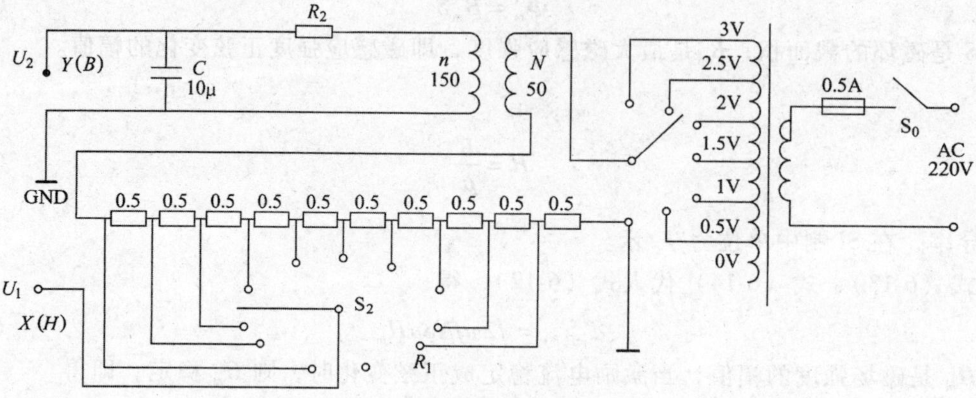

图 6-11 测量磁性材料的磁滞回线和基本磁化曲线的线路图

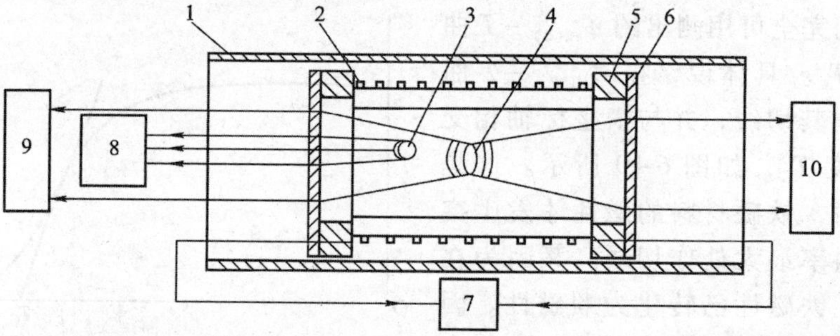

图 6-12 居里点测试仪原理图

1—耐高温绝缘玻璃管 2—加热电炉丝 3—集成温度传感器 4—铁氧铁（被测样品） 5—固定架 6—印刷板 7—提供加热电流的电源部分 8—测温显示部分 9—激励电源 10—感应电流测量部分

（3）观察基本磁化曲线，按步骤 2 对样品进行退磁，从 $U=0$ 开始，逐档提高励磁电压，将在显示屏上得到面积由小到大一个套一个的一簇磁滞回线。这些磁滞回线顶点的连线就是样品的基本磁化曲线，借助长余辉示波器便可观察到该曲线的轨迹。

（4）观察磁滞回线：开启示波器电源，令光点位于坐标原点（0，0），令 $U=2.2$ V，并分别调节示波器 X 和 Y 轴的灵敏度，使显示屏上出现图形大小合适的磁滞回线。若图形顶部出现编织状的小环，这是因为 U_2 和 B 的相位差等因素引起的畸变，可降低励磁电压 U 予以消除。

（5）对样品逐点测出 $\mathscr{E}_{\text{eff(B)}}-T$ 曲线，并从中求出居里温度 T_C。

（6）用观察法测量样品居里温度 T_C。

【实验数据处理】

$$H=\frac{N_1 U_1}{l\ R_1}=\frac{N_1}{lR_1}U_1=K_x S_x X \tag{6-17}$$

式中，$K_x=\dfrac{N_1}{lR_1}$；S_x 为示波器 X 轴方向的电压灵敏度系数。

$$B=\frac{R_2 C}{N_2 S}U_C=K_y S_y Y \tag{6-18}$$

式中，$K_y = \dfrac{R_2 C}{N_2 S}$；$S_y$ 为示波器 Y 轴方向的电压灵敏度系数。

1. 磁化曲线测量　　$K_x =$　　　　$K_y =$　　　　$S_x =$　　　　$S_y =$

U/V	0.5	0.8	1.0	1.2	1.5	1.8	2.0	2.2	2.5	2.8	3.0
X/cm											
Y/cm											
H/(A/m)											
B/T											

2. 磁滞回线　　$U =$　　　　$K_x =$　　　　$K_y =$　　　　$S_x =$　　　　$S_y =$

X/cm												
Y/cm												
H/(A/m)												
B/T												

3. 感应法测定居里温度

/℃													
U/mV													

【注意事项】

(1) 用示波器观察测量时选择应合适的灵敏度。

(2) 测量居里点时温度升高 80℃ 以上时，谨防烫伤。

(3) 测量居里点时，样品内圆有一凸起长方形，应将其对准缆头内的凹槽。

【思考题】

(1) 将 U_1 接至示波器的 X 输入端，将 U_2 接至示波器的 Y 输入端，为什么能用电学量 U 来测量 H 和 B？

(2) 样品的磁化强度在温度达到居里点时发生突变的微观机理是什么？试用磁畴理论进行解释。

(3) 测出的 $\mathscr{E}_{\mathrm{eff(B)}} - T$ 曲线，为什么与横坐标没有交点？

实验 35　传感器综合实验

传感器是能够感受一定的被测物理量，并按一定的规律转换成可输出信号的器件或者装置，通常由敏感元件和转换元件组成。其中敏感元件是指传感器中能直接感受或响应被测物理量的部分；转换元件是指传感器中能将敏感元件的响应转换成适合传输或测量电信号的部分。

传感器按其变换原理和工作机理可以分为物理传感器、化学传感器和生物传感器。物理传感器是利用某些变化元件的物理性质以及某些材料的特殊物理性能支撑的传感器。如利用金属或半导体材料在被测量作用下的电阻变化制成的电阻式传感器；利用某些晶体的压电效应制成的压电式传感器；利用半导体材料的压阻效应、光电效应、霍尔效应制成的压敏、光敏和磁敏传感器等。

本实验将分别研究光纤传感器、半导体应变计的特性。

实验Ⅰ 光纤位移传感器

【实验目的】

(1) 学习光纤传感器的原理，掌握用光纤传感器测量位移和转速的方法。

(2) 学习半导体应变片的测试原理，掌握半导体应变片的应用方法。

【实验原理】

1. 光纤的结构及其分类

(1) 光纤的结构 光纤裸纤一般分为三层：中心高折射率玻璃芯（芯径一般为 50 μm 或 62.5 μm），中间为低折射率硅玻璃包层（直径一般为 125 μm），最外是加强用的树脂涂层。入射到光纤端面的光并不能全部被光纤所传输，只是在某个角度范围内的入射光才可以。这个角度就称为光纤的数值孔径。光纤的数值孔径大些对于光纤的对接是有利的。不同厂家生产的光纤的数值孔径不同。

(2) 光纤的分类

1) 按光在光纤中的传输模式可分为：单模光纤和多模光纤。多模光纤：中心玻璃芯较粗（50 μm 或 62.5 μm），可传多种模式的光。但其模间色散较大，这就限制了传输数字信号的频率，而且随距离的增加会更加严重。例如：600 MB/kM 的光纤在 2 kM 时则只有 300 MB 的带宽了。因此，多模光纤传输的距离就比较近，一般只有几公里。单模光纤：中心玻璃芯较细（芯径一般为 9 μm 或 10 μm），只能传一种模式的光。因此，其模间色散很小，适用于远程通讯，但其色度色散起主要作用，这样单模光纤对光源的谱宽和稳定性有较高的要求，即谱宽要窄，稳定性要好。

2) 按最佳传输频率窗口分：常规型单模光纤和色散位移型单模光纤。常规型：光纤生产厂家将光纤传输频率最佳化在单一波长的光上，如 1300 μm。色散位移型：光纤生产厂家将光纤传输频率最佳化在两个波长的光上，如 1300 μm 和 1550 μm。

3) 按折射率分布情况分：突变型和渐变型光纤。突变型：光纤中心芯到玻璃包层的折射率是突变的，其成本低，模间色散高，适用于短途低速通讯，如工控。但单模光纤由于模间色散很小，所以单模光纤都采用突变型。渐变型光纤：光纤中心芯到玻璃包层的折射率是逐渐变小的，可使高模光按正弦形式传播，这能减少模间色散，提高光纤带宽，增加传输距离，但成本较高，现在的多模光纤多为渐变型光纤。

(3) 光纤的优点

1) 光纤的通频带很宽，理论可达30亿兆赫兹。

2) 无中继段长几十到一百多公里，铜线只有几百米。

3) 不受电磁场和电磁辐射的影响。

4) 重量轻，体积小。

5) 光纤通讯不带电，使用安全可用于易燃、易爆场所。

6) 使用环境温度范围宽。

7) 抗化学腐蚀，使用寿命长。

2. 光纤的工作原理

反射式光纤位移传感器的工作原理如图 6-13a 所示，光纤采用 Y 型结构，两束多模光纤一端合并组成光纤探头，在传感系统中，一支为接收光纤，另一支为光源光纤，光纤只起传输信号的作用。当光发射器发生的红外光经光源光纤照射至反射体时，被反射的光经接收光纤至光电转换器，光电元件将接收到的光信号转换为电信号。其输出的光强决定于反射体距光纤探头的距离，通过对光强的检测而得到位置量。

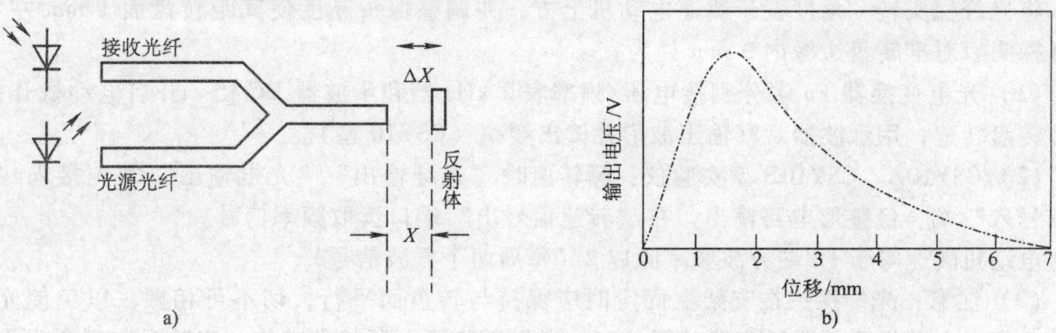

图 6-13 反射式光纤位移传感器原理图及输出特性曲线

【实验仪器】

实验使用的仪器是 CSY 型传感器综合实验台，它是用于检测仪表类课程教学实验的多功能教学仪器。其特点是集被测体、各种传感器、信号激励源、处理电路和显示器于一体，可以组成一个完整的测试系统。通过实验指导书所提供的数十种实验举例，能完成包含光、磁、电、温度、位移、振动、转速等内容的测试实验。本节实验要用到 CSY 型实验台的光纤、光电转换器、光电变换器、低频振荡器、示波器、电压表、支架、反射片、测微头等器件。

【实验内容及步骤】

1. 位移测定

（1）观察光纤结构：本仪器中光纤探头为半圆型结构，由数百根光导纤维组成，一半为光源光纤，一半为接收光纤。

（2）将原装在电涡流线圈支架上的电涡流线圈取下，装上光纤探头，探头对准镀铬反射片（即电涡流片）。

（3）振动台上装上测微头，开启电源，光电变换器 V_o 端接电压表。旋动测微头，带动振动平台，使光纤探头端面紧贴反射镜面（必要时可稍许调整探头角度），此时 V_o 输出为最小。然后旋动测微头，使反射镜面离开探头，每隔 0.25 mm 取一 V_o 电压值填入表 6-1，作出 $U-X$ 曲线。

表 6-1

X	0	0.25	0.5	0.75	1.0	1.25	1.5	1.75	2.0	2.25	2.5	2.75	3.0	3.25	3.5	3.75	4.0
U																	

得出的输出电压特性曲线如图 6-13b 所示，分前坡和后坡，通常测量是采用线性较好的前坡。

2. 振动实验

将测微头移开，振动台处于自由状态，根据 $U-X$ 曲线选取前坡中点位置装好光纤探头。将低频振荡器输出接“激振 I”，调节激振频率和幅度，使振动台保持适当幅度的振动（以不碰到光纤探头为宜）。用示波器观察 V_o 端电压波形。并用电压/频率表 2 K 档读出振动频率。

3. 光纤传感器转速测定

将光纤探头转一角度置于测速电动机上方，并调整探头高度使其距转盘面 1 mm 左右，光纤探头以对准转盘边缘内 3 mm 处为宜。

（1）光电变换器 F_o 端分别接电压/频率表 2 kHz 档和示波器 DC 档。开启电动机开关，调节转盘转速，用示波器观察输出波形并读出频率（CSY10 型）。

（2）CSY10A、CSY10B 型实验仪：测转速时“光纤输出”“光电输出”须先接入“转速信号人”端，经整形电路输出，在“转速信号出”端口读取频率信号。

电动机转速等于 F_o 端方波频率除以 2（每周两个方波信号）

（3）注意：光纤探头在支架上固定时应保持与转盘面平行，切不可相擦，以免使光纤端面受损。电动机开关平时应置关闭状态，以保证稳压电源正常工作。实验时应避免强光直接照射转盘盘面，以免造成测试误差。

【注意事项】

光电变换器工作时 V_o 最大输出电压以 2 V 左右为好，如增益过高可能导致 F_o 端无法读取频率值，可通过调节增益电位器来控制；实验时请保持反射镜片的洁净与光纤端面的垂直度；工作时光纤端面不宜长时间直照强光，以免内部电路受损；注意背景光对实验的影响，光纤勿成锐角曲折；每台仪器的光电转换器都是与仪器单独调配的，请勿互换使用，光电转换器应与仪器编号配对，以保证仪器正常使用。

实验Ⅱ　半导体应变传感器的性能测试

【实验目的】

了解半导体应变片的灵敏度和温度效应。

【实验仪器】

CSY10A 型传感器系统实验仪是用于检测仪表类课程教学实验的多功能教学仪器。其特点是集被测体、各种传感器、信号激励源、处理电路和显示器于一体，可以组成一个完整的测试系统。通过实验指导书所提供的数十种实验举例，能完成包含光、磁、电、温度、位移、振动、转速等内容的测试实验。

【实验原理】

半导体应变片的工作原理是基于半导体材料的压阻效应。所谓压阻效应是指单晶半导体材料在某一轴向受到外力作用时，其电阻率 ρ 发生变化的现象。使用方法也是将应变片粘贴在弹性元件或被测物体上，随被测试件的应变，其电阻发生相应的变化。

半导体应变片最突出的优点是灵敏度高，可测微小应变，机械滞后小，横向效应小，体积小；其主要缺点是温度稳定性差，灵敏度系数非线性大，所以在使用时需采用温度补偿和非线性补偿措施。

由于材料的阻值 $R=\rho\dfrac{l}{s}$，则 $\dfrac{\mathrm{d}R}{R}=\dfrac{\mathrm{d}\rho}{\rho}+\dfrac{\mathrm{d}l}{l}-\dfrac{\mathrm{d}s}{s}=\dfrac{\mathrm{d}\rho}{\rho}+\dfrac{\mathrm{d}l}{l}(1+2\mu)$，当应变 $\varepsilon=\dfrac{\Delta l}{l}$时，

灵敏度　$K=\dfrac{\Delta R/R}{\varepsilon}=(1+2\mu)+\dfrac{\Delta\rho/\rho}{\varepsilon}$

对于箔式应变片，$K_{BO} \approx 1+2\mu$，主要是由形变引起。对于半导体应变计，$K_{Ban} \approx (\Delta\rho/\rho)/\varepsilon$，主要由电阻率变化引起。由于半导体材料的“压阻效应”特别明显，可以反映出很微小的形变，所以 $K_{Ban}n$ 要大于 K_{BO}，但是受温度影响大。

【实验仪器】

直流稳压电源、电桥、差动放大器、半导体应变计、测微头、电压表、温度计（用仪器中的 PN 结温度传感器或热电偶作测温参考）。

【实验步骤】

（1）按图 6-14 接线，R'是半导体应变计，另一臂电阻是电桥上固定电阻。开启电源后预热数分钟。

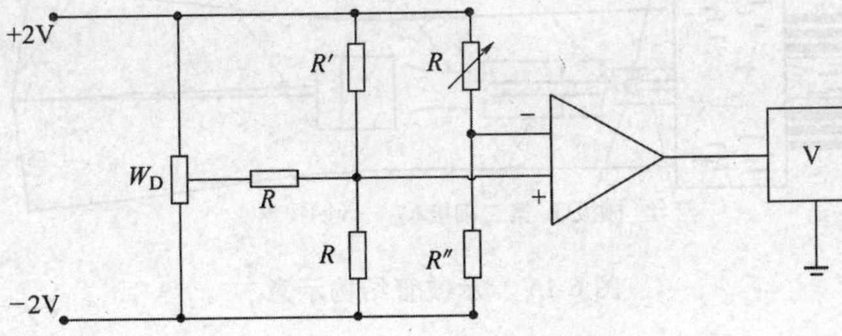

图 6-14　实验电路图

（2）按单臂电桥实验步骤调整悬臂梁位置，调整系统输出，用测微头进行位移，记录 U，X 数据，记入表 6-2，作出 $U-X$ 曲线，求出灵敏度。

表　6-2

X	0	0.25	0.5	0.75	1.0	1.25	1.5	1.75	2.0	2.25	2.5	2.75	3.0	3.25	3.5	3.75	4.0
U																	

（3）重新调整测试系统输出为零。记录加温前的工作温度 T。

（4）打开“加热”开关，观察随温度升高系统输出电压温漂情况。待电压稳定后测得温升，求出系统的温漂 $\Delta U/\Delta T$。

实验 36　电子和场实验

实验 I　电子束实验

【实验目的】

（1）了解示波管的结构。

（2）测量电子在电场和磁场中的运动。

（3）测量电子的荷质比。

【实验仪器】

整个实验仪器安放在一只仪器箱内，各元件成积木式结构，根据不同实验的需要，将相应元件装配于实验电路。

仪器的核心元件是一只电子示波管（型号为 SF－4），这种示波管体积较小，偏转灵敏度高，管壁的石墨屏蔽层成环带状，从管壁外部可以清楚地看到管内各电极的形状构造，很适宜于教学上的特殊要求。示波管在仪器面板上是半固定的，必要时可以卸下前端刻度板，把管身稍为抬起，以便套上纵向磁场线圈。

仪器面板根据需要划分成几个功能，左面是示波管部分，在管颈两侧可以插入横向磁场线圈，左下方可外接交直流磁场激励电源的电路。中部下方是理想二极管管座和相应的电路部分，它的上方是电子强度控制电路部分，右上方为电压、电流数字表头，右下方为仪器各个开关。

【实验原理】

示波管的结构如图 6-15 所示。

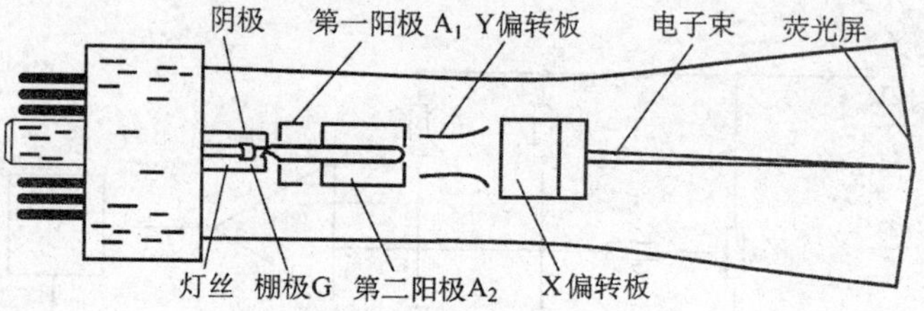

图 6-15　示波管结构示意

1. 电子在横向电场作用下的运动（电偏转）

偏转系统由两对互相垂直的偏转板组成，一对竖直偏转板 Y_1、Y_2 和一对水平偏转板 X_1、X_2。在两块 Y（或 X）偏转板间加上电压时，受电场力的作用，通过两板之间的电子束的方向发生偏转。

设偏转电极中心到荧光屏距离为 L，电子在荧光屏上的竖直偏移为 y（见图 6-16），则有

$$y=\frac{bLU_y}{2dU_2} \tag{6-19}$$

式中，b 为偏转板长度；d 为偏转板间距离；U_y 为竖直偏转电压；U_2 为电子进入偏转场之前，使电子加速的电压。

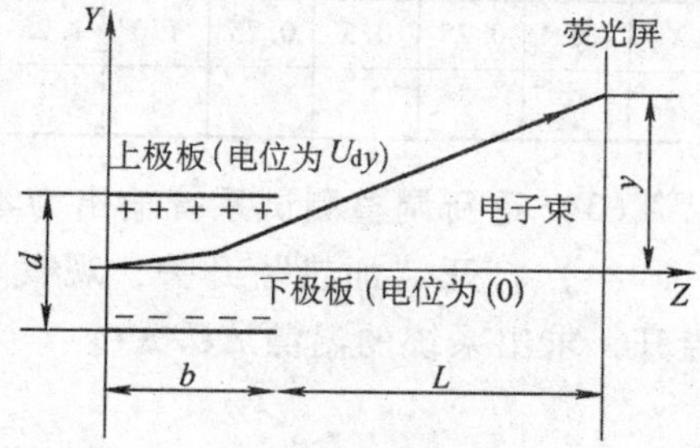

图 6-16　电子束的偏转

电偏转灵敏度定义为偏转板上加单位电压时所引起的电子束在荧光屏上的偏移量 y，则示波管的 Y 轴电偏转灵敏度

$$Sy=\frac{y}{U_y}=\frac{bL}{2dU_2} \tag{6-20}$$

同理，示波管的 X 轴电偏转灵敏度为

$$Sx=\frac{y}{U_x}=\frac{bL}{2dU_2} \tag{6-21}$$

电子束的偏转量随横向电场大小成线性变化关系。直线的斜率表示电偏转灵敏度的大小，直线的斜率随加速电压大小而变化，说明偏转灵敏度与电子的动能大小有关，或者说和速度大小有关。如图 6-17 所示。

2. 电子在纵向不均匀电场作用下的运动（电聚焦）

要把阴极发射出来的自由电子会聚成一条极细的电子束，可用电场或磁场聚焦。在普通

示波管中，多采用电场聚焦，而大屏幕示波管中，则采用磁场聚焦。下面讨论电场聚焦原理。

示波管电子枪内的电场等势分布，如图 6-18 中所示的弯曲线。阴极发射的电子在电场的作用下会聚于控制栅仍小孔附近一点。必须把散射开来的电子束会聚起来。像光束通过凸透镜（或透镜组）时，因玻璃的折射作用使光束聚焦成一个又小又亮的点一样，也能使电子束通过一个聚焦电场，在电场力的作用下，电子运动轨道改变而会合于一点，结果在荧光屏上得到一个又小又亮的光点。产生这个聚焦的静电场装置在电子光学里称为静电电子透镜。

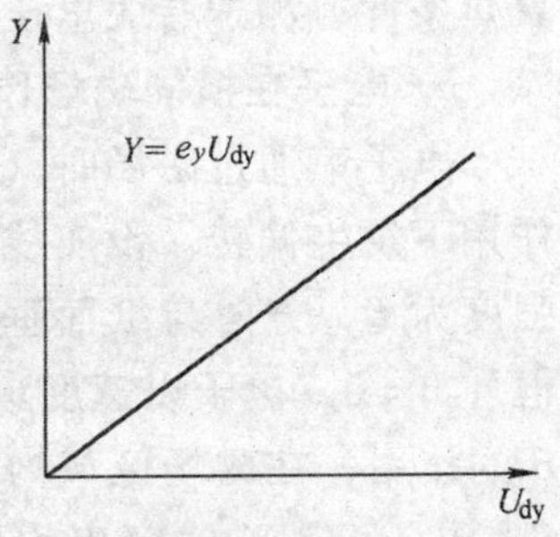

图 6-17　$y-U_{dy}$ 曲线

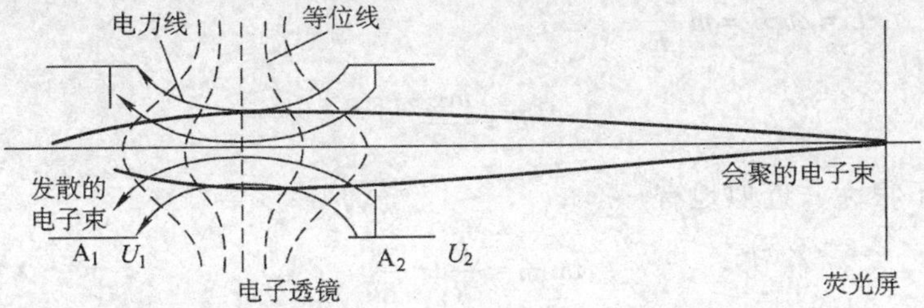

图 6-18　电子束的电聚焦

电子枪内的聚焦电极 A_1 与第二加速电极 A_2 间组成一个静电透镜，它的作用原理如下：

图 6-18 是 A_1 与 A_2 之间电场分布的截面图。虚线为等位线，实线为电力线，电场对 Z 轴是对称分布的。根据电子在电场中运动的知识可知，当电子飞越各电极所构成的加速电场时，由于电子带负电，则它的飞行方向将偏向等势面的法线。电子束中某个散离轴线的电子沿轨道进入聚焦电场。在电场的前半区（左半边），这个电子受到与电力线相切方向的作用力 F，F 可分解为垂直接线指向轴线的分力 F_r 与平行于轴线的分力 F_z。F_r 的作用使电子运动向轴线靠拢，起聚焦作用；F_z 的作用使电子沿 Z 轴线方向得到加速度。电子到达电场的后半区（右半边）时，受到的作用力 F 可分解为相应的 F_r 和 F_z 两个分量。F_r 的作用使电子离开轴线，起散焦作用，但因为整个电场区域里电子都受到同方向的沿 Z 轴的作用力，电子在后半区的轴向速度比在前半区的大得多。因此，在后半区，电子受 F_r 的作用时间短得多，获得的离轴速度比在前半区获得的向轴速度小。总的效果是，电子向轴线靠拢，整个电场起聚焦作用。聚焦作用的强弱是由调节“聚焦”电位器，即改变 A_1 与 A_2 之间的电位差，从而改变其间的电场强度来实现的。这样，电子到达荧光屏时会聚于一点。事实上，A_1 两端的电场皆有聚焦作用，是两个静电透镜的组合。

从几何光学之间的类比引出电子透镜折射率的概念。电子透镜可以对电子束聚焦，也可以对发射或反射电子的物体成像，电子显微镜就是根据这个原理制成的。由于电子具有波动性，且高能电子的波长远远小于可见光的波长，所以电子显微镜的分辨能力比光学显微镜大得多。

实验中可以找到电子枪的加速电压 U_2 和聚焦电压 U_1 之间的两种不同的组合，都可以使电子束在荧光屏上聚焦，与理论相符。在此结论的基础上，要求学生分别找出这两个不同的聚焦条件，测定有关电压参数，以检验理论分析结构的正确性。

3. 电子在横向磁场作用下的运动（磁偏转）

电子束通过磁场时（如图 6-19 所示）在洛伦兹力的作用下发生偏转。设实线方框内有均匀的磁场，磁感应强度为 B，方向与纸面垂直，并由纸面指向读者，在方框外 $B=0$。电子以速度 v_z 垂直射入磁场，受洛伦兹力 ev_zB 的作用，在磁场区域内作匀速圆周运动，轨道半径为 R。电子沿圆弧线穿出均匀磁场区域后变为作匀速直线运动，最后打在荧光屏的 P 点上，光点的位移为 y。

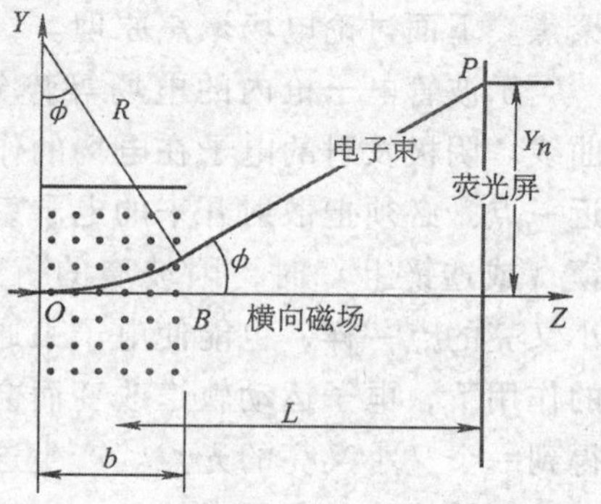

图 6-19 电子束的磁偏转

由牛顿第二定律有

$$F=ev_zB=m\frac{v_z^{\ 2}}{R}$$

于是得

$$R=\frac{mv_z}{eB} \tag{6-22}$$

设偏转角 ϕ 不很大，近似地有

$$\tan\phi\approx\frac{b}{R}=\frac{y}{L}$$

由上两式得到磁偏转位移 y

$$y=\frac{ebL}{mv_z}B \tag{6-23}$$

再由式 $\frac{1}{2}mv_z^{\ 2}=eU_2$ 消去 v_z 得

$$y=\sqrt{\frac{e}{2mU_2}}bLB \tag{6-24}$$

上式表明，光点的偏转位移 y 与磁感应强度 B 成线性关系，与加速电压 U_2 的平方根成反比。将式（6-24）和式（6-19）相比较可以看出，提高加速电压对磁偏转灵敏度降低的影响，比对电偏转灵敏度的影响小。因此，使用磁偏转时，通过提高显像管中电子束加速电压来增强屏上图像的亮度水平比使用电偏转容易。而且，磁偏转便于得到电子速的大角度偏转，更适合于大屏面的需要。因此，显像管往往采用磁偏转。但是，偏转线圈的电感与较大的分布电容不利于高频使用，而且体积和重量较大，都不及电偏转系统。所以示波管往往采用电偏转。

首先让学生掌握磁偏转的原理，然后让学生做两方面的内容。第一是与静电偏转对比时，要求学生测定在几个不同加速电压 U_2 之下，电子束的磁偏转量 Y_m 与产生横向磁场的励磁电流 I_m 之间的变化关系。

实验结果表明，在加速电压一定的条件下，偏转量与励磁电流成线性关系（见图 6-20）。但直线的斜率即磁偏转灵敏度 δ 随加速电压的变化规律与静电偏转情况下不同。静电偏转灵敏度与加速电压成反比，磁偏转情况下它与加速电压的平方根成反比。该结果同理论分析是一致的。

4. 电子在纵向磁场作用下的运动——验证洛仑兹力实验

在纵向磁场作用下，若电子只有轴向速度 $v_{/\!/}$ 而没有径向 $v_\perp$ 速度，它将不受磁场作用沿直线行进，若电子的径向速度 $v_\perp$ 不为零，在洛仑兹力作用下，它在众电子枪到荧光屏的运动过程中将作螺旋运动（见图 6-21），利用洛仑兹力公式和圆周运动公式可导出：

电子的回旋半径 $R = mv_\perp / eB$

电子的回旋周期 $T = 2\pi m / eB$

电子运动的螺距 $h = Tv_{/\!/} = 2\pi mv_{/\!/} / eB$

根据理论分析，R 与磁场大小 B 成反比，电子束在荧光屏上光点的位置（直角坐标的 $x \backslash y$ 或极坐标的 $(t \backslash \theta)$ 会随纵向磁场 B 的大小而改变，其轨迹为一螺线形（见图 6-22）。

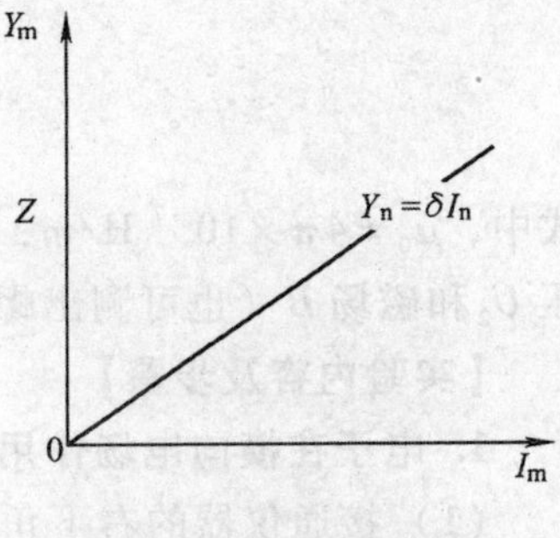

图 6-20　偏转量与励磁电流变化曲线

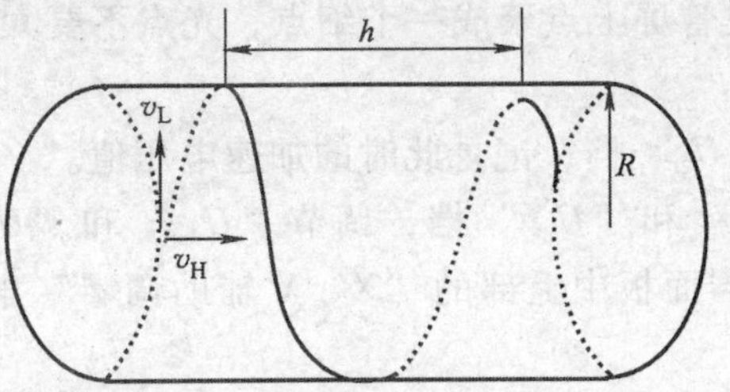

图 6-21　电子在纵向磁场中的运动

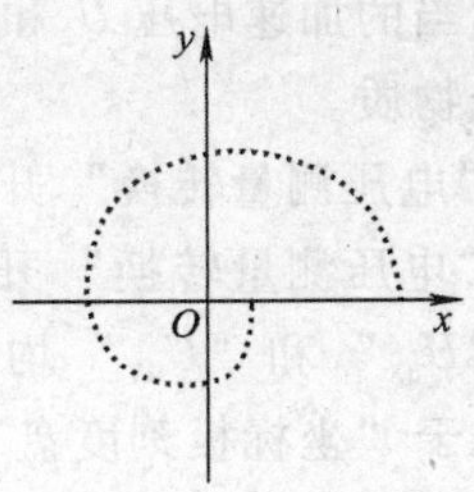

图 6-22　荧光屏上电子随 B 变化的轨迹

5. 电子束的磁聚焦和电子荷质比的测定

在纵向磁场作用下，电子从电子枪中发射出来以后，将作螺旋运动。在初始时刻，各电子的运动方向并不一致，即它们的径向速度 $v_\perp$ 是不一样的。另外，虽然它们的初始轴向速度也不一样，但经过千伏的加速电压加速后，初始轴向速度的差别可以忽略不计，故可以认为它们的轴向速度 $v_{/\!/}$ 是一样的。由上分析可知，在 B 一定情况下，各电子的回旋半径是不一样的，但它们的螺距是相等的。也就是经过一个周期后，同时从电子枪发射出来但运动方向不同的电子，又交汇在同一点（见图 6-23），这就是磁聚焦作用。而且，每经过一个周期（一个螺距）有一个聚焦点。我们通过调整磁场的 B 来改变螺距 h_1 可使电子枪出口到荧光屏的距离 L 为 h 的整数倍，这样我们就可以观察到多次磁聚焦现象。

利用磁聚焦现象可以测定电子的荷质比。第一次聚焦时，有

$$L = h = 2\pi mv_{/\!/} / eB$$

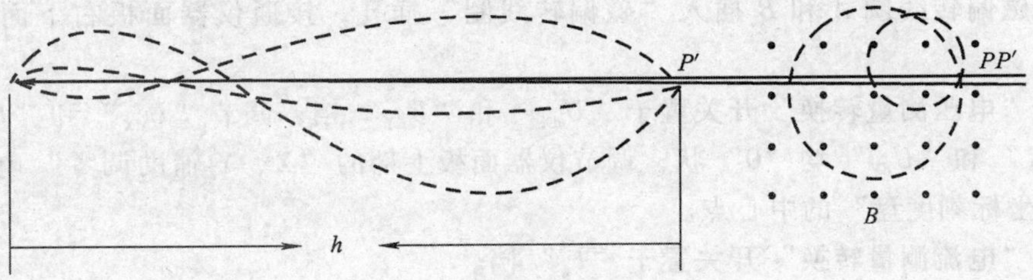

图 6-23　电子束的磁聚焦

而 $v_{/\!/}^2 = 2eU_2 / m$ 带入上式，得 $e/m = 8\pi mU_2 / L^2B^2$

$$\frac{e}{m}=\frac{8\pi^2U_2}{L^2B^2}=\frac{8\pi^2U_2}{L^2\left\{\dfrac{\mu_0NI}{\sqrt{L^2+D^2}}\right\}} \tag{6-25}$$

式中，$\mu_0=4\pi\times10^{-7}$ H/m；N 为线圈匝数；I 为线圈电流；D 为螺管线直径。测量出加速电压 U_2 和磁场 B（也可测出螺线管电流 I 来算出 B），就可由上式算出电子荷质比。

【实验内容及步骤】

1. 电子在横向电场作用下的运动（电偏转）

（1）接通仪器的右下角电源开关，将仪器面板中部的“示波管与理想二极管”转换开关转置于“示波管”一侧。

（2）将聚焦选择开关“点线”置于“点”（POINT）聚焦位置，辉度控制 U_G 处在适当位置，调节适当的加速电压 U_2 和聚焦电压 U_1 使示波管屏上点聚成一个细点，光点不要太亮，以免烧坏荧光物质。

（3）将“电压测量转换”开关置于加速电压“U_2”档，记录此时的加速电压值。

（4）将“电压测量转换”开关分别置于“U_{dX}”和“U_{dY}”档，调节“U_{dx}”和“U_{dY}”电位器，使“U_{dX}”和“U_{dY}”均“0”状，调节仪器面板中上部的“X、Y 辅助调零”电位器，使光点处于“坐标板刻度盘”的中心点。

（5）测量不同加速电压“U_2”时（至少两组）的 $D-U_{dx}$ 直线。（加速电压“U_2”和 X 偏转电压“U_{dx}”从仪器面板上的“电压显示”数字表中分别读出，D 从坐标板刻度盘上读出。）

（6）根据测得的数据，计算不同加速电压时的电偏灵敏度 δ。

2. 电子在纵向不均匀电场作用下的运动（电聚焦）

（1）调节适当的加速电压“U_2”和聚焦电压“U_1”，使示波管屏上光点聚成一个细点。

（2）记录此时的加速电压“U_2”。

（3）记录此时的聚焦电压“U_1”。

（4）改变加速电压“U_2”和聚焦电压“U_1”，再使示波管屏上光点聚成一个细点，记录此时的加速电压“U_2”和聚焦电压“U_1”，算出聚焦条件：

$$G=\frac{U_{A1K}}{U_{A2K}}\approx 常数 \tag{6-26}$$

3. 电子在横向磁场作用下的运动（磁场转）

（1）将磁偏转线圈 A 和 B 插入“磁偏转线圈”插孔，接通仪器面板右下面的“恒流源”开关。

（2）将“电压测量转换”开关置于“U_{dX}”和“U_{dY}”档，调节“U_{dX}”和“U_{dY}”电位器，使“U_{dX}”和“U_{dY}”均“0”状，调节仪器面板上部的“X、Y 辅助调零”电位器，使光点处于“坐标刻度盘”的中心点。

（3）将“电流测量转换”开关置于“I_m”档。

（4）将“恒流源电流调节”电位器逆时针旋到底，此时“电流显示”为“0”，然后顺时针缓慢调节“恒流源电流调节”电位器，记录相应的电流值“I_m”和偏移距离“D”（“I_m”从仪器面板上的“电流显示”数字表中读出，D 从坐标板刻度盘上读出）。

（5）改变仪器面板左侧中部的“换向”开关，即可将流过磁偏转线圈 A 和 B 的电流换向。

（6）重复“（4）”的步骤，记录相应的数据。

（7）求出磁偏转灵敏度。

4. 电子在纵向磁场作用下的运动（螺旋运动，磁聚焦）

（1）拔下磁偏转线圈，松开坐标板的螺钉，取下坐标板。

（2）将磁聚焦线圈套上示波管，将红黑两根线连接上磁聚焦线圈插座。

（3）将“电流测量转换”开关置于“I_m”档。

（4）用电偏转将光点拉开，偏离中心。

（5）将“恒流源电流调节”电位器逆时针旋到底，此时“电流显示”为“0”，然后顺时针缓慢调节“恒流源电流调节”电位器，记录相应的电流值“I_m”，同时描下不同“I_m”时的光点轨迹，测几个特殊角的“I_m”值，测量从 A_2 到屏的距离 L，代入式（6-25）计算荷质比 e/m（公认值为 1.759×10^{11} C/kg）。

（6）将仪器面板中部的聚焦选择开关“点线”置于“线”（U_x）一侧，即在 X 轴上加上交流电压，此时光点为一条细线，改变“I_m”，观察其散焦和聚焦现象。

【数据记录及处理】

1. 电子在横向电场作用下的运动

U_2						
D_X						
U_X						

2. 电子在纵向电场作用下的运动

U_2						
D_Y						
U_{DY}						

3. 电子在纵向不均匀电场作用下的运动（电聚焦）

U_{A1K}						
U_{DY}						

4. 电子在横向磁场下的运动

U_2						
I_m						
$D_{Y上}$						

反向后

U_2						
I_m						
$U_{D下}$						

实验Ⅱ 电子逸出功测定

【实验目的】

(1) 了解电子发射的基本规律，验证肖脱基效应。

(2) 学习用理查森直线法处理数据。

(3) 测定钨的逸出功。

【实验原理】

二十世纪前半叶，物理学在工程技术方面最引人注目的应用之一是在无线电电子学方面。无线电电子学的基础的是热电子发射，当时名为热离子学（thermionics），研究的是热电子发射。它的创始人之一，英国著名物理学家理查森（Owenw. Richardsin，1879—1959）由于发现了热电子发射规律，即理查森定律，为设计合理的电子发射机构指明了道路，其研究工作对无线电电子学的发展产生深远的影响，因而荣获1928年诺贝尔物理学奖。

在一高度真空的玻璃管中装上两个电极（如普通的二极管），其中一个用金属丝做成（阴极），通过电流使之加热。在另一电极（阳极）上加一高于金属丝的正电位，则在连接这两个电极的外电路中就有电流通过。有电子从加热了的金属丝射出，这现象称为热电子发射。研究各种材料在不同温度下的热电子发射，对于以热阴为基础的各种真空电子器件的研制是极为重要的，电子的逸出功（又称为功函数（work function））正是热电子发射的基本特理参量。

根据量子论，原子内电子的能级是量子化的。在金属内运动着的自由电子遵循类似的规律：①金属中自由电子的能量是量子化的；②电子具有全同性，即各电子是不可区分的；③能级的填充状况符合泡利不相容原理（Pauliex clusion principle）。根据现代的量子论观点，金属中电子的能量分布服从费米 - 狄拉克分布（Fermi - Dirac distribution）。在0 K（absolute zero）时，电子数随能量分布曲线如图6-24中的曲线（1）所示，此时电子所具有的最大动能为 W_i，W_i所处能级又称为费米能级（Fermi - level）。当温度升高时，电子数随能量分布曲线如图6-24中的曲线（2）所示，其中少数电子能量上升到比 W_i高，并且电子数随能量以接近于指数的规律减少。

由于金属表面存在一个厚约 10^{-10} m左右的电子层——正电荷的偶电层，阻碍电子从金属表面逸出，也就是说，金属表面与外界之间有位能壁垒 W_a，如图6-25所示，因此，电子要从金属中逸出，必须具有至少大于 W_a的动能，即必须克服偶电层的阻力做功，这个功叫做电子的逸出功，以 W_0 表示，显然 $W_0 = W_a - W_i = e\varphi_0$ W_0 的常用单位为电子伏特（eV），它

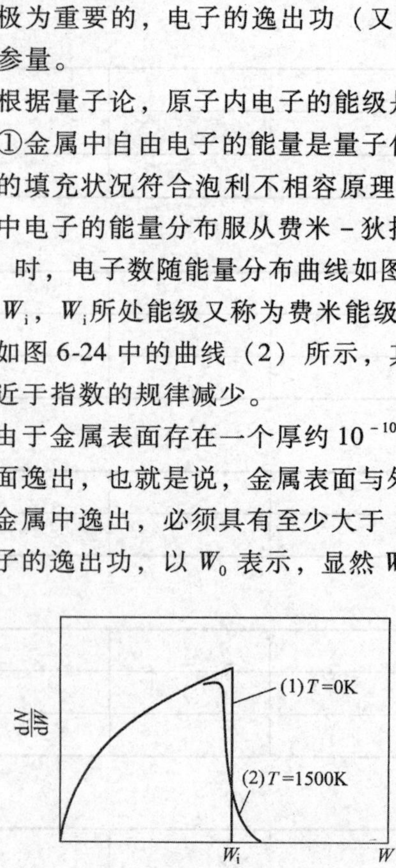

图6-24 电子数随能量分布曲线

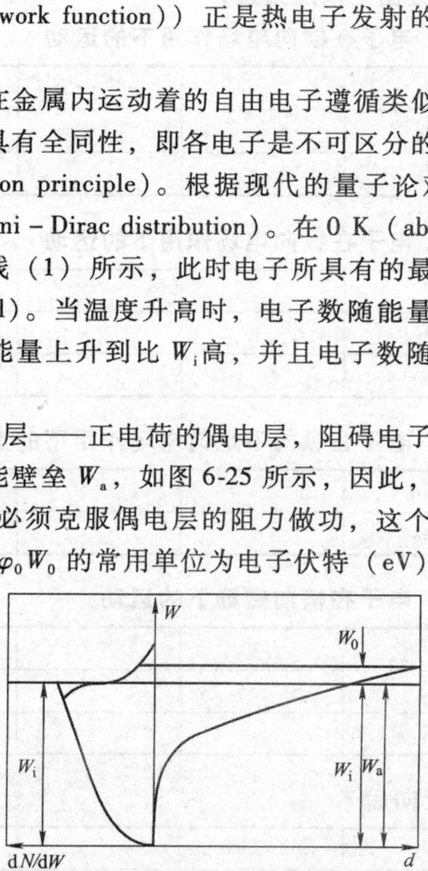

图6-25 电子能量示意图

表征要使处于 0 K 以下的金属中具有最大能量的电子逸出金属表面所需要给予的能量。φ 称为逸出电位，其数值等于以电子伏特表示的电子的逸出功，单位为伏特（V）。

由上述可知，热电子发射是用提高阴极温度的方法来改变电子的能量分布，使动能大于 W_i 的电子增多，从而使动能大于 W_a 的电子数达到一可观测的大小。可见，逸出功的大小对热电子发射的强弱有决定性的作用。

根据以上理论，可以推导出热电子发射的理查森－杜许曼（S. Dushman）公式

$$I_e = AST^2 e^{\frac{e_0\varphi}{kT}} \tag{6-27}$$

式中，I_e 为热电子发射的电流（安培）：S 为阴极金属的有效发射面积（cm^2）；T 为热阴极热力学温度（K）；$e_0\varphi$ 为阴极金属的电子逸出功（eV）：k 为波耳兹曼常数（Boltzmann constant），$k = 1.38 \times 10^{23}$ J/K；A 为与阴极化学纯度有关的系数。

上式即本实验的理论依据。原则上看，似乎只要能测定式中的有关的 I_e、S、A 及 T 等量，就可求逸出功 $e_0\varphi$ 的数值，实际则不是这样，讨论如下：

1. A 与 S 两个量的处理

A 这个量直接与金属表面对发射电子的反射系数 R_e 有关，而 R_e 又与金属表面化学纯度有很大的关系，其数值决定于位能壁垒。如果金属表面处理不够干净，电子管内真空度不够高，则所得的 R_e 值就有很大的差别，直接影响到 A 的值。其次，由于金属表面是粗糙的，计算出的阴极发射表面与实际的有效面积 S 也有可能的差异，因此，A 与 S 这两个量难以测定，甚至是无法测量。

为此，可用理查森直线进行数据处理。将式（6-27）除以 T^2，再取以 10 为底的常用对数，并将 e_0 和 k 的数值代入得

$$\lg \frac{I_e}{T^2} = \lg AS - 5.039 \times 10^3 \frac{\varphi}{T} \tag{6-28}$$

从上式可以看出：$\lg \frac{I_e}{T^2}$ 和 $\frac{1}{T}$ 成线性关系。这样，以 $\frac{1}{T}$、$\lg \frac{I_e}{T^2}$ 分别作为横坐标、纵坐标，作出 $\frac{1}{T} - \lg \frac{I_e}{T^2}$ 图线，由直线的斜率即可定出 φ，由于 A 与 S 对某一固定材料的阴极来说是常数，故 $\lg AS$ 一项只改变直线的截距，而不影响直线的斜率，这就避免了由于 A 与 S 不能准确确定以致影响确定 φ 的困难。

2. 发射电流 I_e 的测量

如图 6-26 所示，在阴极与阳极之间接以灵敏电流计 P，当阴极通以电流 I_f 时，产生热电子发射，相应有发射电流 I_e 通过 P。但是，当热电子不断从阴极发射出来飞往阳极的途中，必然形成空间电荷，这些空间电荷的电场将阻碍后续的电子飞往阳极，这就严重地影响了发射电流的测量。为此，必须维持阳极电位高于阴极，即在阳极与阴极之间外加一个加速场 E_Q，使电子一旦逸出，就能迅速飞往阳极。图 6-27 是测量 I_e 的示意图。

外加速场 E_Q 固然可以消去空间电荷的影响，然而，正是由于 E_Q 的存在，就不能不影响热电子的发射，即出现肖脱基效应（Schottky effect）。所谓肖脱基效应，是指在热电子发射过程中受到阳极加速电场的影响，使电子从阴极发射出来将得到一个助力，因而增加了电子发射的数量，增加后的值自然不是真正的 I_e 值，而必须作相应的处理。根据肖脱基的研

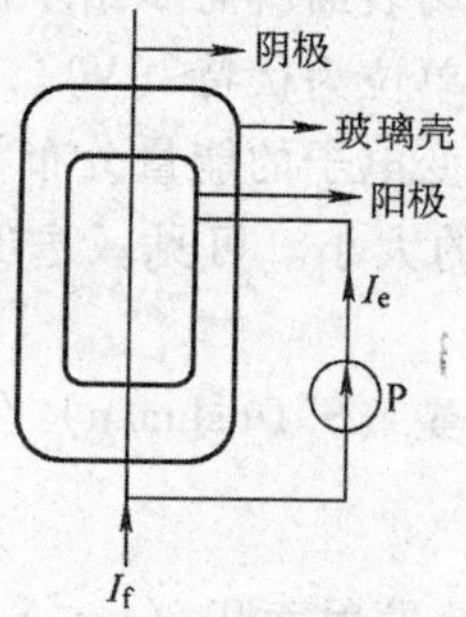

图 6-26 热电子发射原理示意图

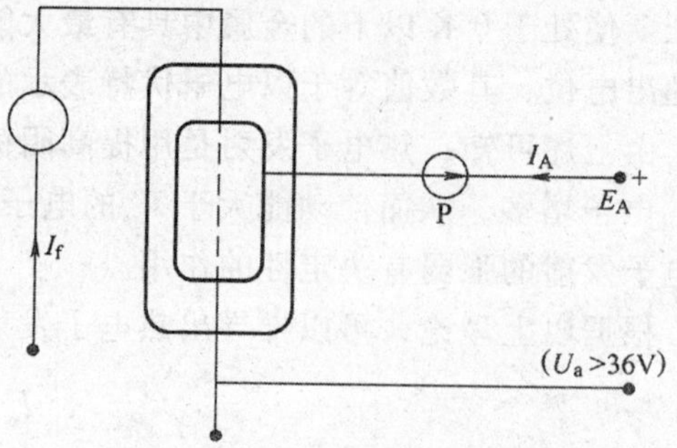

图 6-27 I_e 测量电路示意图

究，在加速电场 E_Q 的作用下，热电子发射电流 I_e 与 E_Q 有如下关系：

$$I'_e = I_e e^{\frac{4.39\sqrt{E_Q}}{T}} \tag{6-29}$$

式中，I'_e 与 I_e 分别为在加速电场 E_Q 及 $E_Q=0$ 时的发射电流。同样，对上式取以 10 为底的对数，得

$$\lg I'_e = \lg I_e + \frac{0.439}{2.303T}\sqrt{E_Q} \tag{6-30}$$

如果把阴极和阳极作成共轴圆柱形，r_1 和 r_2 分别为阴极和阳极的半径，U_a为阳极电压，并忽略接触电位差及其他影响，则加速电场可表示为

$$E_Q = \frac{U_a}{r_1 \ (\ln r_2 - \ln r_1)} \tag{6-31}$$

则上式变为

$$\lg I'_e = \lg I_e + \frac{0.439}{2.303T}\frac{1}{\sqrt{r_1 \ (\ln r_2 - \ln r_1)}}\sqrt{U_a} \tag{6-32}$$

由式（6-31）可见，在阴极温度及管子结构一定的情况下，$\lg I_e'$ 与 $\sqrt{U_a}$ 成线性关系，因此可用作图外推法处理数据，以 $\sqrt{U_a}$ 为横坐标，$\lg I_e'$ 为纵坐标作直线，外推到 $\sqrt{U_a}-\lg I_e'$ 的 $\sqrt{U_a}=0$ 处，$\sqrt{U_a}=0$ 时的 $\lg I_e'$ 即为 $\lg I_e'$，由此可获知在不同温度下（即不同的 I_f 下）的 I_e 值，见图 6-28。至此，解决了 I_e 的测量问题。

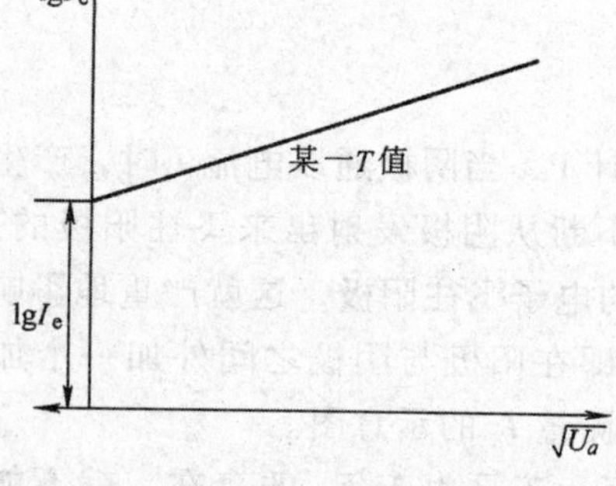

图 6-28 $\sqrt{U_a}-\lg I_e$ 直线关系曲线

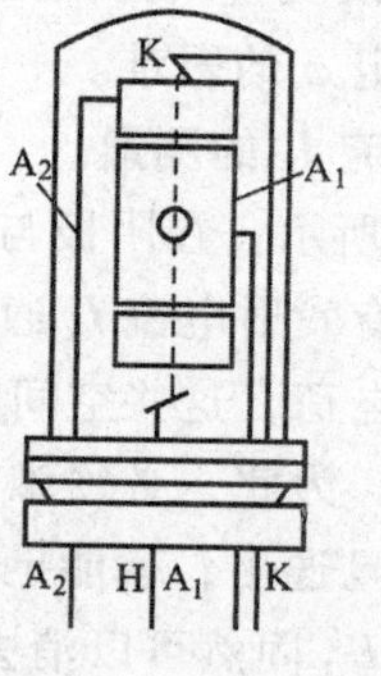

图 6-29 直热式二极管结构示意图

3. 温度 T 的测量

在热电子发射公式的指数项中包括着温度 T，所以温度测量的误差对结果的影响很大，

准确地确定温度，在热电子发射的实验研究中是一个重要的问题。

测量阴极温度的方法虽然不少，但准确度都不高。本实验是通过测量阴极加热电流，利用灯丝电流与灯丝温度的数据表来确定阴极温度。在实验中也可用光测高温计（pyrometer）来直接确定阴极温度。应该指出，加热电流与阴极温度的关系并不是一成不变的，它与阴极材料的纯度有关，管子的结构情况也影响阴极的热辐射，表 6-3 中数据为 20 支同类管子的平均值。

表 6-3 灯丝电流与温度的关系

灯丝电流 I_f/A	0.50	0.55	0.6	0.65	0.7	0.75	0.80
灯丝温度 $T/(\times 10^3\text{K})$	1.61	1.68	1.78	1.84	1.90	1.97	2.03

本实验所用的电子管为直热式理想二极管，如图 6-29 所示，阴极由钨丝（半径 $r_1 \approx$ 0.0075 cm）做成，阳极是用镍片做成的圆筒形电极（半径 $r_2 = 0.42$ m，长度 $L = 1.5$ cm）。为了避免灯丝有冷端效应和电场的边缘效应，在阳极两端装有两个保护电极，保护电极与阳极加同一电压，但其电流不计入热电子发射电流中。灯丝用直流恒流源加热。

【实验步骤及内容】

钨的逸出功

(1) 根据理想二极管的管脚的槽口方向，将理想二极管插入仪器的理想二极管插座，确保其接触良好。

(2) 将仪器面板中部的“示波管与理想二极管”转换开关置于“理想二极管一侧，接通仪器面板右下角的“恒流源”开关。

(3) 将“电流测量转换”开关置于“I_f”档，从“电流显示”的数字表上读出“I_f”，将“电压测量转换”开关置于“U_a”档从“电压显示”的数字表上读出“U_a”，调节“U_a”，再将“电流测量转换”开关置于“I_a”档从“电流显示”的数字表上读出“I_a”。

(4) 如有光测高温计，可以测出不同“I_f”时的灯丝温度“T”：如果没有，可以从公式中算出，或参照表 6-3。

在测定了阴极温度 T、阴极电压 U_a和发射电流 I_e后，通过数据处理，即可得到钨的逸出功 $e\varphi$（或逸出单位 φ）。

【设计性扩展实验】

电子在径向磁场和轴向磁场作用下的运动（磁控条件）

通过理论计算

$$\frac{e}{m} = \frac{8U_a}{({r_2}^2 - r_1^2)\ B_c^2} \approx \frac{8U_a}{{r_2}^2 B_c^2}$$

式中，r_2和 r_1分别为阳极和阴极的半径；B_c 为理想二极管电流“断流”时螺线管的临界磁感应强度 B_c，可按以下公式计算：

$$B_c = \mu_0 n I_a$$

励磁线圈的参数为：螺线管长度：40 mm；螺线管内径：46 mm；线圈匝数：1200

按下表中数据作出的 $I_a - U_a$ 图线。从图求得直线斜率

$$k = 5.19 \times 10^{-5}\ \text{A} \cdot \text{V}^{\frac{3}{2}}$$

$$\frac{e}{m}=\frac{1}{2}\left(k\frac{r}{L}\frac{1}{\varepsilon_0}\frac{9}{8\pi}\right)^2=1.73\times10^{11}\ \mathrm{C\cdot kg^{-1}}$$

公认值$\frac{e}{m}=1.76\times10^{11}\ \mathrm{C\cdot kg^{-1}}$

【数据记录及处理】

1. 钨的逸应力

I_f/A	0.60				0.65				0.70				0.75			
T/ ($\times10^3$ K)																
$\frac{1}{T}$																
U_a/V																
$\sqrt{U_a}$																
I_a (I'_e)																
$\lg I_e$																
I_e																
$\lg\frac{I_e}{T^2}$																

2. 理想二极管－伏安特性法

U_a/V	1.00	2.00	3.00	4.00	5.00	6.00	7.00
$U_a^{\frac{3}{2}}$/ ($\mathrm{V}^{\frac{3}{2}}$)	1.00	2.83	5.20	8.00	11.20	14.70	18.50
I_a/($\times10^{-6}$A)							

【注意事项】

（1）电子管经过了老化处理，因此，灯丝性脆，用时要轻拿轻放。加热与降温以缓慢为宜，尤其灯丝加热后更应该避免强烈振动。

（2）钨的熔点为3642 K，正常工作温度为1600～2100 K，过高的灯丝温度会缩短管子的寿命。因此，灯丝电流不要超过0.850 A。

（3）由于灯丝热平衡的滞后性，因此，需要预热几分钟，每改变一次灯丝电流，也需要略等片刻，等稳定后测量。

实验Ⅲ 电子束在径向电场和轴向磁场中的运动（磁控条件）

【实验目的】

（1）进一步了解运动电荷在电场和磁场共同作用下的运动规律。

（2）了解电子束的磁控原理，并定量分析磁控条件。

（3）学习一种测定电子荷质比的方法。

【实验原理】

本实验装置的电路原理如图6-30所示。

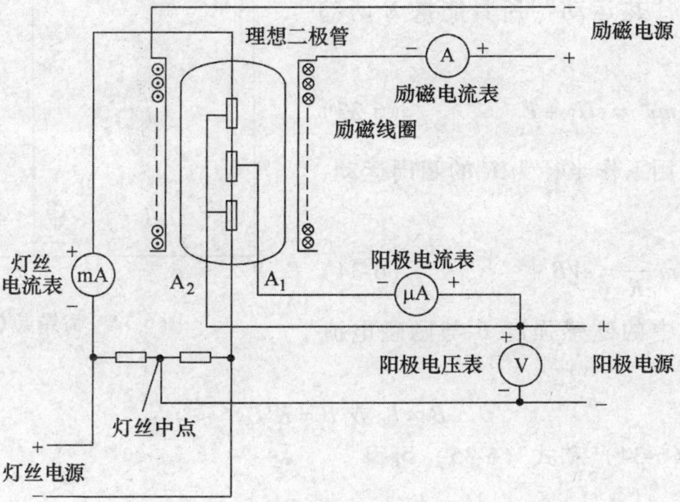

图6-30　实验接线原理图

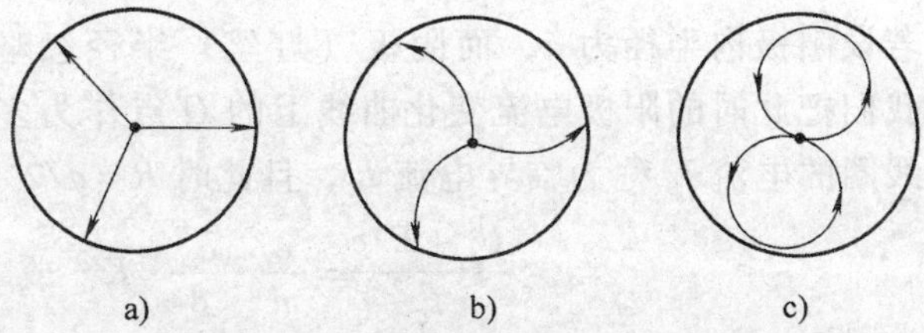

图6-31　磁场增强时电子运动轨迹的改变

本实验装置的核心部件是一只理想二极管和套在理想二极管外的通电螺线管线圈。在理想二极管中，阴极和阳极为一同轴圆柱系统。当阳极加有正电压时，从阴极发射的电子流受电场的作用将作径向运动，如图6-31a所示。如果在理想二极管外面套一个通电励磁线圈，则原来沿径向运动的电子在轴向磁场作用下，运动轨迹将发生弯曲，如图6-31b所示。若进一步加强磁场（加大线圈的励磁电流）使电子流运动如图6-31c所示，在理想情况下电子经圆周运动后又返回阴极附近不再到达阳极，从而使阳极电流迅速下降，此时称为“临界状态”。若进一步增强磁场，使电子运动的圆半径继续减小，电子无法到达阳极，就会造成阳极电流“断流”。但在实际情况中，由于从阴极发射的电子按费米统计有一个能量分布范围，不同能量的电子因速度不同，在磁场中的运动半径也是各不相同的，在轴向磁场逐步增强的过程中，速率较小的电子因作圆周运动的半径较小，首先进入临界状态，然后是速率较大的电子依次逐步进入临界状态。另外，由于理想二极管在制造时也不能保证阴极和阳极完全同轴，阴极各部分发出的电子离阳极的距离也不尽相同，所以，随着轴向磁场的增强，阳极电流的降低有一个逐步降低的过程。只有当外界磁场很强、绝大多数电子的圆周运动半径都很小时，阳极电流才几乎“断流”。这种利用磁场控制阳极电流的过程称为“磁控”。在一定的阳极加速电压下，阳极电流 I_a 与励磁电流 I_S 的关系如图6-32所示。阳极电流在图6-32中1~2段几乎不发生改变，对应图6-31a和b的情况；图6-32中2~3段弯曲的曲率最大，对应于图6-31c的情况；从3以后，随着 I_S 的加大，I_a 逐步减小，到达4点附近时 I_a 几乎降到0。

以下定量分析外界磁场对阳极电流的磁控条件。

在单电子近似情况下，从阴极发射出的、质量为 m 的电子的动能应由阳极加速电场能 eU_a 和灯丝加热后电子“热运动”所具能量 E 两部分构成，所以有

$$\frac{1}{2}mv^2 = eU_a + E \tag{6-33}$$

电子在磁场 $\boldsymbol{B}$ 的作用下作半径为 R 的圆周运动，应满足

$$m\frac{v^2}{R} = eVB \tag{6-34}$$

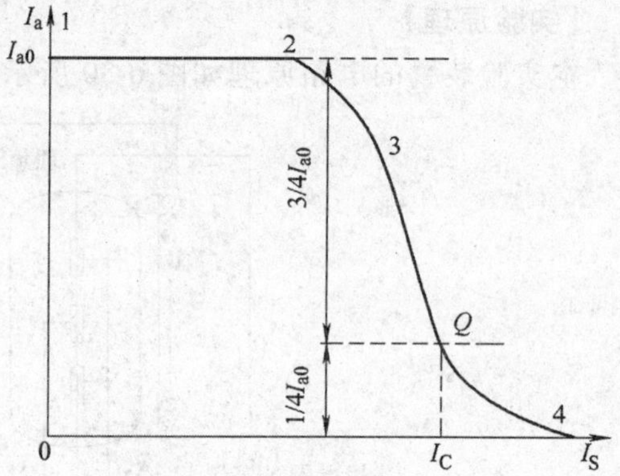

图 6-32　临界点 Q 的确定

而螺线管线圈中的磁感强度 B 与励磁电流 I_S 成正比：

$$B \propto I_S \text{ 或 } B = K'I_S \tag{6-35}$$

由式（6-33）、式（6-34）和式（6-35）可得

$$\frac{U_a + E/e}{I_S^2} = \frac{e}{m} \cdot \frac{R^2}{2} \cdot K'^2 \tag{6-36}$$

若设阳极内半径为 a，而阴极（灯丝）半径忽略不计，则当多数电子都处于临界状态时，我们把此时的阳极电流变化曲线上的 Q 点作为多数电子的临界点，与临界点 Q 对应的励磁线圈的电流 I_S 称为临界电流 I_C，且此时 $R = a/2$，阳极电压 U_a 与 I_C 的关系可写为

$$\frac{U_a + E/e}{I_C^2} = \frac{e}{m} \cdot \frac{a^2}{8} \cdot K'^2 \text{ 或 } \frac{U_a + E/e}{I_C^2} = K \tag{6-37}$$

上式中，

$$K = \frac{e}{m} \cdot \frac{a^2}{8} \cdot K'^2 \tag{6-38}$$

K 为一常数。显然，U_a 与 I_C^2 成线性关系。注意，前面在阳极电流变化曲线上找出的临界点 Q 只是个统计的概念，实际上，不同速率的运动电子的临界点是各不相同的，我们可按多数电子的运动情况来考虑临界点：在阳极电流 I_a-I_S 变化曲线上取阳极电流最大值 I_{a0} 约 1/4 高度的点作为临界点 Q，再从图上读取 Q 点的横坐标值，以此作为的磁场的临界电流值 I_C。用同一个理想二极管改变不同的 U_a 就有不同的阳极电流变化曲线（见图 6-33），因而就有不同的 I_C 值与之对应。再将测得的 U_a-I_C^2 数据组用图解法或最小二乘法求得斜率 K，如果 U_a-I_C^2 的关系确为线性关系，则上述电子束在径向电场和轴向磁场中的运动规律即可得到验证。

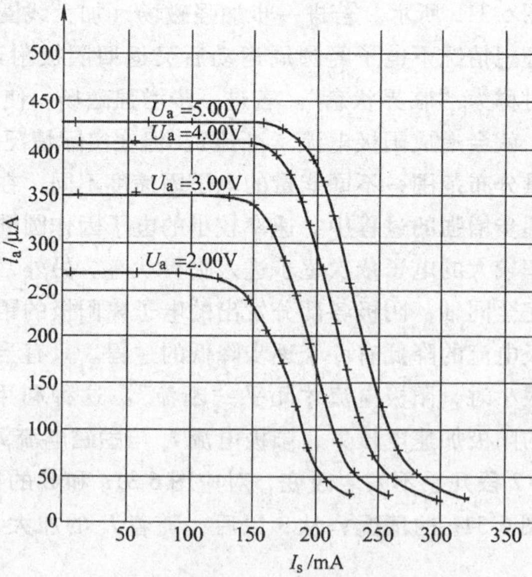

图 6-33　I_a-I_S 曲线图

此外，根据励磁线圈的有关参数，如线圈的内半径 r_1、外半径 r_2、线圈长度 L 和电流和匝数的积 NI，即可由下式求出励磁线圈中心处产生的磁感强度

$$B_0 = \frac{\mu_0 NI}{2\ (r_2 - r_1)} \ln \frac{r_2 + \sqrt{r_2^2 + L^2}}{r_1 + \sqrt{r_1^2 + L^2}} \tag{6-39}$$

再将式（6-39）与式（6-35）比较，求得比例系数 K' 的值，把用图解法测得的斜率 K 值、理想二极管的阳极内半径 a 等，一并代入式（6-38），即可求得电子的荷质比 e/m。

【实验步骤】

（1）将理想二极管插入金属电子逸出功测定仪的管座上。按实验原理图 6-30 将理想二极管和仪器的电源、电表、励磁线圈等用导线连接好。

（2）把灯丝电流调到 0.700～0.730 A 之间的某一个值上，并始终保持不变。再依次把阳极电压调到 5.00 V、4.00 V、3.00 V、2.00 V 的电压值上，把励磁电流 I_S 由最小开始缓慢地增大，随着励磁电流 I_S 的逐步变化，分别记录下阳极电流 I_a 随励磁电流 I_S 变化的数据，直到阳极电流降到接近零为止。在阳极电流变化的过程中，要随时注意监视灯丝电流 I_f 和阳极电压 U_a 的变化情况，若有变化要随时调整使保持不变。

（3）根据记录下的阳极电流 I_a 随励磁电流 I_S 变化的数据，在同一张图上绘制不同阳极电压情况下的 $I_a \sim I_S$ 曲线图（见图 6-33）（注意，为使曲线图画得平滑、准确，每条曲线至少要有 10 个以上的测量点才行。）。然后，按照图 6-32 和方法在各条曲线上找出临界点 Q，并在图上求出与 Q 点对应的临界电流 I_C。

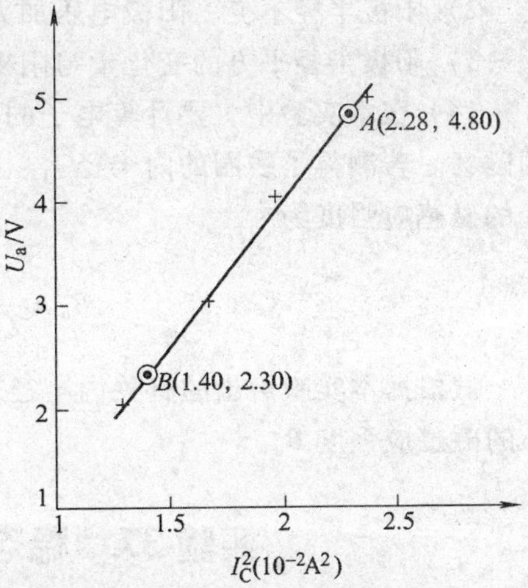

图 6-34　图解法计算斜率 K

（4）将各条曲线的 I_C 值确定好后，将 U_a 和 I_C^2 的关系列表，根据此表，用方格纸作 U_a-I_C^2 关系图（参见图 6-34），并从图上用图解法计算 $\Delta U_a/\Delta I_C^2$ 的斜率 K。

（5）根据理想二极管阳极半径、斜率 K 和励磁线圈的有关参数，计算电子的荷质比 e/m。（选做）

【数据记录与处理】

数据记录表格（自拟）

根据记录的数据表格作 I_a-I_S 曲线图和 U_a-I_C^2 关系图。

在 U_a-I_C^2 关系图中 A 点坐标为________；B 点坐标为________。

$\Delta U_a/\Delta I_C^2$ 的斜率 $K=$ ________ $=$ ________ V/A^2。

（选做内容的相关数据处理）

【思考题】

（1）在本实验中，为何要将辅助阳极 A_2 直接接"+"电源？A_2 起何作用？

（2）在本实验中，测量 I_a-I_S 曲线时一定要保持灯丝电流和阳极电压的恒定不变，为什么？

（3）试定性说明下列各种情况下临界电流的变化趋势（变大、变小或不变）：

1）阳极半径加大，阳极电压不变；

2）阳极半径不变，阳极电压加大；

3）阳极半径平方的变化量与阳极电压的变化量保持相同的比值不变。

（4）在本实验中，要计算电子的荷质比，必须先计算套在理想二极管外的励磁线圈产生的磁场。若测得了线圈的内半径 r_1、外半径 r_2、长度 L 和安匝数 NI，可以证明在线圈中心处的磁感应强度为

$$B_0=\frac{\mu_0 NI}{2(r_2-r_1)}\ln\frac{r_2+\sqrt{r_2^2+L^2}}{r_1+\sqrt{r_1^2+L^2}}$$

试根据本实验给出的有关内半径 r_1、外半径 r_2、长度 L 和安匝数 NI 参数，计算线圈中心的磁感应强度 B_0。

实验 37　稳态法测量不良导体的热导率

热导率是表征物质热传导性质的物理量。材料结构的变化与所含杂质的不同对材料热导率都有明显的影响，因此材料的热导率常常需要由实验来具体测定。

测量热导率的实验方法一般分为稳态法和动态法两类。在稳态法中，先利用热源对样品加热，样品内部的温差使热量从高温处向低温处传导，样品内部各点的温度将随加热快慢和传热快慢的影响而变动；当适当控制实验条件和实验参数使加热和传热的过程达到平衡状态时，则待测样品内部可能形成稳定的温度分布，根据这一温度分布就可以计算出热导率。而在动态法中，最终在样品内部所形成的温度分布是随时间变化的，如呈周期性的变化，变化的周期和幅度亦受实验条件和加热快慢的影响，与热导率的大小有关。

【实验目的】

（1）了解稳态法测量不良导体（橡胶样品）热导率的基本原理。

（2）学习用物体散热速率求传导速率的实验方法。

【实验仪器】

FD－TC－B 型热导率测定仪装置如图 6-35 所示，它由电加热器、铜加热盘 C、橡胶样品圆盘 B、铜散热盘 P、支架及调节螺丝、温度传感器以及控温与测温器组成。

【实验原理】

1898 年，C. H. Lees 首先使用平板法测量不良导体的热导率，这就是稳态法。实验中，样品制成平板状，其上端面与一个稳定的均匀发热体充分接触，下端面与一均匀散热体相接

触。由于平板样品的侧面积比平板面积小很多，可以认为热量只沿着上下方向垂直传递，横向由侧面散去的热量可以忽略不计，即可以认为，样品内只有在垂直样品平面的方向上有温度梯度，在同一平面内，各处的温度相同。

设稳态时，样品的上下平面温度分别为 θ_1、θ_2，根据傅里叶传导方程，在 Δt 时间内通过样品的热量 ΔQ 为

$$\frac{\Delta Q}{\Delta t} = \lambda\,\frac{\theta_1 - \theta_2}{h_B}S \tag{6-40}$$

式中，λ 为样品的热导率；h_B 为样品的厚度；S 为样品的平面面积，实验中样品为圆盘状。设圆盘样品的直径为 d_B，则由式（6-40）得

$$\frac{\Delta Q}{\Delta t} = \lambda\,\frac{\theta_1 - \theta_2}{4h_B}\pi d_B^2 \tag{6-41}$$

实验装置如图 6-35 所示，在固定于底座的三个支架上，支承着一个铜散热盘 P，散热盘 P 可以借助底座内的风扇达到稳定有效的散热。散热盘上安放面积相同的圆盘样品 B，样品 B 上放置一个圆盘状加热盘 C，其面积也与样品 B 的面积相同，加热盘 C 是由单片机控制的自适应电加热，可以设定加热盘的温度。

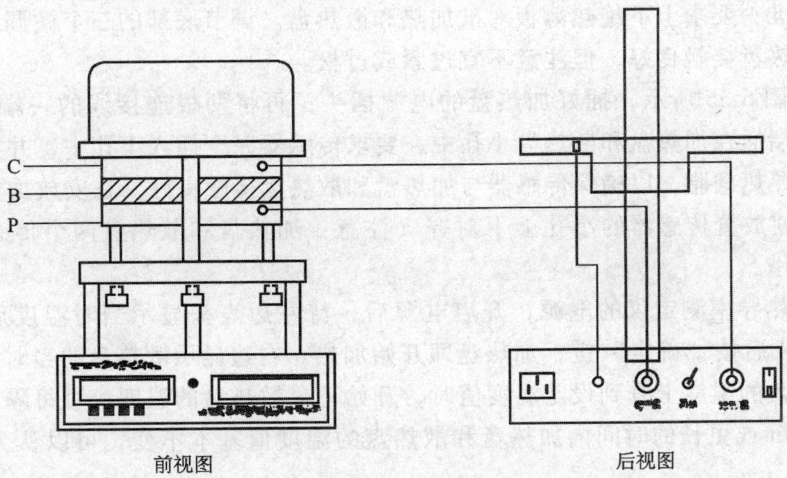

图 6-35　FD－TC－B 热导率测定仪装置图

当传热达到稳定状态时，样品上下表面的 θ_1 和 θ_2 不变，这时可以认为加热盘 C 通过样品传递的热流量与散势盘 P 向周围环境散发的热量相等。因此，可以通过散热盘 P 在稳定温度 θ_2 时的散热速率来求出热流量 $\frac{\Delta Q}{\Delta t}$。

实验时，当测得稳态时的样品上下表面 θ_1 和 θ_2 后，将样品 B 抽去，让加热盘 C 与散热盘 P 接触，当散热盘的温度上升到高于稳态时的 θ_2 值 20℃ 或者 20℃ 以上后，移开加热盘，让散热盘在电扇作用下冷却，记录散热盘温度 θ 随时间 t 的下降情况，求出散热盘在 θ_2 时的冷却速率 $\left.\frac{\Delta \theta}{\Delta t}\right|_{\theta=\theta_2}$，则散热盘 P 在 θ_2 时的散热速率为

$$\frac{\Delta Q}{\Delta t} = mc\left.\frac{\Delta \theta}{\Delta t}\right|_{\theta=\theta_2} \tag{6-42}$$

式中，m 为散热盘 P 的质量；c 为其比热容。

在达到稳态的过程中，P 盘的上表面并未暴露在空气中，而物体的冷却速率与它的散热表面积成正比，为此，稳态时散热盘 P 的散热速率的表达式应作修正：

$$\frac{\Delta Q}{\Delta t}=mc\frac{\Delta\theta}{\Delta t}\bigg|_{\theta=\theta_2}\frac{(\pi R_P^2+2\pi R_P h_P)}{(2\pi R_P^2+2\pi R_P h_P)} \tag{6-43}$$

式中，R_P为散热盘 P 的半径；h_P为其厚度。由式（6-41）和式（6-43）得

$$\lambda\frac{\theta_1-\theta_2}{4h_B}\pi d_B^2=mc\frac{\Delta\theta}{\Delta t}\bigg|_{\theta=\theta_2}\frac{(\pi R_P^2+2\pi R_P h_P)}{(2\pi R_P^2+2\pi R_P h_P)} \tag{6-44}$$

所以样品的热导率 λ 为

$$\lambda=mc\frac{\Delta\theta}{\Delta t}\bigg|_{\theta=\theta_2}\frac{(R_P+2h_P)}{(2R_P+2h_P)}\frac{4h_B}{(\theta_1-\theta_2)}\frac{1}{\pi d_B^2} \tag{6-45}$$

【实验内容及步骤】

测量不良导体橡胶样品的热导率。

（1）取下固定螺钉，将橡胶样品放在加热盘与散热盘中间，橡胶样品要求与加热盘、散热盘完全对准；要求上下绝热薄板对准加热和散热盘。调节底部的三个微调螺钉，使样品与加热盘、散热盘接触良好，但注意不宜过紧或过松。

（2）按照图 6-35 所示，插好加热盘的电源插头；再将两根连接线的一端与机壳相连，另一有传感器端插在加热盘和散热盘小孔中，要求传感器完全插入小孔中，并在传感器上抹一些硅油或者导热硅脂，以确保传感器与加热盘和散热盘接触良好。在安放加热盘和散热盘时，还应注意使放置传感器的小孔上下对齐（注意：加热盘和散热盘两个传感器要一一对应，不可互换）。

（3）接上热导率测定仪的电源，开启电源后，待左边表头显示当时温度后，设定控制温度。设置完成后按“确定”键，加热盘即开始加热。右边显示散热盘的当时温度。

（4）加热盘的温度上升到设定温度值时，开始记录散热盘的温度，可每隔 1 min 记录一次，待在 10 min 或更长的时间内加热盘和散热盘的温度值基本不变，可以认为已经达到稳定状态了。

（5）按复位键停止加热，取走样品，调节 3 个螺钉使加热盘和散热盘接触良好，再设定温度到 80 ℃，加快散热盘的温度上升，使散热盘温度上升到高于稳态时的 θ_2值 20 ℃左右即可。

（6）移去加热盘，让散热圆盘在风扇作用下冷却，每隔 10 s（或者 30 s）记录一次散热盘的温度示值，由临近 θ_2 值的温度数据中计算冷却速率$\frac{\Delta\theta}{\Delta t}\Big|_{\theta=\theta_2}$。也可以根据记录数据作冷却曲线，用镜尺法作曲线在 θ_2点的切线，根据切线斜率计算冷却速率。

（7）根据测量得到的稳态时的温度值 θ_1和 θ_2，以及在温度 θ_2时的冷却速率，由公式 $\lambda=mc\frac{\Delta\theta}{\Delta t}\Big|_{\theta=\theta_2}\frac{(R_P+2h_P)}{(2R_P+2h_P)}\frac{4h_B}{(\theta_1-\theta_2)}\frac{1}{\pi d_B^2}$计算不良导体样品的热导率。

【数据记录及处理】

（1）散热盘厚度 h_P（多次测量取平均值）：

表1　散热盘厚度（不同位置测量）

h_P/mm						

所以散热盘P的厚度 h_P =

（2）散热盘半径 R_P（多次测量取平均值）：

表2　散热盘直径（不同角度测量）

D_P/mm						

所以散热盘P的半径 R_P =

（3）橡皮样品厚度 h_B（多次测量取平均值）：

表3　橡皮样品厚度（不同位置测量）

h_B/mm						

所以橡胶样品的厚度 h_B =

（4）橡胶样品直径 d_B（多次测量取平均值）：

表4　橡胶样品直径（不同角度测量）

d_B/mm						

所以橡胶样品的直径 d_B =

（5）稳态时（10 min内基本保持不变），记录 θ_1，θ_2。

（6）每隔10 s记录一次散热盘冷却温度填入表5中。

表5　散热盘自然冷却时温度记录

θ/℃										

取临近 θ_2 温度的测量数据求出冷却速率 $\left.\frac{\Delta\theta}{\Delta t}\right|_{\theta=\theta_2}$，再将以上数据代入公式（6-38）计算 λ 值。

【注意事项】

（1）为了准确测定加热盘和散热盘的温度，实验中应该在两个传感器上涂些导热硅脂或者硅油，以使传感器和加热盘、散热盘充分接触；另外，加热橡胶样品的时候；为达到稳定的传热，调节底部的三个微调螺钉，使样品与加热盘、散热盘紧密接触，注意中间不要有空气隙；也不要将螺钉旋太紧，以影响样品的厚度。

（2）热导率测定仪铜盘下方的风扇做强迫对流换热用，减小样品侧面与底面的放热比，增加样品内部的温度梯度，从而减小实验误差，所以实验过程中，风扇一定要打开。

样品：橡胶　　　　　　　　　　　　室温：20 ℃

散热盘比热容（紫铜）：$c=385$ J/（kg·K）　散热盘质量：$m=891.42$ g

【思考题】

（1）应用稳态法是否可以测量良导体的热导率？如可以，对实验样品有什么要求？实验方法与测不良导体有什么区别？

（2）试问以加热盘C的散热率作为材料的传热率其物理根据和意义又何在？

实验 38　万用电表的设计

万用电表又称多用表，常用来测量交、直流电压、直流电流和电阻等电学量。并且每档具有多种量程，使用十分方便，是电路测量和元件检查的常用仪表。

【实验目的】

（1）了解万用表的基本工作原理，巩固和扩展电表改装的知识。

（2）将微安表改装成简易万用电表。

（3）掌握电表校准的方法，理解其意义。

【预习重点】

（1）微安表头内阻的测定方法。

（2）微安表改装成毫安表和电压表的原理及校准方法。

（3）微安表改装成欧姆表的原理。

【设计任务】

将一量程为 1000 μA 的表头改装成一个能测量直流电流、直流电压和电阻的简易万用电表。

【实验仪器与用具】

1000 μA 表头、标准 μA 表、标准毫安表、标准电压表、电阻箱、滑线变阻器、导线、开关、电源、1 号电池。

【设计要求】

（1）设计出测定所给表头内阻的测量线路，并写出测量操作步骤（实验前预习时完成）。

（2）设计出电流档两个量程 5 mA 和 50 mA、电压档两个量程 5 V 和 10 V 和欧姆档在一起的简易万用电表的总电路图（实验前预习时完成）。

（3）计算出所用的各分流、分压电阻及欧姆档的中值电阻和固定电阻 R_0 和可变电阻 R'_0（实验前预习时完成，计算时所需微安表头内阻按实验室给出的值计算）。

（4）设计出电流表和电压表的校准电路（实验前预习时完成）。

【实验要求】

（1）测定微安表头内阻 R_g。

（2）对 5 mA 和 5 V 两档进行校准，作出校准曲线，定出准确度等级。

（3）画出欧姆表的刻度盘并测出欧姆表的中值电阻。

【提示】

1. 表头内阻的测定

测定表头内阻的方法很多，常见的有替代法、半偏法、电桥法等，这里只介绍替代法测表头内阻。

如图 6-36 所示，R_1 为滑线变阻器，R_0 和 R_2（R_2 约为几十千欧）为两只电阻箱。当 S_1 闭合，S_2 扳向“1”端时，逐渐增大 BC 之间的电压，使标准微安表指针接近某一整数，细调电阻箱 R_2 使指针对准表盘上某整数值 I_0。然后保持 U_{BC} 和 R_2 不变，将 S_2 扳向“2”端，以 R_0 代替 R_g，仔细调节电阻箱 R_0，使标准微安表指示仍为 I_0。此时，表头内阻 R_g 正好等于电阻箱 R_0 的读数。

2. 电流表改装

设改装后电流表量程为 I，并联分流电阻为 R_p，如图 6-37 所示，因

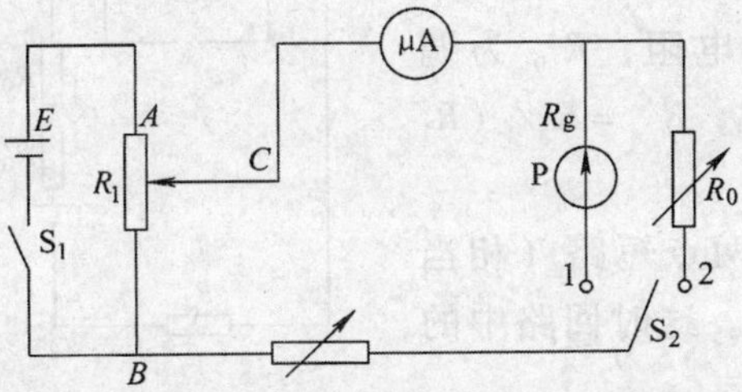

图 6-36 表头内阻测定

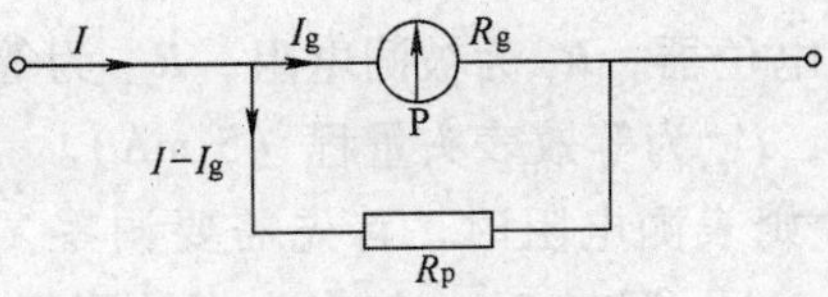

图 6-37 电流表改装

$$U_g = I_g R_g = (I - I_g) R_p$$

$$R_p = \frac{I_g}{I - I_g} R_g = \frac{1}{\frac{I}{I_g} - 1} R_g = \frac{1}{n-1} R_g$$

式中，$n = \frac{I}{I_g}$为电流表量程的扩大倍数。

图 6-38 为简易万用电表参考电路图。其中电流表部分为多量程。多量程电流表中分流电阻的接法有多种，该图中采用闭路抽头式接法。由图可知，在 I_2 档时，$R_p = R_2 + R_1$，$R'_g = R_g$；而在 I_1 档时，$R'_p = R_1$，$R'_g = R_g + R_2$，R'_g 为等效表头内阻。

3. 电压表改装

设改装后电压表量程为 U，需串联分压电阻为 R_s，如图 6-39 所示，因

$$U = I_g (R_g + R_s)$$

$$R_s = \frac{U}{I_g} - R_g = \frac{UR_g}{I_g R_g} - R_g$$

$$= \left(\frac{U}{U_g} - 1\right) R_g = (n-1) R_g$$

式中，$n = \frac{U}{U_g}$为电压表量程扩大倍数。

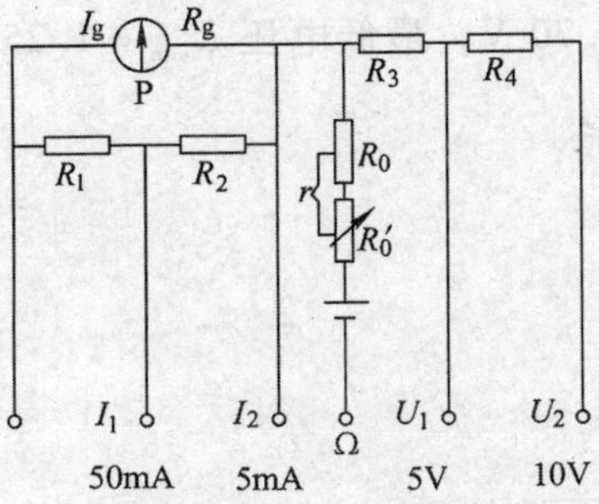

图 6-38 简易万用电表

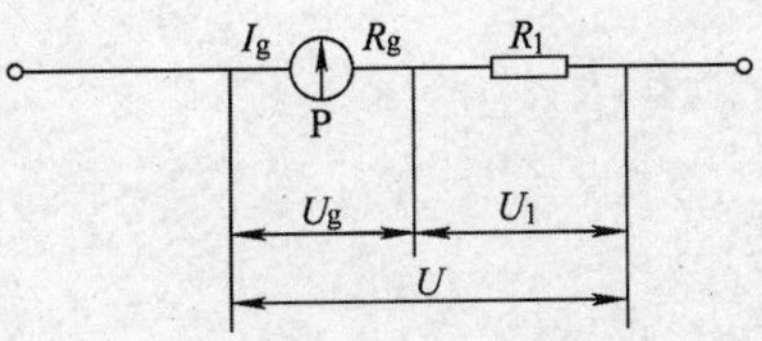

图 6-39 电压表改装

多量程电压表串联分压电阻计算办法与上述相同。计算出量程为 U_2 需串联分压电阻后减去量程为 U_1 需串联分压电阻 R_3 即为 R_4。本实验中，由于万用表各档共用一只表头，因

此，设计电压表时，应以改装后的电流表为等效表头来进行设计。

4. 欧姆表改装

欧姆表的原理如图 6-40 所示，也应以等效表头为依据进行设计。图中 E 为内接电源（1 号电池），R_0 为限流电阻，R'_0 为调“零”电位器，R_x 为被测电阻，R'_g 为等效表头内阻，$R'_g=R_g/(R_1+R_2)$，I'_g 为等效表头量程（5 mA）。

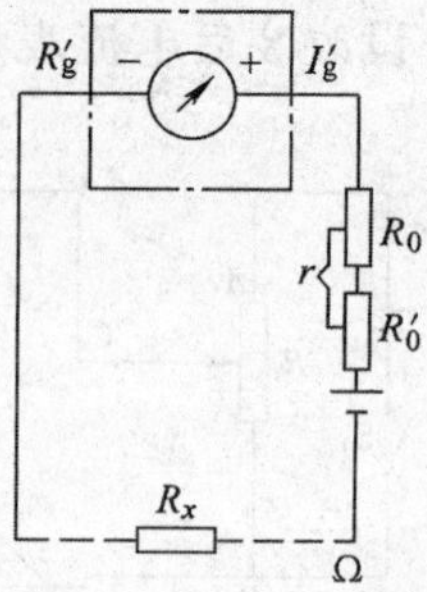

图 6-40　欧姆表改装

欧姆表测电阻时，首先需要调零，即将 a、b 两点短路（相当于 $R_x=0$），调节 R'_0，使表头指针刚好偏转到满度。这时回路中的电流即为等效表头的量程 I'_g。由欧姆定律得

$$I'_g=\frac{E}{R'_g+R_0+R'_0}=\frac{E}{R'_g+r}$$

可见，欧姆表的零点是在表头刻度尺的满刻度处，与电流表和电压表的零点正好相反。

在 a、b 端接入待测电阻 R_x 后，回路中的电流为

$$I=\frac{E}{R'_g+r+R_x}$$

可见，当电池端电压 E 保持不变时，待测电阻 R_x 与电流值有一一对应的关系。如果表头的刻度尺预先按已知电阻刻度，就可以直接用来测量电阻。因为 R_x 越大，I 越小，当 $R_x=\infty$ 时，即 a、b 开路，$I=0$，表头的指针指在电流零位。所以欧姆表的刻度尺为反向刻度，且刻度是不均匀的，电阻 R_x 越大，刻度线间隔越小。

当被测电阻 R_x 等于欧姆表的总内阻时，$I=\frac{I'_g}{2}$，指针将指在表盘的中心位置，这个总内阻称为欧姆表的中值电阻，它是欧姆表的量程标志。用欧姆表测量电阻时，被测电阻在中值电阻附近，测量误差最小。在图 6-40 中，欧姆表的总内阻为 R'_g+r，所以由式 $I'_g=\frac{E}{R'_g+r}$ 可计算出欧姆档的中值电阻。

欧姆表在使用过程中电池的端电压会变化，故要求 $r=R_0+R'_0$ 也要跟着改变，以满足调“零”的要求。为防止 r 只用一只电位器调得过小而烧坏电表，将 r 分为固定电阻 R_0 和可变电阻 R'_0 两个电阻，用固定电阻 R_0 来限制电流。一般新旧干电池的电压范围为 1.30 ~ 1.65 V。考虑调节的余地，可取干电池最高电压 $E_{max}=1.70$ V，最低电压 $E_{min}=1.25$ V。因此

$$r_{max}=\frac{E_{max}}{I'_g}-R'_g$$

$$r_{min}=\frac{E_{min}}{I'_g}-R'_g$$

由以上两式可求出 r 的变化范围（$r_{max}\sim r_{min}$），此值即为要选的 R'_0，（$r_{max}-R'_0$）即为限流电阻 R_0。

5. 校准线路

改装后的电表必须经过校准以确定其准确度等级后方可使用，校准电路如图 6-41 和图

6-42 所示，图 6-41 为电流表校准电路，图 6-42 为电压表校准电路。

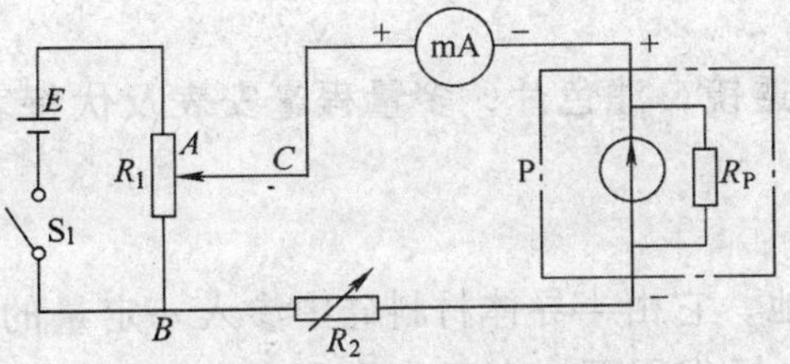

图 6-41　校准电流表电路

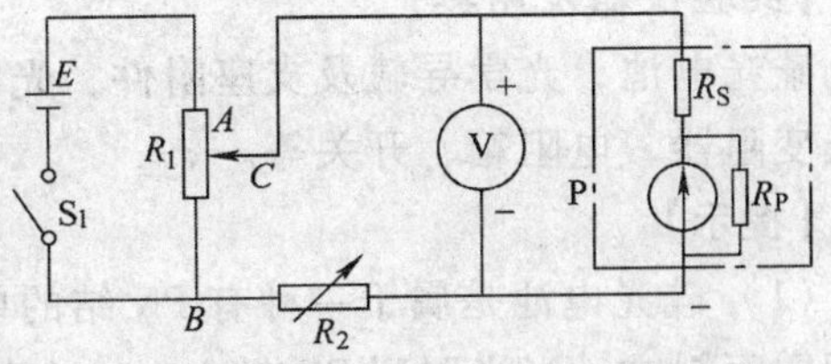

图 6-42　校准电压表电路

电表的校准通常采用比较法，即用标准表和待校表同时测量同一物理量，取得标准表读数和待校表读数进行比较。

一般地，校准表的级别至少要比待校表高一个等级。校表时，必须先校准量程，再校准刻度。校正量程时若发现改装表和标准表不能同时达到改装量程值，可调节分流电阻或分压电阻，使两只表同时达到改装表量程值，记下此时分流电阻或分压电阻实际值。在校准刻度时，在待校表零至量程范围内均匀地取一些点，取得一组标准表和待校表的读数，计算出待校表读数与标准表读数之差，以差值为纵坐标，待校表读数为横坐标作校准曲线（用折线连接各点，不能画成光滑曲线）。以后在使用这个电表时，可以根据校正曲线对测量值作修正。

【思考题】

（1）什么是等效表头？其量程是多大？内阻是多大？

（2）电表的校正曲线应如何使用？

（3）计算出欧姆表的调零电阻 R'_0 和限流电阻 R_0 后，如没有刚好和 R'_0、R_0 阻值相同的可变电阻和固定电阻，那么 R'_0、R_0 应如何选定？

实验 39　硅光电池特性的研究

半导体光电池是一种能量转换元件，它能直接将光能转换成电能。光电池种类很多，常见的有硒、锗、硅、砷化镓、硫化镉等，其中工艺最成熟、应用最广泛的是硅光电池，它有一系列的优点，如光电转换效率高，性能稳定，光谱范围宽，频率响应好，使用寿命长，重量轻，耐高温辐射，不需外加偏压，使用方便等。

硅光电池在现代科学技术中占有十分重要的地位，由于它的光谱灵敏度与人眼的灵敏度比较相近，所以在光电转换、航天技术和自动控制及计算机的输入和输出设备中都离不开它。硅光电池作为能量转换器与光电探测器的要求是不同的，本实验仅对硅光电池的基本特性作初步了解和研究。

【实验目的】

（1）了解和研究硅光电池的主要参数和基本特性。

（2）自己设计光路和电路进行实验操作。

【设计任务】

（1）研究硅光电池光照下的特性。

（2）研究硅光电池的输出特性。

（3）研究硅光电池的光谱响应和温度特性。

【实验仪器及用具】

硅光电池，光学导轨及支座附件，光源，聚光透镜，滤色片，多量程毫安表及伏特表，滑线变阻器，电阻箱，开关等。

【提示】

（1）硅光电池是属于一种有 PN 结的单结光电池，它由半导体材料硅中渗入一定量的微量杂质而制成。当光照到 PN 结上时，在其内部结电场作用下，由于光子所产生的电子和空穴将分别移向 P 区和 N 区，使 PN 结两端产生光生电动势，若光电池两端连接电阻，将产生光电流。这是硅光电池发生光电转换的原理。

（2）当硅光电池不受光照时，起一个二极管的作用，外加电压与电流间的关系曲线称为光电池的暗态特性，如图 6-43 所示。光电池的正向电阻与反向电阻相差很大。光电池的电阻不仅在受光照时与未受光照时不同，而且还随入射光强度不同而变化，入射光强度越大，光电池电阻越小。

在光照下硅光电池的开路电压 U_{OC} 与光电流 I_L 之间的关系为

$$U_{OC}=\frac{AkT}{q}\ln\frac{I_L}{I_0} \tag{6-46}$$

式中，A 为常数；k 为玻尔兹曼常数；T 为热力学温度；I_0 为反向饱和电流。

（3）在一定的光照下，硅光电池的输出特性曲线如图 6-44 所示。由此可见，在输出特性曲线中 I_{mp}、U_{mp} 为该电池的最佳工作点，最大输出功率为

$$P_{max}=I_{mp}U_{mp} \tag{6-47}$$

（4）在入射光能量保持相同的条件下，短路电流与入射光波长之间的关系称为光电池的光谱特性。对于硅光电池，能产生光生伏特效应的光波波长为 0.4 ~ 1.1 μm，其光谱响应特性如图 6-45 所示。从图可见，硅光电池光电灵敏度峰值在 0.8 ~ 0.9 μm 之间，与人眼的灵敏度比较接近。

硅光电池的性能与使用温度有关。从式（6-46）和图 6-46 可知，U_{OC} 具有负的温度系数。硅光电池一般使用温度为 −65 ℃ ~ +125 ℃。

（5）实验指出，只要光源至光电探测器的距离 $L \geqslant 10$ 倍光源线度尺寸，即可在一定误差范围内将实际光源看作点光源。

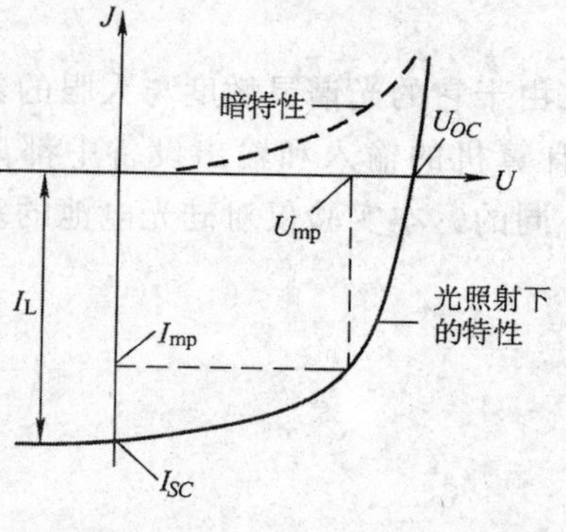

图 6-43 $J-U$ 特性曲线

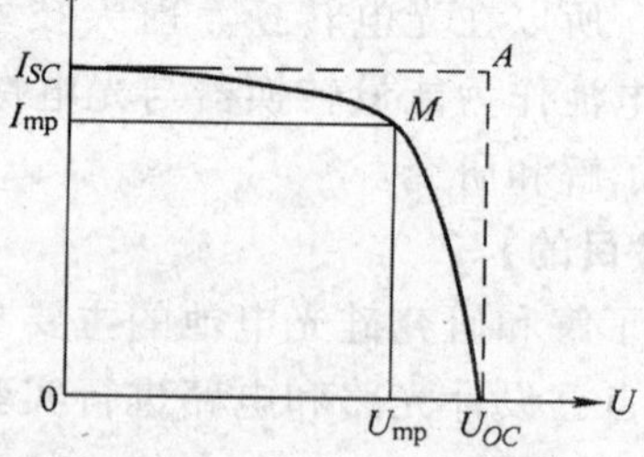

图 6-44 硅光电池的输出特性

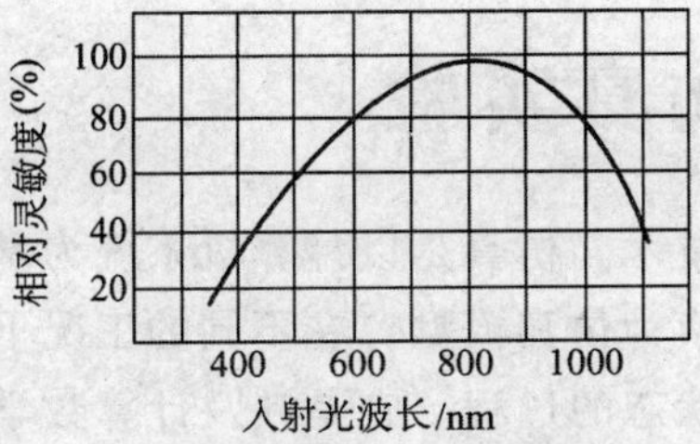

图 6-45　硅光电池的光谱特性

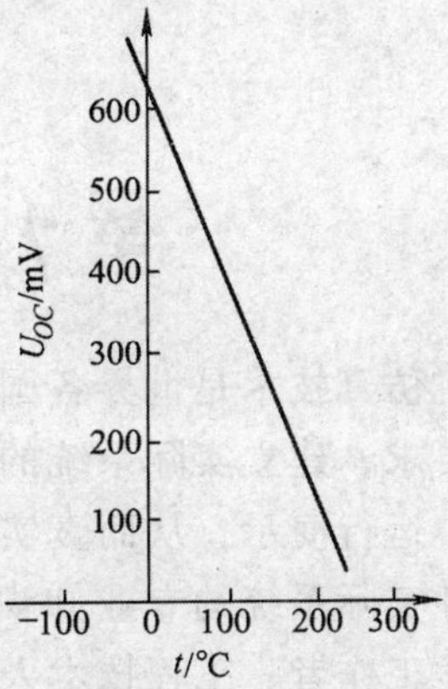

图 6-46　硅光电池的温度效应

（6）光源的发光特性与光源的种类、色温及光谱按波长及强度的分布等有关，它直接影响到光电探测器的输出特性。

【思考题】

（1）硅光电池的动态电阻与通常的电源内阻是否是同一概念？在实验中如何确定硅光电池的动态电阻值？

（2）硅光电池的输出与入射光照射瞬间有无滞后现象？能否用实验验证？

第7章 计算机仿真实验

计算机仿真技术是世界各国十分重视的一项高新技术。仿真是以计算机系统为基础，根据用户的要求，建立实际系统的数学模型，并使之转换为仿真模型，在不同的工况下，在计算机系统中运行演示，从而真实地展现实际系统运行状态的过程。它是涉及计算数学、工程控制、各种实际系统的专业知识、计算机软硬件技术等多学科领域的一项综合性高科技技术，是科学工作者、工程技术人员、运行操作人员进行系统分析、优化设计、性能评估、运行试验、教育培训、操作训练的有力工具，在国防、能源、交通、航空航天等军事与民用领域都得到了越来越广泛的应用。

近年来，计算机软硬件技术的突飞猛进带动了很多相关学科的飞速进步，仿真技术就是有代表性的一个。计算机所提供的资源环境、条件，使仿真技术的开发环境大为改善，有了更多可供选择和驰骋的平台，仿真装置的逼真度和实时性也大为提高，性价比更加优越。就仿真技术而言，仿真建模方法学、仿真计算机系统、仿真支持软件等方面始终是仿真技术发展的重要课题。近几年来，涉及上述领域的多项新技术、新成果已经展示了良好的发展前景。

在物理实验教学过程中，利用计算机，教师可以通过动画、视频等多媒体方式为学生讲解、演示课程中难以理解的内容，学生也可以通过计算机对实验结果进行数据分析。此外，在实验过程中，计算机还被用来进行数据测量，完成复杂环境下的实时数据采集工作。近年来，随着计算机软件和网络技术的发展，计算机技术以一种新的形式被应用在物理实验课的教学过程中，这就是计算机仿真实验。

计算机仿真技术应用在实验技术中，可以仿真微观现象；可以将瞬间过程放缓，也可以反过来使加速过程缓慢；可以将抽象内容具体化，又可以从具体现象抽象出数学本质；可以将动态现象静止观察，也可以将静态过程相互联系，利于理解；可以使实验环境理想化，不受器材和经费的限制。这些特点是其他教学手段无法比拟的，具有广阔的发展前景。

下面以中国科技大学研发的“大学物理仿真实验”为例，介绍大学物理仿真实验的特点和实验方法。中国科技大学的“大学物理仿真实验”分为三个部分，表7-1是各个仿真实验部分的列表：

表7-1　中国科技大学“大学物理仿真实验”列表

第一部分	
开特摆测重力加速度	核磁共振
分光镜	氢氘光谱测量及阿贝比长仪
弗兰克-赫兹实验	单透镜实验
测螺线管磁场	检流计
氢氘光谱拍摄	G-M计数管坪特性研究
热敏电阻	塞曼效应
偏振光的研究	光电效应

（续）

第一部分	
γ 能谱	电子自选共振
示波器实验	真空试验
法布里-泊罗标准具实验	油滴实验
第二部分	
绪论	测量误差与数据处理
热力学基本测量仪器	利用单摆测重力加速度
霍尔效应	居里温度点的测定
空气比热容比的测定	交流电桥及介电常数的测定
电子荷质比的测定	弹性模量
测量金属导热系数	迈克尔逊干涉仪
动态磁滞回线的测量	固体热膨胀系数的测量
双臂电桥测低电阻	用超声波测声速
气垫上的直线运动	碰撞和动量守恒
温度计设计	*R-C* 电路实验
第三部分	
傅里叶光学	高温超导
交变场测介电常数	扭秤法测引力常量
拉曼光谱	偏振光Ⅱ
投射电子显微镜	受迫振动
牛顿环法测曲率半径	刚体的转动惯量

软件安装

《大学物理仿真实验 V2.0》（第三部分）共有两种版本：单用户版和多用户版。单用户版只允许在一台计算机上安装，在光盘上运行；多用户版允许在多台计算机上安装运行或安装在文件服务器上共享。

7.1 系统需求

CPU：Intel Pentium III 及其兼容芯片

内存：128MB 以上

显卡：支持 1024×768×16 位色

声卡：Sound Blaster 及其兼容声卡

鼠标：Microsoft 兼容鼠标

光驱：符合 ISO9660

操作系统：Microsoft Windows 98 中文版以上版本

7.2 单用户版的安装

1. 启动 Windows 系统。

2. 保证 Windows 目录所在驱动器内有 100MB 以上的剩余空间。

3. 将安装光盘放入光驱，运行光盘上的 SETUP. EXE 程序，按提示安装，当安装程序完成后重新启动 Windows 系统。

4. 安装后生成“大学物理仿真实验 V2.0（第三部分）”程序组，双击“大学物理仿真实验 V2.0（第三部分）”图标即可运行。

7.3 多用户版的安装

多用户版允许您在多台计算机上安装运行或安装在文件服务器上共享。

7.3.1 在多台独立的计算机上安装

如要完全安装，应保证 Windows 目录所在驱动器内有 100MB 以上的剩余空间，安装目录所在驱动器内有 600MB 以上剩余空间。

1. 完全安装：运行光盘上的 SETUP. EXE 程序，选择“服务器安装”。安装程序将安装光盘上的内容全部复制至指定的安装目录下，例如：D:\ SIMSYS23。然后运行 D:\ SIMSYS23 下的 SETUP. EXE 程序,选择“工作站安装”。当安装程序完成安装后重新启动 Windows 系统。

2. 自定义安装：将安装光盘上的部分内容复制至指定的安装目录下，例如 D:\ SIMSYS23。其中光盘根目录下的全部文件、\ START 目录必须复制，其他每个目录包括一个实验可根据需要复制。然后运行 D:\ SIMSYS23 下的 SETUP. EXE 程序，选择“工作站安装”。当安装程序完成安装后重新启动 Windows 系统。

3. 直接在光盘上运行：保证 Windows 目录下有 30MB 以上的剩余空间。将安装光盘放入光驱，运行光盘上的 SETUP. EXE 程序，选择“工作站安装”。当安装程序完成安装后重新启动 Windows 系统。

7.3.2 安装在服务器上共享

如果您要将《大学物理仿真实验 V2.0》（第三部分）软件安装在文件服务器上通过网络共享，则应在服务器和工作站上分别安装。

【服务器端安装】

下面介绍两种典型的服务器。

1. Novell NetWare Server

运行光盘上的 SETUP. EXE 程序，选择“服务器安装”。安装程序将安装光盘上的内容全部复制至服务器上指定的安装目录下，例如：H:\ SIMSYS23，H 为网络驱动器，它可为使用本软件的用户分配权限（具体可参见下文）。

2. Microsoft Windows NT Server

运行光盘上的 SETUP. EXE 程序，选择“服务器安装”。安装程序将安装光盘上的内容全部复制至服务器上指定的安装目录下，例如：D:\ SIMSYS23。将此目录设置为共享目录，为使用本软件的用户分配权限。

【工作站端安装】

工作站分为有盘工作站和无盘工作站。

有盘工作站：在安装本软件之前，工作站必须已联入局域网，在 Microsoft Windows 98 中文版下能够访问网络。

(1) 在有盘工作站上启动 Windows，登录服务器。

(2) 进行网络映射。将网络上的仿真实验目录（例如 APPS:\ SIMSYS23）映射为某个驱动器，安装后此映射不能改变。

(3) 进入此驱动器，运行 SETUP. EXE，选择“工作站安装”，当安装程序完成安装后重新启动系统。安装后生成“大学物理仿真实验 V2.0（第三部分）”程序组，双击“大学物理仿真实验 V2.0（第三部分）”图标即可运行。

(4) 对每台有盘工作站都进行上述设置。

无盘工作站：无盘工作站投资少，使用安全，管理方便，适合教学使用。在网络传输速度可以接受的情况下是一种较好的选择。

在无盘工作站上安装本软件之前，工作站必须已联入局域网，能够从 BOOT ROM 启动并访问网络，在文件服务器上安装了 Windows 98 中文版，并且安装了一份共享拷贝。

下面详细介绍在 Novell NetWare 网络上使用无盘工作站进行教学的设置方法。

(1) 在文件服务器上安装 Windows 98 中文版：插入 Windows 98 中文版安装盘，在 DOS 提示符下键入 SETUP/A。安装程序将安装盘解压缩后复制至文件服务器上某个目录下（在安装过程中输入，例如：F:\ WINDOWS)。

(2) 在系统注册正本（System Login Script）里，将此目录（假设在 SYS 文件卷下）加入搜索路径：

MAP INS S16: = SYS:\ WINDOWS

Windows 98 中文版就安装在文件服务器上了，每个用户只需安装一份共享拷贝（大约 15MB）即可使用。

为了使安装和维护更加方便，建议系统管理员：

(1) 为每个使用仿真实验的用户创建账号和私人目录，账号和私人目录最好同名。为节省磁盘空间，不必为所有的学生创建账号，有多少台工作站，创建多少个账号即可，每个账号在指定的工作站上使用，不允许用户改变口令。

(2) 创建仿真实验用户组（例如：CAIUSER)，将所有使用仿真实验的用户加入该组。

(3) 在系统注册正本(System Login Script)里将仿真实验所在目录映射为某个驱动器。例如：

MAP H: = APPS:\ SIMSYS23

将每个用户的私人目录都映射为相同的网络驱动器。例如：

```
IF MEMBER OF "CAIUSER" THEN
MAP ROOT G: = APPS:\ HOME\ %LOGIN_NAME
END
```

安装后此映射不能改变，否则软件不能正常运行。

（4）以系统管理员账号（Supervisor）或其等效账号登录，进入某个用户（例如：01）的私人目录，运行命令

MAP ROOT G：=APPS：\ HOME\ 01

（5）为此用户安装一份 Windows 的共享拷贝：

在目录 F：\ WINDOWS 下运行命令 SETUP /N，当系统要求输入安装路径时键入“G：\ WINDOWS”。当屏幕上出现“Windows Setup”对话框时，选择“取消”键，将系统文件复制到 WINDOWS 目录下。然后按提示安装即可。

（6）启动这份 Windows，运行 H：\ SIMSYS23\ SETUP. EXE，选择“工作站安装”，当安装程序完成安装后重新启动 Windows 系统。安装后生成“大学物理仿真实验 V2.0（第三部分）”程序组，双击“大学物理仿真实验（第三部分）”图标即可运行，也可以在文件管理器里双击 H：\ SIMSYS2\ START\ SIMSYS23. EXE 图标运行。

（7）在主群组——控制面板——386 增强方式内，为这份 Windows 设置虚拟内存（一般 20MB 即可，可根据需要自行设置），注意虚拟内存只能设为“临时”，并应设在 G 盘下。

（8）如果所有工作站的显示适配器（显卡）都相同或都可使用同一驱动程序，为这份 Windows 安装显示驱动程序，并将显示模式设为 800×600×64 KB 色。为了减少网络数据流量，提高运行速度，除非有必要，建议不安装声卡驱动程序。

（9）将这份 Windows 复制至其他用户的私人目录下。然后为每个用户进行最后的设置工作，安装必要的设备驱动程序（例如特殊的显卡）。注意安装时应以系统管理员账号（Supervisor）或其等效账号登录，并将用户（例如：02）的私人目录映射为根目录 G：\（例如运行命令：MAP ROOT G：=APPS：\ HOME\ 02）。如果所有工作站的硬件完全相同，则可以在第 8 步完成，且每个用户可以在任何一台工作站上登录使用。

（10）为仿真实验用户组设置权限：一般地，每个用户对其私人目录已具有全部权限。此外，仿真实验用户组对 APPS：\ SIMSYS23 应具有 RF 权限，对\ SIMSYS23\ BDE 应具有 RMWF 权限。此外，系统管理员也可以根据需要自行设置权限。

其中 R 为读权限（Read）；F 为文件扫描权限（File Scan）；W 为写权限（Write）；M 为修改权限（Modify）。

可能遇到的问题：

在通过网络共享 Windows 的情况下，各个用户相当于公用一个 SYSTEM 目录（即 SYS：\ WINDOWS）。因此，为每个用户安装显卡（或其他）驱动程序时，文件不能重名。如果两个不同的驱动程序重名，则其中一个用户必须单独安装一份完整的 Windows。

7.4 删除大学物理仿真实验系统

7.4.1 单用户版的删除

单用户版在安装时只是把必要的系统文件复制到 Windows 中，删除时卸载即可。在 Windows 98 的“开始”菜单里双击“删除大学物理仿真实验 V2.0（第三部分）”图标，按照提示操作即可删除本软件。

7.4.2 多用户版的删除

(1) 删除“工作站安装”，方法与删除单用户版相同。

(2) 删除“服务器安装”：“服务器安装”是把安装光盘上的内容复制到计算机上，在文件管理器中直接删除即可。

实验 40 气垫上的直线运动

【实验目的】

(1) 熟悉气垫导轨原理和使用方法。

(2) 学习在气垫导轨上测量速度和加速度的方法。

【实验简介】

气垫导轨是一种现代化的力学实验仪器。它利用气源将压缩空气送入导轨内腔。空气再由导轨表面上的小孔中喷出，在导轨表面与滑行器内表面之间形成微米（μm）级厚的气垫层。滑块就浮在气垫层上，与轨面脱离接触，因而能在轨面上作近似无阻力的直线运动，极大地减小了以往在力学实验中由于摩擦力引起的误差，能够使实验结果接近理论值。配用数字计时器或高压电火花计时器记录滑行器在气轨上的运动时间，可以对多种力学物理量进行测定和对力学定律进行验证。

【主窗口】

(1) 在主界面上选择“气垫上的直线运动”图标并单击，即可进入本实验，看到实验台和仪器图标。用鼠标在实验台面上四处游动，当鼠标指向仪器图标时，鼠标指处会显示相应的仪器信息。

(2) 在实验台面上单击鼠标右键，弹出主菜单。单击鼠标左键出现相应的菜单，则进入相应的实验（见图 7-1）。

(3) 选择主菜单的“实验简介”并用左键单击，可以打开实验介绍文档。单击“返回”按钮，则返回主窗口。

(4) 选择主菜单的“实验原理”并用左键单击，可以打开类似于实验介绍的实验原理文档。单击“返回”按钮，则返回主窗口。

(5) 选择主菜单的“实验内容”并用左键单击，打开类似于实验介绍的实验内容文档。单击“返回”按钮，则返回主窗口。

(6) 在主菜单上选择“退出实验”项，则全部结束本次气垫上的直线运动实验。

【实验原理】

选择“实验原理”菜单，显示实验原理文档，单击右下角箭头翻页。请仔细阅读实验原理文档。

【实验内容】

1. 气垫导轨的调平

(1) 在主菜单上选择“开始实验”项，左键单击，则进入该实验台面（见图 7-1）。

(2) 在磁聚焦法实验台面上单击鼠标右键，弹出菜单，分列有“气轨调整”、“验证牛顿第二定律”、“测量加速度”、“退出”等项，进入的方法都是用鼠标左键单击相应的菜单

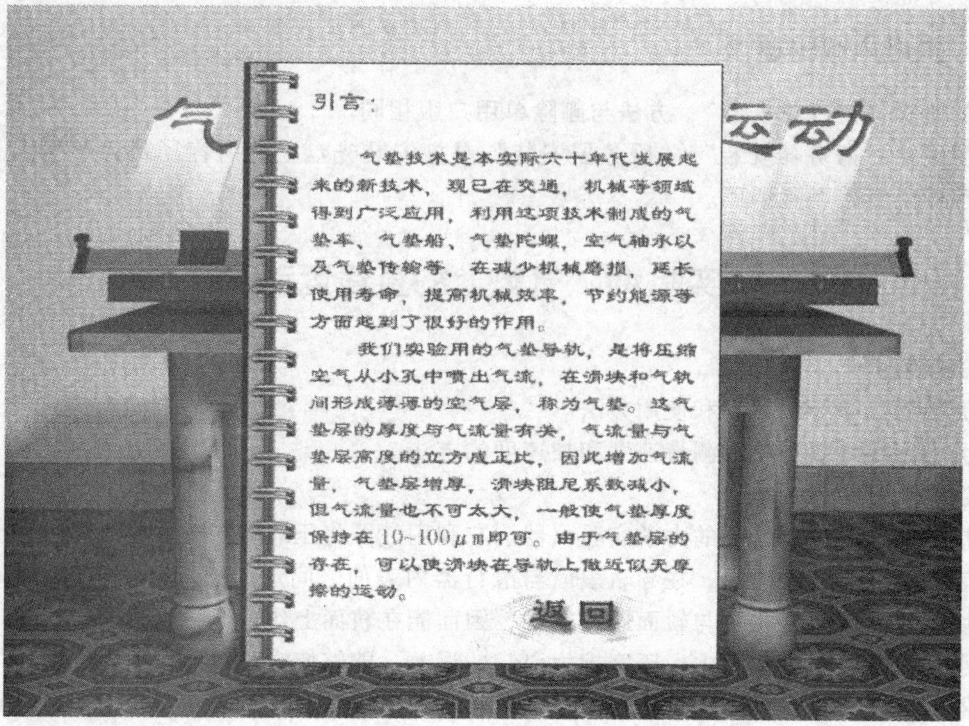

图　7-1

项。退出的方法是单击“退出”按钮或者单击系统条上的“☒”标记。

（3）单击界面左上方则产生如下画面（见图 7-2）：

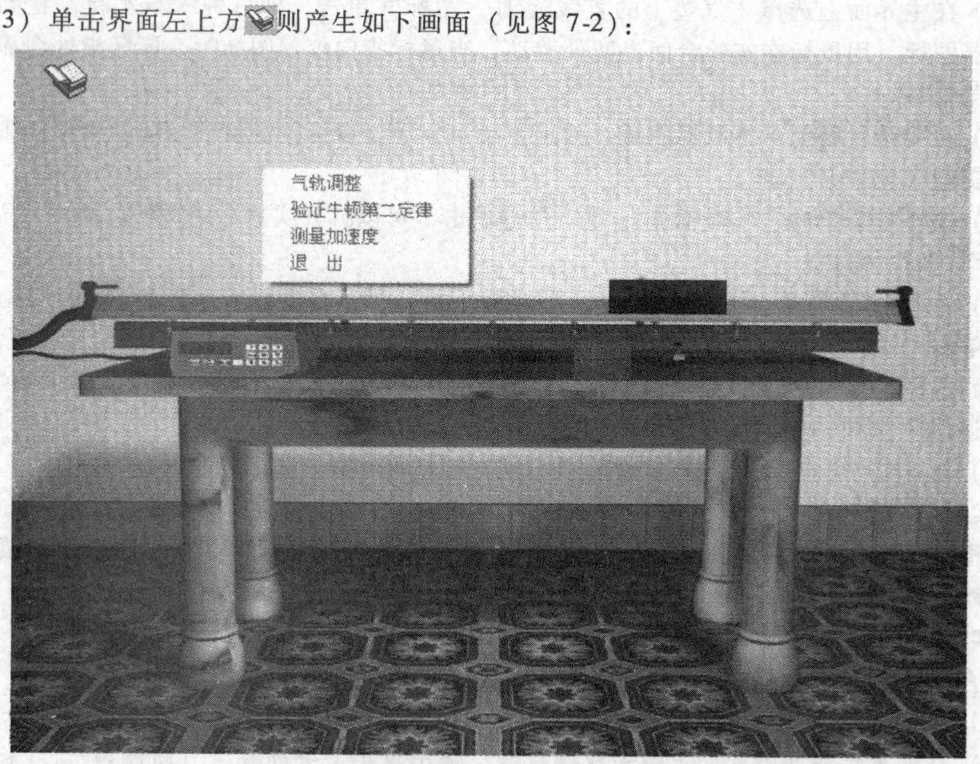

图　7-2

(4) 单击滑块、数字毫秒计和支脚螺钉，分别弹出放大视图（见图 7-3）。

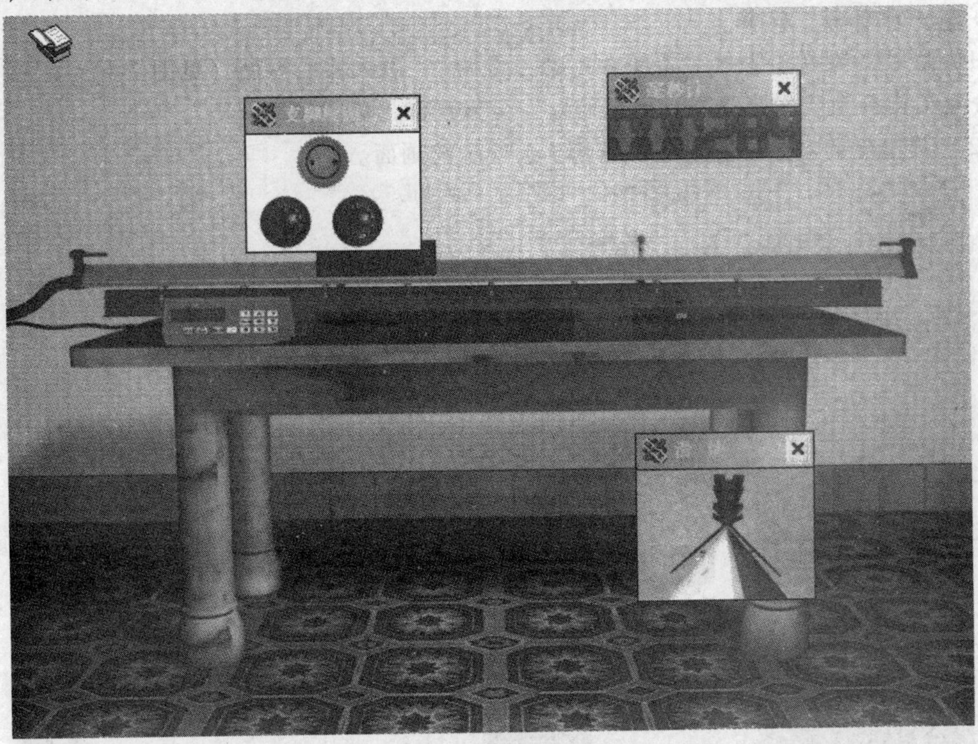

图 7-3

图 7-4

调节三个支脚螺钉，观察滑块视图，使滑块与轨面两侧的间隙一致。观察毫秒计，并同时调节支脚螺钉，直到滑块通过两个光电门所用的时间差小于 1ms。

2. 验证牛顿第二定律

（1）在实验菜单上选择“验证牛顿第二定律”，进入实验界面（见图 7-4）。

分别单击托盘、数字毫秒计和砝码盒，会分别弹出放大视图。

（2）单击界面左上方 则产生如图 7-5 所示的画面。

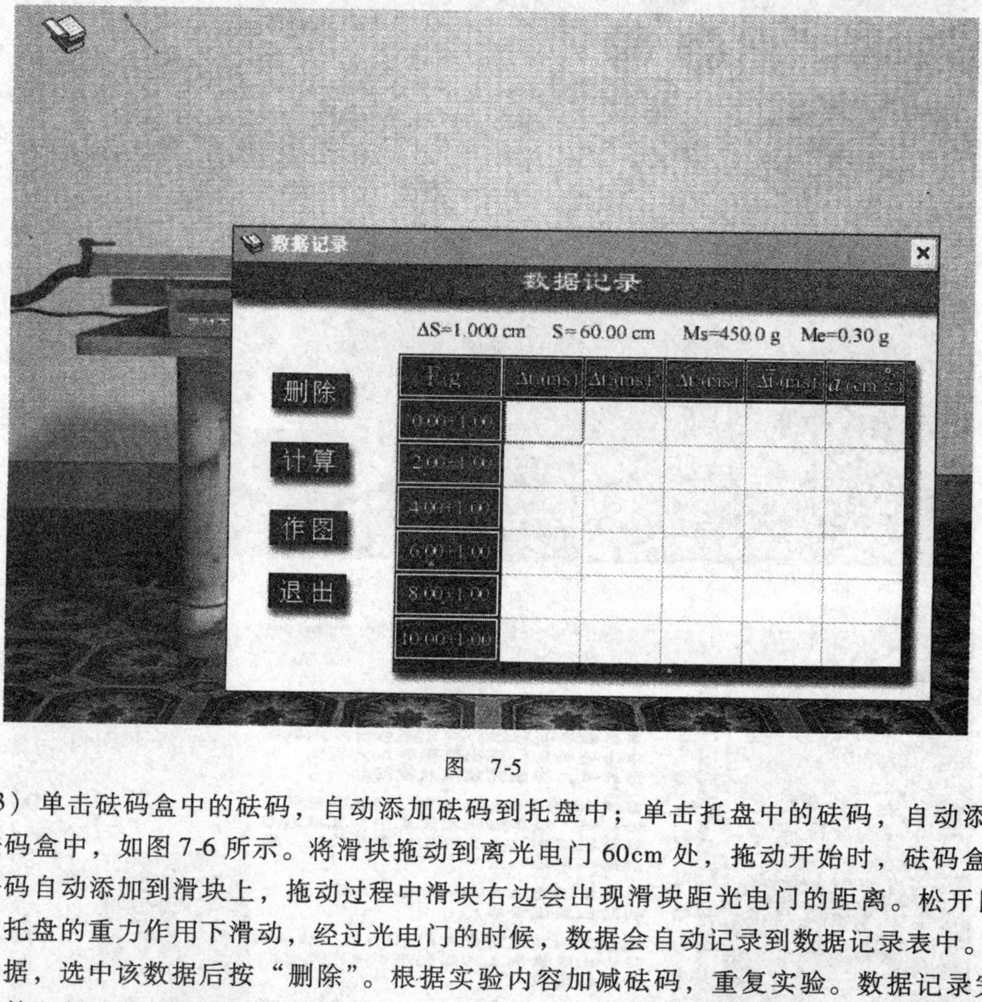

图　7-5

（3）单击砝码盒中的砝码，自动添加砝码到托盘中；单击托盘中的砝码，自动添加砝码到砝码盒中，如图 7-6 所示。将滑块拖动到离光电门 60cm 处，拖动开始时，砝码盒中的剩余砝码自动添加到滑块上，拖动过程中滑块右边会出现滑块距光电门的距离。松开鼠标，滑块在托盘的重力作用下滑动，经过光电门的时候，数据会自动记录到数据记录表中。若有错误数据，选中该数据后按“删除”。根据实验内容加减砝码，重复实验。数据记录完后，按“计算”键，计算相应的数据，再按“作图”按钮，程序根据最小二乘法拟合直线。

3. 测量加速度

（1）在实验菜单上选择“测量加速度”，进入实验界面（见图 7-7）。

单击数字毫秒计会弹出放大视图。

（2）单击界面左上方 则产生如图 7-8 所示的画面。

（3）单击界面左上方 则产生如图 7-9 所示的画面。

（4）将滑块拖动到离光电门 20cm 处，拖动过程中滑块右边会出现滑块距光电门的距离，如图 7-10 所示。

松开鼠标，滑块在托盘的重力作用下滑动，经过光电门的时候，数据会自动记录到数据记录表中。若有错误数据，选中该数据后按“删除”按钮。根据实验内容改变滑块距光电

图 7-6

图 7-7

门的距离，重复实验。数据记录完后，按“计算”键，计算相应的数据，再按“作图”按钮，程序根据最小二乘法拟合直线，如图 7-11、图 7-12 所示。

（5）选择“退出”菜单，退出实验界面。

图 7-8

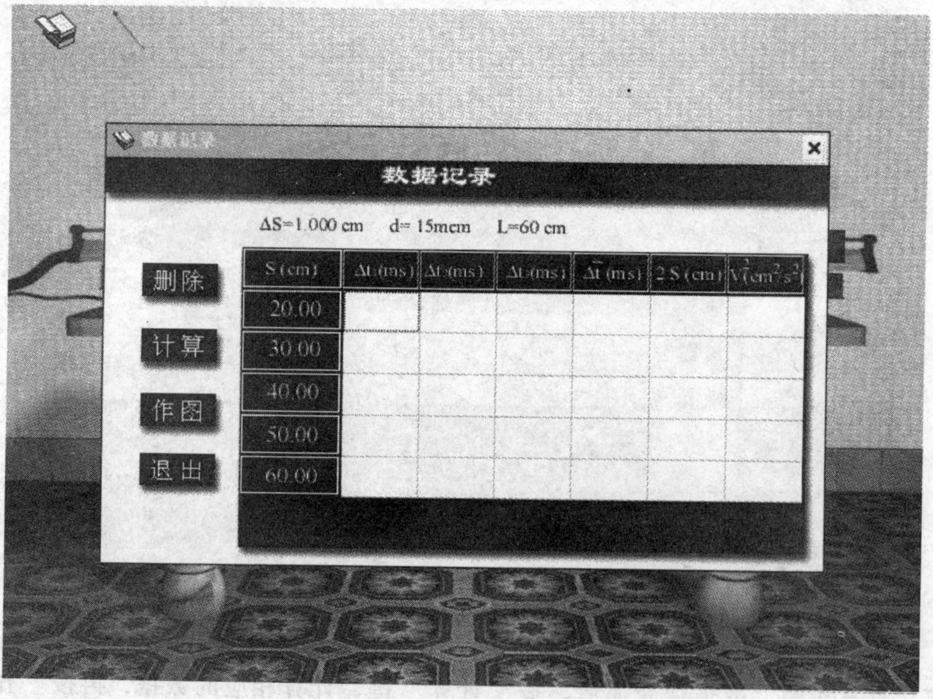
数据记录
ΔS=1.000 cm d= 15mcm L=60 cm
删除
计算
作图
退出
S (cm)
20.00
30.00
40.00
50.00
60.00

图 7-9

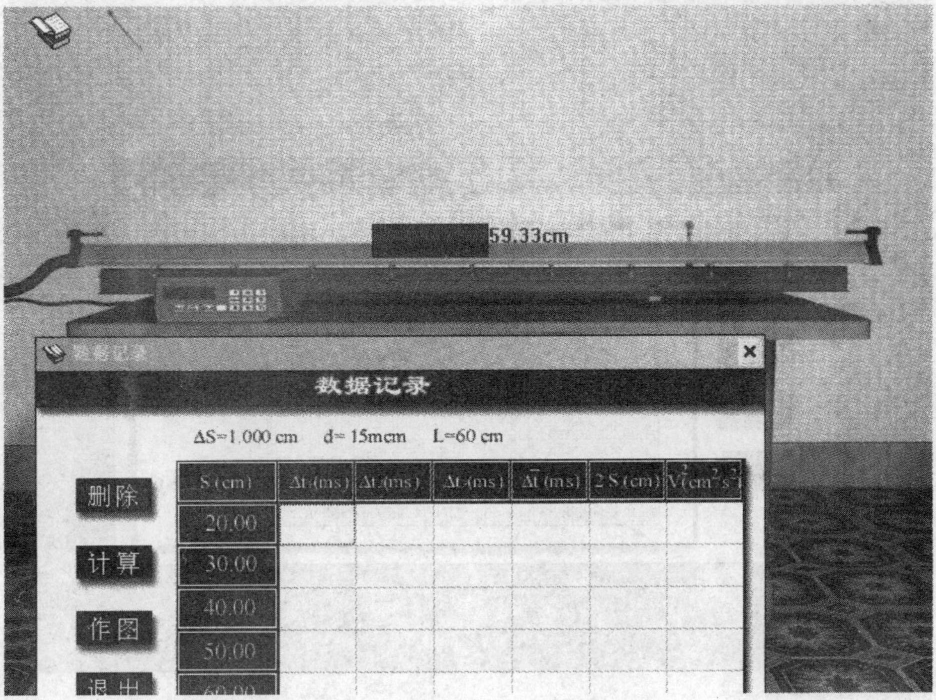
59.33cm
数据记录
数据记录
ΔS=1.000 cm d= 15mcm L=60 cm
S (cm) | Δt₁(ms) | Δt₂(ms) | Δt₃(ms) | Δt (ms) | 2S (cm) | V²(cm² s²)
删除
20.00
计算
30.00
作图
40.00
50.00

图 7-10

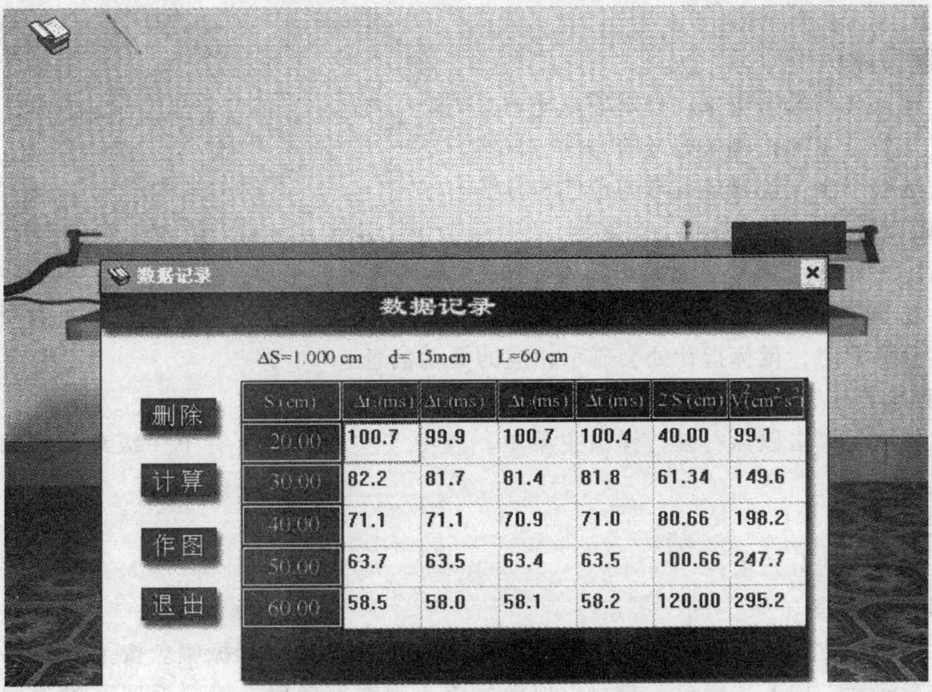
数据记录
数据记录
ΔS=1.000 cm d= 15mcm L=60 cm
删除
计算
作图
退出
S (cm) | Δt₁(ms) | Δt₂(ms) | Δt₃(ms) | Δt (ms) | 2S (cm) | V²(cm² s²)
20.00 | 100.7 | 99.9 | 100.7 | 100.4 | 40.00 | 99.1
30.00 | 82.2 | 81.7 | 81.4 | 81.8 | 61.34 | 149.6
40.00 | 71.1 | 71.1 | 70.9 | 71.0 | 80.66 | 198.2
50.00 | 63.7 | 63.5 | 63.4 | 63.5 | 100.66 | 247.7
60.00 | 58.5 | 58.0 | 58.1 | 58.2 | 120.00 | 295.2

图 7-11

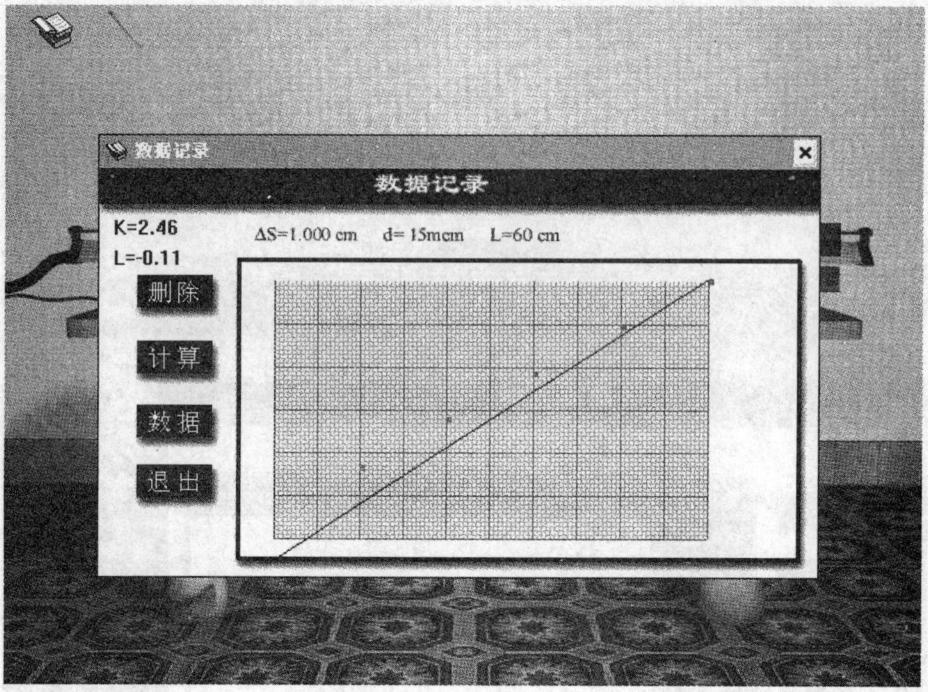

图 7-12

实验41 偏振光的研究

【实验目的】

(1) 观察光的偏振现象，巩固理论知识。

(2) 了解产生与检验偏振光的元件与仪器。

(3) 掌握产生与检验偏振光的条件和方法。

【主窗口】

在系统主界面上单击“偏振光”，即可进入本仿真实验平台，显示平台主窗口——实验室场景。场景里有实验台和实验仪器（见图7-13）。用鼠标在实验室场景里四处移动，当鼠标指向实验仪器时，鼠标指针处会显示相应的提示信息。

【主菜单】

在主窗口上单击鼠标右键，弹出主菜单，其中“实验原理”有下一级菜单，如图7-13所示。

【实验原理】

本实验原理共分三项：

1. 偏振光原理

演示各种相位差的椭圆运动，可以调节X方向和Y方向上的振幅。按下“暂停”键可以暂停动态演示，按下“继续”键可以取消暂停。观察完毕后，按“返回”键退回到主窗口。

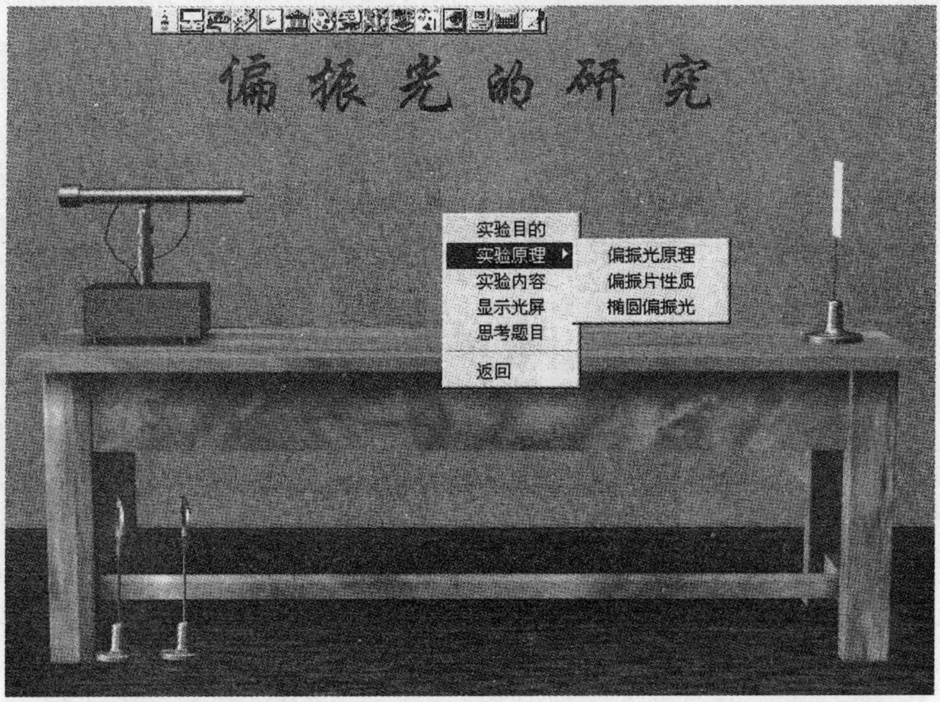

图　7-13

2. 偏振片性质

演示没有偏振片和两块偏振片的透振方向成不同角度下，光波通过的动态图像，按下“暂停演示”可以暂停动态的演示。

3. 椭圆偏振光

演示光波通过波晶片后出射的光波的图像，可以调节波晶片的快轴和慢轴的旋转角度。按下“动态演示”键后，进入三维动态演示画面，在动态画面上任意点击鼠标可以暂停或继续画面的动态演示。看完波晶片性质的演示之后，按“返回”键回到主窗口。

【实验内容】

单击系统菜单里的“实验内容”，弹出显示实验内容的窗口（见图 7-14）。本实验一共包括五个内容，可以按照上面的内容安排实验的步骤。

具体的实验内容如下：

内容一：起偏

将激光束投射到屏幕上，插入一偏振片。使偏振片在垂直于光束的平面内旋转，观察光强变化，判断从激光器中出射的光的偏振状态。

内容二：消光

在第一片偏振片和屏幕之间加入第二片偏振片，将第一片固定，旋转第二片，观察实验现象。是否能找到一个位置使光完全消失？此时两片偏振片之间有什么关系？你可以总结出来鉴别线偏振光的方法吗？

内容三：三块偏振片的实验

使两片偏振片处于消光位置，再在它们之间插入第三片偏振片，解释为什么这时有光通过？第三片偏振片取什么位置时能使光最强和最弱？

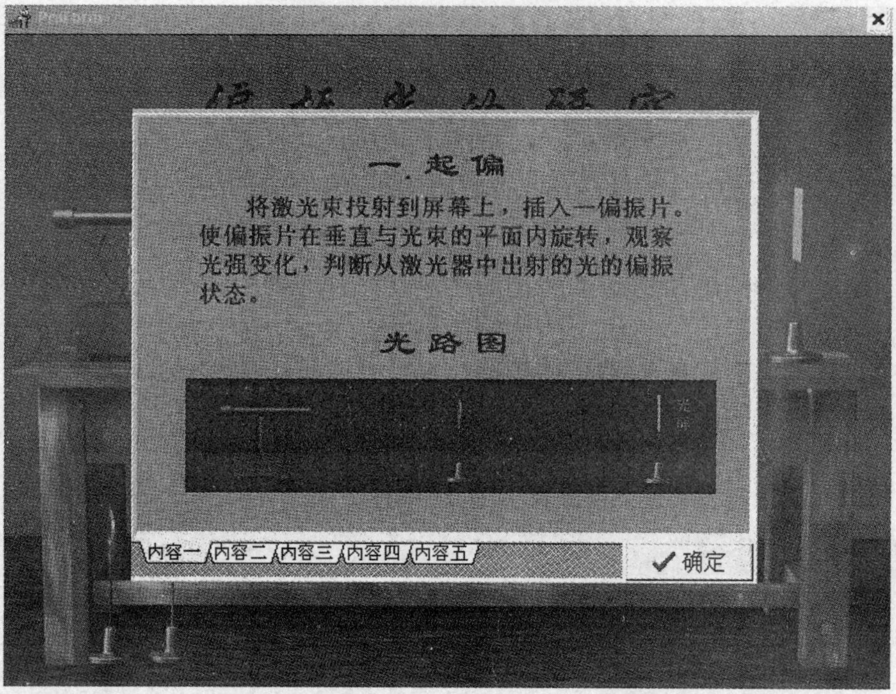

图 7-14

内容四：圆偏振光和椭圆偏振光的产生

（1）按光路图使偏振片 A 和 B 的偏振轴正交（消光），然后插入一片 $\lambda/4$ 波长片 C（实际实验中要使光线尽量穿过元件的中心）。

（2）以光线为轴先转动 C 使消光，然后使 B 转过 360°观察实验现象。

（3）再将 C 从消光位置转过 15°、30°、45°、60°、75°、90°，每次都将 B 转过 360°，观察实验现象，将上面几次的实验结果记录在表中。

内容五：区分圆偏振光与自然光；椭圆偏振光与部分偏振光

通过以上手段，可以一般区分开线偏振光和其他状态的光，但是对圆偏振光与自然光、椭圆偏振光与部分偏振光之间用一片偏振片是无法将它们区分开的。如果再提供一片 $\lambda/4$ 波长的片 C 加在检偏的偏振片前，就可以鉴别它们。

利用所给的光源和装置，学习自己设计方法鉴别不同光源：

（1）圆偏振光与自然光。

（2）椭圆偏振光与部分偏振光。

（3）判断光源中的圆偏振光为左旋还是右旋。

用简洁的语言说明原理、步骤，记录观察到的实验现象，并加以解释。

【显示光屏】

【思考题目】

单击鼠标右键弹出系统菜单后，可以单击“思考题目”一项弹出实验后应该思考的练习题目。这些题目是根据实验内容四制作的，所以要根据实验内容四中观察到的现象进行回答。习题回答完毕之后，按“确定”键检查正误。

返回：实验完成之后，可以选择主菜单中的“返回”一项，退出实验平台。

【实验操作指导】

1. 偏振片和波晶片的调节

实验中提供了偏振片和 $\lambda/4$ 的波晶片，使用的时候，先用鼠标点中偏振片或者波晶片不放，然后将它们拖至实验工作台上。排列位置可以随便组合，根据具体要求的光路图而定。

当要调节某一偏振片或者波晶片的时候，单击桌面上的偏振片或波晶片，弹出这个镜片相应的操作窗口如图 7-15 所示（图中为一片波晶片）。

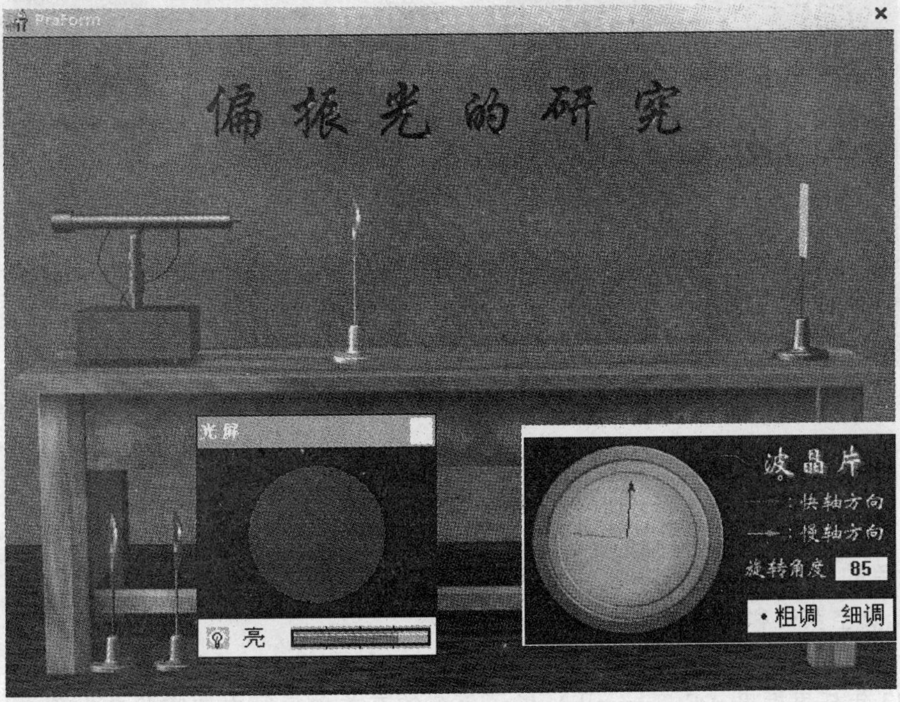

图 7-15

单击在操作窗口里面的镜片，就可以调节这个波晶片的快轴与慢轴的旋转角度（如果是偏振片，则调整的是偏振片的透振方向的旋转角度）。实验时，按照实验的要求调节波晶片的快轴和慢轴旋转角度或者是偏振片的透振方向的角度，观察实验现象。

若要从桌面上去掉一块镜片，只需将不需要的镜片用鼠标拖下桌面即可。

2. 实验现象的观察

实验现象的观察通过观察光屏窗口上发生的现象进行。单击屏幕左边的光屏，就可以弹出或隐藏光屏窗口，也可以从系统弹出菜单中选择光屏窗口的显示或消隐状态。

当调节桌面上的镜片角度的时候，从光屏窗口上就可以看到是否有了变化。

3. 光源类型的调节

实验中有时候要用到某种类型的光源，比如实验内容五里面要检验圆偏振光与自然光、椭圆偏振光与部分偏振光等，此时可以用偏振片和波晶片进行组合得到相应的光源，也可以直接选择激光器出射光源的类型。方法如下：单击屏幕上的氦氖激光器，弹出光源选择的窗口（见图 7-16），就可以选择某种特定的光源类型了。

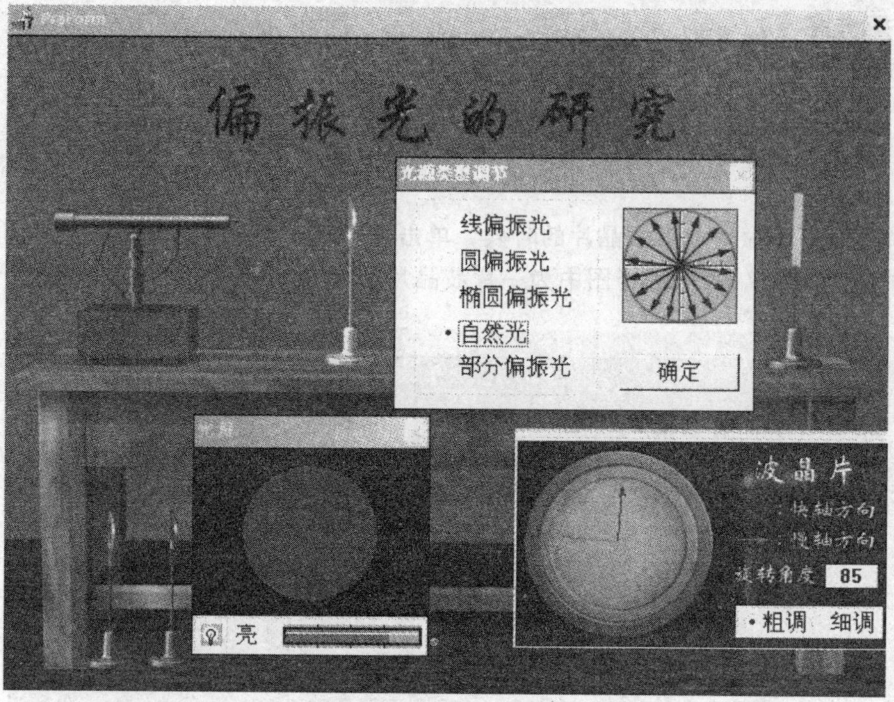

图 7-16

实验42 真空实验

【实验目的】

掌握低真空获得和测量的方法。

【实验简介】

自1643年托里拆里（EoTorricelli）做了著名的有关大气压力的实验并发现真空现象以来，300多年中真空技术已发展成为一门独立的前沿学科。随着表面科学、空间科学、高能粒子加速器、微电子学、冶金工业及材料科学等学科领域尖端技术的迅速发展，真空技术在近代尖端技术中的地位越来越重要。

真空实验的目的是了解真空如何获得及测量，学习有关真空技术的物理概念，掌握一些真空技术中基本物理量的测量，了解真空状态下一些常见的物理现象及其定量研究，并对真空技术在近代尖端科技领域中的应用有一定的认识。

【主窗口】

在系统主界面上选择“低真空实验”并单击，即可进入本仿真实验平台，显示平台主窗口——实验室场景。场景里是实验台和实验仪器，用鼠标在实验室内四处移动，当鼠标指向仪器时，仪器发光，同时鼠标指针处会显示相应的提示信息（见图7-17）。

【主菜单】

在实验室台面上以单击鼠标右键，弹出主菜单。主菜单下还有子菜单（见图7-18）。鼠标左键单击相应的主菜单或子菜单，则进入相应的实验部分。

实验应按照主菜单的条目顺序进行。

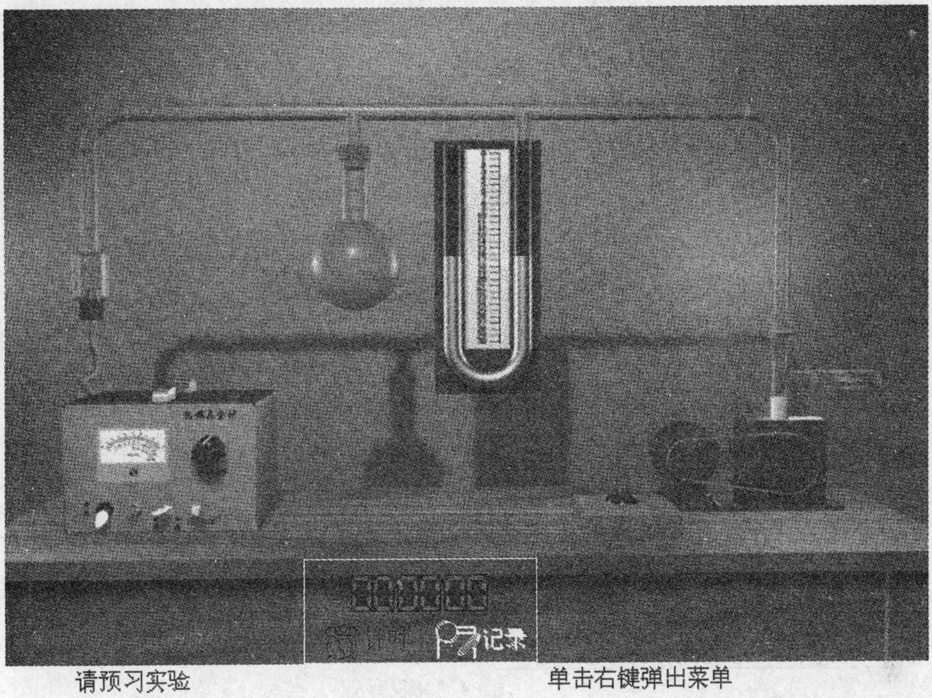

图　7-17

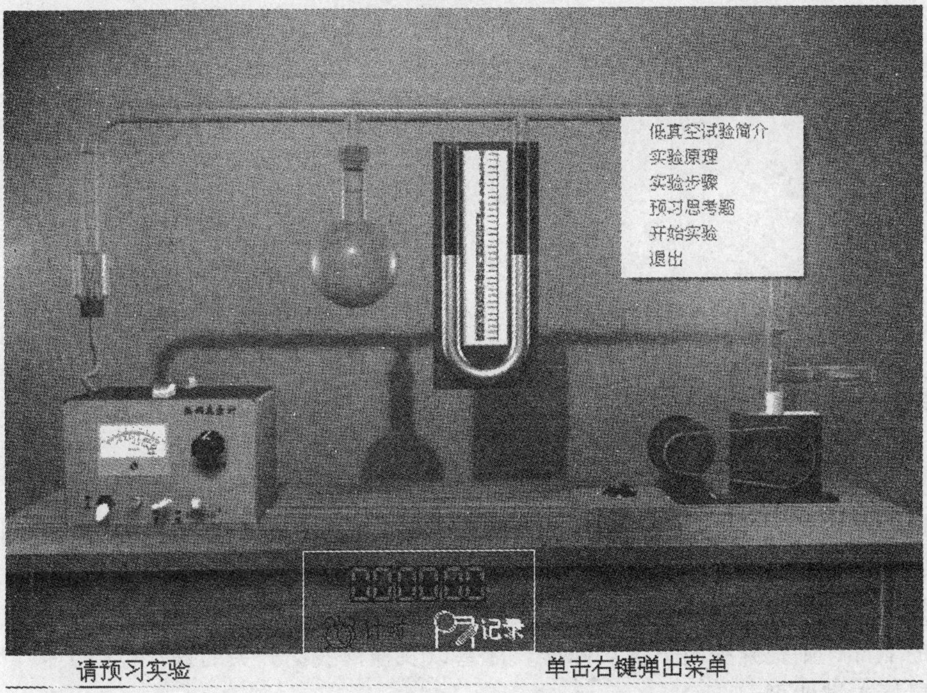

图　7-18

【预习思考题】

单击“预习思考题”子菜单，显示预习思考题窗口（见图 7-19）。做完所有题目后按“完成”按钮，系统检查答案。最好在实验之前先做思考题，并且最好一次通过，因为失败的次数会影响成绩，同时也可以防止学生通过穷举的办法避开实际问题。

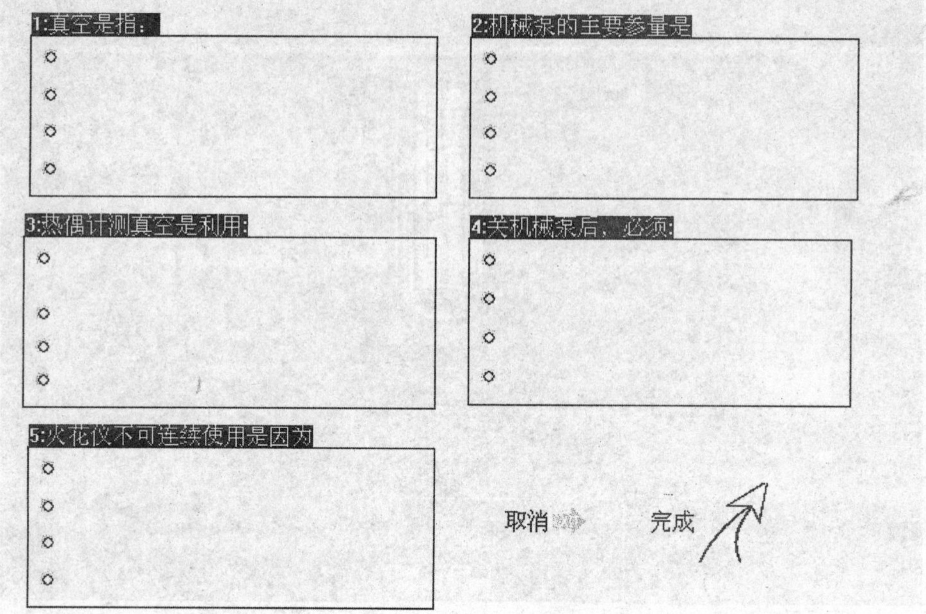

图 7-19

【实验原理】

在主菜单中选择“实验原理”项，打开实验原理文档，请仔细阅读。

【实验仪器】

计算机。

【实验内容】

（1）真空的获得。

（2）真空的测量。

（3）真空的检漏。

【开始实验】

单击子菜单“进行实验”。

基本操作方法如下：

（1）旋钮的操作方法：所有的旋钮，其操作方法是一致的，即单击鼠标右键，则旋钮顺时针旋转；单击鼠标左键，则旋钮逆时针旋转（见图 7-20）。

（2）拨动开关的操作方法：用鼠标左键单击开关的上部，即把开关向上拨，用鼠标左键单击开关的下部，则把开关向下拨。同样，活塞以及横向拨动开关的操作也很类似，只需在其上单击鼠标左键即可。

当鼠标变成手形时都是可以单击调节的。因此，对于打开、关闭电源开关以及进入调节电流状态的方法就不再一一叙述了。

（3）在观察火花检漏仪检查辉光放电现象时，直接将鼠标移到上方玻璃管处，此时鼠标变成检漏仪状（见图 7-21），单击即可弹出放大的玻璃管窗口（见图 7-22），单击“确定”

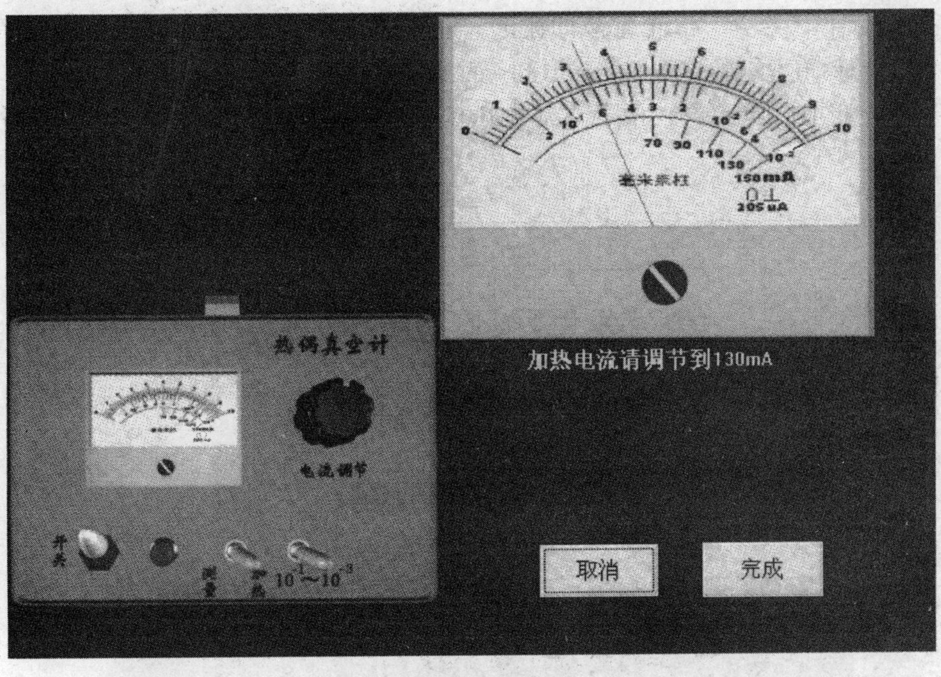

图 7-20

按钮即可关闭。在操作时尽量多观察，即多次用检漏仪观察颜色变化（与成绩相关）。

(4) 注意，当U形计两端接近等高时，确定此时的热偶计是打开的，打开的方法很简单，只需单击热偶真空计即可。

(5) 当实验做好后，会有浮动字串告诉你已经做好了，此时方可关闭热偶计，停止秒表。结束实验前，注意关闭电源以及活塞的操作顺序。

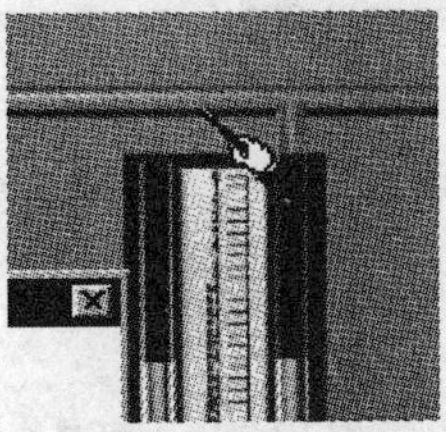

图 7-21

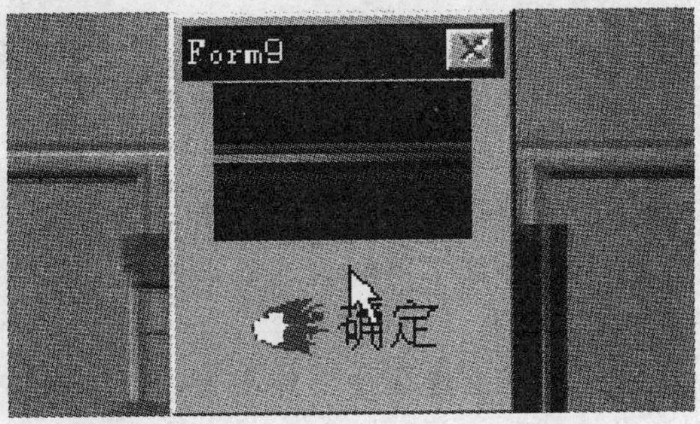

图 7-22

实验43 交流电桥及介电常数的测量

【实验目的】

(1) 学习交流电桥的原理及特性，了解交流电桥平衡的原理，掌握调节交流电桥平衡的方法。

(2) 学会测量固体电介质和液体电介质的方法。

【主窗口】

在系统主界面上选择"介电常数的测试"并单击，即可进入本仿真实验操作平台（见图 7-23）。当鼠标指向实验仪器时，会有相应的提示信息。

本实验中有几件主要仪器：两个交流电阻箱、一个交流电容箱、一个晶体管毫伏表、一个短接开关。

图 7-23

本实验有两个实验小项目："固体介电常数的测试"和"液体介电常数的测试"。

在场景中单击鼠标右键，会弹出主菜单，有实验原理、预习思考题以及两个分实验等项目。

选择实验原理将有实验原理窗口（见图 7-24）出现，单击其右上部圆形图标关闭此窗口。实验前请仔细了解实验的基本原理，然后做一下预习思考题。

【实验内容】

先在主菜单上选择一个分实验，如"固体介电常数的测试"，将出现如图 7-25 所示的界面。

在主菜单上单击右键，选择"连线"开始实验前的电路连线工作。如果连线不正确，将不能继续实验。连线时，当鼠标移到接线柱时，会变成工具状，左键单击所要连的接线柱，按住不放，拽向第二个接线柱放开，则两个接线柱之间会有一条连线。拆线时，操作类似。

连好线后单击"实验内容"或"检验"，如连线正确就可以开始实验了。

然后选择"液体介电常数的测试"做另一个实验。

1. 固体介电常数的测试

(1) 在实验前要先做一下"仪器调试"以确定测微仪两极板间的距离以及介质片的厚度，如图 7-26 所示。

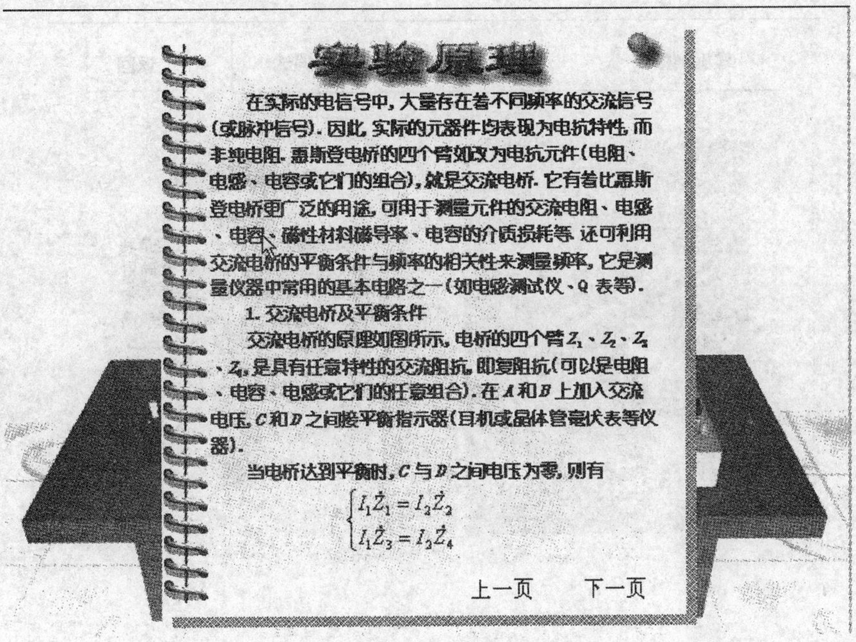

图　7-24

图　7-25

（2）单击返回。鼠标右击，选择“实验内容”，如图 7-27 所示。选择好 R_2，注意在实验中不能改变，然后，选择介质。桌面上的按钮可以使毫伏表在“短路调零”/“测量”之间转换。当显示“毫伏表调零”时为短路调零状态，反之为测量。

（3）毫伏表在测量前要调零，每次换档也要调零。换档时，用鼠标左右键单击换档开

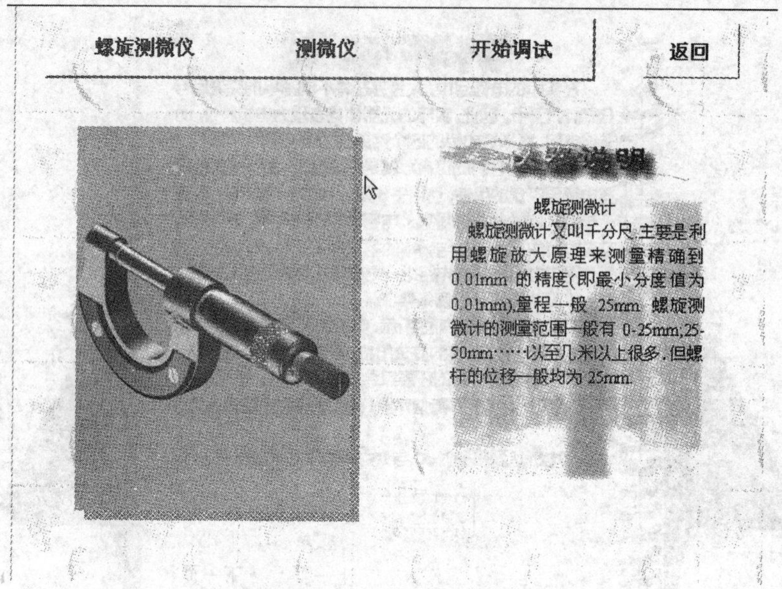

图 7-26

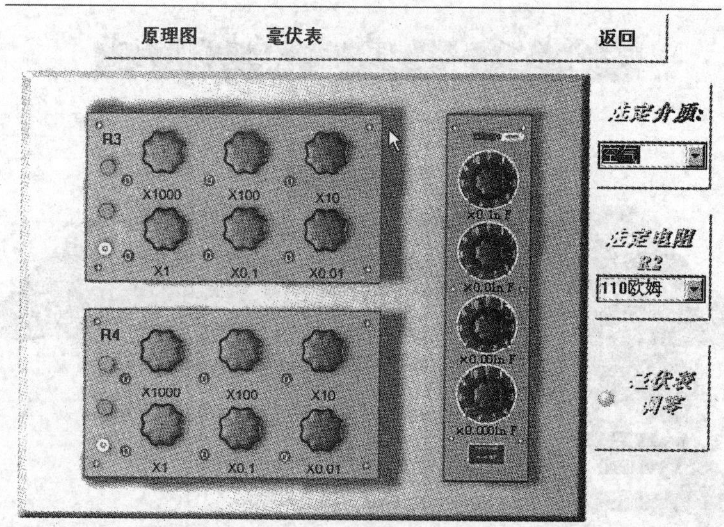

图 7-27

关。

（4）用鼠标左右键调节电阻箱和电容使毫伏表指示尽可能为零。

（5）测好以后换一个介质测量。

（6）按公式求出介电常数。做完实验后，关闭所有的仪器，回到主菜单，单击“实验报告”，填写实验报告。

(7) 最后，单击“退出”，确认后退出。

2. 液体介电常数的测试

(1) 在实验前，看一下“实验原理”（见图 7-28）。单击右上角小圆钮关闭。

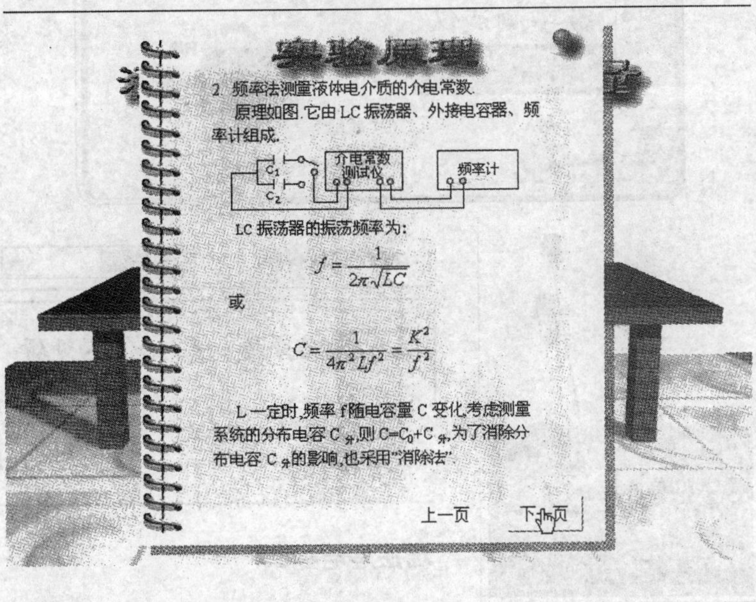

图 7-28

(2) 单击鼠标右键，看一下“仪器说明”（见图 7-29）。

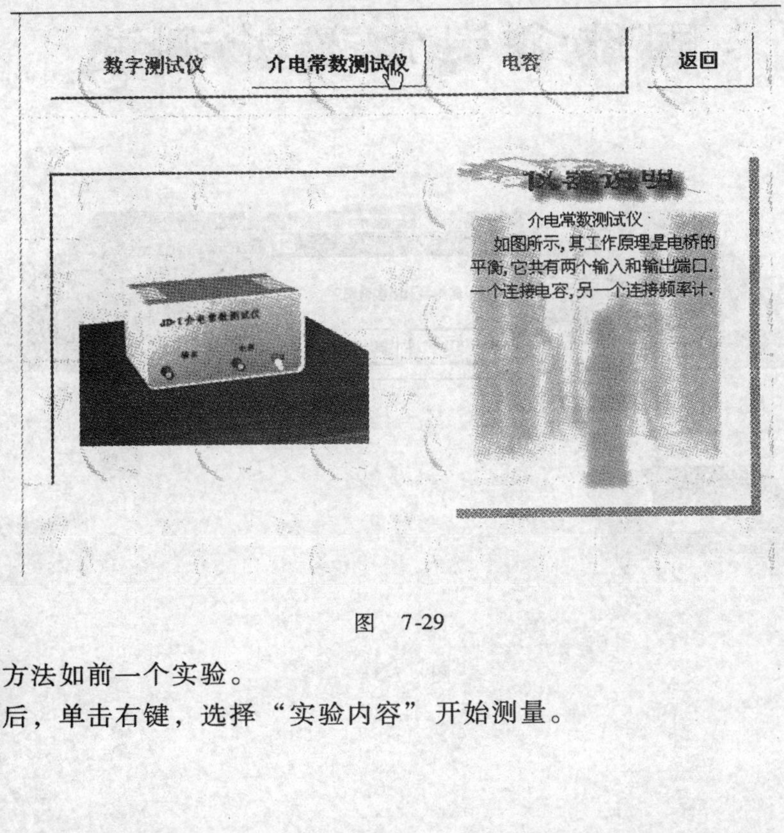

图 7-29

(3) 连线方法如前一个实验。

(4) 返回后，单击右键，选择“实验内容”开始测量。

（5）打开“数字仪”开关，单击“开始测量”，测频率（见图7-30），然后选择不同的电容和介质测量频率。

（6）单击“退出”，回到主画面，单击“退出”，确认后退出，如图7-31所示。

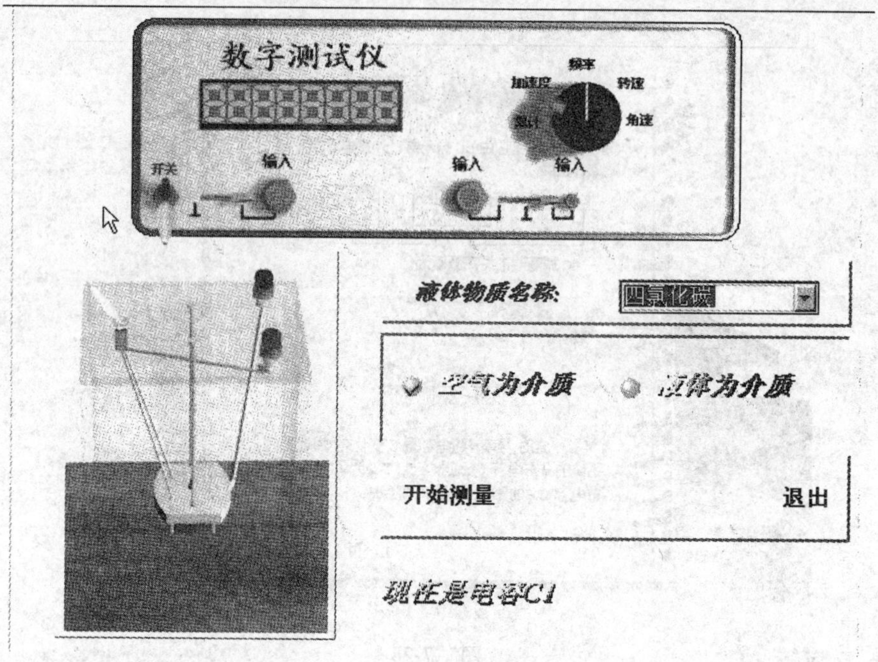

图 7-30

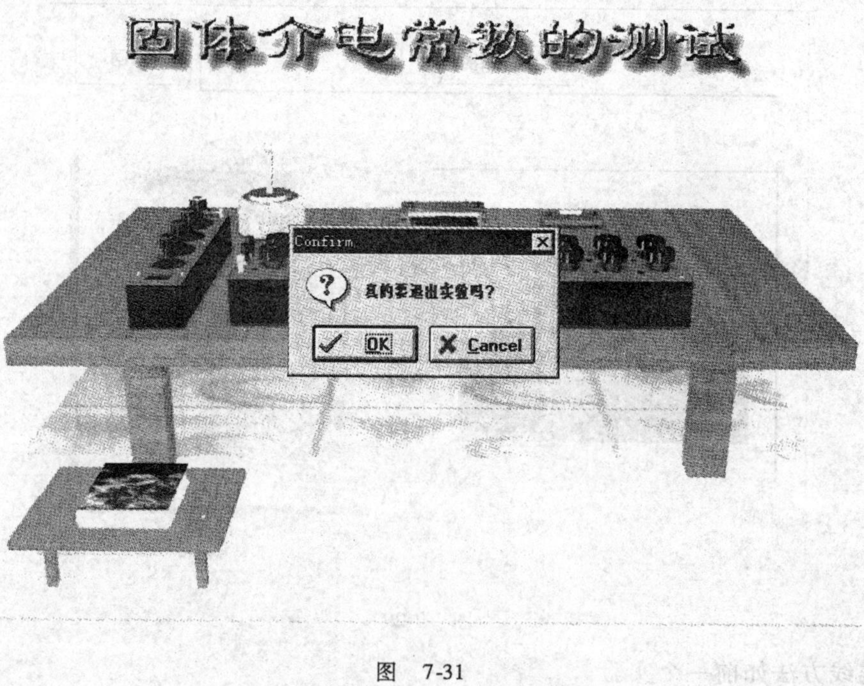

图 7-31

附　　录

附录 A　基本物理常量（1986 年国际推荐值）

量	符号	数值	单位	不确定度（ppm）
真空中光速	c	299792458	m/s	（准确值）
真空磁导率	μ_0	12.566370614…	10^{-7} H/m	（准确值）
真空电容率，$1/\mu_0 c^2$	ε_0	8.854187817…	10^{-12} F/m	（准确值）
引力常量	G	6.67259（85）	10^{-11} N·m²/kg²	128
普朗克常量	h	6.6260755（40）	10^{-34} J·s	0.60
元电荷	e	1.60217733（49）	10^{-19} C	0.30
玻尔磁子	μ_B	9.2740154（31）	10^{-24} A·m²	0.34
里德伯常量	R_∞	10973731.534（13）	m^{-1}	0.0012
玻尔半径	a_0	0.529177249（24）	10^{-10} m	0.045
电子［静］质量	m_e	0.91093897（54）	10^{-30} kg	0.59
电子荷质比	$-e/m_e$	−1.75881962（53）	10^{11} C/kg	0.30
［经典］电子半径	r_e	2.81794092（38）	10^{-15} m	0.13
质子［静］质量	m_p	1.6726231（10）	10^{-27} kg	0.59
中子［静］质量	m_n	1.6749286（10）	10^{-27} kg	0.59
阿伏加德罗常数	N_A，L	6.0221367（36）	10^{23} mol⁻¹	0.59
原子质量常数 $1m_U = \frac{1}{12}m_{(^{12}C)}$	m_u	1.6605402（10）	10^{-27} kg	0.59
摩尔气体常数	R	8.314510（70）	J/（mol·K）	8.4
玻耳兹曼常数，R/N_A	k	1.380658（12）	10^{-23} J/K	8.4
摩尔体积（理想气体在 273.15K，P_n = 101325Pa 时）	V_m	22.41410（19）	L/mol	8.4

附录 B　常用物质的密度

物质	密度/（kg/m³）	物质	密度/（kg/m³）
铝	2.699×10^3	水	1.000×10^3
铜	8.960×10^3	水银	13.55×10^3
铁	7.874×10^3	无水甘油	1.260×10^3
银	10.5×10^3	无水乙醇	0.7894×10^3
金	19.32×10^3	蓖麻油	0.957×10^3
钨	19.30×10^3	钟表油	0.981×10^3
铂	21.45×10^3	松节油	0.855×10^3
铅	11.35×10^3	煤油	0.80×10^3
锡	7.298×10^3	石蜡	0.89×10^3

附录C 标准大气压下不同温度时水的密度

温度 t/℃	密度 ρ/(kg·m^{-3})	温度 t/℃	密度 ρ/(kg·m^{-3})	温度 t/℃	密度 ρ/(kg·m^{-3})	温度 t/℃	密度 ρ/(kg·m^{-3})
0	999.87	13.0	999.40	26.0	996.81	39.0	992.62
1.0	999.93	14.0	999.27	27.0	996.54	40.0	992.24
2.0	999.97	15.0	999.13	28.0	996.26	41.0	991.86
3.0	999.99	16.0	998.97	29.0	995.97	42.0	991.47
4.0	1000.00	17.0	998.90	30.0	995.68		
5.0	999.99	18.0	998.62	31.0	995.37	50.0	988.04
6.0	999.97	19.0	998.43	32.0	995.05	60.0	983.21
7.0	999.93	20.0	998.23	33.0	994.72	70.0	977.78
8.0	999.88	21.0	998.02	34.0	994.40	80.0	971.80
9.0	999.81	22.0	997.77	35.0	994.06	90.0	965.31
10.0	999.73	23.0	997.57	36.0	993.71	100.0	958.35
11.0	999.63	24.0	997.33	37.0	993.36		
12.0	999.52	25.0	997.07	38.0	992.99		

附录D 在20℃时金属的弹性模量

金属	弹性模量 E/(×10^{11}N·m^{-2})	金属	弹性模量 E/(×10^{11}N·m^{-2})
铝	0.69－0.70	镍	2.03
钨	4.07	铬	2.35－2.45
铁	1.86－2.06	合金钢	2.06－2.16
铜	1.03－1.27	碳钢	1.96－2.06
金	0.77	康钢	1.60
银	0.69－0.80	铸钢	1.72
锌	0.78	硬铝合金	0.71

注：弹性模量值与材料的结构、化学成分及其加工方法关系密切。实际材料可能与表中所列数值不尽相同。

附录E 液体的[动力]粘度 η

液体	温度/℃	η/(μPa·s)	液体	温度/℃	η/(μPa·s)
水	0	1787.8	甘油	－20	134×10^6
	20	1004.2		0	121×10^5
	100	282.5		20	1499×10^3
乙醇	0	1780		100	12945
	20	1190	蜂蜜	20	650×10^4
汽油	0	1788	鱼肝油	20	45600
	18	530	水银	0	1685
变压器油	20	19800		20	1554

附录 F　蓖麻油的[动力]粘度 η

温度/℃	η/(Pa·s)	温度/℃	η/(Pa·s)	温度/℃	η/(Pa·s)
5	3.760	20	0.950	35	0.312
10	2.418	25	0.621	40	0.231
15	1.514	30	0.451	100	0.169

附录 G　在 20℃时与空气接触的液体表面张力

液体	γ/($\times10^{-3}$N·m^{-1})	液体	γ/($\times10^{-3}$N·m^{-1})
航空汽油(10℃)	21	甘油	63
石油	30	水银	51.3
煤油	24	甲醇	22.6
松节油	28.8	在 0℃时	24.5
水	72.75	乙醇	22.0
肥皂溶液	40	在 60℃时	18.4
弗利昂－12	9.0	在 0℃时	24.1
蓖麻油	36.4		

附录 H　不同温度下与空气接触的水的表面张力

温度/℃	γ/($\times10^{-3}$N·m^{-1})	温度/℃	γ/($\times10^{-3}$N·m^{-1})	温度/℃	γ/($\times10^{-3}$N·m^{-1})
0	75.62	16	73.34	30	71.15
5	74.90	17	73.20	40	69.55
6	74.76	18	73.05	50	67.90
8	74.48	19	72.89	60	66.17
10	74.20	20	72.75	70	64.41
11	74.07	21	72.60	80	62.60
12	73.92	22	72.44	90	60.74
13	73.78	23	72.28	100	58.84
14	73.64	24	72.12		
15	73.48	25	71.96		

附录 I 海平面上不同纬度处的重力加速度①

纬度 φ/(°)	g/(m/s²)	纬度 φ/(°)	g/(m/s²)
0	9.78049	60	9.81924
5	9.78088	65	9.82294
10	9.78204	70	9.82614
15	9.78394	75	9.82873
20	9.78652	80	9.83065
25	9.78969	85	9.83182
30	9.79338	90	9.83221
35	9.79746	西安 34°16′	计算值 9.79684
40	9.80180		测量值 9.7965
45	9.80629	北京 39°56′	9.80122
50	9.81079	上海 31°12′	9.79436
55	9.81515	杭州 30°16′	9.79360

① 地球任意地方重力加速度的计算公式为：$g = 9.78049(1 + 0.005288\sin^2\varphi - 0.000006\sin^2 2\varphi)$ m/s²。

附录 J 物质中的声速

物质		声速/(m/s)	物质	声速/(m/s)
氧气	0℃(标准状态)	317.2	铝①	1210
氩气	0℃	319	金	2030
干燥空气	0℃	331.45	银	2680
	10℃	337.46	锡	2730
	20℃	343.37	铂	2800
	30℃	349.18	铜	3750
	40℃	354.89	锌	3850
氮气	0℃	337	钨	4320
氢气	0℃	1269.5	镍	4900
汞	20℃	1451.0	铝	5000
水	20℃	1482.9	不锈钢	5000

① 固体中的声速为沿棒传播的纵波速度。

附录 K　物质的比热容

物质	温度/℃	比热容/(J/kg·K)	物质	温度/℃	比热容/(J/kg·K)
金	25	128	康铜	18	420
铅	20	128	钢	20	447
铂	20	134	生铁	0~100	0.54×10^3
银	20	234	玻璃	20	585~920
铜	20	385	石蜡	0~20	2.91×10^3
锌	20	389	水银	20	139.0
镍	20	481	汽油	10	1.42×10^3
铁	20	481		50	2.09×10^3
铝	20	896	变压器油	0~100	1.88×10^3
黄铜	0	370	蓖麻油	20	2.00×10^3
	20	384	煤油	20	2.18×10^3

附录 L　一些金属和合金的电阻率及其温度系数①

金属或合金	电阻率 $\rho/(10^{-6}\Omega\cdot cm)$	温度系数 $\alpha/(10^{-5}/℃)$
银	1.47(0℃)	430
铜	1.55(0℃)	433
金	2.01(0℃)	402
铝	2.50(0℃)	460
锌	5.65(0℃)	417
铁	8.70(0℃)	651
锡	12.0(20℃)	440
铅	19.2(0℃)	428
黄铜	8.00(18~20℃)	100
康铜	47~51(18~20℃)	-4.0~+1.0

①　金属电阻率与温度的关系 $\rho_{t2}=\rho_{t1}[1+\alpha(t_2-t_1)]$。

电阻率与金属和合金中的杂质有关，表中列出的是单值金属电阻率和合金电阻率的平均值。

附录 M　镍铬-康铜热电偶的温差电动势

工作端温度/℃	0	1	2	3	4	5	6	7	8	9
	温差电动势/mV									
-50	-3.11									
-40	-2.50	-2.56	-2.62	-2.68	-2.74	-2.81	-2.87	-2.93	-2.99	-3.05

（续）

工作端温度/℃	0	1	2	3	4	5	6	7	8	9
	温差电动势/mV									
-30	-1.89	-1.95	-2.01	-2.07	-2.13	-2.20	-2.26	-2.32	-2.38	-2.44
-20	-1.27	-1.33	-1.39	-1.46	-1.52	-1.58	-1.64	-1.70	-1.77	-1.83
-10	-0.64	-0.70	-0.77	-0.83	-0.89	-0.96	-1.02	-1.08	-1.14	-1.21
-0	-0.00	-0.06	-0.13	-0.19	-0.26	-0.32	-0.38	-0.45	-0.51	-0.58
+0	0.00	0.07	0.13	0.20	0.26	0.33	0.39	0.46	0.52	0.59
10	0.65	0.72	0.78	0.85	0.91	0.98	1.05	1.11	1.18	1.24
20	1.31	1.38	1.44	1.51	1.57	1.64	1.70	1.77	1.84	1.91
30	1.98	2.05	2.12	2.18	2.25	2.32	2.38	2.45	2.52	2.59
40	2.66	2.73	2.80	2.87	2.94	3.00	3.07	3.14	3.21	3.28
50	3.35	3.42	3.49	3.56	3.63	3.70	3.77	3.84	3.91	3.98
60	4.05	4.12	4.19	4.26	4.33	4.41	4.48	4.55	4.62	4.69
70	4.76	4.83	4.90	4.98	5.05	5.12	5.20	5.27	5.34	5.41
80	5.48	5.56	5.63	5.70	5.78	5.85	5.92	5.99	6.07	6.14
90	6.21	6.29	6.36	6.43	6.51	6.58	6.65	6.73	6.80	6.87
100	6.95	7.03	7.10	7.17	7.25	7.32	7.40	7.47	7.54	7.62
110	7.69	7.77	7.84	7.91	7.99	8.06	8.13	8.21	8.28	8.35
120	8.43	8.50	8.58	8.65	8.73	8.80	8.88	8.95	9.03	9.10
130	9.18	9.25	9.33	9.40	9.48	9.55	9.63	9.70	9.78	9.85
140	9.93	10.00	10.08	10.16	10.23	10.31	10.38	10.46	10.54	10.61
150	10.69	10.77	10.85	10.92	11.00	11.08	11.15	11.23	11.31	11.38
160	11.46	11.54	11.62	11.69	11.77	11.85	11.93	12.00	12.08	12.16
170	12.24	12.32	12.40	12.48	12.55	12.63	12.71	12.70	12.87	12.95
180	13.03	13.11	13.19	13.27	13.36	13.44	13.52	13.60	13.68	13.76
190	13.84	13.92	14.00	14.08	14.16	14.25	14.34	14.42	14.50	14.58
200	14.66	14.74	14.82	14.90	14.98	15.06	15.14	15.22	15.30	15.38
210	15.48	15.56	15.64	15.72	15.80	15.89	15.97	16.05	16.13	16.21
220	16.30	16.38	16.46	16.54	16.62	16.71	16.79	16.87	16.95	17.03
230	17.12	17.20	17.28	17.37	17.45	17.53	17.62	17.70	17.78	17.87
240	17.95	18.03	18.11	18.19	18.28	18.36	18.44	18.52	18.60	18.68
250	18.76	18.84	18.92	19.01	19.09	19.17	19.26	19.34	19.42	19.51
260	19.59	19.67	19.75	19.84	19.92	20.00	20.09	20.17	20.25	20.34
270	20.42	20.50	20.58	20.66	20.74	20.83	20.91	20.99	21.07	21.15
280	21.24	21.32	21.40	21.49	21.57	21.65	21.73	21.82	21.90	21.98
290	22.07	22.15	22.23	22.32	22.40	22.48	22.57	22.65	22.73	22.81

注：自由端温度为0℃。

附录 N　物质的折射率（相对空气）

1. 某些气体的折射率

气体	分子式	折射率 n	气体	分子式	折射率 n
氦	He	1.000035	氮	N_2	1.000298
氖	Ne	1.00067	一氧化碳	CO	1.000334
甲烷	CH_4	1.000144	氨	NH_3	1.000379
氢	H_2	1.000232	二氧化碳	CO_2	1.000451
水蒸气	H_2O	1.000255	硫化氢	H_2S	1.000641
氧	O_2	1.000271	二氧化硫	SO_2	1.000686
氩	Ar	1.000281	乙烯	C_2H_4	1.000719
空气	—	1.000292	氯	Cl_2	1.000768

注：表中给出的数据系在标准状况下，气体对波长约等于 0.5893μm 的 D 线（纳黄光）的折射率。

2. 某些液体的折射率

液体	t/℃	折射率 n	液体	t/℃	折射率 n
二氧化碳	15	1.195	硫酸（+2% H_2O）	23	1.429
盐酸	10.5	1.254	三氯甲烷	20	1.446
氨水	16.5	1.325	四氯化碳	15	1.46305
甲醇	20	1.3292	甘油	20	1.474
水	20	1.3330	甲苯	20	1.495
乙醚	20	1.3510	苯	20	1.5011
丙酮	20	1.3591	加拿大树胶	20	1.530
乙醇	20	1.3605	二硫化碳	18	1.6255
硝酸（99.94%）	16.4	1.397	溴	20	1.654

注：表中给出的数据为液体对波长约等于 0.5893μm 的 D 线的折射率。

3. 某些固体的折射率

固体	折射率 n	固体	折射率 n
氯化钾	1.49044	火石玻璃 F_8	1.6055
冕牌玻璃 K_6	1.5111	重冕玻璃 ZK_6	1.6126
K_8	1.5159	ZK_8	1.6140
K_9	1.5163	钡火石玻璃	1.62590
钡冕玻璃	1.53990	重火石玻璃 ZF_1	1.6475
氯化钠	1.54427	ZF_6	1.7550

注：表中数据为固体对 $\lambda_D = 0.5893\mu m$ 的折射率。

4. 某些晶体的折射率

波长 λ/mm	萤石	石英玻璃	钾盐	岩盐	石英		方解石	
					n_0	n_e	n_0	n_e
656.3（H，红）	1.4325	1.4564	1.4872	1.5407	1.55736	1.56671	1.6544	1.4846
643.8（Cd，红）	1.4327	1.4567	1.4877	1.5412	1.55012	1.55943	1.6550	1.4847
589.3（Na，黄）	1.4339	1.4585	1.4904	1.5443	1.54968	1.55898	1.6584	1.4864
546.1（Hg，绿）	1.4350	1.4601	1.4931	1.5475	1.54823	1.55748	1.6616	1.4879
508.6（Cd，绿）	1.4362	1.4619	1.4961	1.5509	1.54617	1.55535	1.6653	1.4895
486.1（H，蓝绿）	1.4371	1.4632	1.4983	1.5534	1.54425	1.55336	1.6678	1.4907
480.0（Cd，蓝绿）	1.4379	1.4636	1.4990	1.5541	1.54229	1.55133	1.6686	1.4911
404.7（Hg，紫）	1.4415	1.4694	1.5097	1.5665	1.54190	1.55093	1.6813	1.4969

注：表中数据是在18℃之下测得的。

附录 O 常用光源的谱线波长/nm

H（氢）	402.62 紫	Hg（汞）
656.28 红	388.87 紫	623.44 橙
486.13 蓝绿	Ne（氖）	579.07 黄$_2$
434.05 紫	650.65 红	567.96 黄$_1$
410.17 紫	640.23 橙	546.07 绿
397.01 紫	638.30 橙	491.60 蓝绿
He（氦）	626.65 橙	435.83 紫$_2$
706.52 红	621.73 橙	404.66 紫
667.82 红	614.31 橙	He－Ne激光
587.56（D_3）黄	588.19 黄	632.8 橙
501.57 绿	585.25 黄	Cd（镉）
492.19 蓝绿	Na（钠）	643.847 红
471.31 蓝	589.529（D_1） 黄	508.582 绿
447.15 紫	588.995（D_2） 黄	

附录 P 几种纯金属的“红限”波长及逸出功

金属	λ_0/mm	W/eV	金属	λ_0/mm	W/eV
钾（K）	550.0	2.2	汞（Hg）	273.5	4.5
钠（Na）	540.0	2.4	金（Au）	265.0	5.1
锂（Li）	500.0	2.4	铁（Fe）	262.0	4.5
铯（Cs）	460.0	1.8	银（Ag）	261.0	4.0

参 考 文 献

[1] 孟详省，李冬梅，姜琳．大学普通物理实验［M］．济南：山东大学出版社，2004.

[2] 李恩普，等．大学物理实验［M］．北京：国防工业出版社，2004.

[3] 贾贵儒，等．大学物理实验教程［M］．北京：机械工业出版社，2005.

[4] 段长虹．大学物理实验［M］．广州：华南理工大学出版社，2005.

[5] 侯宪春，等．大学物理实验［M］．哈尔滨：哈尔滨工业大学出版社，2005.

[6] 王瑞平，等．大学物理实验［M］．西安：陕西科学技术出版社，2003.

[7] 王银峰，等．大学物理实验［M］．北京：机械工业出版社，2005.

[8] 康华光．电子技术基础［M］．北京：人民教育出版社，1979.

[9] 赵凯华，陈熙谋．电磁学［M］．北京：人民教育出版社，1978.

[10] 张达宋．物理学基本教程［M］．北京：高等教育出版社，1989.